쉽게 풀어쓰는
제품개발 및 제조보안
국제 표준 해설 & 가이드

IEC 62443 표준 중심

| 박상선 · 진정하 · 권대현 지음 |

쉽게 풀어쓰는

제품개발 및 제조보안 국제 표준 해설 & 가이드

인 쇄 : 2024년 1월 20일 초판 1쇄
발 행 : 2024년 1월 30일 초판 1쇄

저 자 : 박상선 · 진정하 · 권대현
발행인 : 송 준
발행처 : 도서출판 홍릉
주 소 : 01093 서울시 강북구 인수봉로 50길 10
등 록 : 1976년 10월 21일 제5-66호

전 화 : 02-999-2274~5, 903-7037
팩 스 : 02-905-6729
e-mail : hongpub@hongpub.co.kr
http://www.hongpub.co.kr
ISBN : 979-11-5600-158-4(93000)

정 가 : 35,000원

쉽게 풀어쓰는
제품개발 및 제조보안
국제 표준 해설 & 가이드

IEC 62443 표준 중심

| 박상선 · 진정하 · 권대현 지음 |

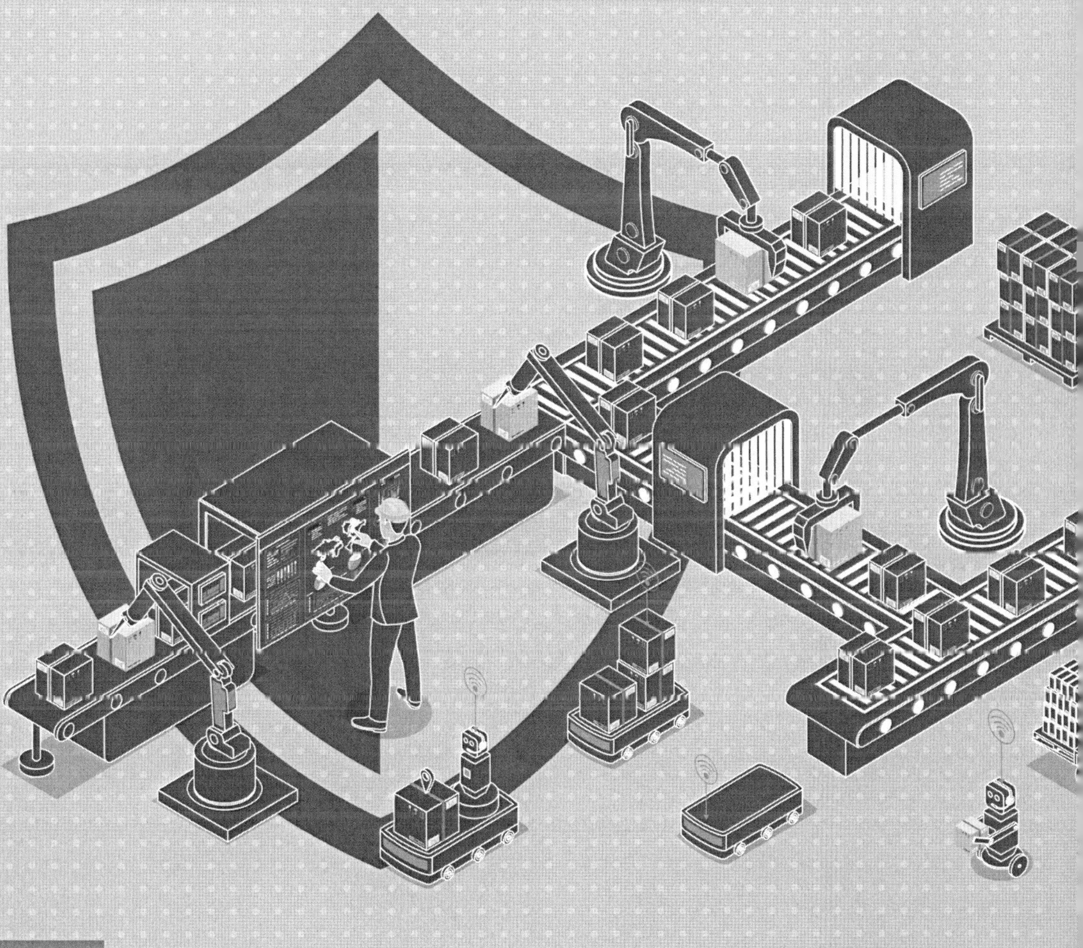

도서출판 홍릉

저자소개

박상선 ㈜하이시큐어 / 상무

- University of Wollongong (호주), 정보통신공학과 공학박사
- ISO 27001 인증심사원

전) 고려대학교 정보보호연구원 수석연구원
전) 한국시스템보증(주) 연구소장 / 이사
전) ㈜ 아이씨티케이 기술기획실 / 이사
전) 한양대학교 융합전자공학부 겸임교수
전) ISO/IEC JTC1/SC17 운영위원
전) (사)한국전자지불산업협회 기술기획부/부장
전) ㈜한국심트라 기술사업부 / 차장

진정하 ㈜하이시큐어 / 이사

- 건국대학교 컴퓨터정보통신공학과 공학박사
- CISA / CISSP / CCNA / ISO 27001 인증심사원 / ISO 22301 인증심사원

전) 고려대학교 정보보호연구원 연구교수
전) 서울시 IT 신기술 거버넌스단(사물인터넷) 자문위원
전) KISA 융합정보보호 과정 강의
전) 건국대학교 정보통신대학원 정보보안학과 출강
전) 건국대학교 IT융합정보보호학과 출강
전) 건국대학교 컴퓨터공학과 출강
전) 블루와이즈소프트 / 수석연구원
전) 정보통신공제조합 / 팀장

권대현 LS ELECTRIC 자동화연구소 / 부장

- 한양대학교 전자공학과 공학석사
- IR52 장영실상 수상 (2023)
- 세계 표준의 날 대통령표창 포상 (2016)
- IEC 1906 Award (2013)
- IEC 61158-3-21, IEC 61158-4-21, IEC 61158-5-21, IEC 61158-6-21 국제 표준화 수행
- IEC 61784-2 CPF 17, IEC 61784-3-17, IEC 61784-5-17, IEC 62439-7 국제 표준화 수행

현) Member, IEC Standardization Management Board (2021 ~)
현) Member, IEC SyC SM (SEG 7, SG 8) (2014 ~)
현) Member, IEC TC 65 (2007 ~)

들어가면서...

산업 제조 및 제어 시스템 기술(OT)에 정보통신 기술(IT)의 적용은 폐쇄적인 환경에서 동작하던 제조산업에 새로운 변화와 발전을 위한 기초를 제공하였으며, 이를 기반으로 4차산업으로 촉발된 스마트 팩토리 환경으로의 전환을 가속화시키는 계기를 마련하였다. 이러한 스마트 팩토리 환경의 변화를 통해 사람 중심의 생산 및 관리 등에서 발생할 수 있는 다양한 실수 및 기계적 오류 등으로부터의 문제점들을 극복하고 안전한 제조 및 생산 환경으로의 변화와 더불어서 보다 빠르고 효율적인 제품 생산 환경으로의 전환을 이루고 있다.

그러나, 새로운 정보통신 기술의 적용과 도입은 기존의 제한적이고 격리된 폐쇄적인 생산 및 제조 환경 하에서의 통제 및 관리의 범위를 넘어, 기존에 생각하지 못하였던 새로운 위협과 문제의 발생을 가져오는 결과를 초래하고 있다. 단순한 물리적 보안과 통제 위주의 기존 생산 및 제조 환경에 논리적으로 융합된 새로운 형태의 위험이 추가되어 제조 및 생산의 환경을 위협하기 시작하였다. 이는 기존 환경에서의 제품 도난이나 기계 파손과 단순한 기계 및 장치의 오동작 등과 같은 문제를 넘어 유무선 네트워크를 통한 외부로부터의 해킹 공격과 침입은 새로운 형태의 테러와도 같은 형태의 무형적 공격으로 빠르게 진화하고 있는 추세이다.

글로벌 또는 국내 대기업들은 이러한 문제에 대한 대응과 방지를 위한 기술, 장비, 시스템 그리고 조직과 충분한 인력까지 보유하여 대응하고 있으나, 대다수의 중소 및 중견기업들은 이러한 새로운 위협에 대한 이해의 부족과 준비를 할 수 있는 예산, 인력 및 지식 부족 등으로 인하여 침해에 대하여 적시에 대응을 할 수 없는 것이 현실이다. 또한, 중소 및 중견기업 현장에서 근무하고 있는 대다수 인력은 언제, 어떻게, 어느 곳을 공격당하고, 그 해당 피해 규모조차도 쉽게 확인하지 못하는 현실에서 새로운 제조 및 생산 환경으로의 변화에 적응하고 경쟁력을 확보한다는 것은 거의 불가능하다고 판단된다.

현재 세계적 기업들을 중심으로 산업 자동화 및 제어 시스템들에 대한 보안 위협으로부터의 대응과 소프트웨어 등의 제품 개발에 대한 보안성능의 확대를 위하여 국제 표준 도입에 대한 움직임이 진행되고 있으며, 이를 적용한 기업들이 안전한 제조 보안 환경을 구축하고 해당 표준을 적용한 제품을 개발하고 있다. 국내나 해외 모두, 표준의 도입이 시작되는 수준이라 어느 기업의 어떤 제품이 더 안전하게 개발한 제품들이라 논하기는 이른 듯 보이며, 시장 및 기술의 선점과 최소한의 대응을 위하여 표준에 대한 폭넓은 이해와 현재의 문제점들을 되짚어 볼 수 있는 계기가 필요하여 보인다.

이 책은 국내 기업들을 대상으로 최소한의 보안 개발 및 제조 환경을 구축할 수 있도록 IEC 62443의 국제 표준에 대한 기본적 이해와 제품 개발에 있어서 필요한 보안 요구사항과 시험평가 등에 관련된 표준 내용을 분석하고 설명을 포함하였다. 누구나 관심을 가지고 쉽고 빠르게 이해하여, 기업들이 안전한 제품 개발에 있어서 부족한 부분과 개선해야 할 부분을 파악하고 이를 준비할 수 있는 길잡이가 되었으면 하는 바람이다.

2023년 12월

저자 박상선, 진정하, 권대현

목차

CHAPTER 1

제품 경쟁력 향상과 산업안전을 위한 제조/ 개발 보안 국제 표준
– IEC 62443 산업 및 제조 보안 국제 표준 적용을 위한 대응 전략

CHAPTER 2

제조 및 개발 보안 국제 표준 적용을 위한 컴포넌트 제품 개발 가이드 – 컴포넌트 제품 개발 보안 요구사항

CHAPTER 3

제조 및 개발 보안 국제 표준 적용을 위한 컴포넌트 제품 개발 가이드 – 컴포넌트 제품 시험평가

CHAPTER 1

제품 경쟁력 향상과 산업안전을 위한 제조/개발 보안 국제 표준

– IEC 62443 산업 및 제조 보안 국제 표준 적용을 위한 대응 전략

1. 산업제어시스템 보안의 필요성 및 대응 전략
2. 산업제어시스템 보안 국제 표준(IEC 62443) 개요

1 산업제어시스템 보안의 필요성 및 대응 전략

1.1 국내 중소 제조 및 개발 기업들의 보안/안전에 관련한 현실은 어떠할까?

17세기 영국에서의 산업혁명 이후, 지금까지 제조산업의 환경적 변화는 무척이나 빠르게 진화하고 발전하여 왔다고 할 수 있다. 증기 터빈의 개발과 더불어 산업혁명은 대량생산이라는 혁신을 이루어 왔으나, 그 후 제조산업은 새로운 혁신적인 기술의 도입 없이 안정적인 발전을 지향하며 안정적인 생산량의 증가를 중심으로 발전하여 왔다고 볼 수도 있다. 그 후, 2차례의 세계대전을 거치며 내연기관 엔진 발전 및 전기로 동작하는 모터의 사용 등으로 인하여 제품 생산량의 증가와 생산의 편리성 등이 함께 발전하였으며, 20세기 들어서며 반도체, 컴퓨터의 도입과 네트워크, 인터넷, 그리고 모바일 등의 다양한 첨단 정보통신 기술(Information Technology)의 적용과 이로 인한 환경적 변화에 따라서 기존의 제조산업은 새로운 혁신적 국면을 맞이했다 할 수 있다. 이는 어쩌면 생산 및 제조산업 분야에 있어서 17세기 산업혁명 이후 가장 큰 혁명적 변화라 할 수 있으며, 새로운 시대를 열어가는 전환점이었다고도 할 수 있다.

이러한 반도체를 포함한 새로운 정보통신 기술의 적용 및 도입은 제조산업을 비롯하여 이를 이용하는 제어 시스템 환경에 있어서 생산성 향상뿐만 아니라 고용 및 노동의 질적 향상, 제품의 질적 향상, 기업 수익의 증가, 생산 제품의 다변화, 생산 소요 시간의 단축 등을 포함한 많은 변화의 변곡점이라 할 수 있다. 예를 들어, 기존의 제조 및 산업제어 장치들의 작동 및 운영은 사람이 직접 관리 및 통제하는 환경이었으므로, 숙련된 인력의 확보와 관리는 생산성 향상과 제조환경의 안전을 보장할 수 있는 직접적인 요인으로 작용하여 왔으나, 최근 정보통신 기술의 도입과 적용은 사람의 개입을 최소화하고 컴퓨터와 소프트웨어라는 새로운 기술 및 통제관리 환경으로 인한 환경 변화를 요구하고 있다.

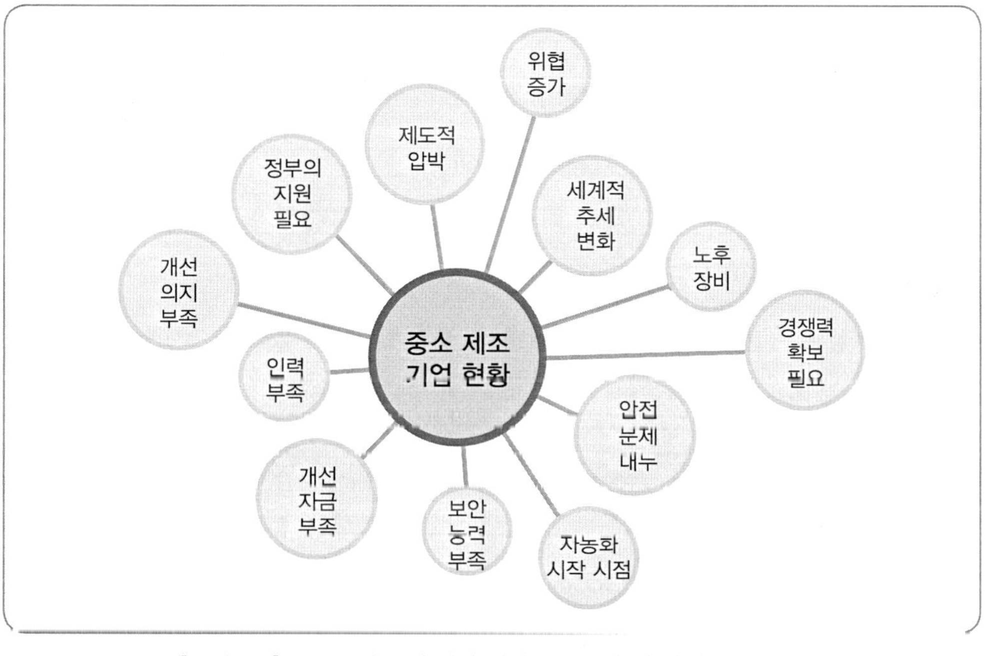

[그림 1-1] 중소 제조 및 개발 기업들이 보안 및 안전 관련 현황

여기서는 이러한 빠른 환경의 변화 속에서 컴퓨터, 네트워크, 제어 시스템 등을 통한 정보통신 기술이 적용되고 있는 국내의 대다수 중소 및 중견 제조/개발 기업들의 시설 및 환경 등에 대한 안전 및 보안 등의 현실은 어떠한지에 대하여 설명하려고 한다.

국내 중소 및 중견 제조 및 개발 기업의 현황을 11개의 항목으로 정의하여 보았으며, 이 항목 간에는 일부의 상호 유사성과 연계성을 가지고 있다고 볼 수 있다. 이 항목들은 단순히 국내의 기업뿐만 아니라 해외의 중소기업들도 겪고 있는 공통적인 요인으로 확인되고 있으며, 이에 대한 기업들의 현재의 상황에 대한 인지와 새로운 변화적 시각이 필요하다고 판단된다.

1) 지속적인 내/외부의 보안 위협 발생 및 공격 증가

기존의 독립적 운영 장치 또는 전기기반 장치 등을 통하여 생산 및 개발, 관리되던 환경이 정보통신 기술의 도입과 함께 다양한 정보통신 장비, 제어장치, 네트워크 장치들의 연결 등으로 인한 새로운 내/외부로부터의 위협과 안전 등에 대한 이슈가 증가하고 있다.

기존의 환경에서는 안전 및 위협 또한 모든 발생에 대한 직접적인 원인이 사람으로 볼 수 있으며, 이는 내부의 인력 통제 관리와 외부로부터의 물리적 침입에 대한 대응으로 간단하게 처리할 수 있었다. 즉, 내부 인력으로부터의 안전 및 보안에 대한 위협은 인력에 대한 교육, 교체, 체계적 통제 관리 등을 통하여 가능하였으며, 외부로부터의 위협과 공격은 CCTV 설치, 출입 통제 게이트 사용 등과 같은 물리적 보안의 강화를 통하여 이에 대한 위협 및 안전의 문제를 최소화할 수 있었다.

그러나, 정보통신 기술에 따라 발생하는 문제점들은 단순히 이러한 기본적인 대응으로는 문제에 대응하기 어려우며, 보다 적극적인 대응 방법을 통하여 문제 발생의 최소화가 필요하다. 현재의 대다수 생산 및 제조 장비, 제어 시스템 환경 등은 네트워크를 통하여 구성되어 운영 관리되고 있으며, 각각의 장비/장치들은 중앙의 통제시스템 등과 연결되어 운영, 관리, 통제되고 있다. 그러나, 이러한 환경에 대한 준비가 미비한 중소 제조 및 개발 기업들의 경우는 다양한 안전 문제의 발생과 해킹 등의 보안에 대한 위협이 빠르게 증가하고 있다고 보인다. 덧붙여서 이러한 다수의 국내 기업들은 기업들의 고객사와의 관계, 기업 이미지, 영업활동 등의 다양한 요인으로 인하여 이러한 내부적 보안 및 안전 소홀로 인한 사고에 대하여 함구하고 있으며, 심지어 일부 기업들은 외부로부터의 공격 발생 등에 대하여는 피해 사실조차 파악하지도 못하는 경우가 존재하고 있다.

2) 자체적 보안 시설, 환경, 대응 능력의 부족

일반적인 국내 중소 제조 및 개발 기업은 개발, 생산, 제조의 환경에 대한 기본적인 물리적 보안 및 최소의 안전 대응을 하고 있다고 할 수 있으나, 지속적인 외부 변화 및 위협 등에 대하여는 충분한 대응 방안을 가지고 있지 못하다고 판단된다.

그 이유로는, 이러한 보안 및 안전 대응을 위하여 기업 내부 자체에 충분한 관련 인력의 보유 또는 투입 예산 등의 자원이 부족하기도 한 상황이며, 중소기업들의 경우 대다수는 사업 및 기업의 발전을 위한 투자가 우선으로써 그 외의 투자에 대하여는 현재까지 충분한 여력을 가지고 있지 못함이라 할 수 있다. 또한, 새로운 위협 및 안전, 보안 등의 대응을 위한 신규 투자에 대하여는 경영진 입장에서 필요성은 인지하고 있으나 다양한 경영환경 및 요건 등의 중요 순위에서는 그 의지가 다소 부족함이 있으며, 새로운 대응을 위한 개선의 비용이 1회성이 아닌 지속적으로 증가된다는 것이 걸림돌이 되기도 한다.

3) 기업 경영의 우선 순위 및 현실적 대응/개선 의지 미약

이 요인은 앞의 요인과 연계되어 있다고 할 수 있다. 기업 및 경영진의 입장에서 매우 현실적으로 직면한 요인으로, 기업의 가장 중요한 우선순위는 기업의 성장, 생산의 확대, 시장 확대, 매출 확대 등이라 할 수 있으며, 기업의 입장에서 제조 시설 및 환경에서의 안전 및 보안 환경의 강화는 생산 또는 매출 확대, 기업 성장에 직접적인 영향과 효과를 제공한다 보여지지 않으므로, 대응 및 개선에 대한 투자와 관심의 순위는 당연히 떨어질 수 밖에 없다고 보인다.

그러나, 향후 지속적인 기업의 성장과 발전을 위하여 예상되는 위협 요소의 제거와 시설 및 환경 개선 등에 대한 투자는 중장기적으로 기업 내외부의 효율성 확대와 시장 경쟁력 확보를 위한 기반으로 충분히 작용할 것이다.

4) 보안 및 안전 대응을 위한 기업 자체 예산 부족

대부분의 제조 및 개발, 생산을 위한 기업들의 경우, 기업의 성장과 발전을 위한 기본적인 요인에 대하여 관심을 가지고며 투자를 하고 있다고 할 수 있으며, 시설에 대한 안전 및 보안적 요소 등과 같은 부차적인 요인에 대하여는 그 관심의 정도가 조금은 떨어져 있다고 보인다. 이는 중소기업들의 입장에는 당연하다고 할 수도 있다. 대기업 및 공공기관들 또한 안전과 보안적인 요소에 대한 투자는 사고나 위협이 발생하지 않는 한, 피부적으로 체감하는 것이 나을 것으로 보이며, 기업 발전에 큰 영향을 주지 않는다고 믿을 수 있기 때문이다. 중소기업들 또한 생산과 매출을 위한 투자가 우선이며, 경영진의 확고한 의지나 결단 없이 안전 및 보안 등의 개선을 위한 예산의 확보가 쉽지는 않다고 판단된다.

5) 자체적 대응을 위한 전문적 인력 수급 및 보유 부족

국내 기사 및 방송 등을 통하여 지속적으로 언급되고 있는 논점중의 하나로, 충분한 전문인력의 부족이라 할 수 있다. 산업계의 발전을 위하여 안전 및 보안 등의 전문적인 지식과 경력을 가지고 있는 충분한 인력이 양성되고 배출되어야 하나, 현재의 국내 환경에서는 전문인력에 대한 양성과 공급이 매우 부족한 상황이며, 배출된 인력마저 대기업과 대형 IT 기업 등에서 흡수하고 있는 것이 현실이다.

그러므로, 중소 및 중견기업, 특히 제조 및 생산 기업, 개발사 등에 이러한 인력의 공급은 없다고 판단되며, 실제적으로 내부에서 관련 업무를 담당하는 인력마저도 전문분야가 아닌 관리부서 또는 개발부서 등의 타 부서 인력이 업무를 겸직하며 담당하고 있는 것이 현실이다. 이는 기업의 안전과 보안의 위협 발생에 대한 충분한 대응을 할 수 있는 상황이 아니라 판단되며, 지속적인 기업과 정부의 공동 노력이 필요한 부분이기도 하다.

6) 시설, 환경, 장비 등의 자동화 시작 시점

대부분의 생산 및 제조환경의 시설 및 장비는 최초 도입 이후, 적게는 몇 년에서 길게는 수십 년을 사용한다 할 수 있다. 이는 부분적인 기능의 개선, 일부 장비의 교체 및 모듈 추가 등을 통하여 진행된다 할 수 있으며, 아직도 전통적 초기의 장비 및 장치들이 직접적인 관리자의 통제를 통하여 생산과 제조가 진행되고 있다. 물론 대다수 장비들은 자동화 및 시스템화 되어 프로그램의 통제를 받고 있으나 이 또한 운영관리자를 통한 반자동 상태의 시스템이라 할 수 있다.

이러한 시설 및 장비들은 생산의 효율성 증가 및 품질 향상 등을 위하여 개선하고 최신의 장비로 교체 진행이 되어야 하나, 대다수 국내 중소기업들의 경우, 신규 시설 및 장비의 도입은 막대한 예산의 투입이 필요하므로 쉽게 결정할 수 없는 부분이기도 하다. 그러나, 제품의 안정성, 보안성 및 시설의 안전 등을 위하여는 자동화 및 인력 개입을 최소화고 통제 가능한 환경으로의 전환이 필요하며, 이를 위한 시점이 도래하였다고 볼 수 있다.

7) 개선을 위한 정부의 직/간접적 지원 필요

대부분의 기업은 제한적 자본을 기반으로 시설의 구축을 진행하고 운영하며 제품의 개발, 생산과 이를 통한 수익 창출을 목표로 운영하여 오고 있다. 이러한 제조 및 개발 설비 또는 시설 등은 지속적인 운영으로 인하여 장비의 노후화 및 시대 흐름에 따른 대응을 위한 유지관리 및 새로운 투자의 필요성이 대두된다. 그러나, 국내 대다수의 중소 및 중견 제조 및 개발 기업들의 경우, 이러한 유지관리 및 새로운 시설 장비의 도입은 많은 예산의 투입이 필요하며, 이는 기업의 입장에서 매우 큰 부담으로 다가온다고 할 수 있다. 특히 경영진의 입장에서는 이에 대한 결정에 있어서 많은 고민과 생각을 하게 만드는 부분이기도 하다.

현재 국내의 정부 기관들(특히, 중소벤처기업부, 산업통상자원부, 과학기술정보통신부 등)은 이러한 국내 기업, 시설, 환경 등의 개선과 인력지원 등을 위한 많은 국가 R&D 예산을 기반으로하는 지원 사업이 존재하고 있으며, 이들 기관들로부터 다양한 종류의 직접 및 간접적 지원이 있으므로 이를 이용할 수 있도록 하여야 한다. 그러나, 대다수의 중소기업들은 관련 정보의 부족 및 제한된 인력과 현실에 직면한 사업 진행의 여건상 이러한 직/간접적인 지원 사업 등에 대하여 알지 못하거나, 준비할 수 있는 여력이 부족하여 엄두를 내지 못하고 있는 것이 현실이며, 이로 인하여 많은 기회와 혜택을 누리지 못하고 있다.

8) 규제 및 제도 변화에 따른 보안 및 안전 대응에 대한 압박 발생

국내외적으로 기술의 발전 또는 제도의 변화 등에 따라 다양한 새로운 규제가 발생하기도 하며, 오래된 규제와 제도는 현실에 부합하지 못하여 폐지되는 경우가 있기도 하다. 또한, 오래된 불필요한 규제와 제도가 현실에 맞지 않은 상황에서 지속적으로 기업의 발전에 방해와 발목을 잡는 경우도 발생하고 있다.

최근 들어, 정보통신 및 기술의 발전과 이러한 기술들의 제조 및 산업 시스템 등에 대한 적용으로 인한 많은 규제와 제도가 변화되고 있으며, 특히 안전 및 보안 등과 관련된 부분 또한 빠르게 개선되고 있다. 이는 기업들에 대한 새로운 기회를 제공하기도 하며, 점진적으로 적용 및 도입을 요구하는 강제적 규정으로 발전하기도 한다. 특히, 세계적으로 보안 및 안전 등에 관련된 규제와 제도는 제조 및 산업제어시스템 등의 안전과 보안적 입장을 강화하기 위해서 강제화시키려는 추세로 변화하고 있으며, 해당 글로벌 기업들은 변화하는 규제와 제도에 대응하기 위해 이미 다양한 자체적 내부 규정과 프로세스 등을 마련하고 준비하여 오고 있다. 또한, 이러한 글로벌 기업들은 새로운 규정과 제도에 대응할 수 있는 충분한 자신들의 규정, 환경, 프로세스 등에 부합하고 만족할 수 있는 새로운 요구사항을 해당 부품업체, 모듈 개발사, 솔루션 개발업체 등과 같은 그들의 공급업체에 요구하기 시작했으며, 이는 공급기업 입장에서는 새로운 규제적 요인 및 피로도 상승의 요인으로 작용하고 있다.

새로운 기술에 따른 시대적 조류의 변화와 더불어, 안전 및 보안 등에 대한 정부의 규제 또한 강화되기 시작되고 있으며, 안전시설 및 환경 부재, 정책 및 규정, 절차 등의 미흡 또는 부족 등을 통하여 발생하는 인명사고 또는 안전사고에 대한 책임을 기업에 묻기 시작하고 있다. 또한, 기업 내부 정보 등의 유출 등에 대하여 발생하는 부차적인 피해 발생에 대한 책임을 해당 기업에 부과하기 시작하였다.

9) 사용자 안전 문제 및 기업 생존에 대한 화두

기존의 제조 및 개발, 생산, 산업시설 등은 기본적으로 안전에 대하여 포커스를 맞추어 사업을 진행하여 왔으며, 기타 보안적인 부분에 대하여는 큰 의미를 두고 있지 않았다고 볼 수 있다. 특히 보안적인 측면에서는 외부로부터의 물리적 침입 등을 대비하기 위한 시설 보안을 중심으로 시건 장치, 경비, 출입 통제, CCTV 등이 전부였다 할 수 있다. 즉, 대부분의 제조 및 제어시설 등은 물리적으로 시설의 외부와 분리 개념으로 운영되었고 도난 등이 보안의 핵심 이슈였으며, 이에 대한 대비가 주류를 이루었다 할 수 있다. 또한, 현장 인력에 대한 안전사고 등에 대하여는 안전 교육 및 지침 등을 통한 단순한 대응이 전부였다고도 할 수 있다.

그러나, IT의 접목과 네트워크의 연동, 그리고 일부 무선 통신의 사용 등은 제조, 생산 및 개발 환경 및 시설 등에 대한 새로운 위협 발생의 원인으로 여겨지고 있기도 하다. 예를 들어 기존의 인명 및 인사 사고는 기기 오작동, 사용자 부주의 또는 기타 안전사고 등으로 다루어져 왔으나, 최근 들어 시설의 자동화 및 제어 시스템 환경으로의 전환에 따라 이러한 안전사고는 장비 관리자 또는 운영자의 단순 실수 등에 의하여 발생하는 사고를 넘어 외부로부터의 직/간접적 해킹 공격 등에 의한 고의적인 오작동 유발과 이를 통한 안전사고의 유발 등으로 연계가 되고 있다. 또한, 이러한 안전사고 및 해킹 사고 등은 기업의 생산 시설에 대한 가동 중단, 이미지 훼손, 민/형사상 법정 문제 등의 원인으로 발전할 수 있으며 이는 기업에 대한 직간접적 피해를 발생시키는 중요한 이슈가 되기도 한다.

10) 안전 및 보안에 대한 세계적 인식 및 추세 변화

현재까지 제품 또는 제조물 등에 의한 피해 및 보상 등에 문제는 “제조물책임법(PL법: Product Liability)”에 해당하는 수준의 규제로 여겨져 왔으나, 정보통신 기술의 접목,

네트워크의 활용증가, 글로벌 생산기지 확대 등의 다양한 사회적, 경제적 변화에 따라 대응의 한계는 단순한 법령의 통제로만 제한되지 못하고 있다.

현재의 다양한 제품들은 많은 부품 또는 모듈의 집합체이며, 소프트웨어 또한 다양한 단위 모듈의 집합을 통하여 구성된 집합체라 할 수 있다. 이러한 환경에서 보안적으로 취약한 제품에 사용되는 개별 부품과 소프트웨어 모듈 등은 최종 제품에서의 문제 발생의 원인이 되기도 하며 이러한 이슈는 현재 세계적인 추세 변화의 요인으로 작용하고 있다. 작은 단위 부품 및 모듈의 이상 발생 또는 해킹 등을 통하여 전체 사용 제품의 이상과 시스템에 대한 위협 발생으로 확대되어감으로 인하여 이를 보완하기 위한 다양한 규정, 규제, 표준 등의 개발과 적용이 강제화되기 시작하고 있으며, 이는 21세기의 제조 및 제어 시스템 환경에서의 새로운 화두가 되고 있다.

11) 기업 및 제품 생산 효율성, 안정성 등에 대한 경쟁력 확보 필요

제조 및 생산 시설의 안정적 운영과 지속적 제품 생산은 기업의 입장에서 가장 이상적인 활동이라 할 수 있으며, 내외부의 문제 발생 없이 균일한 제품의 생산은 기업의 측면에서 매출 및 수익 확대에 가장 좋은 일이라 할 수 있다. 그러나, 제조 및 생산 시스템의 오작동 또는 사고 발생, 불량 증가 등은 생산 기업의 입장에서 매우 치명적인 문제라 할 수 있으며, 이러한 문제에 따른 생산 및 공급 지연, 불량률 증가, 기타 안전사고 등에 따른 전반적인 기업 경쟁력 하락은 기업의 생존을 결정할 수 있는 이유가 될 수 있다. 그러므로, 제품의 생산과 공급 등의 전반적인 체계에 대한 관리를 통하여 기업 경쟁력의 확보가 필요하다.

1.1.1 지속적 내외부적 제조 및 제어 시스템 환경 변화에 따른 새로운 문제의 발생

앞서 국내 대다수의 제조 또는 생산 시설을 가지고 있는 중소 및 중견기업의 안전 및 보안 관련한 상황에 대하여 간단하게 집어 보았다. 여기서는 이러한 문제들이 왜 발생하는지와 새로운 기술의 접목과 환경 변화 등에 따라 기업의 대응을 위한 변화의 요인을 정리하여 보고 그에 따른 과거 및 현재를 비교하여 설명하고자 한다.

제조 및 생산 시설 또는 제어 시스템 등을 보유하고 있고 운영중에 있는 대다수의 기업들은 정보통신 기술의 발전에 따른 적용과 국내외적 요인의 변화에 따라 세상이 변화하고 있음을 체감할 것이라 생각한다. 그리고 이 변화 요인을 이해하고 이에 대한 적절한 대응이 필요하다는 것 또한 충분하게 공감하리라 생각한다. 제조 및 개발 환경에서의 주된 변화의 요인은 4가지로 구분할 수 있다.

1) 정보통신 기술의 도입

정보통신 기술 및 기기의 도입 이전의 제조 및 생산 시설의 환경은 매우 단순한 장비 및 장치의 전기적 연결과 운영관리자 중심의 단순 통제 및 운영 장치 기반의 시스템이라고 할 수 있다. 즉, 개별 장비에 대한 운영자 통제와 최소의 제어 환경을 통하여 운영관리되고 시설 내부의 제한적인 네트워크를 통한 환경이었다 할 수 있다. 그러나, 현재의 제조 및 생산 장치 및 장비는 시스템화되어 구축되고 네트워크를 통한 통제 관리가 가능한 환경으로 발전되었다 할 수 있다.

기존의 내부 장치 연결을 위한 유선 기반의 네트워크는 고속 네트워크의 적용과 전자화된 통제 장치(예: PLC[1)], HMI[2)] 등)와 연결되어 작동되며, 중앙의 통제 장치를 통하

1) PLC: Programmable Logic Controller
2) HMI: Human Machine Interface

여 작업 지시와 관리, 통제 등을 진행하고 있다. 또한, 최근 일부 시설 등에서는 기존 내부 환경과 외부 환경과의 연계 통제 관리를 위하여 클라우드 서비스 또는 무선 통신망의 적용 등 첨단 정보통신 기술을 활용함으로써 생산 및 통제 관리, 모니터링 등의 효율성 증대를 꾀하고 있다. 일부 선두적 기업들에서는 최근 이슈가 되고있는 인공지능(AI) 등의 접목 등을 통한 완전 무인 체계의 자동화를 논의하고 있으나, 이는 현재까지 이상적인 환경으로만 판단하고 있으며 추후 새로운 환경으로 변화를 위한 심도있는 검토가 필요하다.

[표 1-1] 제조/개발 환경의 환경 변화

변화 요인	과거	현재
정보통신 기술의 도입	• 독립적(Stand alone)기계 장치 및 전기 장비 • 수동(반자동) 단순 통제 운영 장치 및 시스템	• 네트워크/시스템 기반 제어 시스템 (예: 인터넷, 클라우드, 빅-데이터, 무선 통신, 모바일 등) • 완전 자동화 제어통제 시스템 (Full automation control systems)
무형자산의 가치화	• 종이 문서 기반의 자산 소유 및 저장 • 무형 자산(예: 지적재산권, 데이터 등)의 가치 인식 부족	• 시스템(예: 데이터베이스) 기반 자료 저장, 소유, 사용 • 무형 자산의 가치 상승(예: 전자 문서 등)
공급망의 확대	• 단독 완제품 생산 및 공급 • 재류 수급 및 반제품 납품 • 자체적 재류 가공 및 공정 보유	• 기업간 협업 체계 구축 및 공급망 구현 • 단계별 참여/협력 기업의 역할 분담 • 부품/모듈별 전문 기업화
생산성 및 효율성 요구 증가	• 인력 기반의 단순 생산/효율성 • 생산성 = 노동인력 투입(수) X 시간 (비례)	• 전기/전자시스템 기반 자동화 생산 환경 구축(예: 시스템 및 로봇 생산, 최소 운영인력 적용) • 생산 효율성 극대화

2) 무형자산의 가치화

과거의 '자산'(Property 또는 Asset)이라는 개념은 물질적이고 형태적인 상태의 가치를 갖는 물질 또는 가치라고 정의 할 수 있다. 예를 들어 기업들의 경우, 설계문서, 특허문서, 장치 및 장비, 건물 및 시설, 인력 등을 포함하는 것들을 포괄적으로 자산이라 할 수 있었으며, 무형의 자산(예: 데이터 등) 또한 자산이라 할 수 있었으나 이에 대한 가치의 산출과 인지가 부족하여 그 의미가 강하다고는 볼 수 없었다.

그러나, 현재의 정보통신 기반의 환경에서는 기존의 유형적 자산의 개념을 포함하고 컴퓨터 등을 이용함으로써 '시스템 등에 사용되고', '저장되고 있으며', '기업이 소유하고 있는' 다양한 무형의 자산 또한 그 가치를 평가하고 자산으로 포함하여 사용하고 있다. 정보통신의 핵심이라 할 수 있는 무형의 데이터 및 정보(예: 사진, 개인정보 등)의 자산의 가치는 점차 매우 중요하게 여겨지고 있으며, 분석 및 통제 시스템 등을 통하여 이런 무형 자산들의 융/복합 및 분석과 이로써 발생하는 새로운 자산들의 가치는 일반적으로 정의할 수는 없으나, 그 가치는 자산의 사용 환경 및 목적에 따라 그 가치가 변화한다고 정의할 수 있다.

3) 공급망의 확대

공급망의 중요성은 2020년 시작된 코로나 바이러스로 인하여 발생한 국제적 물류 대란과 제품 및 부품, 원자재 공급 등의 부족 현상 등을 통하여 표면화 되어 왔으며, 제품의 생산기지 역할을 하던 중국 및 일부 국가들의 생산중단 등이 핵심적인 역할을 했다 할 수 있다. 또한, 니켈 및 리튬 등 반도체 및 배터리 등의 핵심 원자재에 대한 공급 및 생산 국가들로부터의 문제는 세계적으로 자동차, 반도체 등의 다양한 산업에 연속적인 문제를 유발하였다 할 수 있다.

과거의 공급망 구조는 개별 기업 등을 통한 단독 완제품의 생산과 공급, 제한적 공급자들을 통한 원자 재료의 수급 및 완제품의 납품 등으로 단순하게 진행되어 왔다고 할 수 있으며, 개별 생산자가 자체적인 재료의 수급, 가공 및 공정 등을 보유하여 진행하는 전체적 프로세스를 포함하여 왔다고 할 수 있다.

그러나, 현재의 공급망 구조는 과거와는 다르게 매우 세분화되어 있으며, 전문화되고 구조화를 이루어 효율적 공급과 수급, 안정적이고 체계적인 공급망을 구축하고 있다. 공급기업 및 수급기업 간의 긴밀한 협력체계 구축과 국제적 협업 등을 통한 원자재 공급 체계가 구축되어 운영되고 있으며, 각 단계별 참여 또는 협력하는 기업에 대한 역할이 분담되어 공급 및 수급의 계획에 문제가 발생하지 않도록 실시간적으로 운영 관리되고 있다. 또한, 제품 생산을 위하여 제품 공급망에 참여하는 모듈 또는 부품 생산기업들은 각각의 전문성을 가지고 생산과 납품을 진행하는 등의 공급망의 구성은 점차 복잡해지고 다양해지고 있다.

4) 생산성 및 효율성 요구의 증가

과거의 제조시설에서 생산이라는 것과 생산 효율성이라는 것은 단순한 수치적 계산을 통하여 산출할 수 있었으며, 이는 투입되는 인력 및 장비와 시간에 대한 생산량을 비교하는 단순한 논리를 통하여 파악될 수 있었다.

그러나, 현재의 생산 효율성 또는 생산량 등의 산출과 판단은 장비의 형태, 성능, 기술자의 숙련도, 시실의 노후화 정도, 고장률, 불량률 등 다양한 내외부의 직접적 및 간접적 요인들이 복합되어 작용하고 있는 환경의 조합을 통하여 가능하다고 할 수 있다. 현재의 제조산업 시설 및 자동 제어를 통한 생산환경은 전기, 전자, 기계 등의 복합적인 물리적 기술과 소프트웨어 등을 통한 논리적 기술을 기반으로 구성되어 있으며, 로봇 및 제어 시스템 등의 첨단 기기 등이 포함되어 있어 단순한 산술적으로 계산하는 것은 불가능하다 할 수 있다. 또한, 첨단 기술을 통한 운영 및 관리, 생산 인력 등의 최소화를 통하여 품질의 향상, 균일성, 불량률 감소 등의 생산성 향상과 효율성 확대 등의 다양한 요구가 증가하고 있다.

1.1.2 중소 제조 및 개발 기업 등의 당면 문제와 해결을 위한 방향성은?

앞에서 소개한 중소기업들이 직면한 현황들과 실태 등을 통하여, 기업들이 공감하고 있는 보안 및 안전 등에 관련된 문제점들을 발견하였으며, 이러한 문제점들은 4가지의 카테고리로 정의하여 간단하게 기본적인 설명을 진행하였다.

여기서는 기업들의 입장에서 앞서 간단하게 논의된 문제점들에 대한 해결 방법이 필요하게 될 것이며, 어떻게 풀어나가는 것이 '가장 빠르고', '효율적이고', '저비용이며', 그리고 '현실적인가'에 대한 대답이 필요하다고 판단된다. 또한, 기업의 입장에서 발견된 문제점들을 해결하였을 경우와 해결하지 못하였을 경우에 대하여 나누어 간단하게 설명할 예정이며, 이들 방법이 100% 맞는다고 할 수는 없으나, 다 수의 중소기업들이 가지고 있는 관련 문제의 해결을 위한 최소한의 가이드라인은 될 수 있다고 판단한다.

우선은 앞서 설명한 중소 제조산업 시설의 디지털 전환의 걸림돌이 무엇인지를 정리하여 보면, 현재의 제조 및 개발을 진행하는 중소기업들의 보안 및 안전에 관련된 문제점들은 4개의 큰 유형들로 정의 할 수 있다.

아래 정의한 4개의 유형들에 대한 개선 및 전환이 가능한 경우, 기존의 중소 제조 및 개발 기업은 산업현장의 혁신 등을 통한 스마트 팩토리로 전환할 수 있는 충분한 역량을 확보할 수 있으며, 이를 기초로 하는 자동화 기반의 생산 효율의 증가, 최소 인력 투입 등을 통한 생산 및 제조환경 구축과 정부의 예산 지원 등을 통한 자체 예산의 최소 투입, 정부 사업 및 기타 외부 지원의 디지털 전환, 안정 및 보안 위협의 최소화 가능 등의 다양한 개선 효과를 가질 수 있다.

중소 제조 및 산업 시설의 디지털 전환의 걸림돌

- **구형/노후 설비 및 장비**: 기존의 제조 및 개발 환경과 시설 장비들이 노후화 되어 있거나 최신의 보안 취약점, 안전, 공격 등으로부터 대응하기에 부족한 수준으로 외부 또는 내부의 문제 발생시 대응력 부족
- **인력 부족**: 시설 및 장비, 안전관리, 보안 등의 문제 발생시, 이에 대한 내용 및 해결을 위한 전문화된 인력의 부족과 관련 교육 시스템 등 다양한 요인 등 발생
- **예산 부족**: 보안 및 안전 시스템 구축, 전문 인력의 채용, 물리적/논리적 사고 대응 정책 수립 등 다양한 요인의 충족을 위한 충분한 시간 및 예산의 필요
- **전환 가이드 및 방법 모름**: 인력 및 예산 부족을 포함하여 다양한 내부 및 외부의 충분한 리소스 부족과 정보의 부족을 통한 디지털 전환 및 개선 방안에 대한 대응력 한계 발생

위에서 설명한 걸림돌 해결을 위한 대응 방안은 다시 다음과 같은 3가지 방법으로 정리할 수 있다.

첫 번째 방법으로는 디지털 전환 및 변화를 위한 다양한 국내의 온/오프라인 교육들이 있으며, 이러한 교육을 통하여 내부 직원 및 관련 인력들에 대한 인식 개선을 진행하는 방법이 있다. 이는 가장 간단하고 최소한의 예산 투입을 통하여 단기적인 효과를 볼 수 있는 방법이기는 하나, 그 교육의 파급성과 효과의 지속성은 크다고는 할 수 없다.

두 번째로 정부가 지원하는 다양한 과제 또는 지원사업을 통하여 디지털 전환을 시도하는 방법으로 정부의 사업비 예산 확보, 컨설팅 지원사업 또는 솔루션 지원사업 등의 혜택을 받는 것이다. 이 방법은 기업들이 입장에서는 예산 또는 비용적인 측면에서 가장 큰 효과를 볼 수 있으나, 사업 진행을 위한 내부인력투입, 일부 매칭-펀드(Matching Fund) 투입, 시간 소요 또는 자체 장비 제공 등의 리소스 투입이 필요한 것으로 기존 제조 및 개발 시설 또는 환경 등에 대한 디지털 전환이 좋은 기회라 할 수 있다.

마지막으로는 내부적으로 제조 및 개발 환경, 시설, 시스템 등의 변경과 구축 등을 말하는 것으로 예산, 인력, 시간 등의 자체적 자원의 투입이 필요하며, 폭넓은 내부 규정 및 제도 또는 프로세스 변화 등이 필요한 방법으로 경영진의 의지와 전체 직원 등의 협업을 통하여 진행이 가능하다. 이는 단순하고 안전한 정보통신 기술이 접목된 장비 및 시스템의 도입 또는 구축뿐만 아니라, 국내 또는 국제적으로 요구하는 안전 및 보안에 관련된 국제 표준의 적용과 이를 통한 기업 혁신이 필요한 내용으로 많은 자원의 투입과 노력이 필요하다고 할 수 있으나, 그 효과는 기업의 미래에 대한 가장 좋은 투자라 할 수 있다.

그러나, 위에서 설명한 걸림돌이 될 수 있는 문제점들에 대해 해결을 하지 못하는 기업들의 경우는 새로운 사업의 기회 또는 신규 공급망 확대 참여 제외 등과 같은 불이익 등으로 인한 시장 도태 등의 어려움이 발생할 것으로 예상되며, 이에 대한 세부 내용은 다음에 설명하고자 한다.

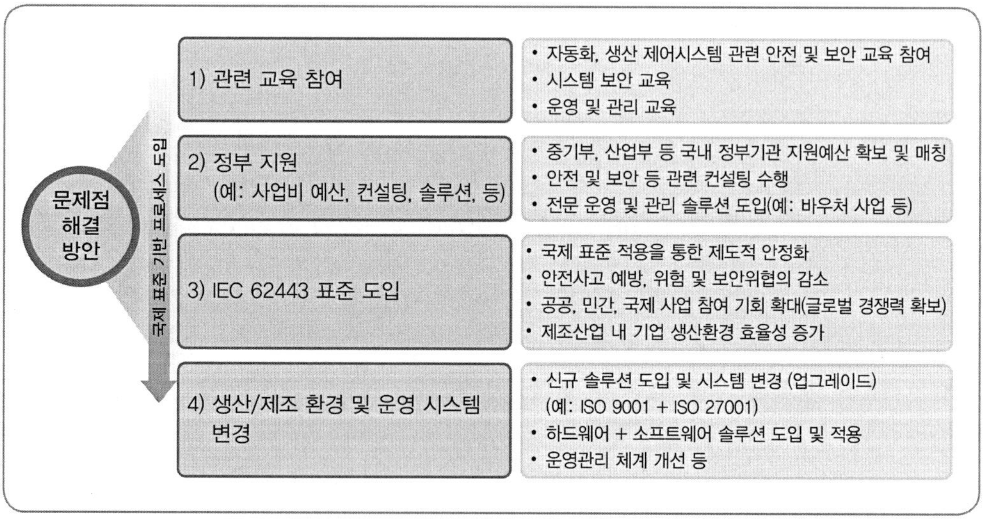

[그림 1-2] 문제 해결을 위한 기본적 전략

1.1.3 문제 해결을 위한 기본적 전략의 수립

앞 장에서 설명한 기업들의 직면한 문제의 해결을 위한 방법과 더불어 이제부터는 문제 해결을 위한 기본적인 전략의 수립에 대하여 설명하고자 한다. 앞 절에서 크게 3가지의 문제 해결 방안을 제시하였으나, 이제부터는 체계적인 해결 전략의 수립을 위하여 4단계로 세분화하여 설명하겠다. 이는 개선 또는 발전을 위한 단계로도 볼 수 있으며, 또는 기업의 입장에서 선택하여 취할 수 있는 별도의 해결 전략으로도 볼 수 있다. 이에 대한 선택은 기업의 몫으로 남겨 두어야 할 듯하며, 여기서는 이를 전략적 프로세스로 정의하고 설명을 할 예정이다.

1) 관련 교육 참여

앞서 설명한 것처럼 '관련 교육 참여'는 기업 또는 조직 내부의 인력들에 대하여 교육에 참여하게 하는 것으로 관련 지식의 습득과 국내외 또는 산업계의 환경적 변화, 시스템의 필요성, 제조 및 개발 기업에 관련된 제어 시스템 및 안전/보안 교육 등에 대한 것이다. 국내에는 온/오프라인으로 다양한 시스템 보안 및 안전 등의 교육이 진행되고 있으며, 추가적인 시스템 운영 및 관리 등에 관련된 다양한 교육들이 진행되고 있다. 이러한 교육은 기업들의 입장에서 최소한의 예산 및 시간 투자를 통하여 기업의 보안과 안전 등에 직접적인 영향을 줄 수 있는 효과적인 대응 전략으로 정의 할 수 있다.

제조 및 생산 기업들에게 있어서 필요한 기본적인 교육으로는 ISO 9001의 품질경영시스템에 대한 교육과 ISO 27001의 정보보호관리시스템(ISMS, Information Security Management System)에 대한 교육, 그리고 최근 이슈가 되기 시작한 IEC 62443의 산업제어시스템(ICS) 보안에 대한 교육이라 할 수 있다.

[표 1-2] 제조 및 생산, 개발 기업의 기초 교육 분야

항목	국제 규격	설명
품질 경영	ISO 9001	• 균일 제품 생산 공정 및 품질 관리 체계 • 제품 품질 관리를 위한 조직 경영 체계
산업보안 경영	ISO 27001	• 제품 생산 및 개발 관련 조직 경영의 보안관리 체계
산업보안 생산/관리	IEC 62443	• 제품, 생산 및 개발, 공급 등의 통합 보안 체계

이미, 다수의 제조 및 제품 생산 기업들은 자사 제품에 대한 생산공정 및 품질관리 체계 마련을 위하여 관련 인증의 획득과 품질관리를 위한 조직경영에 관련된 충분한 교육이 진행되어 있다고 판단된다. 그러나, 최근 많은 정보시스템의 적용과 제어 시스템의 사용을 통하여 다루어지는 다양한 데이터 및 정보의 체계적 관리와 기업 내부에서 사용되는 정보관리를 위하여 ISO 27001에 해당하는 정보보호관리체계의 구축과 도입에 대한 요구가 발생하고 있다. 이러한 관련 교육 또한, 기업 내부의 정보자산 및 보안사고 예방을 위한 필수적 요소라 볼 수 있다.

마지막으로, 산업제어시스템의 보안 강화 및 관련 제품의 공급망에 관련된 보안 프로세스와 요구사항을 포함하고 있는 IEC 62443 표준이 제조 및 개발 기업에 있어서 보안사고 예방과 안전을 위하여 새롭게 추가되는 분야라 할 수 있으며, 이에 관련된 교육의 참여는 해당 직원 또는 모든 직원들에게 있어서 생산 및 제어 시스템에 대한 안전 및 보안, 운영관리 및 자산관리 등의 전반적인 제조 기업에 있어서 필요한 내용을 포함하고 있다고 볼 수 있다. 또한 교육을 통하여 기업 내부의 생산 및 개발, 운영 관리에 대한 체계의 확립(예: 품질 및 생산관리, 인력관리 등)과 기업 운영시스템(예: 인사, 자산 및 생산, 위협 및 보안 등)의 안정화에 기여하고, 관리 인력의 보안 인식 개선 및 생산의 효율성 증가에 기여할 수 있다. 해외의 경우, 미국을 비롯한 다수의 유럽에 위치한 제어장치 개발 및 생산 기업(예: SIEMENS, Rockwell Automation 등)이 자사 생산 및 개발 시설에 대한 IEC 62443 표준의 도입 및 적용을 검토 및 진행하고 있으

며, 국내의 경우도 민간기업 및 관련 정부 기관을 중심으로 표준의 적용을 검토하고 있다.

2) 정부 지원사업 참여

정부로부터의 예산 지원사업 참여는 중소기업의 입장에서 봄철 단비와 같은 효과를 보이는 전략으로 볼 수 있으며, 기술개발, 시스템 개선, 교육, 컨설팅, 솔루션 등 다양한 분야에 대한 지원을 받을 수 있는 좋은 기회라 할 수 있다.

매년 중소벤처기업부, 과학기술정보통신부, 산업통상자원부 등을 포함한 모든 국내 정부부처들은 사업비 예산을 책정하고 다양한 국내 기업들에 대하여 많은 사업비 예산을 지원하고 있으며, 특히 일부 부처들의 경우는 중소기업의 혁신과 안전 및 보안, 산업시설 전환 및 개선 등의 분야에 대한 사업비 지원을 하고 있다.

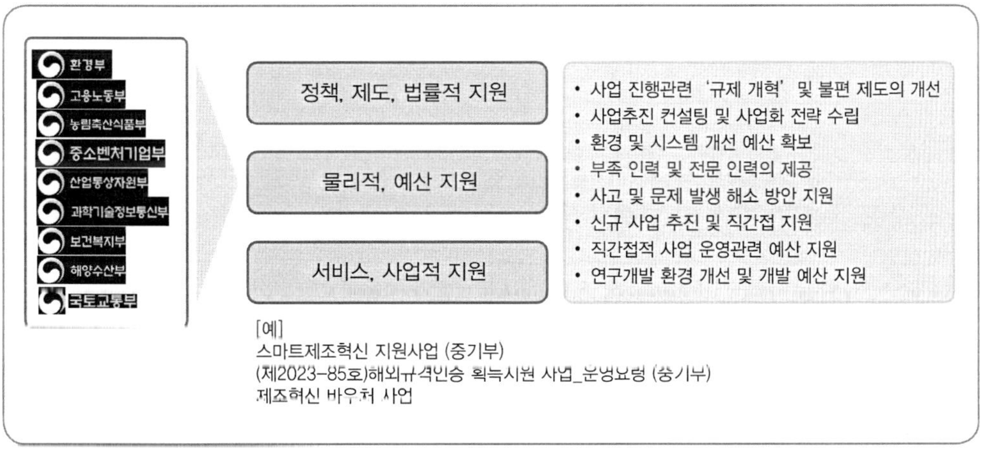

[그림 1-3] 정부 기관 지원을 통한 생산 및 제조환경 개선

해당 예산의 직접적 지원 또는 관련 사업 추진예산을 바탕으로 진행되는 정책/제도/법률적 지원과 서비스/사업 지원 등을 들 수 있으며, 이러한 지원사업을 통하여 기업

들은 많은 직간접적인 혜택을 받을 수 있다. 정부 사업을 통한 지원 내용을 세부적으로 살펴보면 다음과 같다.

- 사업 관련 '규제 개혁' 및 불편 제도의 개선
- 사업추진 컨설팅 및 사업화 전략 수립
- 환경 및 시스템 개선 예산 확보
- 부족 인력 및 전문 인력의 제공
- 사고 및 문제 발생 해소 방안 지원
- 신규 사업추진 및 직간접 지원
- 직간접적 사업 운영 관련 예산 지원
- 연구개발 환경 개선 및 개발 예산 지원

매년 다양한 국내 기업들이 정부 지원사업에 참여하고 예산 지원을 받고 있으며, 중소기업의 안전 및 보안 분야의 개선을 위하여 정부 사업에 참여 제안과 이를 통한 예산 지원을 받아 디지털 전환을 진행할 경우, 많은 혜택을 볼 수 있을 것으로 보인다. 또한, 안전 및 보안 등의 개선을 위한 전문 운영 및 관리 솔루션 등의 도입을 통한 기업의 발전 및 성장 발판을 마련할 수도 있다.

3) 국제 표준 기반 프로세스 적용 및 도입

최근 국제적으로 산업 및 제어 시스템 등의 시설에 대한 다양한 해킹 공격의 발생 등은 사회적 문제로 대두되기 시작했으며, 최근 들어 증가하고 있는 랜섬웨어 공격 등은 기존의 중소기업들의 입장에서 막대한 피해 발생을 유발하고 있으며 대응하기는 매우 어려운 것으로 조사되고 있다.

앞서 설명했듯이 중소기업들은 외부의 공격 또는 위협에 대한 대응을 위한 충분한 인력이나 솔루션 등을 보유하고 있지 못한 상황이며, 심지어 고객사들로부터 수신되는 이메일 등으로 위장되어 접근하여 오는 공격의 경우, 100% 랜섬웨어 감염을 통한 내부의 운영관리 시스템의 문제와 나아가 생산 및 제조, 개발 시스템 등의 감염으로 확대되는 등의 피해를 유발하고 있다. 이 또한, 기업의 이미지 및 사업적 사항으로 인하여 고객사 등 대외적으로 감염 및 피해 사실을 알리지 못하고 있는 실정으로, 그 정확한 피해 규모마저 산정이 불가하다고 할 수 있다.

이러한 문제의 해결을 위하여, 국내외적으로 정부 중요시설(예: 군사시설), 공공 기반시설(예: 발전소, 공항, 산업제어시스템 등), 민간 기반 시설(예: 석유화학 플랜트, 자동차 생산 시설) 등에서는 산업제어시스템에 대한 보안 국제 표준 (IEC 62443)의 도입을 권장하고 있으며, 일부 관심과 도입을 검토하기 시작하였다. 이는 제조 및 개발 시스템 및 환경에서의 제도적 안정화, 해킹 공격 등으로 인한 안전사고 예방, 위협 및 내외부적 보안 위협의 감소, 사고 예방을 통한 기업 생산성 향상 등의 다양한 목적을 위하여 도입을 검토하고 있다. 현재 국내외 정부 기관들 및 글로벌 대기업들의 경우, 해당 표준의 도입과 인증 취득을 진행하고 있으며, 공급망에 참여하고 있는 다양한 협력 기업들에 대한 표준의 도입 요구가 발생할 것으로 예상하고 있다.

- 표준 기반의 통일성 확보 → 생산/개발/적용의 편리성 및 호환성 증대
- 최소 안전 및 보안 대응 수준 제공 → 최소 대응 방안 및 솔루션 적용
- 문제 발생의 최소화 제공 → 2~3차 피해의 확산 발생 예방
- 지속적인 발전 및 개선 → 환경 및 시간, 기술적 변화에 대한 대응 기능

[그림 1-4] IEC 62443 표준적용에 따른 효과

4) 생산 및 개발 관련 보안 프로세스 개선

기존 제조 및 개발 기업의 입장에서 안전 및 보안 문제의 해결과 안정적 기업 성장, 사업화 기회 확보 및 글로벌 공급망에 대한 참여 등을 고려하면 기존의 생산 및 제조환

경, 시설, 시스템 등에 대한 변화와 내외부적인 관리 시스템의 혁신을 통하여 새로운 환경의 도입이 가장 좋은 전략으로 판단 할 수 있다.

대다수의 국내외 제조 및 개발 기업들의 경우, ISO 9001의 국제 품질경영 표준에 따르는 생산품에 대한 품질 관리가 진행중에 있을 것으로 확인되며, 정보통신 관련 기업들의 경우는 ISO 27001의 정보보호 관리 표준에 따라 시스템 구축 및 운영을 진행하고 있다고 확인된다.

여기서 산업제어시스템을 포함하는 제조 및 개발 기업들의 경우, IEC 62443 산업제어시스템 보안 표준의 도입을 통하여 발전적인 환경으로의 변화가 필요하며, 이는 하드웨어 및 소프트웨어 솔루션의 도입 및 적용과 운영 관리 체계 등의 개선을 통하여 실현 가능하다고 판단된다.

[그림 1-5]는 대다수의 제조 및 제품 생산, (소프트웨어 등) 개발 기업들이 운영하고 있는 일반적인 제품 개발 프로세스와 IEC 62443에서 요구하는 제품 개발 보안 프로세스를 정리하여 비교한 것으로써, 기존의 제품 개발 프로세스와 별다른 차이점이 없어

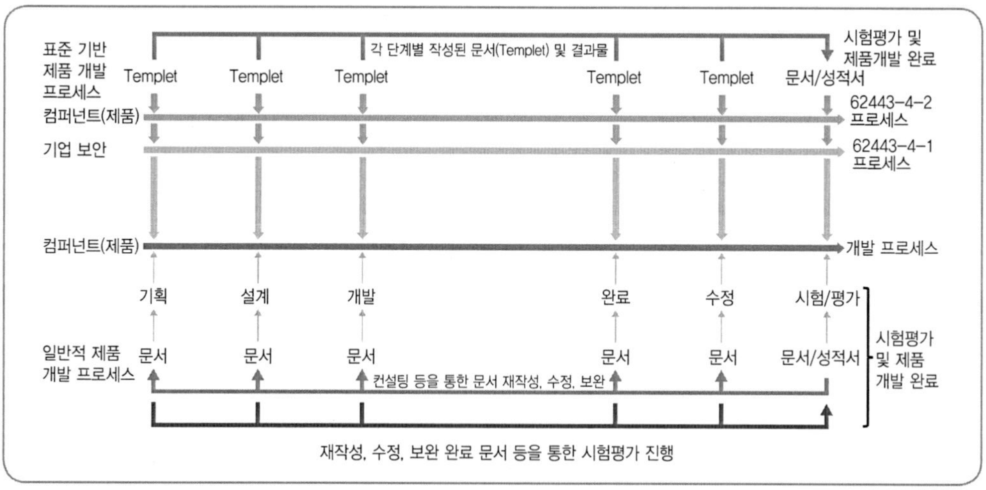

[그림 1-5] IEC 62443 표준기반 제품 개발 보안 프로세스

보인다. 그러나, 세부적으로는 보안적으로 안전한 제품의 개발을 위한 다양한 보안적 요소 및 요구사항이 가미되어 있으며, 이는 국제 표준의 프로세스를 준용하는 필수적 요건이라 할 수 있다.

[그림 1-5] 하단에서 보여주는 일반 기업이 운영하는 일반적 제품 개발 프로세스는 일반인들도 쉽게 이해할 수 있는 부분이며, 개별 단계별로 제품 개발에 관련된 문서의 작성과 수정, 관리 등에 대한 절차를 보여주고 있다. 그러나, IEC 62443에서 요구하는 제품 개발에 대한 보안적 요구사항과 요소가 적용된 프로세스에는 기업의 자산에 대한 운영 관리 프로세스와 이를 통한 제품 개발의 프로세스가 동시에 적용되어 있는 구조로 되어 있으며, 이에 대한 세부적 소개와 설명은 뒷부분에 추가하도록 하겠다.

1.2
표준 프로세스 도입이 왜 필요한가?

앞 절에서 우리는 국제 표준 및 프로세스의 도입에 대하여 언급하였으며, 글로벌 기업 및 공공 기반 시설 등에서 표준 및 표준 프로세스의 도입에 대한 요구가 발생하고 있다고 설명하였다. 그러면, 여기서 우리는 '표준 프로세스 도입이 왜 필요한가?'라는 또 다른 질문이 하나 생긴다. 이는 단지 글로벌 기업들이 자신들의 사업화 목적을 위하여 맹목적으로 요구한다고는 볼 수 없으며, 다양한 제조 및 개발 시설 및 환경들의 변화, 제조 관련 제어 시스템들의 고도화, 위협 및 시스템 취약점의 증가, 자산에 대한 탈취 시도 증가 및 사이버 테러 등의 다양한 변화적 요인에 기인한 것이라 볼 수 있다. 또한, 이러한 공급망 구조에서 공급자의 입장과 수요자(즉, 제품 등의 구매자) 입장에서의 표준 프로세스의 도입 필요성을 설명하려 하며, 위 질문에 대답을 위한 이들 간의 관점에 따른 요구사항을 설명하도록 하겠다.

세상의 모든 시스템은 '공급자(Supplier, Provider, Developer 또는 Giver)' 등과 같이 제공을 목적으로 하는 위치와 '수요자(Receiver, Buyer, Customer 또는 Owner)' 등과 같이 그 제공을 받아들이는 위치가 존재한다. 이들 모든 단어는 영어적인 뉘앙스 차이가 있으나, 같은 맥락의 단어들이라 할 수 있으며, 이외에도 많은 유사한 단어들이 존재하고 또 사용되고 있다.

여기서는 제품 또는 서비스, 개발, 제어 시스템 등의 산업에 관련된 부분에 대하여 제한하여 설명하고자 한다. 일반적으로 제품의 개발 및 판매 등의 관점에서 수요자와 공급자의 관계로 구분 가능하며, 수요자와 제품 구매자 관점에서 이러한 표준 프로세스의 도입 필요성이 무엇인지 알아볼 필요가 있다.

1.2.1 관점에 따른 요구사항 발생

어떤 특정한 제품 또는 환경에 대한 수요자 입장에서 제품의 공급 및 개발사에 대한 요구사항 및 조건이 있을 수 있으며, 이는 수요자 입장에서 공급자가 이를 만족시킬 수 있는 능력이 있음을 확인할 기회이기도 하다.

첫 번째로, 수요자 입장에서는 공급자로부터 생산 또는 개발에 관련된 시설 및 환경에서의 정보통신 제어장치, 통제 및 관리 시스템, 제품 솔루션 등에 대한 보안 및 안전 등에 관련된 충분한 신뢰성이 확보되었는지에 대하여 요구할 수 있다. 이는 개발 및 제조, 생산 환경에 대한 확인을 위한 요구사항으로도 볼 수 있다.

두 번째로, 안정적 제품의 수급 및 균일화된 제품의 안정성에 대한 확신을 요구할 수 있다. 이는 수요자 입장에서 제공받는 제품 또는 부품의 안정적 공급에 대한 확신과 해당 제품 또는 부품 등의 품질에 대한 부분을 확인하고자 하는 요구사항으로도 볼 수 있다.

마지막으로, 수요자는 공급자들과의 안정적 부품 또는 제품의 수급과 편리성, 관리성 등을 위하여 수요자가 구축 및 운영하고 있는 공급망의 시스템에 대한 참여를 요구할 수 있다. 이는 수요자가 구축 및 운영하는 공급망 시스템에 대한 참여 또는 공급자의 유사한 관리 시스템의 사용을 통하여 공급망 관리의 효율성과 편리성, 유연성 등에 대한 효과를 유지하기 위하여 요구할 수도 있다.

수요자 입장에서의 제품 공급 및 개발사에 대한 요구사항 및 조건

- (생산/개발 관련) 정보통신 제어장치, 통제시스템, 제품, 솔루션 등에 대한 보안 및 안전 관련 신뢰성 확보 요구
- 안정적 제품의 공급 및 균일화된 제품 안정성의 확신 요구
- 수요자의 공급망 체인에 참여 요구

그럼, 공급자 입장에서는 수요자 관점에서 요구하는 요구사항에 대한 수용과 대응을 위한 방안이 필요하게 된다.

공급자 입장에서는 수요자의 관련 정책 및 요구사항들에 대하여 만족하는 제품 또는 솔루션 등의 개발과 공급을 해야 한다. 수요자의 요구사항을 만족시키지 못하는(예: 품질, 수량, 기한 등) 제품 또는 생산품과 해당 공급기업은 시장에서 도태되는 것이 자연스러운 현상이며, 공급기업 입장에서 이러한 수요자의 기본적인 요구사항을 만족시키는 것은 당연한 것이라 할 수 있다.

공급자는 제품 및 공급자 시설 또는 환경 등에 대한 안전 및 보안적으로 신뢰성을 갖는 제품의 안정적인 공급을 해야 한다. 공급자의 제품 또는 모듈 등에 대한 안전 및 보안 사항 등에 대한 신뢰가 부족할 경우, 해당 공급 제품을 사용하여 제작 및 생산한 제품에서 발생하는 문제는 수요자의 전적인 책임으로 돌려지게 된다. 또한, 수요자의 입장에서는 이러한 불확실한 부품 또는 모듈의 공급사에 대한 신뢰가 부족할 경우, 새로운 공급업체로부터의 공급을 받을 수 있으므로, 공급자는 기존 공급망으로부터의 강제적 이탈을 방지하기 위하여 확실한 안전 및 보안적 신뢰를 제공할 수 있는 제품을 개발하고 안정적으로 제공할 수 있는 환경을 구축하고 하여야 한다.

공급업체는 수요자에게 공급되는 모듈 또는 부품, 제품 등을 이용하여 안정적 제품의 생산 또는 시스템 구축 및 사용 등을 하기 위하여, 안정적 제품 공급체계 및 환경을 확보하고 있어야 한다. 수요자가 요구하는 시점에 필요 수량에 대한 공급이 불가할 경우, 이는 공급자에 대한 신뢰의 하락과 공급업체의 다변화 또는 변경의 직접적 원인이 되므로, 공급자는 수요자가 요구하는 신뢰적 공급체계의 확보와 유지가 필요하다.

공급자는 공급하는 제품에 대한 보안적 신뢰성 향상과 수요자가 요구하는 국제 기준에 부합하는 제품 개발 환경과 제품의 품질 개선 등을 위하여 표준 요구사항을 적용하고, 이를 기반으로 생산된 제품 및 개발 환경을 유지관리 함으로써, 경쟁력 확보 및 타 공급기업들과의 차별성과 경쟁적 우위를 지킬 수 있어야 한다.

지난 코로나 바이러스의 팬데믹 이후, 우리는 많은 기사와 뉴스를 통하여 다양한 글로벌 공급망 붕괴사태를 보았으며, 이는 사회적 및 경제적으로 막대한 피해가 발생한 것을 보아 왔다. 또한 2022년 발생한 우크라이나-러시아 전쟁으로 인하여 밀 등을 포함한 곡물의 공급망 문제, 러시아로부터 유럽국가들로의 가스공급 문제 등 다양한 수요-공급 문제 발생을 지켜봐야 했다.

수요자 입장에서의 공급자로부터의 요구 대응

- 수요자 정책 및 요구사항에 대한 만족 제품 및 솔루션 등의 공급
- 안전 및 보안 신뢰성 확보 제품에 대한 안정적 공급
- 최종 제품 및 개발의 지속적 공급을 위한 준비된 공급 체계 및 환경 확보
- 글로벌 국제 기준에 부합하는 제품의 경쟁력 및 생산/개발 환경 보유

앞으로의 국제간 또는 기업들 간의 수요-공급의 관계는 더욱 다변화되고, 세분화될 것이며, 이러한 수요-공급망에 대한 참여 여부는 (특히) 중소기업에게 있어서는 직접적인 생존과 관련된다고 볼 수 있다.

국내에서의 산업제어시스템 보안에 관련된 변화의 신호는 2023년 3월에 LS 일렉트릭이 획득한 IEC 62443-4-1 인증이라 할 수 있다. 이는 국내 산업제어시스템 생산 및 개발 관련 대기업이 취득한 최초 인증이며, 이를 시작으로 다양한 공급망 등에 대한 보안적 요구사항의 증가와 이를 수용하는 공급기업들 간의 많은 변화가 예상된다.

LS일렉트릭, 국내 최초 산업자동화 R&D 보안 국제인증 획득

LS일렉트릭이 국내 최초로 연구개발(R&D) 프로세스 보안 관련 국제 표준 인증을 획득했다.

LS일렉트릭은 최근 글로벌 시험인증기관 'TUV SUD'로부터 PLC, 인버터 등 산업 자동화 제품 개발 프로세스 등에 대한 'IEC 62443-4-1 정보 보안 인증'을 획득했다고 6일 밝혔다.

IEC 62443은 산업 통신망의 위험 완화를 목적으로 보안에 대한 전체적인 접근방식을 정의한 신 국제 표준이다.

기존의 IT의 사이버 보안 표준은 네트워크에만 국한돼 있어 최근 주목받는 산업자동화 제어시스템(IACS)이나 운영 기술(OT) 분야 보안체계 구축에는 한계가 있었다.

[그림 1-6] LS일렉트릭의 IEC 62443 국제 표준 인증 획득〈출처: 머니S, 2023.2.6.〉

1.2.2 관점에 따른 대응 전략은 무엇인가?

위에서 공급자와 수요자들의 관점에 따른 요구사항과 이에 대한 상식적인 대응 방법을 설명하였다. 이는 어쩌면 수요자의 당연한 요구사항이며, 이에 대한 공급자들이 당연히 대응해야 할 방안이라 할 수 있다. 여기서는 앞서 설명한 수요자의 요구사항에 대한 공급자의 대응 방법을 넘는 대응 전략과 방안을 조금 더 심도있게 설명하도록 하겠다.

제품 공급자 관점에서의 수요자가 요구하는 표준 프로세스의 도입에 대한 대응 전략은 다음과 같이 정의하였다.

공급자 관점에서의 대응 전략

- (생산/개발 관련) 정보통신 제어장치, 제품, 솔루션, 설비 및 시스템 등의 보안 및 안전 신뢰성 확보
- 수요자 및 제품 구매자가 요구하는 제품 및 개발에 관련된 보안 및 안전 사항 등에 대한 요구사항 대응
- 지속이고 안정적인 수요자 제품 공급망에 대한 참여를 위한 공급자 정책 및 환경의 통일
- 준비된 생산 및 개발 환경을 통한 기업 및 제품 개발에 대한 경쟁적 우위 확보 및 시장 점유 기회 마련

공급자 입장에서 수요자가 요구하는 제품의 생산, 제조, 개발에 관련된 정보통신 제어 시스템, 장치, 솔루션 등에 대하여 보안 위협 요인이 적용되고, 인증 또는 입증된 환경의 구축과 이를 통하여 공급자의 환경에 대한 안전 및 보안 관련 신뢰성을 미리 준비하고 확보하여야 한다는 것이다. 이는 공급자 입장에서 제품 및 기업의 경쟁력을 확보하고 수요자의 제품 또는 부품의 공급망에서의 타 공급사들로부터의 경쟁적 우위를 확보할 수 있는 좋은 기회이며, 기업과 공급 제품에 대한 신뢰를 끌어 올릴 수 있는 절호의 기회로 활용하여야 한다.

수요자 또는 제품 구매자는 자신들이 공급받는 제품 또는 모듈 등에 대하여 보이지 않는 잠재적 위협이나 보안 문제의 발생에 대하여 매우 민감하게 반응하며, 이를 충족시키기 위하여 많은 요구사항을 공급자에게 요청하고 있다. 이는 때로 공급자 입장에서 만족시키기 어려운 부분일 수도 있으나, 공급자는 이에 대하여 최소한의 준비를 통하여 대응함으로써 수요자의 요구사항에 부합하는 노력을 보여야 한다.

수요자는 앞서 설명한 것처럼 그들의 운영 및 관리 시스템과 연동 또는 유사한 시스템의 사용을 희망하고 있으며, 공급자의 공급 제품들에 대한 전반적인 모니터링과 보

안 위협 요인을 확인하고자 한다. 이를 위하여 공급자는 수요자의 관련 정책과 환경에 대한 참여 또는 유사한 환경 구현 등을 통하여 제품 및 기업의 생산 환경 등에 대한 보안 우려를 최소화시키려는 노력을 하여야 한다.

공급자는 수요자의 안전 및 보안 등에 관련된 환경에 참여하고 요구사항에 대한 충족을 통하여 다른 공급자들로부터의 경쟁적 우위 확보와 공급에 대한 시장 점유 기회를 마련하여야 한다. 경쟁적 위치에 있는 다른 공급자들과의 차별성과 기업 또는 공급 제품의 우수성을 보장하기 위하여 수요자 또는 제품 구매자가 요구하는 표준 프로세스의 도입과 이를 통한 안정적 제품의 생산 및 공급이 필요하다. 이는 추후 수요자 입장에서 다른 공급자들과 차별성을 제공하는 요인으로 작용하고 안정적이며 시장 확대를 위한 중요한 요인으로 활용될 수 있다.

위에서 설명한 4개의 공급자 관점에서의 대응 전략을 수행하기 위하여 공급자는 세부적인 대응 방안을 검토하고 준비하여야 한다.

공급자의 대응 방안

- 국제 표준기반 적용의 제품 개발 및 제조, 안전시설, 환경 등에 대한 시스템 도입
- 정확한 품질 및 납기, 생산 등의 수요/공급자 신뢰성 확보
- ISO 9001, ISO 27001, IEC 62443 등의 생산/개발/품질 관련 시스템 체계의 도입 및 적용
- 제조환경 및 시설, 장치/장비 등의 업그레이드, 제조 및 운영 인력 등의 교육
- 제품 및 개발, 제조환경 등에 대한 (안전, 보안등) 신뢰성 확보

수요자의 관점에서 공급자에게 요구하는 요구사항은 수요자의 관점에서 필요한 수준의 안전 및 보안 신뢰성 확보 제품 및 생산, 개발 환경을 구축하고 운영하여 문제없이 정확한 품질의 제품을 납품하는 것이며, 국제적으로 요구되기 시작한 보안표준 프로세스 적용을 통하여 문제 발생의 최소화를 이루는 것이다. 이를 만족시키기 위한 5가지의 대응 방안을 설명하겠다.

산업제어시스템 및 제조, 개발, 생산 등의 여러 환경에서 필요로 하는 다양한 보안관련 요구사항은 현재 IEC 62443 국제 표준에 명기되어 있으며, 이를 적용한 환경과 개발이 요구되기 시작하였다. 공급자의 관점에서는 수요자가 국제 표준에 기반한 제품의 설계, 개발, 보안 시설 및 환경 등에 관련된 표준 프로세스 체계의 도입에 대하여 요구하기 시작하고 있으며, 이를 통하여 내외부 위협 및 취약점 발생, 보안 사고, 제품의 안전 수준 등 다양한 문제의 해결을 희망하고 있다. 또한, 공급 제품의 품질 문제 해결과 이에 따른 납기일 준수 등의 부가적으로 발생 가능한 문제 또한 해결을 희망하고 있다.

ISO 9001, ISO 27001, IEC 62443 등의 생산/개발/품질/보안 등에 관련된 시스템 체계의 도입과 운영을 진행하고 제조환경 및 시설, 장치/장비 등에 대한 업그레이드, 제조 및 운영 인력 등 전반에 대한 교육 등을 통하여 전반적 표준 프로세스가 요구하는 사항을 만족시킬 수 있어야 한다. 끝으로 품질관리, 정보관리, 보안 등에 연관된 국제 표준의 적용을 통하여 수요자 및 공급자 간의 상호 신뢰성 확보가 가능하다.

[표 1-3] 수용자 및 공급자 관점의 요구사항 대비 대응 방법 비교

수요자 입장에서의 요구사항	공급자 입장에서의 대응 방법
제품 및 개발에 대한 안전성, 보안성, 신뢰성 입증	시설/환경/제품 관련 인증(서) 및 성능 등에 대한 시험성적서 등 제공
안전사고, 해킹 공격/보안사고, 관련 문제 발생에 따른 제품의 공급 지연 등 문제 예방 및 차단	제조/개발 환경, 시설 등에 대한 시스템 체계(프로세스) 도입 및 운용
통일화된 운영 관리 및 제품 공급/수급 체계 필요	수요자 시스템 연동 및 환경 체계의 도입 및 운용 (시스템 연계성 확보)
제품의 해외 수출 규격 충족	표준기반의 제품 생산, 인증서 및 성능 성적서 등 제공
수요/공급사 간 단일 및 연계 제조 개발 환경을 통한 효율적 공급 시스템 확보	수요자 요구 기준에 부합하는 표준기반 공급 관리 프로세스 연동
(모듈, 부품, 패키지, 솔루션 등) 공급 제품 및 생산/개발의 기업의 운영 프로세스	수요자 요구 기준에 부합하는 표준기반 기업 운영 프로세스 확보

위에 공급자 및 수요자의 관점을 설명하였으나, 이들 간의 세부적 관계에 대한 설명이 부족한 관계로 공급자 및 수요자 간의 구조적 관계에 대하여 조금 더 설명하고자 한다. 이는 추후 IEC 62443 산업제어시스템 보안의 이해를 높이고 수요자와 공급자 관점에서의 차이를 빠르게 정리하는데 도움이 될 것이라 판단된다.

제조 및 개발 등에 관련된 기업 들의 수요-공급 관계는 매우 단순하고 공통적이라 할 수 있으며, 일반적 제조 생산 기업들과 소프트웨어 등의 솔루션 기업들과는 조금은 다른 유기적 구조를 보인다.

제조 및 생산 기업에서의 수요-공급자들의 유기적 구조는 [그림 1-7]과 같다.

실제적 관련 산업계에서는 업계별로 다른 용어 또는 단어를 이용하고 있으나, 여기서는 일반적으로 이해에 대한 도움을 위하여 쉽게 설명할 것이며, 수요자 및 공급자들 간의 유기적 구조는 실제로 매우 복잡하나, 이해를 돕기 위하여 간단하게 도식화하고 정리하여 설명하고자 한다.

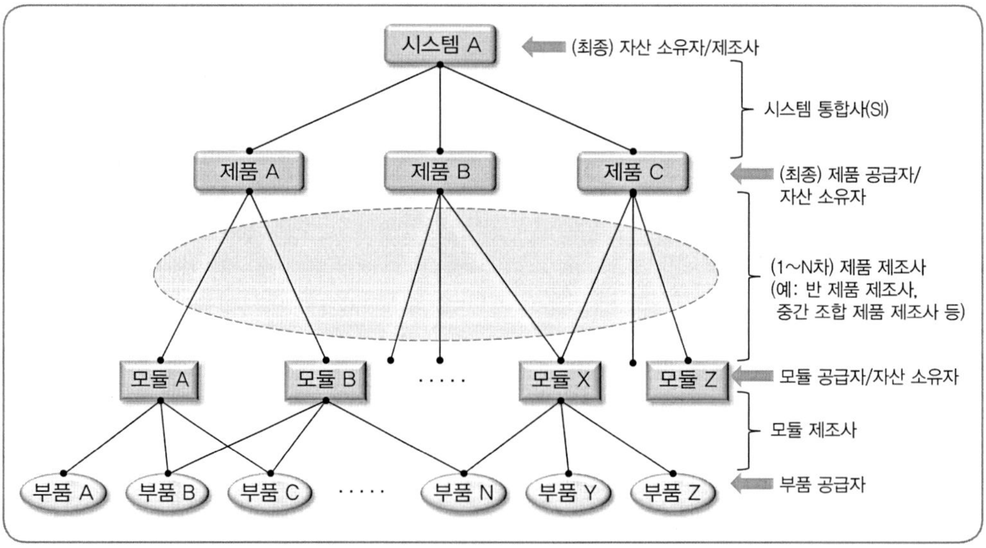

[그림 1-7] 제조 및 생산 기업에서의 수요-공급자들 간 유기적 구조

최하위에 위치한 부품사(여기서는 '부품 공급사'라고 칭함)들은 최하위의 기본 공급자 역할의 수행을 하고 있으며, 원재료(또는 원료)의 수급, 가공, 생산 등의 업무를 담당하고 있으며 다양한 형태의 부품의 제작과 생산을 진행을 담당하고 있다. 이들로부터 생산된 모듈은 그 위에 위치한 모듈 제조사들에게 공급되고 이들은 다양한 하위의 부품 공급사들로부터 공급받은 부품들을 기반으로 모듈들을 제작하며, 이를 다시 상위에 위치한 제품 개발사들에 납품하는 형태의 구조를 구성하게 된다. 여기서 모듈 제조사는 공급자의 역할과 수요자의 역할을 동시에 수행하게 되며, 그 상단에 위치한 제품 제조사 또한 수요자의 역할과 공급자의 역할을 동시에 갖게 된다. 모듈 제조사와 (최종) 제품 공급자 사이에는 많은 수요 및 공급기업이 존재할 수 있으며, 이들은 앞서 설명한 것처럼 공급자와 수요자의 역할을 동시에 수행하게 된다.

(최종) 제품 공급자들은 해당 제품을 (최종) 자산 소유자에게 제공할 수 있으며, 이들 사이에는 시스템 통합사(SI: System Integration)가 존재하여 (최종) 자산 소유자에게 제품을 이용한 시스템의 구축과 납품 업무를 담당한다. 추후, 시스템 통합사에 의하여 구축되고 운영되는 제어 시스템 또는 제조시설 등의 유지관리를 위한 '유지 보수사'가 참여하기도 한다.

정리하면, 원재료를 수급하고 가공, 생산하여 공급하는 부품 공급사가 하위단에 위치하고 그 위로는 부품을 공급받아 중간의 모듈 등을 제작 생산하는 중간 제조사, 그 위단의 완제품 제조사와 완제품을 이용하여 시스템과 제조시설 등을 구축하는 시스템 구축사가 있으며, 최종단에는 (최종) 자산 소유자가 위치한 피라밋 구조로 구성되게 된다.

소프트웨어 개발 기업에서의 수요-공급자들의 유기적 구조는 [그림 1-8]과 같다.

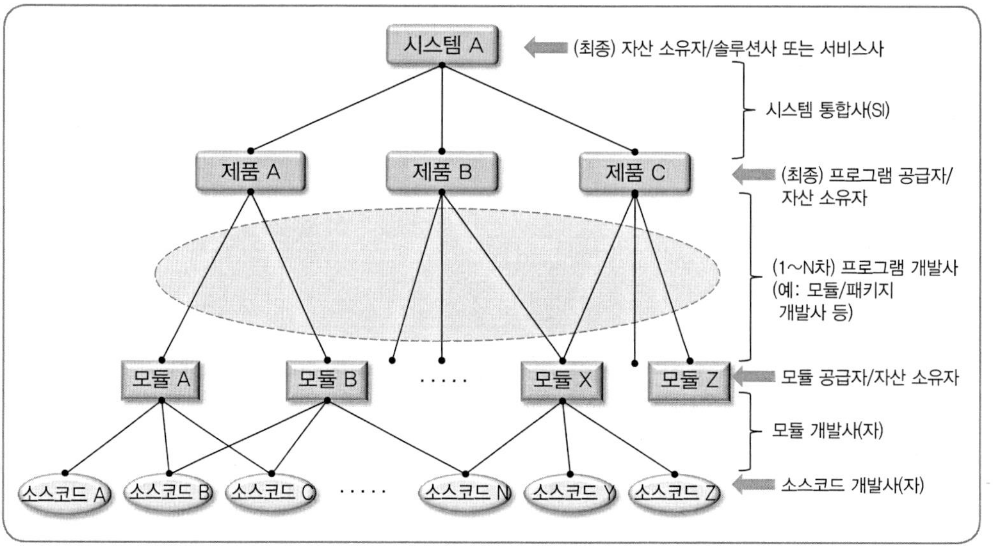

[그림 1-8] 소프트웨어 개발 기업간 유기적 구조

소프트웨어 개발사들간의 유기적 구조 또한 위에서 설명한 제조 및 개발사들의 수요-공급사 구조들과 유사한 역할 및 피라밋 구조를 가지고 있다.

가장 아래에 위치한 소스코드 개발사들은 각각의 모듈에 해당하는 소스코드 또는 단위 모듈의 프로그램을 개발하게 되며, 이는 상위에 위치한 모듈 개발사들에게 제공되어, 더 큰 단위의 모듈 프로그램으로 확장되고 (최종) 프로그램 개발사는 이들 모듈 개발사들의 프로그램을 연동한 패키지화 및 최종 프로그램 제품화를 담당하게 된다. 이들 패키지화된 프로그램은 시스템 통합사를 통하여 하드웨어 제품들과 마찬가지고 (최종) 자산 소유자에게 시스템화 및 시설 구축에 연동되어 하나의 유기적 관계 구조를 갖게 된다.

1.3 문제 해결을 위한 방법은 무엇일까?

앞 절의 '프로세스 도입이 왜 필요한가?'에서 현재 중소 제조 및 개발 기업들의 현실과 당면한 문제점들 그리고 간략하게 문제 해결에 대한 방안과 프로세스를 설명하였다. 이제부터는 앞서 설명한 사항들에 대한 세부적이고 적극적인 문제 해결을 위한 방법을 찾아보고자 한다. 모든 기업들이 처한 상황과 환경, 산업 분야들이 다르기 때문에 완벽하게 도출된 정답이라 할 수는 없으나, 관련 산업제어시스템 및 제조, 생산, 개발 등의 전반적인 산업 분야에 포함되는 변화와 추세를 기반으로 방안을 모색하여 정리하였다.

1.3.1 문제 해결에 따른 시너지 효과의 발생

앞에서 간략하게나마 기업들이 당면한 문제점들을 설명하였으며, 이러한 문제의 해결이 필요하다고 언급하였다. 그리고, 여기서는 언급된 문제들의 해결 여부에 따라 기업들에게 발생할 수 있는 다양한 시너지 효과에 대하여 설명하겠다. 시너지 효과는 총 8가지로 정리하였으며, 이 시너지 효과를 통하여 기업이 가질 수 있는 기업의 발전 및 전환된 모습을 다시 4가지로 정리하였다.

1) 안전사고 및 보안 위협 최소화

제조 및 개발 기업의 현장은 내·외부의 다양한 형태의 위협 및 공격 등으로 인하여 발생 가능한 사고들은 매우 다양하며, 이러한 사고의 발생 등은 기업의 생산성과 신뢰성 등에 대한 심각한 문제 발생의 요인이 될 수 있다. 또한, 해킹 등의 사이버 공격으로 인하여 발생하는 기기 또는 생산 장비, 제어 시스템 등의 오작동은 2차적인 안전

사고의 발생과 보안사고로 이어질 수 있으므로, 이러한 위협 및 문제 해결에 대한 노력은 기업에서 발생 가능한 안전사고 및 보안 위협을 최소화시킬 수 있다.

2) 안정적 사업 발전 기반 마련

기업 내부에서 발생 가능한 문제의 해결과 위협 등의 해소는 사고 또는 문제 발생에 따라 생길 수 있는 제품 생산 또는 개발 중단 등의 2차적인 문제를 미연에 차단하고, 제품 생산의 효율을 증가시킴으로써 안정적 사업의 발전과 기반 마련을 제공할 수 있다.

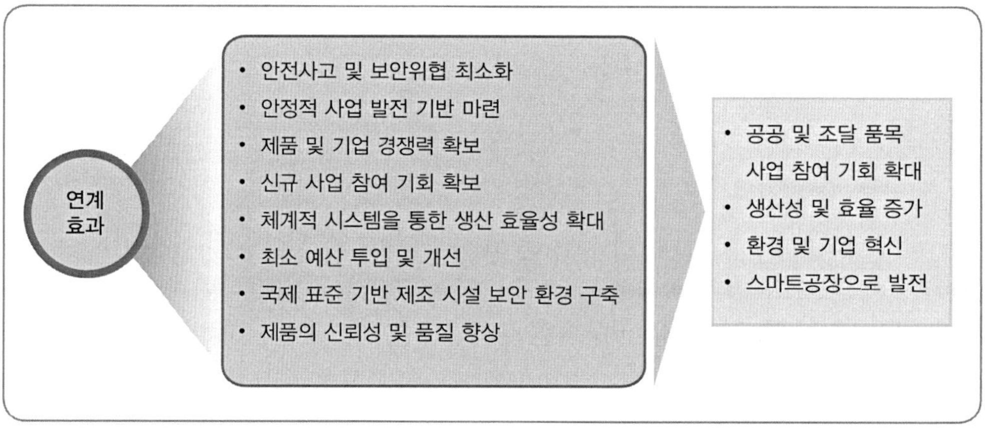

[그림 1-9] 보안 및 안전 문제 해결에 따른 기업의 시너지 효과

3) 제품 및 기업 경쟁력 확보

안정적인 제품의 생산과 균일한 품질, 정확한 제품의 공급 등은 수요자들로부터 기업에 대한 신뢰를 보장받을 수 있으며, 이러한 기업 및 제품에 대한 신뢰는 다른 기업들로부터 경쟁력을 확보할 수 있는 좋은 기회를 제공할 수 있다.

4) 신규 사업 참여 기회 확보

표준 시스템의 적용과 내·외부 위협 등의 차단을 통한 안정적 제품 공급망의 유지는 국내를 비롯한 글로벌 공급망에 대한 참여 기회를 제공할 수 있으며, 이는 새로운 수요자의 확보와 시장의 확대를 위한 기회로 작용할 수 있다.

5) 체계적 시스템을 통한 생산 효율성 확대

안전한 생산을 위한 제어시스템의 활용과 체계적인 안전 및 보안 관리 등을 위한 시스템의 도입과 활용은 생산 및 제조 현장의 생산 효율성 확대에 기여할 수 있으며, 내·외부의 어떠한 방해 및 위협적 요인으로부터 제품 및 개발 환경을 충분하게 보호할 수 있다.

6) 최소 예산 투입 및 개선

기업의 환경 및 시설 등의 개선은 범위에 따라 그 투입 예산이 결정될 수 있으며, 이는 간혹 막대한 예산 투입의 필요성이 발생할 수도 있다. 그러나, 정부의 예산 지원사업 참여, 국제 표준의 도입, 교육의 진행 등 다양한 방법들 중, 해당 기업의 환경에 적합한 방법을 통하여 적정한 예산의 투입 범위를 정함으로써 시스템의 개선과 그 효과를 볼 수 있다.

7) 국제 표준 기반 제조 시설 보안 환경 구축

산업제어시스템 및 생산, 개발 등의 제조환경의 안전성 제공과 보안 관리의 극대화를 위하여 글로벌 기업들은 산업제어 시설 등에 대한 보안표준의 도입을 진행중에 있으며, 이러한 변화의 시도는 다양한 산업군들을 통하여 빠르게 확산되고 있다. 보안표준의 도입 및 적용은 기업내 부족한 보안 환경의 구축과 안전사고 예방 및 위협으로부터 안전하게 시설 운영관리 할 수 있도록 한다.

8) 제품의 신뢰성 및 품질 향상

안전 및 보안에 대한 기업의 투자는 최소 예산을 통하여 기업의 생산성 향상과 제품에 대한 신뢰성 향상, 기업의 이미지 개선 등의 다양한 효과를 제공할 수 있는 방안으로, 이는 향후 기업 발전의 밑거름으로 작용할 수 있다.

앞장에서 설명한 기업이 갖는 보안 및 안전 등에 관련된 문제의 해결 방안 등은 기업의 안정적 발전을 위하여 검토하고 적용해야 하는 필수적인 요소들로써, 제조 및 개발 기업의 생산환경, 시설 등에서 발생하는 지속적 위협과 이를 통한 제조 및 생산의 중단, 기업 이미지 하락, 기존 공급망들로부터의 배제 등은 기업의 입장에서 복구 불가한 상황으로 가는 가장 위험한 경우라 할 수 있다. 그러므로, 기업은 자신의 환경 여건과 범위에 적합한 전략과 방법을 선택하고, 이를 자신들의 기업에 최적화되도록 수정 및 적용함으로써 기업의 안정적 성장의 토대를 마련하여야 한다.

1.3.2 문제 해결에 따른 기업의 기회 및 변화의 모습

기업이 직면한 문제들에 대한 해결과 그로 인하여 예상되는 시너지 효과를 앞 절에서 설명하였다. 이러한 다양한 시너지 효과들은 기업이 직면한 문제들의 해결과 함께 충분하게 발생 가능하며, 최종적으로 기업들에게 있어서 다양한 기회와 변화를 제공할 수 있다. 여기서는 시너지 효과에 따라 생길 수 있는 기업의 기회와 변화에 대하여 설명하고자 한다.

1) 공공 및 조달 품목 사업 참여 기회 확대

기업들이 앞선 문제들의 해결 및 극복을 통하여 국내 · 외의 공공 또는 민간기업들(예: 수요자)이 요구하는 최소의 보안 요구사항을 충족시키고, 공급기업들로부터 제조 및 생산하는 제품들이 이 프로세스를 준수하여 개발될 경우, 해당 제품들은 기본적인 안전 및 보안의 신뢰성을 확보하고 있다고 볼 수 있다. 더욱이 이러한 제품들이 관련된 시험평가를 통한 시험성적서의 확보 또는 인증서의 취득 등을 통하여, 해당 기업들과 이들 제품들은 다양한 새로운 사업 참여와 공급 시장 확대의 기회가 될 수 있다.

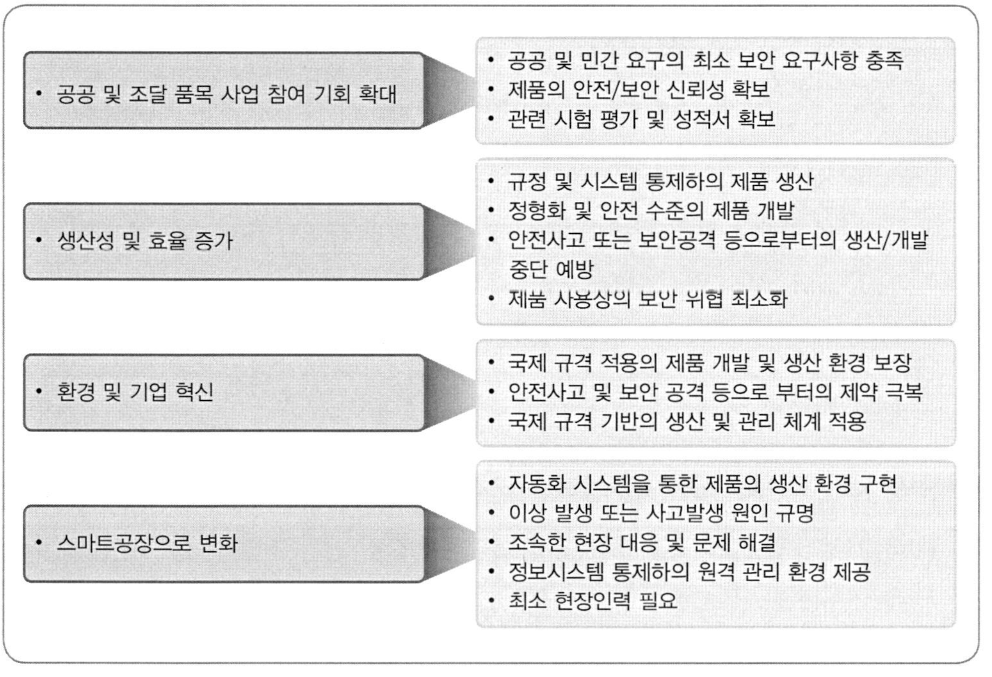

[그림 1-10] 시너지 효과에 기반한 개발 및 제조 기업의 변화

2) 생산성 및 효율 증가

기존의 인력 중심의 제조 및 생산, 관리, 개발 등의 제한적 요건을 넘어 정형화된 규정 및 제어 시스템 통제하에서 제품 생산을 가능하게 하며, 제품에 대한 안전성을 보장할 수 있는 수준의 제품 개발이 가능하다. 기존의 환경에서 발생 가능한 내부의 사용자 실수 등에 의한 오작동 또는 외부의 해킹 등을 통한 시스템에 대한 보안 공격 등으로부터의 시스템 오류, 생산 및 개발 중단 등의 사고를 예방할 수 있다. 또한, 제조 및

생산된 제품이 공급된 이후, 수요자의 사용 환경에서의 다른 보안 위협 또는 사고 등의 발생 가능성을 최소화할 수 있다.

3) 환경 및 기업 혁신

산업 및 제조 보안에 관련된 보안표준 및 프로세스를 통하여 구축 및 운영되는 제조 시설 및 제어 시스템 환경은 안전한 제품의 개발 및 생산 환경에 대한 최소의 안전을 보장할 수 있으며, 외부의 해킹 등을 통하여 발생 가능한 안전사고 및 사이버 공격 등의 침입 사고 등을 최소화할 수 있다. 또한 국제 규격 기반의 보안표준이 적용된 생산 및 관리 체계의 적용을 통한 기업의 제조 및 생산, 개발 환경에 대한 혁신의 기회를 마련할 수 있으며, 기업의 새로운 혁신의 동력으로 작용할 수 있다.

4) 스마트공장으로 변화

산업보안 표준 프로세스를 준용하는 제조시설 및 제어 시스템 등의 새로운 도입은 기업의 입장에서 많은 리소스의 투입과 기업 전반에 걸친 노력이 필요한 변화이나, 이러한 시스템적 변화는 스마트공장으로 변화하는 원동력이 될 수 있다. 자동화 시스템을 통한 제품의 생산 환경 구현과 이를 통하여, 내외부 또는 자체적인 이상 결함 등의 발생으로 인한 사고 발생시에 대한 원인 규명 등을 가능하게 하며, 사고 또는 이상 발생 시 조속한 현장 대응 및 문제 해결의 대안으로 사용할 수 있다. 또한, 안전한 제어 및 정보시스템의 통제하에서 원격 통제 관리 및 제어 환경을 제공하고 사용할 수 있으므로, 현장의 최소 인력 배치를 통한 차세대 스마트공장 구현의 기반으로 사용할 수 있다.

1.3.3 기업이 문제점 들을 해결하지 못하였을 경우는 어떤 상황이 벌어질 것인가?

앞에서 기업들의 입장에서 다양한 안전 및 보안 관련 문제를 해결하였을 경우에 대한 시너지 효과와 이에 따른 기업의 발전적 변화에 대하여 설명하였다. 제조 및 생산, 개발을 진행하는 국내외 중소기업들은 수많은 기술적, 정책적, 경제적 문제들에 직면하고 있으며, 이러한 문제들을 해결하며 새로운 제품의 설계, 구현, 생산, 판매 등을 진행하고 있다. 만일, 기업의 입장에서 보안 및 안전 등에 관련된 문제들을 충분히 해결하지 못하였을 경우, 그들에게 어떠한 문제들이 새롭게 발생할지에 대하여도 관심있게 생각하여 볼 필요가 있다.

결론부터 설명하자면, 제조 및 개발 기업들이 안전 및 보안 등에 관련된 문제점들에 대하여 해결 또는 극복하지 못하였을 경우, 그 기업은 향후 사업의 진행에 있어서 많은 제약과 미래의 전망이 불투명하여 질 수 있다는 것이다. 즉, 기존에 유지되고 있던 공급망으로부터 제외되거나 이탈될 수 있으며 시장으로부터 점차적으로 도태될 수도 있다는 것이다. 이는 기업의 경영자 및 이에 속하는 모든 사람들의 입장에서 매우 유감스러운 결과를 초래하게 될 것이다.

조금 더 자세히 들여다보면, 우선 기존의 제조 및 개발 환경, 시스템 등의 낙후된 제조 환경에서의 제품 생산은 수요자들의 요구사항들을 충분하게 충족시킬 수 없으며, 이는 해당 공급기업들과의 거래 관계에 대한 거리를 두게 만드는 결정적 요인으로 작용한다. 그들이 아니 더라도 수요자 입장에서는 요구하는 보안 요구사항과 환경 등의 조건을 맞추고 준비하는 새로운 공급자와 거래하며 관련 제품에 대한 안정적 공급을 충분하게 받을 수 있기 때문이다. 이는 곧 기업 경쟁력의 하락을 의미한다. 이는 또한, 수요자 입장에서 보안관련 요구사항을 충족시키지 못하는 기업의 제품에 대한 사용을 통하여 발생 가능한 잠재적 보안 위협 또는 사고 등의 위험을 감수할 필요가 없기 때문이다. 수요자들은 간단하게 전구를 교체하듯 그들의 공급망을 다변화하거나 기존의 기업을 새로운 공급기업으로 바꾸려 들 것이다.

현재 수 많은 국내외 중소기업들이 제조시설 및 개발 환경 등은 보안 및 안전에 관련하여 기본적인 대응 능력만을 갖추고 있다고 확인되고 있으며, 빠르게 진화하고 있는 외부의 사이버 공격 또는 해킹 등에 대해서는 제한적으로만 대응이 가능하다고 보인다.

일례로 국내 바이오관련 중소 벤처기업의 경우, 기업의 개발에 관련된 서버 시스템이 외부의 해킹으로 공격을 당하였으나, 그 기업에서는 시스템 보안 전문 관리 담당자의 부족으로 인하여 단순한 IT 지식을 갖춘 일반 직원이 시스템을 담당하고 관리 함으로써, 언제, 어떻게 공격을 받았는지, 또 공격으로 인하여 발생한 피해 규모와 내용 등에 대한 그 어떠한 상황도 파악하고 대응을 할 수 없었다. 그 기업이 할 수 있었던 유일한 대응 방법은 내부적으로 침묵하는 것과 사설 보안기업으로부터 유료 서비스를 이용하는 것이 전부였다. 이는 해당 기업의 최선으로 대응할 수 있는 노력이었으며, 더 이상 할 수 있는 방법이 전무한 상태였다.

일반적인 국내외 중소 제조 및 개발 기업들은 보안 및 안전에 대한 인식의 부족과 대응의 방법 등을 모르고 있으며, 이로 인하여 더욱 큰 안전사고의 위험성과 사이버 공격에 노출되어 있다고 할 수 있다. 충분한 보안에 대한 검토 없이 안전하게 준비되지 못한 어설픈 정보통신시스템 기반의 제조 및 생산, 개발 및 제어 시스템을 도입한 환경은 사고와 공격의 위협에 대하여 노출되어 있다고 할 수 있으며, 어떠한 방어도 제대로 할 수 없는 벌거벗은 무방비 상태라고 할 수 있다.

국내의 중소 제조 및 개발 기업들은 아직도 인력의 채용과 교육, 관리 등에 많은 어려움을 가지고 있으며, 이로 인하여 '제조 시스템의 자동화'라는 이름 아래, 최소 인력을 활용한 환경으로의 전환을 하고 있다. 이 또한 국내 중소기업이 직면한 경쟁력 확보를 위한 노력의 일환이며 현실이라 할 수 있다. 중소 제조 기업의 인력 부족 현상은 어제오늘의 일이 아니며, 이러한 전문적인 제조 및 생산관리 인력의 부족은 기업의 제품 생산성 감소의 원인 중의 하나라고 할 수 있다. 즉, 생산의 감소는 기업의 입장에서 시장의 축소이며, 수요자와의 공급망의 배제 원인이 될 수 있으며, 결국에는 시장 도태의 원인이 될 수도 있다.

앞으로 안전과 보안이 보장되지 않는 제조 및 개발 기업은 수요자의 공급망에 대한 배제와 신규 시장에 대한 참여가 제한될 수 있다. 수요자의 입장에서 공급기업이 수요자가 요구하는 안전하게 생산된 그리고 안전한 제품의 적시 공급을 희망하고 있으나, 공급자의 제품 제조 및 개발에 있어서 보안에 관련된 결함과 잠재적 위험, 자체적 사고 발생 등으로 인한 생산의 지연 등 다양한 원인으로 인한 문제의 발생은 수요기업의 입장에서는 안정적 공급망 운영 및 유지의 제약으로 정의될 수 있다. 이러한 이유에 해당 중소기업은 새로운 시장의 참여와 사업 등의 기회로부터 제한을 받을 수 있다.

앞에서 설명한 내용을 정리하면, 안전과 보안 등에 대하여 준비되지 못한 기업들은 앞으로 외부 공격 등으로 인하여 발생하는 안전사고 및 이로 인한 생산의 지연에 따른 기업 이미지가 실추하고, 공급망 참여 제한에 따른 매출 및 사업의 감소가 예상되며, 지속적 기업 성장이 어려워짐으로써 결국에는 시장으로부터 도태되는 최악의 상황도 가능하다는 것이다. 기업의 경영진과 참여하는 모든 인력들은 이러한 상황이 발생하지 않도록 미리 준비하고 변화하려는 의식 전환과 노력이 필요한 시점이다.

1.4
국내외 제어 시스템 보안사고 사례

1980년대 중반부터 국내에 개임 컴퓨터(PC: Personal Computer)의 보급을 시작과 더불어 의료계에서 주로 사용되던 '바이러스 (Virus)'라는 용어는 '컴퓨터 바이러스'라는 컴퓨터 용어로 사용되기 시작하였으며, 이에 대응하여 치료제를 의미하는 '백신 (Vaccine)'이라는 용어 또한 널리 통용되기 시작하였다. 대부분의 컴퓨터를 사용하는 사람들은 들어보았을 '(c)Brain'이라는 바이러스는 그 당시 컴퓨터를 사용하는 많은 사람들에게 있어서 끔찍한 이름으로 통용되었다.

이러한 컴퓨터 바이러스는 오늘날까지 지속적으로 많은 진화를 하였으며, 이러한 바이러스들을 이용하여 다른 사람 또는 기업에서 사용하는 컴퓨터를 공격하는 '해커 (Hacker)'라고 불리는 이들 또한 새로이 출현하게 되었다. 오늘날 우리들에게는 매우 친숙한 단어들이며, 해커들을 통한 보안 위협과 공격 등은 다양한 사회적 문제의 원인으로 발전되고 있다.

현재는 많이 공개되고 사회적 이슈로 발전하면서 해킹과 바이러스 등에 대한 이해도가 예전에 비하여 많이 올라갔다고 보이나, 여기서는 보호 및 보안의 개념에 대하여 간단하게 정리와 소개를 진행하고, 국내외에서 발생한 산업제어시스템 등에서 발생한 보안 및 안전 관련 사고사례를 소개하고자 한다. 관련 산업계에서는 이러한 사고사례에 대하여 예의 주시하고 충분한 위협에 대한 인지를 하여야 할 것으로 보인다.

1.4.1 보호 및 보안 대응 개념의 변화

제조 및 개발, 생산 등에 관련된 다양한 시설, 장비, 환경 등에 대한 관리와 기본적인 보호는 거의 모든 기업들이 충분한 노력과 대비하고 있다고 보이며, 이를 통하여 기업들은 자산을 지키고 관리해오고 있다. 일반적으로 물리적 보안 방법이 보호의 기본적인 방법으로 사용되며, 모든 산업 및 제어시설, 제조 및 생산 환경 등에 대한 물리적 접근에 대하여는 출입 통제 및 인력관리, CCTV 설치 등을 통하여 위협에 대한 대응을 하고 있다.

그러나, 제어 시스템, 제조 및 생산 장비 등에 관련된 소프트웨어적인 부분에 대한 대응은 전문가가 아닌 이상 전반적인 대응과 대비가 어려우며, 물리적인 도난이나 침입 등이 아닌 컴퓨터 또는 네트워크 등을 통하여 침입하는 사이버 공격 및 해킹 등에 대하여는 쉽게 탐지하거나 방어하기가 쉽지는 않다. 또한 이러한 논리적이고 시스템적인 공격 방식은 나날이 변화하고 발전하고 있으며, 보안 및 보호에 대한 개념은 지속적으로 변화하고 있는 것이 현실이다.

기존의 보호 및 보안에 대한 대응 개념은 외부로부터의 물리적 방어에 치중하여 왔으며, 출입 통제 또는 접근통제 등이 주류를 이루고 있었다 할 수 있다. 즉, 외부로부터의 침입에 대한 방어는 가능하였으나, 일단 내부로 침입하여 들어 온 이후부터는 대응과 방어가 불가능하다는 의미이다. 기존의 제조 및 생산 시설, 개발 장비 등의 환경적 요인들이 이러한 경우에 속한다고 할 수 있다. 최근 일부의 신규 제조 및 개발 장비들에 대하여는 자체적인 보안 및 보호 기능 등이 추가되어 있으나, 기존에 구축되어 사용되고 있는 대부분의 장치 및 시설 등에 대하여는 이러한 보호 및 보안의 대응 기능이 부족하거나 없는 경우가 대다수라고 할 수 있다.

[그림 1-11]에서 보여주듯이 기존의 보호 및 보안에 대한 개념은 주로 외곽의 경계에 대한 보호와 방어에만 충실하였다고 볼 수 있으며, 내부적인 환경 및 구성 요소 등에 대한 보호와 방어의 기능과 대안은 부족하였다고 할 수 있다.

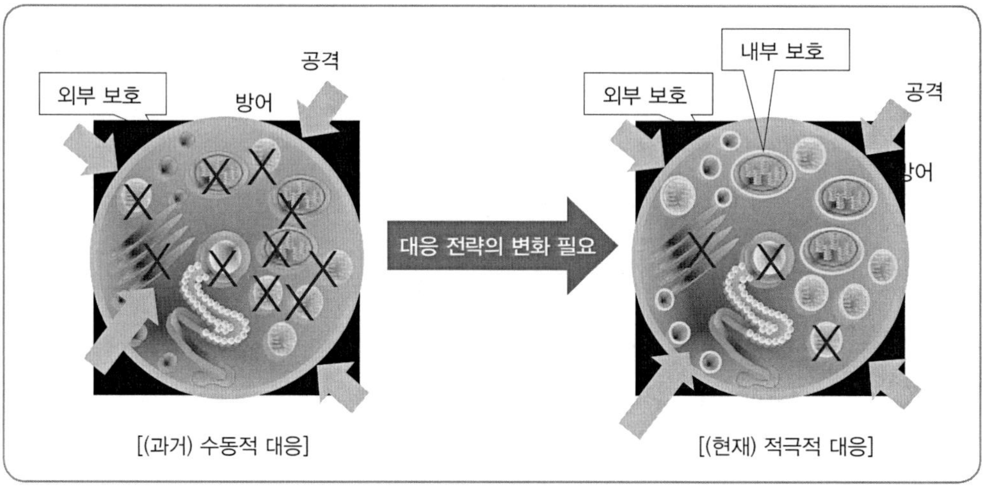

[그림 1-11] 보호 및 보안의 대응 개념의 변화 비교

그러나, 이러한 대응의 개념과 방법은 기술적이고 환경적 변화에 따라 점차 변화하여 왔으며, 최근의 보호 및 보안에 대한 개념은 과거의 수동적인 대응에서 적극적인 대응으로 발전하였다고 할 수 있다. 이는 외곽의 보호는 물론 내부의 각각의 환경 및 구성 요소에 대하여도 기본적이고 자체적인 보호 및 보안의 기능이 구현되고 있기 때문이다. 즉, 외부 경계에 대한 물리적 및 논리적 공격으로부터 1차적인 방어가 실패하더라도, 내부의 개별 구성 요소들이 2차적인 자체 보호 및 보안을 실행함으로써 공격의 강도를 낮추고, 공격의 성공 확률을 낮춤으로써, 물리적 및 논리적 공격으로부터의 자체 방어를 진행할 수 있다.

이와 유사한 개념은 현재 대다수의 제조 및 생산 시설, 제어 시스템 등과 기업의 정보통신시스템 등의 환경에 적용되어 다단계적 보호 및 보안의 기능을 갖추고 있으며, 이는 추후 설명될 '심층 방어 (Defence In-depth)' 전략과 유사하다고 볼 수 있다.

[표 1-4]를 통하여 조금 더 깊이 있게 과거와 현재의 보안사고 또는 피해 발생에 대하여 비교하여 설명을 진행하겠다.

[표 1-4] 보안사고 및 피해 발생의 과거 및 현재 비교

	과거의 사고 및 피해 발생	현재의 사고 및 피해 발생
설명	• 독립 및 제한적 환경에서의 단순 사용자 과실에 의한 사고 • 즉흥적 또는 단독적인 진행	• 네트워크를 통한 IT 연동 환경에서의 광범위 사고 발생 • 계획적, 조직적 준비에 의한 테러 형태의 공격
유형	• 단순 절도, 장비 파손, 인사사고, 유/무형자산의 제한적 손실	• 파괴, 인명사고, 유/무형 자산의 손실 및 유출
피해 범위	• 1차원적 피해 발생: 국지적 또는 지협적 피해 (예: 기기 및 물질적 도난, 단순 부상 사고, 장치 및 기물 파손 등)	• 다차원적 피해 발생: 전체적 및 광범위 피해 (예: 장치 및 장비(시스템) 파손, 정보 유출, 생산 및 제조 중단, 민/형사적 법적 피해, 인명/인사사고, 광범위(제조시설, 지역, 도시 등))
대응	• 물리적 접근 제한 장치, 도난방지 시설 구축, 사용자 안전교육 등 평면적 대응	• 기본적인 과거의 대응 방법 + 물리적 및 논리적 접근 제한 장치 및 시스템 도입 • 온/오프라인 접근 제어장치 및 시스템 등 IT 및 센서 기반의 입체적 대응

과거의 제조 및 생산 등의 산업시설에서의 위협 또는 사고는 주로 독립적이고 제한적인 환경하에서 발생하고 단순한 물리적 침입은 즉흥적이며 침입자 단독적인 행위라 할 수 있으며, 사용자에 의한 '단순 실수(Fault)' 또는 과실 등에 따른 '오류(Error)' 발생 등이 주요 원인이었다고 할 수 있다. 그러나, 현재 제조 및 생산 환경 등에서 발생하는 위협 및 사고들은 정보시스템 및 네트워크 등에 IT 연동을 통하여 지역과 시간대를 넘어서는 광범위한 사고의 발생으로 발전하였으며, 계획적이고 조직적 준비를 통한 사이버 테러 형태의 공격 양상으로 변화하고 있다. 즉, 기존에는 단순 절도, 장비 파손, 인사 사고 등의 유/무형적인 제한적 손실이 주요 위협이었다 할 수 있었으나, 최근의 사이버 테러 형태의 공격과 사고는 1차적인 시스템들에 대한 물리적 및 논리적 파괴, 2차적인 장치 오류 발생 등으로 인한 인명사고, 유무형 자산의 탈취 및 유실 등을 통한 연속적인 피해 발생 등으로 확대되고 있으며 그 양상이 빠르게 진화하고 있다.

과거와 현재의 사고 발생에 따른 피해의 범위 및 규모 또한 현저한 차이가 있다고 할 수 있다. 기존의 피해는 1차원적인 피해로 볼 수 있으며, 제조 및 생산 시설에 대한 단

순한 물리적 피해 등의 지협적 또는 제한적인 피해로써, 기기 또는 제품 등에 대한 물질적 도난, 단순한 부상 사고, 장치 또는 기기 등에 대한 기물 파손 등을 들 수 있으나, 현재의 피해는 복합적인 피해로 정의 할 수 있으며, 그 공격 및 피해 규모는 앞서 설명한 제한적이 아닌 제조 및 생산 시설 전체 또는 관련 기업 전체 규모에 해당하는 등 매우 광범위하다고 볼 수 있다. 그 예로써, 시설 내의 장치 및 시스템 등의 장비 파손, 저장 정보의 유출, 사고 또는 오류에 의한 생산 및 제조 중단, 부가적인 민/형사상의 법적 피해, 인명 및 인사사고의 발생을 들 수 있다.

이러한 사고 및 피해 발생시의 대응 방법에 대한 내용 또한 과거의 경우와 현재의 경우가 다르다고 할 수 있다. 과거의 경우, 사고 또는 침입 발생 등의 예방을 위하여 시설 및 환경 등에 대한 물리적 접근제한 장치 구축, 도난방지 장비 구축, 사용자 및 관리자에 대한 안전교육 실시 등 1차원적이고 평면적인 대응이 전부였다 할 수 있다. 이는 또한 기존 또는 과거의 시점에서의 기업 입장에서 최선의 가능한 대응 방법이었다 할 수 있다. 그러나, 현재 시점에서 사이버 공격 및 테러 등으로부터의 대응은 기존의 대응 방법을 포함하여, 첨단의 물리적/논리적 접근제한 장치 및 시스템 등의 도입과 온/오프라인 침입 및 보안 위협 탐지 장비 및 시스템 등의 구축을 통하여 입체적이고 다각적 관점에서의 대응 방안을 마련할 필요가 있다.

1.4.2 국내외 산업제어시스템의 위협 및 공격 사례

컴퓨터 시스템의 도입과 유/무선 통신망의 사용, 그리고 인터넷 연동 등은 국내외를 막론하고 제조 및 생산환경 내 또는 발전소 시설 및 화학 플랜트 등 국가 또는 민간 산업제어시스템 등에 있어서 새로운 위협적 요소로 부각되어 왔으며, 사이버 공격 또한 지속적으로 증가하여 오고 있다. 더욱이 스마트폰의 보급과 초고속 무선 통신망의 확대 사용은 이러한 환경에서 새로운 사이버 테러 공격에 대한 취약점과 포인트를 제공하였으며, 이로 인하여 직접 또는 간접적 공격 사례가 무수히 발생하고 있는 것이 현실이다. 이러한 사고 및 공격 등에 대한 사례는 기업 또는 시설 등의 대외적 신뢰와 이미지를 고려하여 공개되지 못하고 있는 것이 대다수를 차지하고 있다고 할 수 있으며, 이 중에 몇몇 공개된 국내외의 사례를 설명하고자 한다.

일반적으로 공개된 통계에 따르면, 지난 10여 년간 국내의 원자력 발전소에 대한 해킹 공격 시도는 1,463건[3]으로 보고되었으며, 그 외의 다른 민간 및 공공에 대한 정확한 공격 시도 또는 성공 등에 대한 사례는 공개되고 있지 않다. 또한, 일부 공격 등에 따라 발생한 사고 들에 대하여 해당 사고들이 해커들에 의한 사이버 공격에 의한 것인지, 단순한 시스템적 오류 또는 사용자 과실 등에 따라 발생한 사고들인지에 대한 원인들 또한 명확하게 공개되거나 정의되지 않고 있다. 이는 우리가 종종 접하고 있는 자동차의 급발진 사례와 유사하다고도 할 수 있으며, 원인이 불분명하고 때로는 이에 대한 재현이 불가능한 부분이 있기 때문이다.

앞서 간단하게 설명한 것처럼, 국내 · 외적으로 공공 및 민간 등의 중요시설 등에 대한 지속적인 공격의 발생과 이에 대한 대응이 진행되어 오고 있으며, 중요 기간산업 및 주요 제어 시스템 등에 대하여는 대응의 수위를 높이는 등의 보안 및 안전에 대한 대응을 강화하고 있다.

일례로써 몇 년 전 국내에서 발생한 DDoS(분산 서비스 거부; Distributed Denial of Service) 공격 발생에 따라 이에 대한 관심이 집중되었으며, 국내 원자력 발전소 등의 국가 핵심 기반 시설의 보안에 대한 정책과 제도의 변화가 발생하였다. 이러한 공공 및 민간 중요시설 또는 제어 시스템 환경에 대한 보안 강화를 위한 정부의 움직임은 후반부에 설명을 진행하도록 하겠다. (Chapter 3, “1.3 국내 도입 관련 환경의 변화” 참조)

3) “원자력 사이버보안 강화를 위한 인력양성, KINAC이 책임진다”, 오혜진, 핵비확산 뉴스레터, Vol.82, (https://www.kinac.re.kr/newsletter/202208/inside.pdf

[표 1-5] 해외 원자력 시설 사이버 침해 사례

2003년 8월	– 블래스터 웜이 미국 북동부 원전 감염
2003년 9월	– 슬래머 웜이 미국 Davis-Besse 원전 감염
2008년 6월	– 미국 Hatch 원전의 제어 시스템 소프트웨어 업데이트로 인한 가동 중단
2010년 9월	– 최초의 제어 시스템 공격 사이버 무기인 스턱스넷(Stuxnet)이 이란의 우라늄 원심 분리기를 파괴해 가동 중단
2011년 9월	– 스턱스넷과 유사한 MS-Word 제로데이 취약점을 이용하는 정보수집 목적의 듀큐 (Duqu) 발견 – 인도 및 벨기에 등에서 듀큐 악성 소프트웨어인 봇(BOT)에 감염된 좀비 시스템을 제어하기 위한 C&C(Command & Control) 서버 발견

〈출처: "원자력, 사이버테러를 막아라", 한국원자력연구원 (2019.7.31.)〉

[표 1-6] 산업제어시스템 사이버 공격 사례

대상 (발생 년도)	악성코드	(폐쇄망) 침투 방법	피해 범위
이란 – 원자력 발전소 (2010)	Stuxnet	사회공학기법 (감염된 USB 드라이브)	원심 분리기 1천여 개 사용 불가
우크라이나 – 배전 회사 (2015)	BlackEnergy3 & KillDisk	스피어피싱 이메일 (MS오피스 첨부파일)	22만 5천 가구의 3시간 정전 피해
사우디아라비아 – 정유공장 (2017)	Triton & Trisis	제로데이 취약점을 익스플로잇 (RAT를 통한 원격조작)	사우디 정유공장 임시 폐쇄
독일 – 지멘스 PLC S7-1500 제품 해킹 시연 (2019)	–	프로토콜에 대한 리버스 엔지니어링을 통한 취약점 공격	PLC에 대한 해킹 공격 성공 시연

공개된 해외 산업제어시스템에 대한 사이버 공격 및 테러에 대한 피해 사례는 [표 1-5]와 [표 1-6]에서 보여주고 있으며, 자세한 사항은 아래 사례들을 참고하기 바란다.

1) 이란의 부세루 원자력 발전소 사이버 공격 사례[4)]

2010년이란의 원자력 발전소가 '스턱스넷(Stuxnet)'이라는 웜바이러스의 감염을 통하

4) "핵보다 무서운 북한 사이버 테러, 원전은 안전한가" 보안뉴스, 2017/2/14, (https://www.boannews.com/media/view.asp?idx=53463)

여 공격을 당한 사례로써 원자력 발전소 내의 운영시스템과 운영자 컴퓨터가 감염되어 약 1천여 개의 원심 분리기의 작동 중단과 우라늄 농축 시설 등의 오작동이 발생하였다.

스턱스넷 웜바이러스는 주로 발전소, 공항, 철도 등의 중요 기반 시설을 파괴할 목적으로 제작된 바이러스라 할 수 있다. 이는 2010년 유럽에서 처음으로 발견되었으며, 웜바이러스에 감염된 USB 메모리 등을 컴퓨터나 해당 시스템 등에 연결할 경우, 통제 시스템 등에 침투와 관련 PC 등에 대한 감염을 통하여 시설의 중단 또는 시스템 등의 오작동(Malfunction)을 유발하게 된다.

스턱스넷을 통한 산업제어시스템 제어기기를 대상으로 하는 최초의 공격으로 해당 사례는 유명하며, 여기서 공격자들은 주요 제어기기를 관리하는 PLC에 오동작을 유발시키기 위해서 1차적으로 스턱스넷 웜바이러스를 통해 PLC를 관리하는 HMI를 감염시키고, 2차적으로 HMI와 연결된 SCADA 시스템에 오동작하는 PLC의 정보를 조작하여 정상적으로 동작하고 있게 보이도록 하여 관리자가 공격의 징후를 뒤늦게 인지하도록 하는 치밀함을 보였다.

해당 사례는 '사회공학기법(Social Engineering Hacking)'이라는 해킹 방법을 이용한 사례로써 시스템의 관리자 또는 사용자가 일반적으로 사용하는 인스타그램, 페이스북 등과 같은 사회관계망서비스(SNS, Social Networking Service)를 통하여 다른 서비스 또는 시스템 등에 접속함으로써, 접속에 사용된 컴퓨터에 대한 1차적 바이러스 감염과 해당 컴퓨터를 이용하는 USB 메모리의 사용으로 인한 2차적 바이러스 감염으로 진행되며, 감염된 USB 메모리 등이 다시 제어 시스템 또는 기업의 제조 시스템 등에 접속하여 시스템을 감염 시키는 3차적 감염 등의 방법을 말한다. 이는 누구나 일반적으로 사회생활을 하면서 생기는 일반적 일상을 통한 공격 방법으로 대다수의 사용자들은 이러한 부분에 대하여 보안적 위협을 간과하고 있다고 할 수 있다.

2) 우크라이나의 배전회사 사이버 공격 사례[5)]

2015년 우크라이나에서 발생한 전기 배전회사에 대한 사이버 공격은 '스피어 피싱(Spear Phishing)' 이메일 공격으로, 이메일을 이용하는 공격의 주요 사례라 할 수 있다. 이 공격은 수출 및 무역 등의 업무에서 주로 발견되며, 특정한 정보 탈취 등의 목적을 위하여 사용자 또는 시스템 등의 공격 대상을 정하여 공격하는 경우가 대부분이라 할 수 있다. 이러한 공격은 외부로부터 받는 이메일에 바이러스를 심어 전송하는 방법으로 메일을 받은 사람이 해당 바이러스 감염 메일을 열어 볼 경우, 메일을 열어 본 컴퓨터에 침투하여 감염을 시키는 방법을 사용한다. 이 사례에서는 일반적으로 사용하는 마이크로소프트(Microsoft)사의 윈도우에서 제공하는 오피스 프로그램의 첨부파일 형태를 통하여 시스템을 감염시킨 사례이다.

이번 공격은 해커가 'Black Energy3'와 'KilDisk'라는 악성코드가 포함된 이메일을 통하여 배전소의 제어 시스템에 접근하였으며, 이를 통하여 원격으로 변전소의 전력 차단과 관련 IT 시스템에 대한 비활성화 진행, 저장파일 파괴, 콜센터에 대한 서비스 거부 공격 등의 다양한 사이버 공격을 시도하였다. 이로 인하여 키예프시의 22만 5천여 가구에 대하여 약 3시간 정도의 정전을 발생시켰다.

공격자들은 정전으로 피해를 입은 일반 사용자가 발전소나 관련 기관에 사고를 신고하는 것을 방해하기 위하여 콜센터를 대상으로 하는 DDoS(Distributed Denial of Service) 공격을 수행하여 담당자가 사고를 뒤늦게 인지하도록 하는 치밀함을 보였다.

이는 이란의 원자력 발전소 공격 사례와는 다른 방식의 공격 유형으로 일반적으로 사용자들이 사용하는 이메일의 첨부파일 등에 바이러스를 침투시켜 외부의 방어로부터 회피하는 방식의 공격이라 할 수 있으며, 대부분의 사용자들은 이러한 방식에 대

5) "우크라이나 정전 사건으로 본 사이버 공격의 현주소", 안랩, 2016/4/4, (https://www.ahnlab.com/kr/site/securityinfo/secunews/secuNewsView.do?menu_dist=3&seq=24876)

하여 의심하지 않는 경우가 발생함으로써 공격의 대상이 되고 있다.

3) 사우디아라비아 석유화학 공장 공격 사례[6)]

2017년 보안 업체인 파이어아이(FireEye)와 드라고스(Dragos)에 의하여 산업제어시스템 글로벌 제조 기업인 슈나이더(Schneider)에서 출시한 트리코넥스(Triconex) 안정성 기구 시스템(SIS, Safety Instrumented System)에서 두 종류의 멀웨어가 발견되었으며, 각각의 이름은 트리톤(Triton)과 트리시스(Trisis)라고 확인되었다.[7)]

SIS 장비는 공정 프로세스를 모니터링하고 안전하게 저장하거나 폐쇄시키는 기능을 가진 산업제어시스템 장치로서 발견된 멀웨어인 트리톤은 해당 SIS를 대상으로 공격을 수행한다.[8)] 트리시스도 공격 목적이라는 점에서는 트리톤과 큰 차이를 나타내지 않고 있는데, 처음 이 공격이 확인되었을 때 슈나이더 에서는 '제품 내 취약점'을 익스플로잇 한 공격이 아닐 거라고 주장했으나, 해당 멀웨어에 의한 공격이 심화됨에 따라서 그 주장을 번복하고 "오래된 버전에서 발견된 오류를 공략하는 공격"이라고 정정하여 발표하였다.

실제로 트리톤이 사우디아라비아의 정유공장을 어떻게 침투했는지를 살펴보면, 먼저 IT 영역을 우선적으로 침투하여 L4에서의 회사 내부에 위치하는 워크스테이션을 감염시킨 이후에, 회사 네트워크, 즉 IT 네트워크와 제조환경인 OT 네트워크는 DMZ로 분리되어 있지만, OT 영역과 접속되어 있는 워크스테이션의 정보를 이용하여 OT 영역으로 침해를 확대시키게 된다. 이때, OT 영역에서 감염된 장비인 엔지니어링 워크

6) "미,135개국 에너지 시설 해킹한 러시아인 4명 기소", 연합뉴스, 2022/03/25, (https://www.yna.co.kr/view/AKR20220325110000009)
7) "DHS Warns of Malware Targeting Industrial Safety Systems", SECURITYWEEK, 2017/12/19, (https://www.securityweek.com/dhs-warns-malware-targeting-industrial-safety-systems/)
8) "CYBERWARFARETriton Malware Exploited Zero-Day in Schneider Electric Devices", SECURITYWEEK, 2018.01.18., https://www.securityweek.com/triton-malware-exploited-zero-day-schneider-electric-devices/

스테이션(Engineering Work-Station, EWS)는 PLC 등에 연결되어 프로그램을 수정하고 업데이트시키는 역할을 수행하는 노트북 등을 의미한다. 감염된 엔지니어링 워크스테이션과 연결된 PLC에 원격 접속을 허용하는 RAT(Remote Administration Tool)을 설치하고, 설치된 RAT를 통해 감염된 PLC에 대한 원격조작을 수행하고, 감염된 PLC에 연결된 실제 정유공장의 센서와 액추에이터를 제어하여 최종적으로 SIS를 중단시킨 사례가 트리톤의 침해사고 내용이다.

트리톤이 어떻게 PLC를 공격했는지를 세부적으로 살펴보면, SIS의 '래더 로직 프로그램(Ladder Logic Program)[9]'에 대하여 원본 코드를 덮어쓰지 않고 공격 프로그램을 추가하는 방식으로 공격을 수행한 것이 확인되었다. 다시 말해, 기존의 로직이 동작하는 것에 문제가 없도록 하고, 공격자가 원하는 공격코드 부분만 추가했다는 것을 의미하고 있다. 그리고, 운영 상태에서 RAT 부분을 PLC에 추가하여 외부 접속 터널을 구성하였는데, 여기서 주목할 만한 것은 RAT 전용 통신 프로토콜을 정의해서 비규격 통신 프로토콜로 사용했다는 것이다. 이러한 비규격 통신 프로토콜은 모니터링 시스템에서도 확인이 어려움에 따라서 OT 보안에서 많은 문제점으로 인식되고 있는 상황이다.

트리톤과 같은 공격 방식이 가능한 이유는 산업제어시스템 환경에서 사용되는 PLC와 같은 장치 및 기기에서 SW 업데이트 및 동작에서의 무결성을 체크해 주는 기능이 부재함으로 인해 발생한 사례라고 할 수 있다. 펌웨어에 코드의 추가가 발생하면 기존 펌웨어의 무결성이 훼손되어 문제가 발생하지만, 실제 대다수의 PLC 에서는 그러한 부분을 체크하는 기능이 없어서 발생한다.

9) 공장 및 산업에서 전기 및 기계을 사용하는 제조 및 공정 제어에 사용되는 각 장치가 표시된 다이어그램 사이에 연결되어있는 래더 다이어그램(Ladder Diagram,LD)의 심볼과 기호의 그래픽적 처리를 통해서 프로그래밍을 할 수 있는 것을 래더 로직(Ladder logic) 또는 래더 프로그래밍(Ladder programming)이라 지칭한다.

4) 지멘스 PLC S7-1500 제품 해킹 시연[10)]

2019년 이스라엘 텔아비브대학의 전자공학과 아비샤이 울(Avishai Wool) 교수 연구팀은 블랙햇(Black Hat) 컨퍼런스에서 지멘스(SIEMENS) 장비에 대한 취약점을 상세하게 설명했다. 블랙햇 컨퍼런스는 1997년부터 시작되어 현재까지 보안 커뮤니티에 가장 기술적이고 관련성이 높은 정보 보안 최신 연구, 개발 및 동향을 제공하는 국제적으로 인정받는 사이버 보안 컨퍼런스이다.

아비샤이 울 교수 연구팀은 S7 PLC의 암호화 프로토콜을 리버스 엔지니어링으로 분석하며, S7-1500 PLC에 대한 모의 공격을 진행하다 지멘스의 TIA(Totally Integrated Automation) 시스템을 흉내 낸 가짜 엔지니어링 워크스테이션으로 PLC를 해킹하는 실험에 성공하였다. 여기서 TIA는 HMI는 물론 PLC와 그 외 자동화에 필요한 모든 디바이스를 한데 묶은 통합 자동화 솔루션이라고 할 수 있다. S7 PLC 장비를 연구팀이 만든 가짜 워크스테이션으로 켜거나 끄고, 여러 명령을 실행하여 제어하는 데 성공했으며, 심지어 악성코드를 다운로드 받아서 실행하는 것도 가능함을 시연하였다.

지멘스의 S7 PLC가 이러한 공격에 취약한 사유를 살펴보면, S7의 암호화 핸드셰이크가 발생하는 경우, TIA에 대한 인증 과정이 생략됨으로 인해서임이 확인되었다. 암호화 핸드셰이크 과정에서 TIA라고 인식만 되면 그냥 통과되는 문제가 존재하여, 가짜 TIA 엔지니어링 워크스테이션을 만들어 악의적으로 활용하는 게 가능한 사례이다.

또한, 컨퍼런스에서 함께 공개된 내용에서는 S7 PLC 제품군들이 같은 펌웨어로 운영되고 있으며, 같은 공공 암호화 키를 가지고 있어서 하나만 크래킹에 성공하는 경우 사실상 모든 장비가 위험에 처하게 된다는 취약점을 발표하였다.[11)]

---

10) https://i.blackhat.com/USA-19/Thursday/us-19-Bitan-Rogue7-Rogue-Engineering-Station-Attacks-On-S7-Simatic-PLCs.pdf
11) "지멘스의 S7-1500 PLC 모델들, 전부 같은 암호화 키 사용한다.", 2019/08/09, 보안뉴스, https://www.boannews.com/media/view.asp?idx=82137&direct=mobile

이와 관련해서, 지멘스에서는 우선적으로 S7 제품에 대하여 '접근 보호(Access Protection)'라는 보호 기능을 활성화해서 보호할 것을 제시하고, 아비샤이 울 교수 연구팀의 공격 기법을 분석하여 해당 공격이 매우 어려운 공격 방식이며, SCADA(Supervisory Control And Data Acquisition)와 산업 환경 내 네트워크 사정을 수년 동안 경험한 사람만이 시도가 가능한 방법이며, 공격이 실제 가능하다고 말하기는 어려운데, 그 사유는 해당 공격을 성공시키기 위해서는 대단한 실력을 갖춘 소수의 사람만 공격에 성공할 수 있음을 들었다. 하지만, S7 PLC 제품에서의 반드시 해결해야 할 취약점을 찾아낸 건 사실이라고 언급하였다.

1.4.3 산업제어시스템 랜섬웨어 공격 사례

최근 들어 산업제어시스템을 대상으로 랜섬웨어(Ransomeware)라는 형태의 바이러스 공격이 증가하고 있으며, 그 규모 또한 기존이 사이버 공격 등으로 발생한 피해와는 비교가 불가능하다고 보인다.

위의 몇몇 산업제어시스템에 대한 사이버 공격 사례를 통하여 보여준 것처럼 이러한 공격은 특정한 목적(예: 사회적 혼란 등)과 공공 재원에 대한 사용 제한 등의 목적을

[표 1-7] 제어 시스템에 대한 랜섬웨어 공격 사례

대상 (업종)	악성코드	피해액	유사 공격 사례
2018. 대만 TSMC (반도체 공장)	WannaCry	약 2,800억	르노(자동차), 보잉(항공) 등 불특정 다수 기업
2019. 노르웨이 Norsk Hydro (알루미늄 공장)	LockerGoga	약 900억	프랑스 엔지니어링 기업, 미국 화학기업 2곳 등
2020. 일본 Honda (자동차 공장)	Ekans (Snackhose)	불가 (생산중단)	Enel 그룹(전력), Fresenius(헬스케어), 독일 자동차 부품 및 의료기기 회사 등

위하여 진행된 것으로 볼 수 있으나, 랜섬웨어의 공격은 그 양상이 기존의 공격 목적과는 사뭇 다르게 변화되었다고 할 수 있다.

1) 대만 반도체 제조공장 공격 사례[12)]

대만의 TSMC는 반도체 제조공장으로 세계적으로 유명한 반도체 생산 시설로써 반도체 위탁생산업체로는 세계 파운드리(Foundary) 시장의 1위를 차지하고 있다. 2018년 TSMC는 'WannaCry'라는 악성코드의 침입과 제어 시스템에 대한 감염이 발생하였으며, 이로 인하여 일부 생산 설비 시설 등에 대한 가동이 중단된 사례이다. 이로 인하여 약 2.56억 달러(한화 약 2,800억 원) 정도의 피해 금액이 추정되었으며, 관련 공급업체가 TSMC의 네트워크에 대한 접속시 검출하지 못한 바이러스가 시스템을 감염시켰다. 그 결과 약 1만여 대의 반도체 생산 장비가 감염된 것으로 파악되었다. 이로 인하여 TSMC는 생산의 중단 및 제품의 고객 인도의 지연이 발생하였으며, 기업의 신뢰성에 대한 피해, 공급자 관리 체계의 문제 등 다양한 직/간접적인 문제를 발생시키게 된 사례이다.

2) 노르웨이 알루미늄 공장 공격 사례[13)]

2019년, 노르웨이의 알루미늄 생산 기업인 노르스크 하이드로(Norsk Hydro)의 IT 시스템들 및 서버들이 록커고가(LockerGoga)라는 랜섬웨어 공격을 받은 사례로 해외의 다른 국가에서 운영하는 알루미늄 제련시설과 용광로까지도 피해가 발생하였다. 기업은 랜섬웨어 바이러스의 감염을 확인후, 관련 시설들에 대한 네트워크 분리 작업 등을 통하여 감염의 확산 방지에 노력하였으나 자동화 시스템에 대한 수동 전환 운영

12) "*TSMC CHIP MAKER CONFIRMS ITS FACILITIES WERE INFECTED WITH WANNACRY RANSOMWARE*", Security affairs, August 07, 2018 (https://securityaffairs.co/wordpress/75164/malware/tsmc-wannacry-infection.html)

13) "세계 최대 알루미늄 제조사, 랜섬웨어에 감염돼 생산 차질", 보안뉴스, 2019/3/20, (https://www.boannews.com/media/view.asp?idx=77984)

등을 통한 생산의 차질과 막대한 피해가 발생하였다. 제철소의 용광로 같은 경우, 제품의 생산을 위하여 상시 고온의 액체 상태를 유지하여야 하며, 가동의 중단 또는 수동 생산 등의 전환에 따른 생산 프로세스의 지연은 새로운 문제 발생의 원인이 되기도 한다.

이 공격으로 인하여 세계적인 알루미늄 생산 차질의 발생과 가격의 급등 등이 발생하는 부가적 문제를 발생하였다. 현재까지 프랑스 및 미국 등의 일부 기업에서도 록커고가(LockerGoga) 랜섬웨어를 통한 공격이 발생하였다고 보고되고 있다.

3) 일본 혼다 자동차공장 공격 사례[14)]

일본의 유명한 자동차 제조회사인 혼다(Honda)가 Ekans(Snackhose)라는 랜섬웨어 공격을 받은 사례가 2020년 발생하였다. 이는 네트워크를 통한 확산과 사내 서버 공격을 통하여 혼다의 해외 제조 공장(예: 터키, 미국, 브라질, 인도)들의 생산이 중단되는 등의 문제를 발생시켰다. 또한, 2017년에도 생산라인의 제어 시스템에 대한 공격을 받아 생산이 중단된 사례가 있었다.

위에서 소개한 사례들은 외부에 공개된 대표적인 사례들이며, 이외에 기업 내부적인 요인 등을 통하여 공개되지 않은 다양한 공격 및 피해 사례 등이 있을 것으로 짐작된다. 이러한 공격 또는 피해 사고에 대한 외부의 유출은 기업의 이미지 및 제품에 대한 신뢰성 등에 대한 부가적 피해가 발생할 수 있으므로 해당 기업들은 이러한 사고 등에 대하여 외부의 공개를 피하고 있다고 판단된다.

14) "혼다, 해킹에 글로벌 11개 공장 셧다운", 헤럴드경제, 2020/6/10, (http://mbiz.heraldcorp.com/view.php?ud=20200610000754)

국내의 대표적인 랜섬웨어 사고사례[15]는 2021년 1월 발생한 제조 기업에 대한 다크사이드(Darkside) 랜섬웨어와 웹쉘(webshell) 공격으로 인한 내부의 시스템 감염 피해 사례가 있다. 자세한 세부적 사항은 공개되어 있지 않으며, 이러한 공격 사례 이외에 다 수의 랜섬웨어 공격 및 피해 사례가 발생한 것으로 보이나 해당 기업들로부터 공개가 되지 않고 있다.

국내의 경우, 보안사고 보다는 안전사고 등에 대한 사례들이 최근 공개되고 있다. 이러한 안전사고는 단순한 제조 및 자동화 시스템의 오작동 또는 사용자 실수 및 과실 등에 의하여 발생하고 있으나, 이는 외부로부터의 바이러스 공격 또는 사이버 테러 형태의 위협으로부터 기인하여 제조 및 생산 시스템의 오작동 등을 발생시킬 수 있다.

4) 국내 제조 및 생산 시설에 대한 안전 사고

현재 국내에서 발견된 안전 및 인명사고는 단순한 산업재해로 보고 있으나, 이러한 사고의 발생에 따른 생산 설비에 대한 가동중단, 생산 지연, 기업 이미지 훼손 등은 기업에 있어서 막대한 직간접적인 피해를 유발하고 있으며, 인사 또는 사망 사고의 경우 "중대재해처벌법"에 따라 기업의 대표의 구속 등 민 · 형사상의 책임을 지는 등의 사례가 발생하고 있다. 또한, 사이버 테러 및 해킹 공격 등을 통한 제조 및 생산 장비 공격, 시스템 오류 발생 유도와 이러한 공격으로 인한 인명사고의 가능성은 매우 높다고 할 수 있다. 이는 추후 시스템에 대한 사이버 테러 등에 의하여 발생하는 사고와 단순한 시스템의 오작동을 통한 사고의 구분이 어려워지며, 이에 대하여 기업은 어떠한 경우에도 책임과 피해를 벗어날 수 없다는 것이다.

15) "공격 사례로 살펴본 서비스형 랜섬웨어 'RaaS', 거대 생태계 구축하다", 보안뉴스, 2023/1/10, (https://www.boannews.com/media/view.asp?idx=112517)

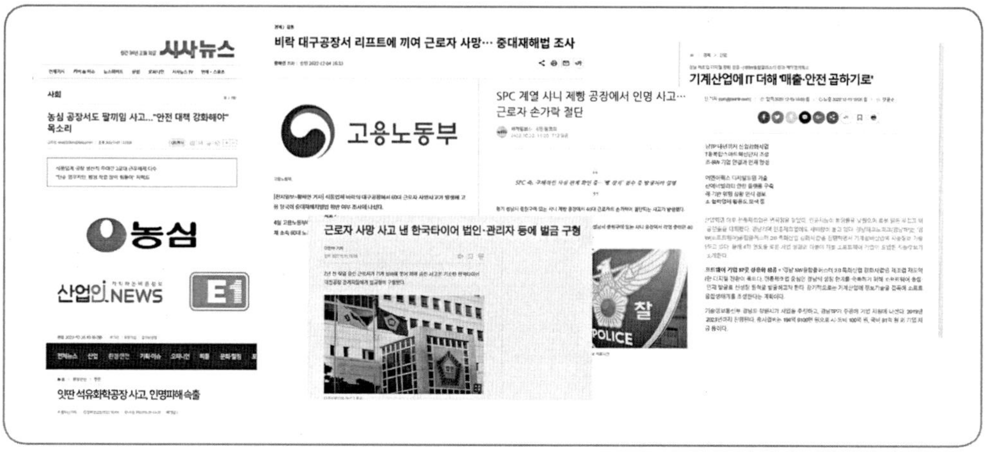

[그림 1-12] 국내 제조 및 생산 시설에 대한 사고 발생 사례

그러므로, 제조 및 생산, 개발 등에 관련된 시스템을 보유하고 운영하는 기업들의 경우, 랜섬웨어 감염, 사이버 테러, 내부 인력들을 통한 시스템 오작동 유발 등의 문제 발생 요인에 대한 차단과 선제적으로 대응할 수 있는 체계의 구축이 필요하다.

1.5 기업의 사이버 위협 대응 및 문제 해결을 위한 전략적 접근

앞 절을 통하여 기존의 중소 제조 기업들이 직면한 다양한 문제점들과 대략적인 대응 방안에 대항 살펴보았으며, 일부 국내외 사이버 테러에 의한 사고사례 등을 둘러보았다. 최근의 중소 제조 기업들은 이러한 다양한 위협과 문제 노출되어 있으며, 새로운 정보통신 기술의 적용과 사이버 공격의 지속적 증가는 기업 성장과 안정적 발전에 저해 요인으로 작용하고 있다.

여기서는 앞에서 간단하게 설명한 문제 해결을 위한 전략적 접근 방안에 대한 소개를 진행하고, 중소 제조 기업들의 입장에서 필요한 대안이 무엇인지에 대하여 소개하겠다.

1.5.1 문제 해결을 위한 대응 방법

중소 제조 및 생산, 개발 기업의 입장에서 직면한 다양한 문제점들에 대한 해결과 대응을 위한 방안은 크게 4가지 정도로 정리할 수 있으며, 대응 방법에 대한 구분을 위한 관련 요인들은 다음 [표 1-8]에서 간단하게 정리하여 보았다. 그러나, 앞으로 설명할 대응 방법은 정답은 아니며, 개별 기업의 상황, 여건, 환경 등의 다양한 조건을 통하여 다르게 적용될 수 있다. 앞으로 설명할 대응 방법은 문제 해결을 위한 참고 정도로 활용하기 바라며, 필요시 외부 전문가들의 도움을 통하여 변경 또는 수정하여 적용을 검토하여야 한다.

[표 1-8] 보안 및 안전 관련 문제 해결을 위한 대응 방법

대응 방법	적용성	소요 시간	소요 예산	보안 및 안전성	사고 발생 가능성	피해 수준	솔루션(예)
기존 제조 환경 및 장비 사용에 대한 안전 운영 및 사용자에 대한 인식 교육 + 기본적 운영관리 체계 마련	편리	보통	적음	매우 낮음	매우 높음	매우 심함	백신, 운영/대응 절차
기존 제조 환경 및 장비 사용 + 산업제어시스템 보안 국제표준 IEC 62443의 도입 및 적용	보통	보통	보통	보통	보통	보통	국제표준 프로세스, 시스템 관리 시스템
기존 제조 환경에 안전 및 보안 관련 솔루션/장치 및 시스템 도입	보통	보통	높음	다소 높음	보통	보통	방화벽, 백신, 공격 탐지시스템(IDS: Intrusion Detect System), 침입방지 시스템(IPS: Intrusion Protection System)
보안및 안전 등이 검토된 국제 관련 표준적용 +최신 보안 장비 및 시스템 도입	편리	보통	높음	높음	낮음	낮음	SIEM (SecurityInfor-mation & Event Management: 보안 정보 및 이벤트 관리 시스템)

1) 기존 제조환경 및 장비 사용에 대한 안전 운영 + 사용자에 대한 인식 교육 + 기본적 운영 관리 체계 마련

기업 내부의 인력들에 대한 기본적인 안전 및 보안 관련 교육을 진행하는 것을 말하며, 기업의 제조, 생산, 운영 및 안전 등에 대한 관리 체계를 구축하고 적용하는 것을 의미한다. 많은 중소 제조 및 생산 기업들의 경우, 기본적인 운영 및 관리에 대한 체계를 갖추고 있는 것으로 판단되나 일상적인 운영 관리에 대한 교육만을 중심으로 진행되어, 전문적인 안전 또는 보안 등의 업무에 대한 부분은 다소 부족하다고 할 수 있다.

지속적인 교육의 진행은 기업의 입장에서 다소 번거롭기는 하나, 직원들에 대한 교육의 진행은 매우 간단하고 편하게 진행할 수 있는 부분으로 상대적으로 적은 시간과 예산의 투입으로 빠른 효과를 볼 수 있다. 그러나, 관련 교육의 내용 및 시간, 피교육자들의 참여도 등의 다양한 요인에 따라 그 효과는 매우 다르게 나타날 수 있으며, 교육 이후, 제조 및 생산 환경에서의 보안사고 및 안전사고 등의 감소에 유의미한 효과를 볼 수 있다. 일반적으로 교육의 진행과 동시에 기업 내부의 시스템 등에 대한 백신의 설치, 사고 및 공격 발생시에 대한 운영 및 대응 메뉴얼 등과 같은 절차들의 마련과 준수 등이 적절한 대안이라 할 수 있다.

2) 기존 제조환경 및 장비 사용 + 산업제어시스템 보안 국제 표준 IEC 62443의 도입 및 적용

기존에 기업이 사용하고 있는 제조 및 생산 설비에 대한 운용체계의 재정립과 더불어 현재 국제적으로 이슈가 되기 시작하고 있는 산업제어시스템의 보안 표준체계의 도입과 적용을 검토하여 볼 수 있다. 대부분의 기업들은 제조 및 생산 환경의 보호와 보안을 위한 최소의 대응 방안(예: CCTV 설치, 출입 통제, 접근통제 등)을 마련하여 운영하고 있으며, 시스템적으로 네트워크의 보안을 위한 다양한 솔루션들을 운영하고 있다. 그러나, 이러한 대응 방안은 지속적으로 진화하는 위협과 공격 등에 대응하기는 다소 부족하여 보이므로, 제어 시스템 보안표준에서 요구하는 제품 개발에 있어서의 보안 요구사항들과 표준 프로세스 도입 등을 통하여 부족함을 만회할 수 있다. IEC 62443 표준에 대하여는 다음 장에서 전반적인 설명을 진행할 예정이며, 국제 표준의 적용을 위한 편리성과 소요 시간 예산 등은 보통 정도의 소요가 예상된다. 또한 표준 적용을 통한 보안 대응성과 사고 발생의 가능성 또한 보통 정도의 효과를 볼 수 있다고 판단된다. 그러나, 이 또한 해당 기업의 환경적 여건 및 도입 의지 등에 따라 그 효과는 매우 다르게 나타날 수 있다.

3) 기존 제조환경에 안전 및 보안 관련 솔루션/장치 및 시스템 도입

기존 제조 및 생산 환경과 제어 시스템에 대한 강화된 보안 관련 솔루션 또는 시스템의 도입은 앞서 설명한 다른 대응 방법보다는 더욱 강력한 적극적 대응 방안으로 볼 수 있으나, 적용의 편리성과 소요 시간 및 적용에 따른 사고 발생 가능성 등은 앞서 설명한 두 가지의 방안과 비슷하다고 할 수 있다. 그러나, 투입되는 예산이 다른 방안들에 비하여 다소 높다는 것이 중소기업들의 입장에서는 매우 고민되는 부분이라 할 수 있다. 대략적인 관련 솔루션으로는 공격탐지시스템 (IDS; Intrusion Detection System), 침입방지시스템 (IPS: Intrusion Protection System) 등이 있으며 이러한 시스템의 도입은 기존의 대응 방법보다는 매우 높은 공격 대응력을 보여 줄 수 있다.

4) 보안 및 안전 등이 검토된 국제 관련 표준 적용 + 최신 보안 장비 및 시스템 도입

가장 강력한 보안사고 및 사이버 공격의 대응 방안으로 정의 할 수 있으며, 높은 편리성과 안전성을 보장하고 사고 발생의 가능성을 낮출 수 있는 가장 좋은 대응 전략으로 정의할 수 있으나, 기존의 대응 방법들에 비하여 높은 예산의 투입과 내부조직의 개선, 표준기반의 신규 프로세스 도입 및 적용 등의 다양한 노력이 필요하다. 중소기업의 입장에서 도입에 따른 시간 및 비용의 투입이 어려울 수 있으나, 표준기반의 프로세스 도입과 최신의 보안 시스템 도입은 장기적으로 기업의 보안사고 및 안전사고의 예방과 향후 글로벌 공급망 참여 및 시장 참여의 기회를 제공할 수 있다. 주요 솔루션으로는 보안 정보 및 이벤트 관리 시스템 (SIEM: Security Information & Event Management System)이 있다.

Summary

지금까지 산업제어시스템의 보안에 대한 필요성 및 기본적 대응 전략에 대하여 검토를 하였다. 기업이 직면한 현재 문제점들과 이를 해결하였을 경우 및 해결하지 못하였을 경우에 대하여 전반적인 검토를 진행하였고, 문제 해결을 위한 전반적인 전략적 방안을 제시하였다. 여기서 설명한 문제점들과 해결을 위하여 제시된 전략들은 각각의 기업들이 직면한 상황과 환경 여건 등에 따라 다르게 접근하고 적용할 수 있도록 충분히 검토하여야 할 것이며, 그 결과는 무수히 다르게 나타날 것이다.

지금까지 설명한 내용은 기업들의 입장에서 현실적으로 생존을 위하여 필요한 검토 사항에 대한 기본적 내용으로 이해하여 주었으면 하며, 본 설명을 기반으로 국내외 제조 및 개발 기업들이 생존을 위하여 필요한 보안 위협의 대응을 위한 정보를 제공하였다고 판단한다.

국내외 대기업들이 제품 생산과 개발, 운영 등에 사용되는 제어시스템의 보안 강화와 이를 통하여 생산된 제품 등에 대한 보안 요소의 검토는 추후, 그들 기업의 제품 공급망의 포함 여부를 결정짓는 중요한 요소로 작용할 수 있으며, 협력 및 참여 기업들은 이러한 국제적 변화와 증가되는 보안 위협으로부터 안전하게 보호될 수 있는 환경의 구축과 제품 생산의 기반을 마련할 필요가 있다.

2 산업제어시스템 보안 국제 표준(IEC 62443) 개요

2.1

산업제어시스템 보안표준 구성 및 개요

17세기 산업혁명 이후 제조산업은 생산의 효율성과 대량생산 등을 목표로 발전해왔으며, 2차례의 세계대전을 거치며 자원의 공급, 생산, 제조 등의 빠른 성장과 제어 시스템의 적용을 통한 생산성과 품질관리 등의 중요성을 이끌어 왔다. 또한, 정보통신 기술을 접목과 유/무선 네트워크의 확대 적용은 생산 및 제조에 관련된 산업제어시스템의 중요성과 효율성에 새로운 힘을 실어 주는 기회로 작용하였다.

2.1.1 IEC 62443 기본 개념 정의

IEC 62443 표준은 2000년대 초, 미국의 국제자동화협회(ISA, International Society of Automation)의 '산업 자동화 및 제어 시스템'[16] 보안표준 위원회인 ISA 99를 설립하면

16) '산업제어시스템(ICS)'라고도 혼용하여 사용하기도 한다.

서부터 시작되었다고 할 수 있으며, 해당 위원회에서 만들어진 기술문서 등을 기반으로 형태를 갖추기 시작하였다. 여기서 만들어진 결과물들은 ANSI[17]의 표준으로 채택되어 표준화되었으며, 이는 향후 IEC와의 협력을 통한 국제 표준의 기반을 제공하였다.

반면, 독일의 엔지니어협회인 VDI[18]와 독일 전기기술자협회인 VDE[19] 또한 산업 및 제어 시스템 보안을 위한 관련 가이드라인을 개발하였으며, 이 또한 IEC로 제출되어 북미 및 유럽의 협력을 통한 국제 표준의 기초를 마련하였다.

IEC는 북미 및 유럽의 각국으로부터 제공받은 다양한 기술문서, 각국 관련 표준 등을 검토후, 2009년 2월 IEC 62443-1-1의 표준 발표 이후 현재까지 지속적인 산업 및 제어 시스템의 보안에 관련된 표준을 발표하고 있으며, 공식적으로 총 14종의 IEC 62443 시리즈 표준을 발표하게 된다. 일부 표준 문서들은 IEC 사이트에 공개되어 있으나 개정 등의 사유로 인하여 구매할 수 없는 내용도 있다.

IEC 62443 산업제어시스템 보안표준은 기존의 제어 시스템 환경에 컴퓨터를 통한 장치의 제어와 통신망의 연결을 통하여 증가하기 시작한 해킹 등의 사이버 공격들로부터 제어 시스템의 보호와 위협의 완화를 목적으로 시작되었으며, 제조 및 산업제어시스템 전반에 걸친 사이버 보안의 내용을 포함하고 있다. 기존의 대다수 제조 및 생산 시설 등의 경우, 물리적 접근 등에 대한 위협들로부터의 보호가 주요 보안 대응의 목적과 방법이었으나, 정보통신 기술(IT)의 접목과 네트워크 연계를 통한 제품의 생산성 향상 및 통제의 편리성, 품질의 향상, 투입 인력의 최소화 등의 이유로 인하여 기존의 물리적 보안의 관점으로부터 추가적인 새로운 논리적관점의 취약점이 발생과 위협의 증가가 되었다 할 수 있다.

17) 미국 규격협회(ANSI): American National Standards Institute
18) 독일 엔지니어협회(VDI): Verein Deutscher Ingenieure, Association of German Engineers
19) 독일 전기기술자협회(VDE): Verband Deutscher Elektrotrchniker e.v

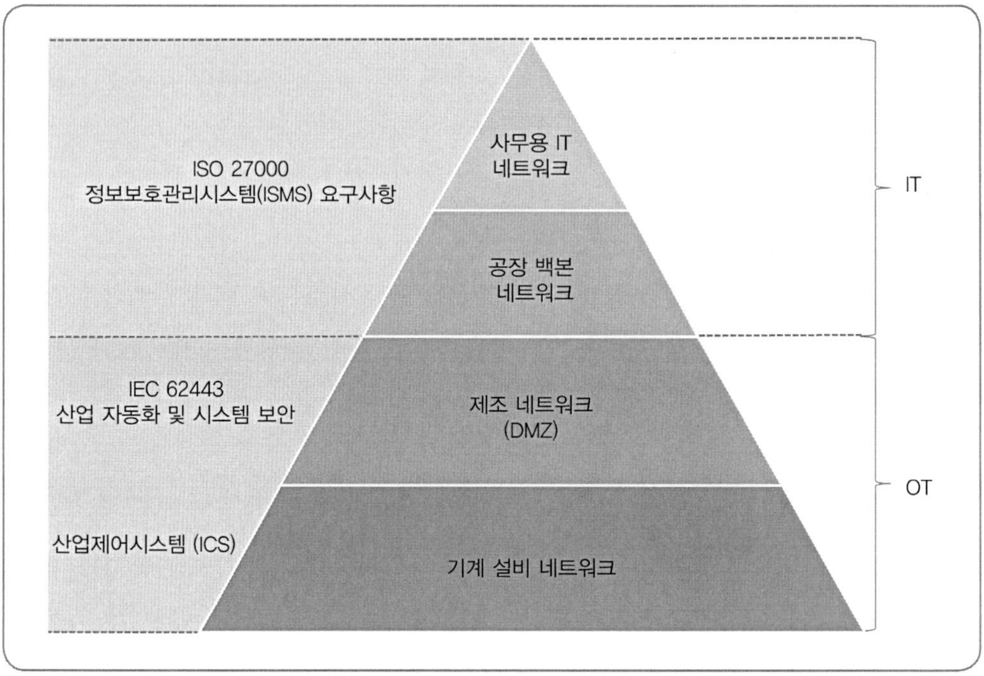

[그림 1-13] 산업제어시스템 네트워크 기반 관련 보안표준 구조

이는 새로운 산업 및 제조환경에서의 전반적인 보안체계의 변화를 요구하고 있으며, 네트워크 환경에서의 제어 시스템 전반에 걸친 보안 환경의 구축이라 할 수 있다. [그림 1-13]은 일반적인 제조 및 생산 기업 또는 산업제어시스템에 대하여 요구되는 정보보호 및 보안에 관련된 전체적인 국제 표준을 보여주고 있다. 일반적으로 제조 및 산업제어시스템은 하단의 실제적 제품 생산 환경에 관여하는 기계 설비 네트워크가 위치하며, 그 상위 단에는 전반적인 제조시설 및 현장에서 DMZ(De-Milirary Zone)으로 불리는 제조 네트워크가 존재하고 있다. 이 DMZ 네트워크 부분은 OT 네트워크 영역에 위치하여 있으며, 해당 기업의 IT 네트워크 부분과 현장의 OT 네트워크 부분을 연결하는 매우 중요한 역할을 담당하고 있다. 또한, 이 부분에 사용되는 기술을 제조 및 생산 환경에는 OT(운영 기술, Operational Technology)라 칭하고 있으며, 최근 글로벌 제조 및 생산 관련 기업들 사이에서 이슈가 되고 있는 산업제어시스템(ICS)에

서의 보안표준인 IEC 62443이 존재한다.

그 위 단에는 일반적으로 널리 사용되는 IT(정보통신 기술, Information Technology)가 존재하며, 이는 일반적인 제조 및 생산 기업 시설 또는 제어 시스템의 정보 및 운영 관리 등에 해당하는 영역의 부분이라 할 수 있다. 여기에는 공장의 백본 네트워크가 포함되며, 그 상위에는 일반적 기업의 운영 및 관리 등에 사용되는 IT 네트워크가 있다. 이 부분에 연관된 국제 표준으로는 ISO 27000 정보보호관리시스템(ISMS: Information Security Management System)이 있으며, 이는 기업 또는 기관이 사용 및 생산, 관리하는 정보에 대한 보안 요구사항 및 절차 등의 내용을 포함하고 있다.

IEC 62443 산업제어시스템 보안의 국제 표준은 총 4개의 파트(PART)로 구성되어 있으며;

- PART-1. "일반(General)"은 산업제어시스템 및 보안에 대한 일반적인 용어 및 개념, 시스템 보안 준수 지표 등의 내용을 포함하고 있다.
- PART-2. "정책 및 절차(Policy & Process)"는 시스템 보안 정책을 수립하기 위한 항목 및 운영, 관리에 관련된 내용을 포함하고 있다.
- PART-3. "시스템(System)"은 산업제어시스템을 위한 보안 기술과 보안 요구사항, 보안 인증 레벨에 관련된 내용을 포함하고 있다.
- PART-4. "컴포넌트(Component)"는 산업제어시스템과 관련된 제품의 개발 보안의 요구사항과 기술적인 보안 요구사항 등의 내용을 포함하고 있다.

2.1.2 IEC 62443 산업 및 제어 시스템 보안 표준의 전체 구성[20)]

앞서 간단하게 소개한 것처럼, IEC 62443 표준의 일반적으로 4개의 파트로 구분되어

20) 현재 일부 표준은 제정 및 개정 작업 진행중에 있으며, 이러한 표준에 대하여는 IEC에서도 구매할 수 없는 경우도 있다. 이점 참고하기 바란다. [부록 2] 참조

정의되고 있으며, 각각의 파트는 "일반(General)", "정책 및 절차(Policy & Process)", "시스템(System)", "컴포넌트(Component)"로 일반적 명칭으로 사용되고 있다. 이는 국제 표준의 전체 구성을 파트별로 구분하는 기준으로 사용되고 있으나, 일부 기관 또는 기업들에 따라 다르게 구분하여 정의하기도 한다.

[그림 1-14]은 앞서 설명한 IEC 62443 표준 시리즈의 구성을 시각적으로 도식화하여 보여준다. 세부적인 설명은 다음에 진행할 예정이며, 현재 표준작업이 진행중인 IEC 62443 PART-6에 해당하는 시스템 및 컴포넌트에 대한 시험평가 관련 표준이 제외되어 있으나, 이는 현재 제정 작업중으로 빠른 시간 내에 국제 표준으로 공표가 될 것으로 보인다. PART-5에 해당하는 사용 사례에 대한 부분 또한 제정 작업중으로 알려져 있으며, 이 또한 빠른 시간 내에 국제 표준으로 공표가 될 것으로 보인다.

IEC 62443 표준은 공식적인 발표 이전까지 해당 워킹그룹 등을 통하여 다양한 의견

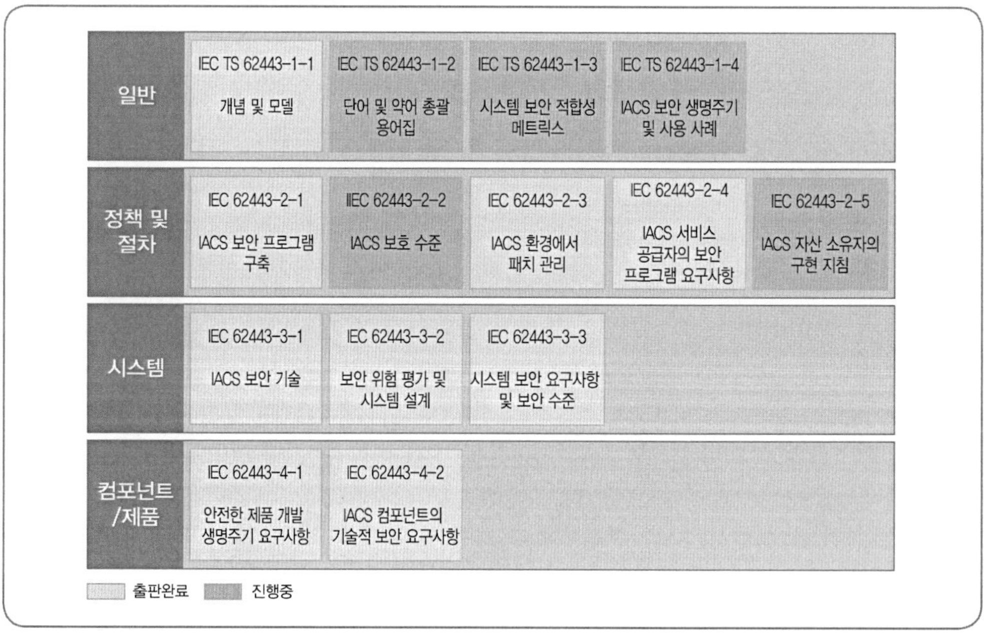

[그림 1-14] IEC 62443 산업 및 제어 시스템 보안 국제 표준 구성

의 수렴과 논의를 통한 여러 번의 표준 명칭에 대한 변경이 진행되어 왔으며, 최종적인 표준의 발표시에 결정된 표준 명칭을 공식적인 표준 명칭으로 사용하고 있다. 이는 다양한 국가들의 입장과 많은 산업계들의 이해관계 등이 엮여 있다고 보이며, 새로운 산업발전 및 기술 적용 등에 따라 지속적인 개징 작입과 이를 통하여 표준 명의 변화 등이 진행될 것으로 판단된다.

아래는 일부 표준 명칭에 대한 변경 사례로써 참고하기 바란다.

사례 1 초기의 표준의 파트 2-1의 명칭은 "IEC 62443-2-1 ICS 자산 소유자를 위한 보안 프로그램 요구사항(Security Program Requirements for ICS Asset Owners)"으로 정의되어 왔으나, 현재는 "IACS 보안 프로그램 구축(Establishing an industrial automation and control system security program:2010)"으로 명칭이 변경되어 사용되고 있다.

사례 2 초기의 표준의 파트 2-2의 명칭은 "IEC 62443-2-2 IACS 보호 수준 (Security for IACS – IACS protection levels)" 이었으며, 워킹그룹의 검토 버전에서는 "IEC 62443-2-2 (1st CD) IACS 보안 프로그램 수준 (Security for IACS 2-2 IACS security program ratings)"로 명칭이 변경되었다. 그리고, 이 표준의 명칭은 현재 "IACS 보호 수준/등급 (IACS Security protection rating: 2018)"로 변경되어 사용되고 있다. 현재 2-2 표준은 개정작업 진행중인 것으로 알려져 있으며, 명칭의 변경 있어서 핵심적 단어의 변경이 있음을 알 수 있나. (예: Levels → Ratings) 이는 단순히 '수준'의 의미를 뜻하는 'Level'은 명칭의 변경과 더불어 'Rating'으로 변경하여 기존의 '수준'의 의미보다 강한 의미의 '등급'으로 변경을 하였다.

[그림 1-14]에서는 현재 일반적으로 통용되고 있는 IEC 62443 표준의 구성에 대하여 보여주었으나, [그림 1-15]에서는 새롭게 추가될 표준 문서와 새로운 구분 체계를 정

리하여 보여준다. 해당 그림에서는 이해하기 쉽도록 기존의 완료 표준, 제/개정 작업 중 표준, 그리고, 검토 진행중인 표준으로 구분하여 정리하여 표기하였으며, 기존 구성인 [그림 1-14]가 보여준 파트 중심에서 기능 및 연관 관계 등을 기준으로 정의하는 새로운 구분에 대하여 보여주고 있다. 이 구분은 현재 검토 및 진행되고 있는 IEC 62443 표준체계를 기반으로 새롭게 정의될 것으로 기존의 파트별 구성 및 구분보다는 실제적 활용에 더욱 적합할 것으로 판단된다.

구분						
일반	IEC TS 62443-1-1 개념 및 모델	IEC TS 62443-1-3 시스템 보안 적합성 메트릭스	IEC TS 62443-1-4 IACS 보안 생명주기 및 사용 사례	IEC TS 62443-1-5 시스템 보안 적합성 메트릭스	IEC TS 62443-1-6 IACS 보안 생명주기 및 사용 사례	IEC TS 62443-1-2 단어 및 약어 총괄 용어집
정책 및 절차	IEC 62443-2-1 IACS 보안 프로그램 구축	IEC 62443-2-4 IACS 서비스 공급자의 보안 프로그램 요구사항	IEC 62443-4-1 안전한 제품 개발 생명주기 요구사항	IEC 62443-2-2 IACS 보호 수준	IEC 62443-2-3 IACS 환경에서 패치 관리	
기술	IEC 62443-3-2 보안 위험 평가 및 시스템 설계	IEC 62443-3-3 시스템 보안 요구사항 및 보안 수준	IEC 62443-4-2 IACS 컴포넌트의 기술적 보안 요구사항	IEC 62443-3-5 IACS 접근에 대한 기술적 보안 요구사항		
지침	IEC 62443-2-5 IACS 자산 소유자의 구현 지침	IEC 62443-4-3 IACS 보안 기술	IEC 62443-3-1 IACS 보안 기술	IEC 62443-4-4 IACS를 위한 공급망 보안		
응용	IEC TS 62443-5-1 산업 IoT에 62443 적용	IEC TS 62443-5-2 빌딩 자동화 및 제어 시스템에 62443 적용				
평가 방법론	IEC CD1 62443-6-1 2-4 보안평가 방법론	IEC CD1 62443-6-2 4-2 컴포넌트 보안평가 방법론				

출판완료 / 진행중 / 검토중

[그림 1-15] 기능 및 연관 관계 중심의 IEC 62443 표준 구성

새롭게 정의되는 IEC 62443 표준의 구성은 기존 구성에서 일부 추가와 변화를 보여주고 있으며, 이는 표준 구조의 이해와 활용에 더욱 편리한 사용을 제공할 것으로 보인다.

기존의 파트 1의 "일반" 부분은 세부 표준인 1-1부터 1-4 표준까지 동일하게 위치하며, 1-5 '시스템 보안 적합성 메트릭스'와 1-6 'IACS 보안 생명주기 및 사용 사례' 표준이 추가적으로 작업되어 포함될 것으로 보인다.

PART-2의 "정책 및 절차" 부분은 기존에 포함되어 있던 세부 표준인 2-1부터 2-4 표준까지가 포함되며, 4-1의 표준이 해당 카테고리로 이동할 것으로 보인다. 이는 4-1 표준이 제어 시스템에 사용되는 컴포넌트의 전반적인 개발 환경 및 절차 등에 대한 내용을 다루고 있으므로 "정책 및 절차"의 카테고리에 포함되는 것이 적절하여 보인다. 2-2 세부 표준은 현재 IEC에서 구매가 불가능하며, 내부에서 개정 등에 대한 검토 진행 중인 것으로 알려져 있다.

기존의 표준 파트에는 없던 '기술'의 카테고리로 IEC 62443 표준의 파트 3에 해당하는 '시스템' 관련 세부 표준인 3-2와 3-3 표준이 포함되며, '컴포넌트'의 파트에 해당하던 4-2 표준이 여기에 해당한다. 또한 기존의 PART-3에 없었던 3-5 'IACS 접근에 대한 기술적 보안 요구사항'이 제정 검토중에 있으며, 표준 제정시 '기술' 카테고리에 적용될 것으로 보인다.

'지침' 또한 기존의 표준 구성 및 구분상에는 없었으나 '지침' 카테고리로 정의하고 기존의 '시스템' 파트에 속하여 있던 세부 표준인 3-1과 현재 표준작업 및 검토중인 2-5 'IACS 자산 소유자의 구현지침', 4-3 'IACS 보안 기술', 4-4 'IACS를 위한 공급망 보안' 등의 세부 표준이 이 카테고리에 속할 것으로 보인다.

기존의 파트 구성에서 빠져있던 PART-5에 대한 세부 표준으로, 여기서는 '응용'이라는 카테고리로 정의하고 세부 표준으로 IEC TS 62443-5-1 '산업 IoT에 62443 적용'과 IEC TS 62443-5-2 '빌딩 자동화 및 제어 시스템에 대한 62443 적용'을 개발하여 해당 카테고리에 포함될 될 것으로 보인다.

현재 제정 작업 진행중인 PART-6의 평가 방법론에 대한 세부 표준을 포함하는 카테고리로 6-1 표준의 '2-4 보안 평가 방법론'과 6-2 표준의 '4-2 컴포넌트 보안 평가 방법론'으로 구성될 것으로 보인다.

IEC 62443 산업 및 제어 시스템 보안표준은 그 해당 및 적용 범위가 너무 방대하고 다

[표 1-9] IEC 62443 산업 및 제어 시스템 표준 – 신규 검토 진행 표준

표준 번호	표준 명칭
IEC 62443-1-5	IACS 개인을 위한 보안 인식 및 교육(Security awareness and training for IACS personal)
IEC 62443-1-6	62443 프로파일 개발을 위한 요구사항(Requirements for the development of IEC 62443 profiles)
IEC TR 62443-2-5	IACS 자산 소유자들을 위한 적용 가이드(Implementation guidance for IACS asset owners)
IEC TR 62443-4-3	IACS 서비스 제공자들을 위한 적용 가이드(Implementation guidance for IACS service provider)
IEC TR 62443-4-4	IACS를 위한 공급망보안(Supply chain security for IACS)
IEC 62443-5-1	산업용 IoT에 대한 62443 적용(Applying ISA/IEC 62443 to the IIoT)
IEC 62443-5-2	빌딩 자동화 및 제어 시스템에 대한 62443 적용(Applying ISA/IEC 62443 to the building automation and control systems)
IEC CD1 62443-6-1	2-4 보안 평가 방법론(Security evaluation methodology for IEC 62443 – PART 2-4: Security program requirements for IACS service providers)
IEC CD1 62443-6-2	4-2 컴포넌트 보안 평가 방법론(Security evaluation methodology for IEC 62443 – PART 4-2: Technical security requirements for IACS components)

양한 산업군에 대한 다른 운영 환경 들을 포함하는 관계로 추후에도 지속적인 개정 작업과 많은 변화가 예상되는 표준이다. 이들 표준은 추후 개별 산업군들을 중심으로 하는 별도의 표준으로 새롭게 변화할 수 있을 것으로 보이며, 이 또한 산업 및 제어 시스템 관련 보안표준의 발진 방향이라 할 수 있겠다.

2.1.3 이해 관계자별 연관 표준

앞 절의 "1.2 표준 프로세스 도입이 왜 필요한가?"에서 이해 관계자들의 관점과 관련하여 IEC 62443 산업 및 제어 시스템 보안표준의 관점에서 정의하는 이해 관계자들에 대하여 간단하게 설명하였다. 앞서 설명한 것처럼 제조 및 생산의 공급망 관계 속에서는 다양한 이해 관계자들이 존재하며, 이들의 관계는 위치에 따라 공급자가 되기도 하며 수요자가 되기도 한다.

여기서는 [표 1-10]을 통하여 앞서 설명한 이해 관계자들이 IEC 62443 표준의 도입 및 적용을 위하여 확인하고 검토하여야 할 표준을 설명함으로써 조금 더 깊이 있는 이해를 할 수 있도록 하겠다.

1) (최종) 자산 소유자(Asset Owner)

개발 및 생산된 최종 제품 또는 시스템 등의 최종 실제적 소유자로써 운영자가 될 수도 있다. 개발된 솔루션 또는 운영플랫폼 등의 소프트웨어 결과물들과 제어 시스템을 구성하는 장치, 기기 등과 같은 하드웨어 결과물 들을 적용한 최종 제어 시스템의 소유 및 운영자(사)가 되며, 수력/화력/원자력 발전소, 석유화학 플랜트, 대기업 제조사 등이 이에 포함된다. 연관된 표준으로는 1-3, 2-1, 2-2, 2-3, 2-4, 3-2, 3-3 등으로, 일반적 표준의 사항과 표준의 적용 및 운영에 관련된 정책/절차, 그리고 최종 시스템에 관련된 전반적인 내용에 해당하는 표준을 검토하여야 한다.

[표 1-10] 이해 관계자별 연관 표준

이해 관계자	설명	연관 표준	관련 기업 (예)
(최종) 자산 소유자 (Asset Owner)	• 완성된 최종 제품 또는 시스템의 실 소유자 및 운영자 • 산업제어시스템 운영 • 발전소,석유화학 플랜트, 대기업 제조사	[정책 및 절차] IEC 62443-1-3 IEC 62443-2-1 IEC 62443-2-2 IEC 62443-2-3 IEC 62443-2-4 IEC 62443-3-2 IEC 62443-3-3	현대 자동차, 삼성전자, LG전자, 포항제철, 남동발전(소) 등
시스템 통합자/ 유지보수 공급자 (System Integrator /Maintenance)	• 모듈 또는 완제품, 솔루션 등의 제품 통합을 통하여 시스템화 또는 최종 제품화 작업 (SI: System Integration) • 시스템 구축 및 설비 유지보수 • 공급자의 역할과 자산소유자의 역할 공유	[자동화 시스템 구축] IEC 62443-2-4 IEC 62443-3-1 IEC 62443-3-2 IEC 62443-3-3	삼성 SDS, LG CNS, IBM 등
(2차) 공급자/ 자산소유자 (Product Supplier)	• 공급된 부품 및 소스코드 등을 통하여 모듈 제품 또는 소프트웨어 모듈, 패키지 개발 및 구성요서 제조사 • 공급자의 역할과 자산소유자의 역할 공유 • 중대형 제조사	[제품/컴포넌트] IEC 62443-3-3 IEC 62443-4-1 IEC 62443-4-2	자동차의 경우 "유라": 전장 제품 제조사, 현대 모비스, LS일렉트릭, 지멘스, 현대로보틱스, 워터폴 등
(1차) 공급자 (Product Supplier)	• 기본 부품 또는 소스코드 등의 기반 개발/제조사 • (2차) 공급자 협력사, 중소 제조사 및 개발사		모듈 및 부품 제조사: 만도, 풍산금속, 삼성전자 등
시험 평가/ 인증자	• 시스템 구축(2-4) 및 제품 개발(4-2)에 대한 보안 요구사항 시험평가	[시험평가] IEC 62443-6-1 IEC 62443-6-2	KTC(한국기계전기전자시험연구원), KTL(한국산업기술시험원), TTA(정보통신기술협회), TUV(독일), ISA (미국)

2) 시스템 통합자/유지보수 공급자 (System Integrator/Maintenance)

하부 제조 및 생산 공급자들로부터 공급받은 하드웨어 제품 또는 소프트웨어 솔루션 등을 이용 및 통합하여 자산 소유자가 요구하는 산업제어시스템 등을 구축하는 기업들로써, 구축된 제어시스템의 유지보수 및 관리 등의 서비스 또한 제공(때로는 시스템 통합자와 유지보수 공급자가 다를 수 있다)하는 공급자를 말한다. 이들은 공급자의 역할과 자산 소유자의 역할을 동시에 공유할 수 있으며, 표준에서 정의하는 시스템 통합자 및 유지보수 공급자의 명칭으로 통용되고 있다. 연관 표준으로는 자동화 시스템 구축에 관련된 2-4, 3-1, 3-2, 3-3 표준 등이 공급자 입장에 관련된 정책 및 절차 표준과 시스템에 관련된 표준으로 정의할 수 있다.

3) (2차) 공급자/자산 소유자 (Product Supplier)

하부 공급자들로부터 공급받은 제조 부품 및 모듈, 소프트웨어 모듈 또는 소스코드 등을 이용하여, 제품화 또는 소프트웨어 솔루션 등의 개발을 진행하고 이를 상위의 시스템 통합자 또는 자산 소유자들에게 공급하는 공급자들을 말하며, 자산 소유자들이 이에 해당하고, 일반적으로 중대형 제조사들이 이에 포함된다. 연관 표준으로는 3-3, 4-1, 4-2 표준 등이 있으며, 자산 소유에 대한 시스템 및 제품 개발 및 공급에 따른 관련 표준을 검토할 필요가 있다.

4) (1차) 공급자 (Product Supplier)

원자재 또는 원재료의 수급으로부터 기초적인 부품 개발과 소스코드를 기반으로 하는 소프트웨어 모듈 개발 등을 하는 공급자를 말하며, 중소 제조사 및 개발사들이 이에 포함된다. 연간 표준은 위에서 설명한 (2차) 공급자/자산 소유자와 동일하다.

5) 시험평가/인증자

표준을 적용하여 개발된 제품 또는 생산품, 기업에 표준 시스템의 적용 상태 등을 평가할 시험기관 또는 인증을 진행할 기관 등이 이에 포함되며, 제품의 개발 및 생산을 담당하는 공급자(피 시험기관) 등이 해당 표준의 검토 및 분석이 필요하다. 향후 시험/인증기관은 2-4 표준의 시스템 구축에 대한 표준적용 사항과 4-2 표준의 제품 개발에 대한 보안표준 요구사항에 대한 시험을 진행하며, 연관된 표준으로는 6-1과 6-2 표준 문서 초안이 있다.

2.2

IEC 62443 PART-1 일반(General)

IEC 62443 산업 및 제어 시스템 보안 국제 표준은 산업 자동화 및 제어 시스템 전반에 걸친 설계, 개발, 구축, 운영, 평가 등의 보안 관련 요소들의 정의 및 설명을 포함하고 있다. 표준의 PART-1은 IEC 62443 표준 시리즈의 첫 부분으로 다른 표준들과 마찬가지로 앞으로 설명할 표준 문서에서 사용될 전반적인 용어 정의 및 해설, 해당 표준의 개념, 관련 모델 등의 포괄적인 부분에 대한 소개를 포함하고 있으며, "일반(General)" 적인 사항 등에 대한 정의와 규정을 소개하고 있다.

'PART-1 일반'은 현재 총 4개의 세부 표준으로 구성되어 있으며, "TS[21] 62443-1-1 개념 및 모델", "TS 62443-1-2 단어 및 약어 총괄 용어집", "TS 62443-1-3 시스템 보안 적합성 메트릭스", "TS 62443-1-4 IACS 보안 생명주기 및 사용 사례"로 구성되어 있다. 현재 1-1 표준을 제외한 나머지 세부 표준 문서들은 개정 작업이 진행중인 것으로 파악되고 있다.

2.2.1 IEC 62443-1-1 개념 및 모델(Terminology, Concepts and Models)

표준 문서 1-1은 본 표준에서 사용되는 용어의 해석과 정의, 전체적 표준의 개념 및 해당 모델(예: 사용 사례) 등에 대한 내용을 포함하고 있으며, 다양한 보안관련 사항들중 산업 자동화 및 제어 시스템에 해당하는 제품, 개발, 시스템, 관리 등에 있어서 필수적으로 필요한 내용을 정의하고 있다. 1-1 표준 문서에서 가장 중요한 내용으로

21) TS(Technical Report, 기술문서)

는, 향후 지속적으로 설명되고 논의될 '기본 보안 요구사항(FR)[22]'에 대한 정의가 포함되어 있다.

본 표준 문서에서 사용되는 '기본 보안 요구사항(FR)'은 총 7개의 요구사항 카테고리로 구성되어 있으며, 산업 자동화 및 제어 시스템의 전반적인 보안의 정의를 위한 핵심적인 요구사항이라 할 수 있다. 또한, '기본 보안 요구사항(FR)'은 향후 세부 표준들의 구성과 상호 연계를 구축하는 핵심 요인으로써, 전체 표준의 기본적 프레임을 맡고 있다 할 수 있으며, 필수적으로 이해하고 숙지하여야 할 요구사항이다. '기본 보안 요구사항(FR)'을 기반으로 본 표준의 "보안 수준(SL)"[23]은 SL-1부터 SL-4까지로 구분할 수 있다.

[표 1-11] 기본 보안 요구사항(FR: Foundational Requirements)

FR-1	식별 및 인증(IAC, Identification and Authentication Control)
FR-2	사용 통제(UC, Use Control)
FR-3	시스템 무결성(SI, System Integrity)
FR-4	데이터 기밀성(DC, Data Confidentiality)
FR-5	데이터 흐름 제한(RDF, Restricted Data Flow)
FR-6	이벤트 적시 대응(TRE, Timely Response to Events)
FR-7	자원 가용성(RA, Resource Availability)

다음은 7개의 '기본 보안 요구사항(FR)'에 대하여 이해할 수 있도록 간단하게 설명하였다.

1) 식별 및 인증(IAC, Identification and Authentication Control)

개발 또는 구축된 장치 등에 대한 사용자 또는 시스템 등으로 구축되어 사용되는 장

22) 기본 보안 요구사항(FR: Foundational Requirements)
23) 보안 수준(SL: Security Level)

치 (시설 등 포함) 등에 대한 각각의 식별과 이에 대한 구분, 그리고 개별 사용 인증 등의 포괄적인 사항에 대한 요구사항 정의를 포함하고 있다. FR-1은 세부적으로 14개의 컴포넌트 보안 요구사항(CR: Component Requirements)로 구성되어 있으며, 각각의 세부 컴포넌트 요구사항을 중심으로 SL-1 ~ SL-4까지의 보안 수준으로 구분된다.

2) 사용 통제(UC, Use Control)

보안 요구사항을 충족시켜야 하는 구축된 시스템, 컴포넌트 또는 제품, 시설 및 환경, 제조 및 통제를 위한 장비 또는 장치 등의 다양한 사용 목적들을 위하여, 통제 관리 관련한 내용을 정의한 요구사항이다. FR-2는 세부적으로 13개의 컴포넌트 보안 요구사항(CR)로 구성되며, SL-1~SL-4까지의 보안 수준으로 구분된다.

3) 시스템 무결성(SI, System Integrity)

시스템의 보안적 상황에서의 이상 유무에 대한 요구사항 정의를 포함하고 있으며, 세부적으로 14개의 '컴포넌트 보안 요구사항(CR)'로 구성되고, SL-1~SL-4까지의 보안 수준으로 구분된다.

4) 데이터 기밀성(DC, Data Confidentiality)

산업 자동화 및 제어 시스템의 운영에 사용되는 데이터의 보안성, 기밀성 등에 대한 요구사항을 정의하고 있으며, 세부적으로 3개의 '컴포넌트 보안 요구사항(CR)'로 구성되고, SL-1~SL-4까지의 보안 수준으로 구분된다.

5) 데이터 흐름 제한(RDF, Restricted Data Flow)

산업 자동화 및 제어 시스템을 구성하는 각종 장치 또는 시스템들 사이에서의 유/무선 네트워크 상에서의 데이터 흐름에 대한 요구사항을 정의하고 있으며, 세부적으로 3개의 '컴포넌트 보안 요구사항(CR)'로 구성되고, SL-1~SL-4까지의 보안 수준으로 구분된다.

6) 이벤트 적시 대응(TRE, Timely Response to Events)

해당 또는 각 장치들 및 시스템들 사이에서 발생하는 모든 보안 이벤트, 위협, 사고, 이상 행위 등의 발생에 관련된 보안 요구사항을 정의하고 있으며, 세부적으로 2개의 '컴포넌트 보안 요구사항(CR)'로 구성되고, SL-1~SL-4까지의 보안 수준으로 구분된다.

7) 자원 가용성(RA, Resource Availability)

산업 자동화 및 제어 시스템을 구성하는 장치, 시스템, 기기, 등에 포함되는 자원(예: 메모리, CPU 사용량, 저장공간 등)의 사용 가능한 용량 등과 이에 대한 통제 및 관리 등에 대한 보안 요구사항을 정의하고 있으며, 세부적으로 8개의 '컴포넌트 보안 요구사항(CR)'로 구성되고, SL-1~SL-4까지의 보안 수준으로 구분된다.

2.2.2 IEC 62443-1-2, "단어 및 약어, 총괄 용어집(Master glossary of terms and abbreviations)"

IEC 62443 표준 문서 전체를 통하여 사용되는 단어 및 약어 등의 전반적인 어휘에 대한 정의와 설명을 포함하고 있다. 그러나, IEC 62443 표준 문서의 원문이 영어인 관계로 일부 표준에 대하여는 국내의 KS X[24] 국가 표준 문서로 번역되어 등록되어 있으나, 원문에 충실한 번역을 진행하다 보니 실제적으로 이해하는데 있어서 큰 어려움이 발생하고 있다. KS X 표준에서는 국문 번역을 통하여 원문의 의미를 충분하게 전달하

24) 한국산업표준 규격의 약자로써 KS(Korean Standards)로 표기하며 'X'는 '정보' 관련 품목 부문에 대한 분류 코드이다.

지 못하는 경우가 발생하고 있으므로, 1-2 표준에서 정의하고 있는 단어 및 약어들에 대한 충분한 이해와 주의가 필요하다. 본 문서에서는 상용되는 단어, 어휘, 약어 등에 대하여 충분한 설명과 해설을 추가하여 충분한 이해를 할 수 있도록 하겠다.[25)]

2.2.3 IEC 62443-1-3, "시스템 보안 적합성 메트릭스(System security compliance metrics)"

해당 표준 문서는 산업 자동화 및 제어 시스템(IACS)에서 우선 순위가 높은 시스템에 대한 사이버 보안 적합성 지표에 대한 정의를 포함하고 있으며, 이에 따른 시스템 보안 적합성 평가 방법 또한 함께 정의하고 있다. 이는 IEC 62443-3-3 표준 문서에 정의된 보안 요구사항을 만족하는 보안기술의 제어 기능 등에 중점을 두고 있다. 1-3 표준 문서에서 명시하는 'Compliance'는 일반적으로 '법적 준수' 사항을 의미하고 있으며, 이는 '무조건적'이며, 필수적으로 준용하고 따라야 하는 것의 의미한다. 또한, '메트릭스(Matrics)'는 '업무 수행 결과를 보여주는 계량적 분석'을 의미하며, 진행한 결과에 대한 것을 수치적으로 보여주는 것을 말한다.

1-3 표준에서 명시한 '적합성 평가 방법 정의'는 IEC 62443 시리즈의 다른 표준에서 명시하는 제어 시스템 요구사항에 대한 적합성 측정 방법으로, 안전한 산업제어시스템 제품 및 서비스에 대한 개발 관리와 해당 시스템의 사용 수명 동안의 사용자가 정의한 서비스의 품질을 모니터링 및 관리, 해당 서비스로부터 시스템 또는 하위 시스템 및 컴포넌트가 제거될 경우의 안전한 폐기에 대한 검증, 규정 감독기관에 의하여 사용될 시스템 측정 방법의 제공에 대한 사항을 포함하고 있다. 적합성 평가 방법에 대한 세부적 방법은 기업 자체적인 구축 또는 방법의 마련이 필요하며, 전문적 지식과 경험이 부족한 내부 인적자원만을 이용한 대응은 매우 어렵다고 판단됨으로, 이는 필요시 외부 전문가 또는 기관 등의 자문 및 협력 등을 통하여 구축하는 것을 권장한다.

25) 사용되는 단어, 약어, 전문 용어 등에 대하여는 [부록 1]의 '필수 용어 정의'를 참조하기 바란다.

2.2.4 IEC 62443-1-4, "IACS 보안 생명주기 및 사용 사례(IACS security life-cycle and use-cases)" - (미공개, 진행중)

현재 1-4 표준은 공식적 공개되어 발표되어 있지 않은 상황으로 워킹그룹을 통한 작업이 진행중에 있는 것으로 확인된다. 현재까지 확인된 1-4 표준의 내용은 산업 자동화 및 제어 시스템 보안에 대한 기본적인 생명주기(Life-cycle)에 대한 세부적 설명을 포함하며, 다양한 애플리케이션을 설명하기 위한 몇 개의 사용 사례들 포함하고 있다고 확인된다.

2.2.5 IEC 62443-1-5, "IACS 개인을 위한 보안 인식 및 교육(Security awareness and training for IACS personal)" - (미공개, 진행중)

1-5 표준 또한 표준 문서 작업이 해당 워킹그룹을 통하여 논의와 작업이 진행되는 것으로 확인되고 있으나, 공식적인 표준의 발표에 대하여는 미정으로 확인된다.

2.2.6 IEC 62443-1-6, "IEC 62443 프로파일 개발을 위한 요구사항(Requirements for the development of IEC 62443 profiles)" - (미공개, 진행중)

1-6 표준 또한 표준 문서 작업이 해당 워킹그룹을 통하여 논의와 작업이 진행되는 것으로 확인되고 있으나, 공식적인 표준의 발표에 대하여는 미정으로 확인된다.

2.3
IEC 62443 PART-2 정책 및 절차(Policy & Procedure)

IEC 62443 시리즈 표준의 PART-2는 산업 자동화 및 제어 시스템의 구축 및 보유, 운영 관리 등을 위한 조직 또는 자산 소유자들을 위한 다양한 보안 관련 정책 및 절차 등에 대하여 정의하고 있으며, 시스템 및 자산의 소유자 관점에서의 보안을 위한 다양한 요구사항, 방법 및 규칙, 규정 등에 관한 내용을 포함하고 있다.

2.3.1 IEC 62443-2-1, "산업 자동화 및 제어 시스템 보안 프로그램 구축(Establishing an industrial automation and control system security program)"

2-1 표준은 산업 자동화 및 제어 시스템(IACS)용 사이버 보안 관리 시스템(CSMS: Cyber Security Management System)의 구축시 필요한 다양한 요소 및 요구사항들을 정의하고 있으며, 필요한 요소를 개발하는 방법 등에 대한 지침을 제공하고 있다. 본 표준 문서에 대한 주요 대상으로는 시스템 또는 관련 보안 프로그램 등의 설계 및 구현에 대한 책임이 있는 최종 사용자 및 자산 소유자 등이 포함된다.

2.3.2 IEC 62443-2-2, "산업 자동화 및 제어 시스템 보호 수준(IACS Security protection rating)"

2-2 표준은 산업 자동화 및 제어 시스템 운영시에 발생하는 사이버 보안 위협에 대한 시스템 보호 수준의 평가를 위한 방법을 제공하며, 2-1 표준에서 요구하는 사항을 적용하는 방법 등을 제공한다.

2.3.3 IEC 62443-2-3, "산업 자동화 및 제어 시스템 환경에서 패치 관리(Patch management in the IACS environment)"

2-3 표준은 산업 자동화 및 제어 시스템의 운영 및 관리에 필요한 패치(Patch)의 관리를 위한 프로그램의 수립과 산업 자동화 및 제어 시스템의 자산 소유자 및 제품 공급자(공급업체, 개발자, 개발업체) 등에 대한 요구사항들을 포함한다. 자산 소유자 입장에서의 제품 공급자에 대한 보안 패치 형식 정의, 배포 활동, 배포된 패치의 설치 등 전반적인 보안 패치 관리 등에 대한 내용이 정의되어 있다. 관련 대상자 또는 기업으로는 패치에 대한 관리 규칙의 설계와 도입에 대한 책임을 갖는 모든 사람을 대상으로 포함한다.

2.3.4 IEC 62443-2-4, "서비스 공급자의 보안 프로그램 요구사항(Security program requirements for IACS service providers)"

2-4 표준은 (공급자 관점에서) 산업제어시스템에 대한 '서비스 공급자'[26]가 자동화 솔루션의 통합 및 유지보수 관리 활동중, 자산 소유자에게 제공할 수 있는 보안 기능에 대한 요구사항, 산업 자동화 및 제어시스템 등과 관련된 컴포넌트에 대하여 제품 공급자 등에 대한 요구사항을 정의하고 있다.

공급 및 추가, 기존 서비스 또는 기존 시스템들과의 연동 등이 발생할 경우를 대비하여 서비스 및 솔루션 등에 제공되는 각종 보안 사항 및 관련 요구사항에 대하여 자산 소유자(최종 소유자)에게 제공이 가능하다. 예로써, 컴포넌트에 ID/PW 기능 제공, PW 설정 정책, 레거시시스템 연동시, 네트워크 보안 설정(예: 암호화 키 사용, 프로토콜, 알고리즘 등)이 있다. 해당 표준에 관련된 주요 대상으로는 제어 시스템 솔루션 공급업체, 모듈 개발사, 등이 포함될 수 있다.

---

26) 시스템 통합자(SI: System Integration) 또는 유지보수(Maintenance) 사업자, 모듈 및 1차 개발사, 솔루션 개발 공급자

2.3.5 IEC 62443-2-5, "자산 소유자의 구현 지침(Implementation guidance for IACS asset owners)"

2-5 표준은 효과적인 산업 자동화 및 제어 시스템에 대한 사이버 보안 관리 시스템(CSMS)을 운영하는데 필요한 사항에 대한 지침을 제공한다. 일반적인 사례로는 장비 메뉴얼 관리 절차, 장비 업그레이드 절차, 폐기 절차 등의 운영 관리 전반에 필요한 절차 및 프로세스 등을 들 수 있다. 본 표준 문서에 관련되는 대상자로는 (프로그램의 운영에 대한 책임이 있는) 최종 사용자 및 자산 소유자 등이 될 수 있다.

2.4
IEC 62443 PART-3 시스템 요구사항(System Requirements)

IEC 62443 시리즈 표준의 PART-3는 산업 자동화 및 제어 시스템의 구축 및 통합을 위한 서비스 사업자(시스템 통합자 및 유지보수자)와 시스템에 관련된 보안 기능에 대한 요구사항과 규정 등을 포함하고 있다. 시스템 구축에 사용되는 전반적인 보안 기술 및 요구하는 보안 수준, 기타 보안 요구사항 등에 해당하는 규정 등을 앞서 PART-1에서 간단하게 소개한 "기본 보안 요구사항(FR)"에 기반하여 정의하고 있다.

2.4.1 IEC 62443-3-1, "IACS 보안 기술(Security technologies for industrial automation and control systems)"

3-1 표준에는 산업 자동화 및 제어 시스템 환경에서 사용 가능한 다양한 보안 기술의 설명과 적용에 관련한 사항들을 설명하고 있으며, 산업 자동화 및 제어 시스템(IACS)에 효과적으로 적용될 수 있는 다양한 사이버 보안 도구, 완화 대책 및 기술들에 대한 설명도 포함되어 있다. 또한, 제어 시스템에 적용 가능한 사이버 보안 기술 및 사용 제품의 유형 (예: 방화벽 등) 들을 소개하고, 관련 제품 및 솔루션 사용시의 장·단점과 추후 예상되는 위협 및 알려진 사이버 취약성에 대한 설명이 포함되어 있다. 부가적으로 관련 제품 및/또는 대책을 적용 및 사용하기 위한 권장 사항 및 지침 등의 다양한 내용을 포함하고 있다.

2.4.2 IEC 62443-3-2, "시스템 설계를 위한 보안 위협 평가(Security risk assessment for system design)"

3-2 표준에는 산업 자동화 및 제어 시스템의 설계에 필요한 보안 위험 평가에 대한 개

괄적인 설명을 포함하고 있으며, 관련된 "시스템 보안 위협 평가를 위한 보안 요구사항(ZCR: Zone & Conduit Requirements)"에 대한 소개가 포함되어 있다. 시스템 보안 위협 평가를 위한 보안 요구사항(ZCR)은 7개의 카테고리로 구분되어 구성되며, 세부적으로 32개 항목으로 구성되어 있다.

3-2 표준에서는 시스템 설계를 위한 보안 위협 평가 요구사항에 대하여 정의하고 있으며, 그 정의 항목은 다음과 같다.

- 산업 자동화 및 제어 시스템에 대해 "고려 중인 시스템(SuC: System under Consideration)"을 정의
- SuC를 "구역(Zone)"[27]및 "도관(Condit)"[28]으로 분할
- 각 구역 및 도관에 대한 위험 평가
- 각 구역 및 도관에 대한 "목표 보안 수준(SL-T)"[29] 설정
- 보안 요구사항 문서화

본 표준에 관련되는 주요 해당 대상자들은 주요 직접 자산 소유자 또는 최종 사용자 등이 될 수 있다.

[표 1-12] 시스템 보안 위협 평가를 위한 요구사항

ZCR 1	SuC 식별	ZCR 1.1 SuC 경계 및 접근점 (Access Point)
ZCR 2	초기 사이버보안 리스크 평가	ZCR 2.1 초기 사이버 보안 리스크 평가 수행
ZCR 3	SuC를 구역과 통신경로로 분할	ZCR 3.1 구역 통신경로 설정
		ZCR 3.2 업무 시스템과 IACS 자산 분리
		ZCR 3.3 안전 관련 자산 분리

27) 구역 (Zone): [부록 2]의 '필수 용어 정의'를 참조
28) 도관 (Condit): [부록 2]의 '필수 용어 정의'를 참조
29) 목표 보안 수준(SL-T: Security Level-Target)

[표 1-12] 시스템 보안 위협 평가를 위한 요구사항(계속)

		ZCR 3.4 임시 연결 기기 분리
		ZCR 3.5 무선기기 분리
		ZCR 3.6 외부 네트워크를 통해 연결된 기기 분리
ZCR 4	리스크 비교	ZCR 4.1 감수 리스크와 초기 리스크 비교
ZCR 5	상세 사이버 보안 리스크 평가 수행	ZCR 5.1 리스크 식별
		ZCR 5.2 취약점 식별
		ZCR 5.3 결과 및 영향 판단
		ZCR 5.4 미완화 발생 가능성 판단
		ZCR 5.5 미완화 사이버 보안 리스크 판단
		ZCR 5.6 SL-T 판단
		ZCR 5.7 감수 리스크와 미완화 리스크 비교
		ZCR 5.8 기존 보안 대책 식별 및 평가
		ZCR 5.9 발생 가능성 및 영향 재평가
		ZCR 5.10 잔여 리스크 판단
		ZCR 5.11 감수 리스크와 잔여 리스크 비교
		ZCR 5.12 추가 사이버 보안 대책 식별
		ZCR 5.13 결과 문서화 및 소통
ZCR 6	사이버 보안 요구사항, 가정사항 및 제약사항 문서화	ZCR 6.1 사이버 보안 요구사항 명세
		ZCR 6.2 SuC 설명
		ZCR 6.3 구역 및 통신경로 도면
		ZCR 6.4 구역 및 통신경로 특성
		ZCR 6.5 운영 환경 가정 사항
		ZCR 6.6 위협 환경
		ZCR 6.7 조직 보안 정책
		ZCR 6.8 감수 리스크
		ZCR 6.9 규제 요구사항
ZCR 7	자산 소유자 승인	ZCR 7.1 자산 소유자 승인 획득

〈출처: KS X IEC 62443-3-2:2020, 국가기술표준원〉

[표 1-13] 시스템에 대한 보안 요구사항(SR)

요구사항 번호 및 이름		
FR-1	식별 및 인증	SR 1.1 - 인간 사용자(Human user) 식별 및 인증
		SR 1.2 - 소프트웨어 프로세스와 장치의 식별 및 인증
		SR 1.3 - 계정 관리
		SR 1.4 - 식별자 관리
		SR 1.5 - 인증자 관리
		SR 1.6 - 무선 접근 관리
		SR 1.7 - 패스워드 기반 인증 강도
		SR 1.8 - PKI (공개키 인프라, Public Key Infrastructure) 인증
		SR 1.9 - PKI 인증 강도
		SR 1.10 - 인증자 피드백
		SR 1.11 - 로그인 시도 실패
		SR 1.12 - 시스템 사용 알림
		SR 1.13 - 신뢰할 수 없는 네트워크 경유 접근
FR-2	사용 통제	SR 2.1 - 권한 부여
		SR 2.2 - 무선 사용 통제
		SR 2.3 - 휴대용 및 모바일 장치에 대한 사용 통제
		SR 2.4 - 모바일 코드
		SR 2.5 - 세션 잠금
		SR 2.6 - 원격 세션 종료
		SR 2.7 - 동시 세션 제어
		SR 2.8 - 감사 이벤트
		SR 2.9 - 감사 저장 용량
		SR 2.10 - 감사 처리 실패 대응
		SR 2.11 - 타임 스탬프
		SR 2.12 - 무인방지
FR-3	시스템 무결성	SR 3.1 - 통신 무결성
		SR 3.2 - 악성코드로부터 보호
		SR 3.3 - 보안 기능 검증

[표 1-13] 시스템에 대한 보안 요구사항(SR) (계속)

요구사항 번호 및 이름		
FR-3	시스템 무결성	SR 3.4 – 소프트웨어 및 정보 무결성
		SR 3.5 – 입력값 검증
		SR 3.6 – 결정론적 출력
		SR 3.7 – 오류 처리
		SR 3.8 – 세션 무결성
		SR 3.9 – 감사 정보 보호
FR-4	데이터 기밀성	SR 4.1 – 정보 기밀성
		SR 4.2 – 정보 지속성
		SR 4.3 – 암호 (Cryptography) 사용
FR-5	데이터 흐름 제한	SR 5.1 – 네트워크 분할 (Segmentation)
		SR 5.2 – 구역 경계 보호
		SR 5.3 – 범용 개인 대 개인(P2P) 통신 제한 (Restriction)
		SR 5.4 – 애플리케이션 분할
FR-6	이벤트 적시 대응	SR 6.1 – 감사 로그 접근성
		SR 6.2 – 지속 모니터링
FR-7	자원 가용성	SR 7.1 – 서비스 거부(Denial of Service) 방지
		SR 7.2 – 자원 관리
		SR 7.3 – 제어 시스템 백업
		SR 7.4 – 제어 시스템 복구 및 재구성(Reconstitution)
		SR 7.5 – 비상 전원
		SR 7.6 – 네트워크 및 보안 구성 설정
		SR 7.7 – 최소 기능
		SR 7.8 – 제어 시스템 컴포넌트 목록

〈출처: KS X IEC 62443-3-3:2013, 국가기술표준원〉

2.4.3 IEC 62443-3-3, "시스템 보안 요구사항 및 보안 수준(System security requirements and security levels)"

3-3 표준은 산업 자동화 및 제어 시스템에서 제공하는 보안 수준에 대한 평가를 위한 기반에 대한 설명을 포함하고 있으며, 앞서 1-1 표준에서 기본적으로 설명한 7개의 기본 요구사항(FR)을 기반으로 구성되어 있다. 각각의 FR 내에는 세부적 보안 요구사항인(SR: Security Requirements)이 존재하며, 이러한 요구사항들에 따라 제어 시스템에 대하여 목표로 정의한 "보안 수준(SL: Security Level)"이 제공되며 '목표 보안 수준(SL-T)'들이 정의된다. 3-3 표준에 관련되는 주요 대상들로는 제어 시스템 공급업체, 시스템 통합업체 및 자산 소유자 등이 될 수 있다.

2.4.4 IEC 62443-3-4 - (확인중)

3-4 표준은 현재 표준작업의 계획은 확인되었으나 실제적 표준개발 진행 상황에 대하여는 확인되지 않고 있으며, 관련 표준명 또한 확인되지 않고 있다.

2.4.5 IEC 62443-3-5, "IACS 접근에 대한 기술적 보안 요구사항" - (미공개, 진행중)

3-5 표준은 현재 표준작업의 검토를 계획 중인 것으로 확인되고 있으나, 실제적 표준작업의 진행 여부에 관하여는 확인되지 않고 있다.

2.5

IEC 62443 PART-4 컴포넌트 요구사항(Component Requirements)

IEC 62443 산업 자동화 및 제어 시스템 보안에 대한 시리즈 표준에 있어서 많은 제조 및 생산, 개발에 관련된 기업이 관심을 가지고 있는 파트로써, 제조 및 개발에 있어서의 보안에 대한 프로세스적 구성 요소들과 이러한 제조 및 생산, 개발 환경에서 만들어지는 안전한 제품에 대한 다양한 보안 요구사항을 규정하고 있는 세부 표준이라 할 수 있다. 제품 개발에 관련된 보안 개념을 포함하는 전체적인 "안전한 제품 개발 생명주기(SPDL: Secure Product Development Life-cycle)"에 대한 정의 및 관련 요구사항 또한 규정하고 있으며, 개발 컴포넌트에 대한 "기술적 보안 요구사항(CR: Component Requirements)"에 대하여도 전반적으로 규정하고 있다. 여기서 정의하는 "컴포넌트"는 하드웨어적(물리적) 장치 및 장비 등만을 의미하는 것은 아니며, 소프트웨어적 솔루션 또는 프로그램 등을 포함하는 포괄적인 사항으로 이해하여야 한다. 그러므로, 표준 문서에서 설명하는 생명주기에 대한 설명 또한 하드웨어 및 소프트웨어 제품에 대한 전반적인 사항을 포함한다. 4-2 표준에 대한 컴포넌트 개발 관련 보안 요구사항은 2장 "제조 및 개발 보안 국제 표준 적용을 위한 컴포넌트 제품 개발 가이드 - 컴포넌트 제품 개발 보안 요구사항 (IEC 62443 PART 4-2)"에서 자세하게 설명하도록 하겠다.

2.5.1 IEC 62443-4-1, "안전한 제품 개발 생명주기 요구사항(Secure product development life-cycle requirements)"

4-1 표준은 제조 및 생산, 개발 관련 기업들의 안전한 제품 개발에 관련된 다양한 프로세스(절차)적 요구사항에 대하여 정의하고 있으며, 제품 공급자 입장에서의 중요

한 표준이라 할 수 있다. 표준에서는 산업 자동화 및 제어 시스템에 사용되는 제품의 안전한 개발에 적용할 수 있는 부가적인 프로세스 요구사항을 설명하고 있으며, 산업 자동화 및 제어 시스템 환경에서 사용하기 위한 제품의 사이버 보안 및 대응과 관련된 보안 개발 생명주기(SDL: Secure Development Life-Cycle) 요구사항을 정의하고 있다. 또한, 각 해당 보안 요소에 대해 설명된 요구사항을 충족하는 방법에 대한 지침을 제공하고 있으며, 생명주기 설명에는 보안 요구사항 정의, 보안 설계, 코딩 지침 포함한 보안 구현, 확인 및 검증, 결함 관리, 패치 관리 및 제품 수명 종료 등의 제품 개발과 관련된 전체적인 프로세스를 포함하고 있다. 이러한 프로세스에 대한 요구사항은 하드웨어, 소프트웨어 또는 펌웨어에 대한 개발, 유지관리 및 폐기 등을 하기 위한 신규 또는 기존 프로세스에도 적용될 수 있다.

4-1 표준에서의 가장 중요한 안전한 제품 개발 생명주기는 8단계로 구성되며, 각각의 단계는 해당 프로세스에 대한 세부적인 요구사항을 포함하고 있다.

[표 1-14] 안전한 제품 개발 생명주기(SPDL)

요구사항 번호 및 이름	
실행 1 – 보안 관리 (Security Management)	SM-1: 개발 프로세스
	SM-2: 책임 식별
	SM-3: 가용성 식별
	SM-4: 보안 전문기술
	SM-5: 프로세스 범위지정
	SM-6: 파일 무결성
	SM-7: 개발 환경 보안
	SM-8: 개인키 제어
	SM-9: 외부 공급 컴포넌트 보안 요구사항
	SM-10: 제3자 공급자 맞춤 개발 컴포넌트
	SM-11: 보안관련 문제 평가 및 처리
	SM-12: 프로세스 검증
	SM-13: 지속 개선

[표 1-14] 안전한 제품 개발 생명주기(SPDL) (계속)

<table>
<tr><th colspan="2">요구사항 번호 및 이름</th></tr>
<tr><td rowspan="5">실행 2 - 보안 요구사항 명세
(Specification of Security Requirements)</td><td>SR-1: 제품 보안 환경</td></tr>
<tr><td>SR-2: 위협 모델</td></tr>
<tr><td>SR-3: 제품 보안 요구사항</td></tr>
<tr><td>SR-4: 제품 보안 요구사항 내용</td></tr>
<tr><td>SR-5: 보안 요구사항 검토</td></tr>
<tr><td rowspan="4">실행 3 - 안전한 설계
(Secure by Design)</td><td>SD-1: 안전한 설계 원칙</td></tr>
<tr><td>SD-2: 심층방어 설계</td></tr>
<tr><td>SD-3: 안전한 설계 검토</td></tr>
<tr><td>SD-4: 안전한 설계 모범사례</td></tr>
<tr><td rowspan="2">실행 4 - 안전한 구현
(Secure Implementation)</td><td>SI-1: 보안 구현 검토</td></tr>
<tr><td>SI-2: 안전한 코딩 표준</td></tr>
<tr><td rowspan="5">실행 5 - 보안 검증 및 확인 테스트
(Security Verification and Validation Testing)</td><td>SVV-1: 보안 요구사항 테스트</td></tr>
<tr><td>SVV-2: 위협 완화 테스트</td></tr>
<tr><td>SVV-3: 취약성 테스트</td></tr>
<tr><td>SVV-4: 침투 테스트</td></tr>
<tr><td>SVV-5: 테스트 담당자 독립성</td></tr>
<tr><td rowspan="6">실행 6 - 보안관련 문제 관리
(Management of Security-related Issues)</td><td>DM-1: 보안관련 문제 통지 수신</td></tr>
<tr><td>DM-2: 보안관련 문제 검토</td></tr>
<tr><td>DM-3: 보안관련 문제 평가</td></tr>
<tr><td>DM-4: 보안관련 문제 처리</td></tr>
<tr><td>DM-5: 보안관련 문제 공개</td></tr>
<tr><td>DM-6: 보안 결함 관리 사례 정기적 검토</td></tr>
<tr><td rowspan="5">실행 7 - 보안 업데이트 관리
(Security Update Management)</td><td>SUM-1: 보안 업데이트 조건</td></tr>
<tr><td>SUM-2: 보안 업데이트 문서</td></tr>
<tr><td>SUM-3: 종속 컴포넌트나 운영 체제 보안 업데이트 문서</td></tr>
<tr><td>SUM-4: 보안 업데이트 공급</td></tr>
<tr><td>SUM-5: 보안 패치 적시 공급</td></tr>
<tr><td rowspan="7">실행 8 - 보안 가이드라인
(Security Guideline)</td><td>SG-1: 제품 심층방어</td></tr>
<tr><td>SG-2: 환경에서 기대되는 심층방어 조치</td></tr>
<tr><td>SG-3: 보안 강화 가이드라인</td></tr>
<tr><td>SG-4: 안전한 폐기 가이드라인</td></tr>
<tr><td>SG-5: 안전한 운영 가이드라인</td></tr>
<tr><td>SG-6: 계정 관리 가이드라인</td></tr>
<tr><td>SG-7: 문서 검토</td></tr>
</table>

〈출처: KS X IEC 62443-4-1:2018, 국가기술표준원〉

2.5.2 IEC 62443-4-2, "IACS 컴포넌트의 기술적 보안 요구사항 (Technical security requirements for IACS components)"

4-2 표준의 핵심은 자산 소유자가 도입 또는 적용을 고려중인 산업 자동화 및 제어 시스템의 하위 시스템 및 컴포넌트에 대한 시스템 요구사항의 세부적인 연동을 제공하는 부수적 기술적 보안 요구사항의 집합이다. 제어 시스템의 기능 등에 대한 보안 수준 및 해당 컴포넌트에 대한 요구사항 정의를 포함하고 있으며, IEC 62443-1-1에서 이미 정의되고 설명된 7개의 '기본 요구사항(FR)'과 이에 포함된 세부적인 기술 제어 시스템 '컴포넌트 요구사항(CR)'에 대한 정의 및 내용을 포함한다. 여기서 '컴포넌트 요구사항(CR)'에 대한 세부적인 내용은 "2장. 제조 및 개발 보안 국제 표준 적용을 위한 컴포넌트 제품 개발 가이드 - 컴포넌트 제품 개발 보안 요구사항(IEC 62443 Part 4-2)"에서 설명하도록 하겠다. 4-2 표준에 관련되는 주요 해당 대상자들은 제어 시스템을 구성하는 컴포넌트 및 제품 등의 개발 및 공급을 진행하는 공급업체라고 할 수 있다.

2.5.3 IEC 62443-4-3, "IACS 서비스 제공자들을 위한 적용 가이드 (Implementation guidance for IACS service provider)" - (미공개, 진행중)

4-3 표준 또한 표준 문서 작업이 해당 워킹그룹을 통하여 논의와 작업이 진행되는 것으로 확인되고 있으나, 공식적인 표준의 발표에 대하여는 미정으로 확인된다.

2.5.4 IEC 62443-4-4 "IACS를 위한 공급망 보안(Supply chain security for IACS)" - (미공개, 진행중)

4-4 표준 또한 표준 문서 작업이 해당 워킹그룹을 통하여 논의와 작업이 진행되는 것으로 확인되고 있으나, 공식적인 표준의 발표에 대하여는 미정으로 확인된다.

참고

위에서 언급한 4-1 표준에서 요구하는 '안전한 제품 개발 생명주기(SPDL)'과 기존의 일반 제조 및 생산, 개발 기업들이 적용하고 있는 '제품 개발에 대한 생명주기(Product Development Life-cycle)'를 비교하여 간단하게 설명하고자 한다, 이는 4-1 표준에서 언급한 내용을 쉽게 이해하고, 적용을 검토함에 있어서 발생할 수 있는 거부감을 최소화 시킬 수 있는 방법으로 기존의 프로세스와 큰 차이가 없음을 보여주고 있다.

표준에서 설명된 요구사항은 기업의 제품 개발자 및 유지 관리자들에게만 적용된다고 할 수 있으며, 제품의 통합자 또는 사용자에게는 적용되지는 않는다. 다만, 전체적으로 해당 표준 문서는 제어 시스템 제품 및 솔루션 등에 포함된 컴포넌트 개발 및 공급업체들은 필수적으로 검토해야 한다.

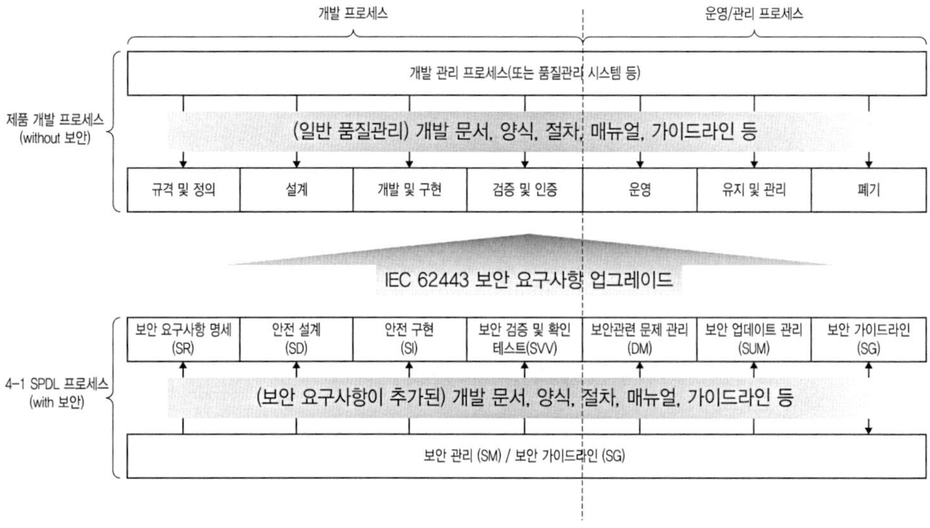

[그림 1-16] 4-1 SPDL 프로세스와 기존 제품 개발 프로세스 비교

일반적으로 기업에 있어서 제품에 관련된 프로세스 2개의 큰 부분으로 구분할 수 있으며, 이는 '개발 프로세스'와 '운영/관리 프로세스'로 구분할 수 있다. '개발 프로세스'는 직

접적으로 제품의 개발에 있어서 필요한 전반적인 절차를 말하며, '운영/관리 프로세스'는 제품의 개발 완료 및 출시(판매) 이후부터 필요한 전반적인 절차라고 정리할 수 있다.

기존의 '제품 개발 프로세스'는 일반적으로 제품 개발에 대한 검토를 위한 규격 및 관련 요구사항들에 대한 정의 단계, 제품 개발을 위한 설계 단계, 실제적 제품의 개발 및 구현을 진행하는 단계와 개발이 완료된 제품에 대한 성능 및 품질 등에 대한 검증 및 인증 단계를 포함한다고 할 수 있다. 또한, 기존의 '운영/관리 프로세스'는 제품의 판매와 함께 발생하는 제품의 운영 및 사용 등에 관련된 단계이며, 해당 제품의 패치 및 업데이트, 수리 및 정비 등에 따른 유지 및 관리 단계, 최종 제품의 사용 수명 이후 폐기에 대한 단계 등으로 구분할 수 있다.

여기서, 운영 및 관리 프로세스는 2가지의 다른 관점에서의 접근이 필요하다. 첫째는 제품의 개발을 진행하는 기업(공급자)의 관점에서 전체적인 제품 개발 이후의 유지/관리가 있을 수 있으며, 이는 위에서 설명한 내용을 기반으로 한다. 두 번째는 공급된 제품을 구입 또는 구축하여 사용하는 기업(소유자)의 관점에서의 운영/관리 프로세스가 있을 수 있다. 이는 공급자로부터의 운영/관리 프로세스와 소유자의 자체 프로세스와의 연동 등을 통하여 정의될 수 있다.

대부분의 기존 개발 및 운영/관리 프로세스들은 자체적이고 기본적인 최소 보안 및 위협 대응 등 요건 사항들이 포함되어 있으며, 이는 현재 IEC 62443-4-1 국제 표준에서 요구하는 제품 개발에 있어서의 프로세스적인 보안 요구사항을 충족하고 있지 않다. 그러나, 4-1 표준에서 요구하는 안전한 제품 개발 및 운영/관리에 대한 프로세스는 기존의 프로세스와 매우 유사하며, 기존의 프로세스에서 충족시키지 못하고 있는 보안 요소 및 요구사항을 포함하고 있다.

2.6

IEC 62443 PART-6 보안 평가 방법론(Security Evaluation Methodology for IEC 62443) – 개발중

IEC 62443 국제 표준의 마지막 부분인 PART-6은 현재 표준개발 작업 진행중인 단계(CD: Committee Draft)로써 심의 위원회의 최종적인 수정 및 검토를 진행하고 있다고 확인된다. 이 부분은 산업 자동화 및 제어 시스템의 설계, 개발, 구축, 운영 등에 관련된 보안 요구사항 및 환경 등에 대한 평가 방법론을 규정하고 있다. 문서 초안은 '2-4 정책 및 절차'의 표준 문서 부분에서 규정한 요구사항에 대한 평가 기준 및 방법론에 대한 사항을 규정하고 있으며, 해당 문서는 '4-2 컴포넌트 보안 요구사항'에서 규정한 요구사항에 대한 평가 절차 및 방법론과 요구사항에 대한 결과물의 평가 기준에 대하여 정의하고 있다.

2.6.1 IEC 62443-6-1, "2-4 보안 평가 방법론(Security evaluation methodology for IEC 62443 Part 2-4: Security program requirements for IACS service providers)" – 개발중

문서 초안은 "IEC 62443-2-4 서비스 공급자의 보안 프로그램 요구사항"에서 제시한 요구사항에 대한 평가를 위한 기준에 대하여 설명하고 있으며, 2-4 표준에서 정의한 요구사항에 대한 증명을 위하여 평가 신청자가 준비하여야 할 관련 증거(예: 문서, 절차 등) 제시 등의 내용을 포함하고 있다. 이 평가는 일반적인 평가 및 인증 등을 위하여 사용되는 '제 1자 규정 준수 점검', '제 2자 준수 점검' 또는 '제 3자 규정 준수 점검' 등에 사용될 수 있다.

참고

- '제 1자 규정 준수 점검'은 자체적 검사이며, 내부적인 심사를 의미한다. 스스로 자체 시스템과 보유 절차가 고객과 사용자에 제품과 서비스를 제공할 능력이 지속적으로 개선되고 있는지를 결정하고 절차와 표준에 부합하는지에 대한 평가 수단이다.
- '제 2자 준수 점검'은 타인에 의한 검사로써, 협력업체 등에 대한 고객으로부터의 심사를 의미한다. 구매회사에서 현재 또는 잠재적인 협력업체에 대해 수행하는 심사로써, 예를 들어 심사의 결과는 구매 결정하는 요인으로 작용 가능하며, 협력업체가 어느 정도로 요구하는 기준 등에 부합하는 시스템을 갖추고 있는지에 대한 확인도 가능하다.
- '제 3자 규정 준수 점검'은 시험 인증 등을 위한 제3자(예: 전문 평가 또는 인증기관)를 통한 독립적인 심사/심사를 의미한다. 표준에 따른 체계 및 시스템 등의 부합 수준에 대한 입증을 하기 위하여 사용한다.

2.6.2 IEC 62443-6-2, "4-2 컴포넌트 보안 평가 방법론(Security evaluation methodology for IEC 62443 – Part 4-2: Technical security requirements for IACS components)" – 개발중

문서 초안은 "IEC 62443-4-2, IACS 컴포넌트의 기술적 보안 요구사항"에서 제시한 컴포넌트에 대한 평가 진행을 위한 절차 및 기준을 정의하고 있으며, 6단계 평가 절차 및 34개의 세부 "평가활동(EA: Evaluation Activity)"로 구성된다. 4-2 표준에서 제시하는 7개의 "기본 요구사항(FR)" 카테고리에 대응하는 세부적인 "컴포넌트 요구사항(CR)"에 대하여 평가 진행시의 승인 또는 거절 등에 대한 기준(Criteria)을 정의하고 있다. 컴포넌트 보안 평가의 전체적인 프로세스와 승인 또는 거절의 기준에 대한 자세한 세부적 설명은 "Chapter 3. 제조 및 개발 보안 국제 표준 적용을 위한 컴포넌트 제품 개발 가이드 - 컴포넌트 제품 시험평가"에서 설명하도록 하겠다.

2.7

IEC 62443 표준 간의 구조적 연관 관계

IEC 62443 산업 자동화 및 제어 시스템 보안에 대한 전체적인 표준은 다양한 산업군에 대한 다양한 시각과 폭넓은 이해 및 경험의 바탕없이 쉽게 이해하기란 매우 어려운 표준이라 할 수 있다. 즉, 전문가가 아닌 상황에서 단순하게 표준의 구성과 상호 연관 관계 등의 전체적인 구조를 파악한다는 것은 쉽지 않다. 그러나, 본 표준은 제조 및 생산 등에 관련된 다양한 산업군의 환경과 제품 개발에 있어서의 보안 기능 및 성능에 대한 내용을 포함하고 있는 관계로 기업의 담당자, 실무자 또는 개발자 입장에서도 필요한 부분에 대한 전반적인 이해가 필수적이라 할 수 있다.

여기서는 표준 전반에 걸친 구조적 및 관계적 이해의 목적이 아닌 중소형 제조 및 개발 기업들에게 있어서 제품 개발 및 생산에 직접적인 영향과 관련을 갖는 필수적인 표준인 4-1 및 4-2 표준과 이에 따른 시험평가 관련 표준 간의 구조적 관계를 설명하고자 한다. 이미 앞에서 간단하게 4-1 표준에 대한 개요를 설명하였으며, 이는 제품을 개발 및 생산하는 기업의 입장에서 제품 개발과 관련된 프로세스를 정의하고 있다. 즉, 모든 개발 및 생산을 진행하는 기업들은 4-1 표준이 요구하는 프로세스에 대한 준비와 내부적 시스템의 구축이 필요하다.

이러한 기업 내부의 개발 및 생산에 관련된 프로세스의 구축과 운영이 진행되는 상황에서 4-2 표준에서 요구하는 컴포넌트에 대한 보안 요구사항을 적용하여 개발이 진행되어야 한다. 4-2 표준의 컴포넌트 보안 요구사항(CR 1.1 ~ CR 7.8)은 4-1 표준의 프로세스상, SD(보안 설계)와 SI(보안 구현)에 연결되는 부분으로 구성되며, 제품의 디자인(설계)과 구현(개발)에 있어서 4-2 표준의 보안 요구사항의 충족은 안전한 제품 개발에서 필수적인 요소라 할 수 있다. 또한, 앞의 4-1 표준 설명에서 간단하게 언급한 것처럼, SPDL 중, SM(보안 관리) 및 SG(보안 가이드라인) 부분은 SPDL에 전체적으로 연관되어있는 관계로 4-2 표준의 컴포넌트 보안 요구사항에 따른 개발시에도 연관되어있다.

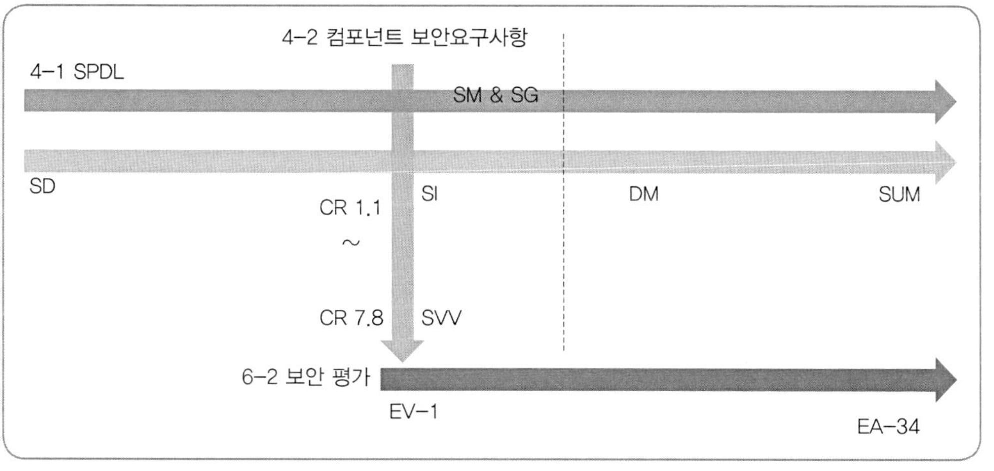

[그림 1-17] IEC 62443 4-1, 4-2 및 6-2 표준의 구조적 연관 관계

제품 개발 및 생산 등에 있어서 4-2 표준의 컴포넌트 보안 요구사항의 적용을 통하여 생산 및 개발된 제품은 "컴포넌트 보안 요구사항"에 대한 충족 수준 및 여부 등에 대한 시험 및 평가가 필요하며, 이는 시험평가 관련 문서에서 정의하는 시험 방법론과 평가 기준에 따른 평가가 진행되어야 한다. 시험평가 관련 문서는 4-1 표준상의 SPDL의 SVV(보안 검증 및 검사)에 연관되며, 이에 대한 보안 평가가 이루어지게 된다

추후 IEC 62443의 표준 전반에 대한 전체적인 구조와 연계에 대한 정의와 모델을 정리하여 제공할 예정이니, 현재는 중소 제조 및 생산, 개발 기업들의 입장에서 우선적으로 필요한 표준을 중심으로 분석하고 진행하려 한다. 앞서 설명한 것처럼, 본 표준은 방대한 산업군에 걸쳐진 보안 표준으로 간단하고 명확한 정리가 어려우며, 제조

및 개발 산업에 대한 충분한 이해와 보안에 대한 전반적인 경험 등이 부족할 경우, 표준에서 요구하는 요구사항들을 만족시키는 제품의 개발은 매우 어렵다고 판단된다. 위에서 보여주는 기본적인 관계의 이해를 통하여 중소 제조 및 생산, 개발 기업이 IEC 62443에서 요구하는 보안 요구사항의 적용에 도움이 되었으면 한다.

CHAPTER 2

제조 및 개발 보안 국제 표준 적용을 위한 컴포넌트 제품 개발 가이드

– 컴포넌트 제품 개발 보안 요구사항

1 산업제어시스템 컴포넌트 개발을 위한 보안 요구사항 분석 및 해설

1.1 IEC 62443 PART 4-2 개요 - 왜 중요한가?

이 장에서 기술하는 내용은 산업제어시스템(ICS: Industrial Control Systems) 환경에서 사용되는 구성 요소의 개발시 국제 표준에서 제시하고 있는 개발 보안 요구사항에 대한 분석이다. 통상적으로 "컴포넌트(Component)"라는 용어의 사용이 익숙하지 않은데, 이를 풀어서 설명하면, 산업제어시스템 환경을 구성하는 시스템이 존재하고, 이러한 시스템을 구성하는 것이 컴포넌트(또는 구성요소)가 되는 것이라 할 수 있다.

제조 보안에 대한 국제 표준은 IEC 62443 시리즈로 귀결이 되는데, 특히, 제품 개발 프로세스에서의 보안에 대한 표준은 4-1 표준에서 다루고 있으며, 제조 제품 개발에서 요구되는 보안 요구사항은 4-2 표준에서 다루고 있다. 이러한 4-2 표준에는 산업제어시스템을 구성하는 시스템의 일부로 존재함에 따라서, 4-2 표준은 시스템에 대한 보안 요구사항을 정의하고 있는 3-3과 대응하여 구성되어 있다. 여기서, 4-2와 3-3 표준의 대상이 되는 기기를 표준 영문 원어의 표기로는 "Component"라고 칭하고 있으며, 4-1 표준에서는 이를 "Product"라고 표현하고 있다.

[그림 2-1]은 IEC 62443 시리즈에 대한 표준 구성의 해당 영역을 도식화시켜 놓은 그림이다.

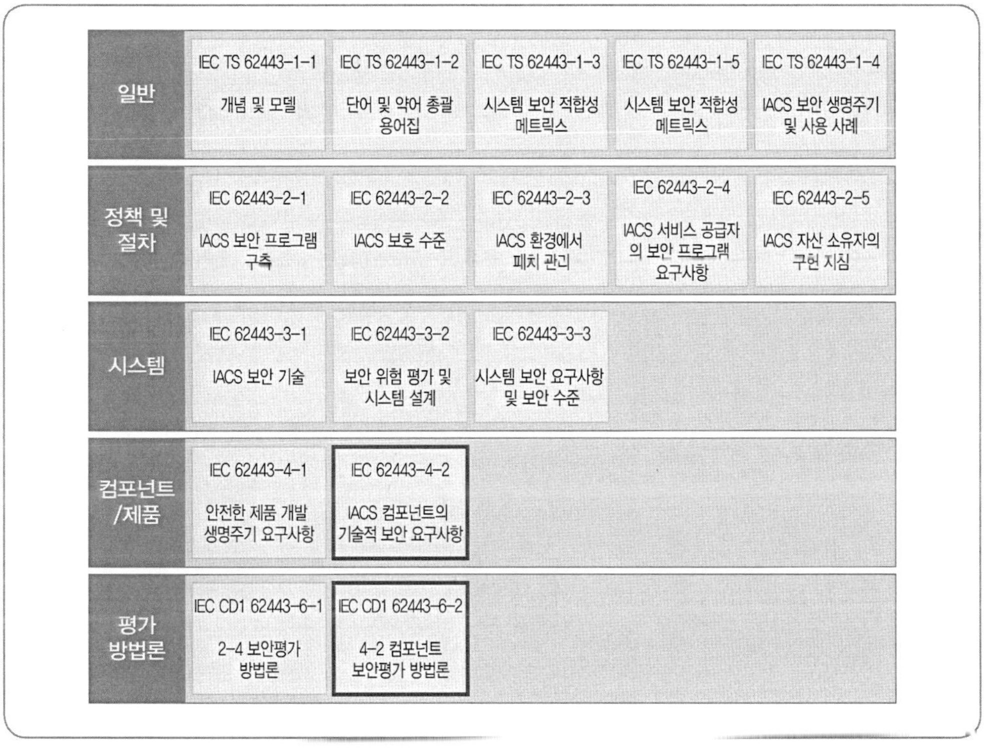

[그림 2-1] IEC 62443 표준 시리즈 개요

같은 산업제어시스템의 구성 요소임에도 불구하고 이렇게 다른 용어로 사용되는 것을 이해하기 위해서는 IACS(Industrial Automation and Control Systems)의 환경을 이해하고 이를 구성하고 있는 표준의 구조를 이해하여야 할 것이다. 여기서 IACS는 '산업 자동화 및 제어 시스템'을 의미하며, 비슷한 의미로 사용되는 용어로 ICS(Industrial Control Systems, 산업제어시스템)를 사용하고 있다. 이러한 산업제어시스템에서 사용되는 컴포넌트는 다양하게 존재하며, 대표적인 컴포넌트의 예시로는 PLC(Programmable Logic Controller)가 있다. PLC는 내부 로직을 갖추고 입력을 출력으로 변환하는 산업용 컴퓨터의 일종이다. 이러한 PLC의 종류는 광범위해서 운영체제(OS: Operating System)가 포함되어 있는 기기부터 단순한 수준으로 저장된 로직만을 처리하는 기기까지 존재하며, 기존의 PLC들은 제품의 안정성을 확보하기 위하여 많은 노력을 기울였다. 그러나, IIoT(Industrial Internet of Things) 기기의 스마트 팩토리 적용 등으로 기존에 폐쇄 환경으로 구성되던 제조환경이 외부와의 연결이 가능해짐에 따라 점차 컴포넌트 제조사들은 제품의 사이버 보안 대응 능력을 확보하기 위해 노력하고 있으며, 이를 위해서 IEC 62443 산업보안 국제 표준이 중요해지고 있다.

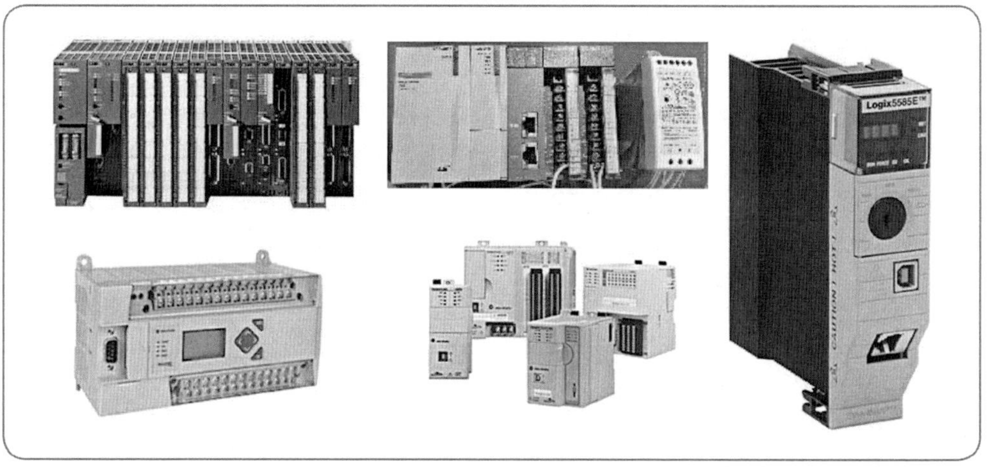

[그림 2-2] 다양한 PLC 예시

제품 개발과 관련한 보안 요구사항의 충족 여부를 확인하기 위해서는 IEC 62443-4-2 표준을 중점적으로 살펴보아야 할 필요가 있다. 4-2 표준에서는 IEC 62443-1-1 표준에서 소개하고 있는 7개의 기본 요구사항 FR과 관련한 산업제어시스템 환경에서 사용되는 '컴포넌트의 보안 요구사항(CR)'에 대하여 설명하고 있으며, 내용을 간략하게 살펴보면 제품 공급자가 컴포넌트 제품을 개발하는 과정에서 달성해야 하는 '목표 보안 수준(SL-T)'을 설정하고, 그러한 목표를 달성하기 위하여 해당되는 보안 요구사항을 적용하기 위한 제품 개발시에 고려해야 하는 보안적인 사항에 대한 내용을 중점적으로 다루고 있다. 그러므로, 62443-4-2 표준의 적용은 앞에서 설명한 제품 개발 프로세스를 다루는 4-1 표준의 개발 생명주기에서 보안 적용과 함께 사용된다. 따라서, 유럽의 TÜV나 미국의 ISA와 같은 국제 인증기관에서 발급해주는 인증서를 살펴보게 되면, 62443 시리즈 인증을 획득한 회사의 제품 리스트에 표시된 내용에는 4-2 표준만 단독으로 인증받는 것이 아닌 4-1 표준과 함께 받고 있음을 확인할 수 있다. 국내에서 최초로 IEC 62443 제조 보안 인증 획득을 추진하고 있는 기업에서도, 우선적으로 개발 프로세스에 대한 4-1 표준에 대한 인증을 획득한 이후에 4-2 표준의 인증 획득을 준비하고 있다.

이러한 4-2 표준은 산업제어시스템 환경을 구성하는 자동화 솔루션의 하나의 부분으로 포함됨에 따라서, 3-3 표준에서의 시스템 요구사항과 밀접한 관계를 갖게 됨을 볼 수 있고, 실제 4-2 표준에서도 많은 부분을 3-3 표준에 "따른다"거나 "참조한다"와 같이 명시하고 있다.

[그림 2-3]은 이러한 IEC 62443 시리즈 구성에서의 4-2 표준이 어떠한 부분에 포함이 되는지를 나타내고 있으며, 컴포넌트에 해당되는 사항이 4-2 표준에서 중점적으로 다루는 부분이고, 여기서 SAR/HDR/EDR/NDR의 개념이 포함된 것을 확인할 수 있다.

[그림 2-3]에서는 IEC 62443 표준을 바라보는 관점을 크게 "사산 소유자", "유지보수 서비스 공급자", "시스템 통합 사업자", "제품 공급자"로 구분하고 있음을 확인할 수 있다. 이러한 4가지 관점의 접근은 '산업제어시스템(ICS)'라는 커다란 관점을 기준으로 정의가 되며, 여기서 시스템에 대한 보안 요구사항을 다루는 3-3 표준에 시스템을 구성하는 세부 컴포넌트의 보안 요구사항을 다루는 4-2 표준이 포함되게 된다. 4-2 표준에서 보안 요구사항을 충족하는 컴포넌트 제품을 개발하기 위해서는 4-1 표준의

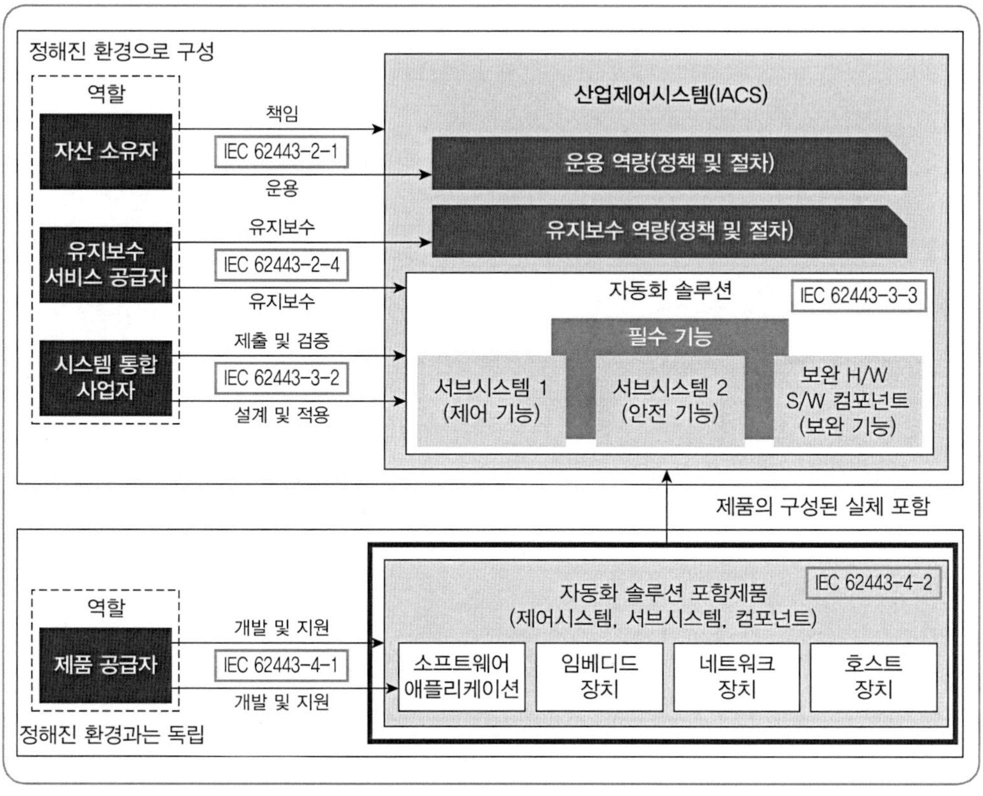

[그림 2-3] IEC 62443 표준에서의 4-2 표준 개요

SPDL에 따라서 진행되어야 '산업제어시스템'에 대한 전체적인 보안이 완성됨을 알 수 있다. 따라서, 정해진 환경인 산업제어시스템 환경의 시스템에 실제 도입되어 사용되는 제품인 컴포넌트는 4-2 표준에서 다루는 보안 요구사항을 충족하여야 하고, 이를 개발시에 4-1 표준의 SPDL에서의 다루고 있는 보안 요구사항을 충족해야 제조 보안이 달성된다는 것을 의미한다.

이러한 컴포넌트에는 SAR/HDR/EDR/NDR이 포함되는데, 4-2 표준에서는 3-3 표준의 '시스템에 대한 보안 요구사항(SR)'과 달리 '컴포넌트 보안 요구사항(CR)'에서 SAR/HDR/EDR/NDR 개념이 추가되어 있음을 확인할 수 있다. [그림 2-3]에서 4-2 표준을 설명하는 박스 내부에 "소프트웨어 애플리케이션"과 "호스트 장치", "네트워크 장치",

"임베디드 장치"가 포함되어 있는 것을 확인할 수 있으며, 이때 소프트웨어 애플리케이션에 대한 요구사항은 'SAR', 호스트 장치에 대한 요구사항은 'HDR', 네트워크 장치에 대한 요구사항은 'NDR', 임베디드 장치에 대한 요구사항은 'EDR'을 의미한다.

- "SAR": 컴포넌트에 적용되는 모든 애플리케이션에 대한 보안 요구사항을 포함하고 있으며, 컴포넌트 운영시스템이나 제어 관련 응용 소프트웨어 등이 SAR에 해당
- "HDR": 컴포넌트에 연결되는 모든 호스트 장치에 대한 보안 요구사항을 포함하게 되고, 운영체제를 실행하는 범용적인 장치가 해당
- "EDR": 컴포넌트에 부착 혹은 종속되는 모듈 및 장치에 대한 보안 요구사항을 포함하게 되고, PLC에 장착되는 모듈이나 액추에이터, 안전 계측 시스템 컨트롤러 등과 같은 OS 없이 동작하게 되는 특수 목적 장치가 해당
- "NDR": 제어 프로세스와 직접 상호 작용 없이 제어기기 간의 데이터 흐름을 용이하게 하거나 제한하는 장치에 대한 보안 요구사항을 포함하게 되고, 컴포넌트의 네트워킹 통신 지원 장치 등이 해당

위와 같이 4-2 표준에서는 컴포넌트 보안 요구사항(CR)들이 기본 요구사항(FR)에 포함되어 있다. 여기서, 기본 요구사항(FR)은 7개의 카테고리로 구분되며, 그 카테고리에 따라 4-2 표준에서는 컴포넌트 요구사항(CR)을 정의하고 있다. 각 카테고리는 다음의 [표 2-1]에 기술된 내용으로 정의가 되어, 하부 '컴포넌트 보안 요구사항(CR)'으로 구성이 된다.

[표 2-1] IEC 62443-4-2 요구사항 구성

기본 요구사항	컴포넌트 요구사항
FR1. 식별 및 인증	CR 1.1 ~ CR 1.14로 구성
FR2. 사용 통제	CR 2.1 ~ CR 2.13로 구성
FR3. 시스템 무결성	CR 3.1 ~ CR 3.14로 구성
FR4. 데이터 기밀성	CR 4.1 ~ CR 4.3로 구성
FR5. 데이터 흐름 제한	CR 5.1 ~ CR 5.4로 구성
FR6. 이벤트 적시 대응	CR 6.1과 CR 6.2로 구성
FR7. 자원 가용성	CR 7.1 ~ CR 7.8로 구성

4-2 표준의 컴포넌트 요구사항(CR)은 3-3 표준의 '시스템에 대한 보안 요구사항(SR)'로부터 도출되며, 이러한 3-3 표준의 요구사항은 1-1 표준에 정의된 전체 '기본 요구사항(FR)'에서 도출한 요구사항인 '시스템에 대한 보안 요구사항(SR)'로 나타내고 있다.

4-2 표준에서 다루게 되는 각각의 컴포넌트 요구사항들은 3-3 표준에서의 '시스템에 대한 보안 요구사항(SR)'과 맵핑이 되는데, 4-2 표준에서는 확대된 보안 요구사항을 뜻하는 "RE(Requirements Enhance)"가 추가되어 '보안 수준(SL)'을 구분하여 정의하고 있다. 4-2 표준에서의 '컴포넌트 보안 요구사항(CR)'에서는 '확대된 보안 요구사항(RE)'를 포함하고 있으며, '컴포넌트 보안 요구사항(CR)'과 '확대된 보안 요구사항(RE)'의 조합으로 컴포넌트의 보안 목표 수준을 달성하기 위한 역량을 결정하게 된다.

통상적으로 '확대된 보안 요구사항(RE)'는 SL-2 수준 이상부터 적용되도록 4-2 표준에서 정의하고 있으며, 이러한 기본 요구사항(FR)에 따른 컴포넌트 요구사항(CR)과 강화된 요구사항(RE)의 구조를 이해하게 되면 4-2 표준에서 다루고 있는 보안 요구사항을 더욱 쉽게 이해할 수 있다.

- FR-1의 식별 및 인증에서는 기본 요구사항 14개와 '확대된 보안 요구사항(RE)' 10개로 총 24개로 보안 요구사항들로 구성
- FR-2의 사용 통제에서는 기본 요구사항 18개(EDR/HDR/NDR/SAR 포함)와 '확대된 보안 요구사항(RE)' 15개로 총 33개의 보안 요구사항들로 구성
- FR-3의 시스템 무결성에서는 기본 요구사항 26개(EDR/HDR/NDR/SAR 포함)와 '확대된 보안 요구사항(RE)' 15개로 총 41개의 보안 요구사항들로 구성
- FR-4의 데이터 기밀성에서는 기본 요구사항 3개에 '확대된 보안 요구사항(RE)' 2개로 총 5개의 보안 요구사항들로 구성
- FR-5의 데이터 흐름 제한에서는 기본 요구사항 3개에 '확대된 보안 요구사항(RE)' 3개로 총 6개의 보안 요구사항들로 구성
- FR-6의 이벤트 적시 대응에서는 기본 요구사항 2개에 '확대된 보안 요구사항(RE)' 1개로 총 3개의 보안 요구사항들로 구성
- FR-7의 자원 가용성에서는 기본 요구사항 8개에 '확대된 보안 요구사항(RE)' 3개로 총 11개의 보안 요구사항들로 구성

4-2 표준에서는 컴포넌트 보안 요구사항들의 전체 숫자는 124개이지만 'CR 2.3의 휴대용 및 모바일 장치에 대한 사용 통제'와 'CR 7.5의 비상 전원'은 컴포넌트에 해당이 되지 않음에 따라 제외가 되어 SL-4까지의 보안 요구사항들의 숫자는 총 122개로 구성이 되고 있다.

4-2 표준에서 다루게 되는 SL은 컴포넌트의 보안 수준을 나타내며 1부터 4까지 해당하는 값을 가지고 보안 수준의 SL 양식을 사용하여 FR 별로 서술되게 된다. 여기서, 표준에서는 별다른 표기는 없으나 특정 FR의 제어 시스템 역량 요구사항이 없는 것은 암묵적으로 SL-0으로 정의되고, 이외에 각 FR에 기준 요구사항이 존재하는 경우, SL-1~4와 같은 컴포넌트 보안 수준으로 맵핑되게 된다. 4-2 표준에서 다루게 되는 보

안 수준(SL)은 "보안 수준 역량(SL-C, Capability Security Level)"을 언급하게 되며, 해당 제어기기에서 목표 보안 수준인 SL-T에 따라 요구되는 SL-C를 충족하게 되면, "보안 수준 달성(SL-A, Achieved Security Level)"을 만족하게 됨을 의미한다. 보안 수준을 [그림 2-4]와 같이 3가지 단계로 구분하는 것은 3가지 유형이 서로 간에 밀접하게 관련되어 있지만, 보안 생명주기, 다시 말해 'Security Life-cycle(보안 생명주기)'에 따라서 별개의 단계에서 수행되어야 하기 때문이다.

[그림 2-4] IEC 62443-4-2 보안 수준(SL) 유형 관계

[그림 2-4]에서 설명하고 있는 4-2 표준상의 SL-1 부터 SL-4까지의 보안 요구사항 중에서 SL-1 수준의 기본 요구사항들을 중점적으로 살피게 되며, 이때 포함되는 보안 요구사항들은 FR-1에서는 10개, FR-2에서는 12개, FR-3에서는 16개, FR-4에서는 2개, FR-5에서는 3개, FR-6에서는 1개, FR-7에서는 6개로 총 50개의 기본 요구사항들을 살펴보게 된다.

보안 수준(SL)에 대하여 더욱 쉽게 이해하기 위하여 4-2 표준에서 FR-1 식별 및 인증의 CR 1.1 요구사항을 예시로 들어 살펴보게 되면 "시스템 또는 자산에 대한 접근을 허용하기 전에, 모든 사용자(사람, 소프트웨어 프로세스 및 장치)를 식별하고 인증한다."라고 언급하고 있다. 우선, SL-1 수준에서는 기본적인 보호의 수준을 의미하며, 일시적이거나 우발적인 위반에 대응할 수 있는 역량을 가지고 있어야 함을 중점적으로 다루게 됨을 의미한다. 그 다음의 SL-2 수준에서는 SL-1 보다는 보다 심화하여, 일반적인 수준과 낮은 목적의 동기에 의한 단순한 능동적 위반에 대응할 수 있는 역량을 가지고 있어야 한다고 정의하고 있다. 이는, 일반적인 사용자가 권한이 없음에도 불구하고 자신의 컴퓨터를 활용하여 악의없이 호기심에 기인하여 비인가 접근하는 상황에 대해서 대응을 해야 함을 의미하는 내용이다. 그리고, SL-3에서는 SL-2 보다는 더 나아가서, 특정 기술 및 적당한 목적과 동기에 따른 능동적 위반에 대응해야 함을 언급하고 있으며, 마지막 SL-4에서는 사용 가능한 모든 자원/정보/기술을 활용한 능동적 위반의 대응을 위한 보호 수준을 갖추어야 함을 설명하고 있다.

따라서, SL 수준은 SL-1에서 보다 심화된 단계가 SL-2, 거기서 더욱 심화된 단계가 SL-3, 가장 심화된 단계가 SL-4로 구분된다. 이러한 보안 수준은 SL-1은 50개로 기본적인 보안 수준에서 적용해야 하는 사항에 대하여 언급하고 있으며, SL-2, 3, 4는 각각 93개, 116개, 122개의 보안 요구사항을 충족해야 함을 나타내고 있다.

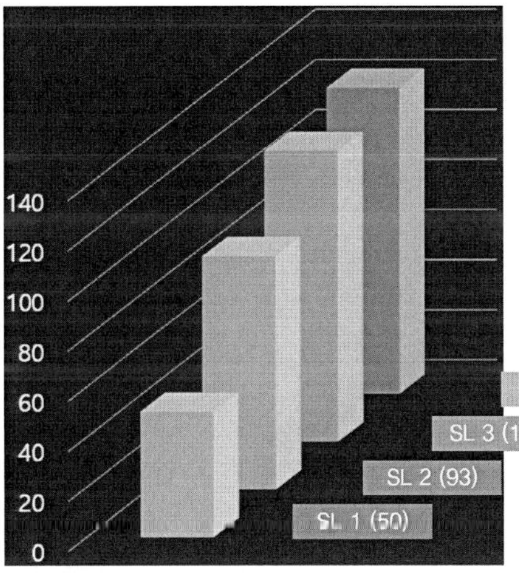

[그림 2-5] IEC 62443-4-2 보안 요구사항 수준

나중에 설명할 4-2 표준상의 보안 요구사항에 대해서는 SL-1 수준에서의 기본적인 보안 요구사항을 중점적으로 다룰 예정이며, SL-2, 3, 4에 해당되는 '확대된 보안 요구사항인(RE)'는 제외하고 있다. 다음의 [표 2-2]에서는 IEC 62443-4-2 요구사항에 대하여 요구사항 보안 수준(SL)별로 구분하여 나타내고 있다.

[표 2-2] 보안 수준 기반의 IEC 62443-4-2 컴포넌트 보안 요구사항 분석

CR 및 RE	SL-1	SL-2	SL-3	SL-4
FR 1 - 식별 및 인증 (IAC)				
CR 1.1 - 인간 사용자 식별 및 인증	적용	적용	적용	적용
RE (1) 유일 식별 및 인증		적용	적용	적용
RE (2) 모든 인터페이스 다중 인증			적용	적용
CR 1.2 - 소프트웨어 프로세스와 장치의 식별 및 인증		적용	적용	적용
RE (1) 유일 식별 및 인증			적용	적용
CR 1.3 - 계정 관리	적용	적용	적용	적용
CR 1.4 - 식별자 관리	적용	적용	적용	적용
CR 1.5 - 인증자 관리	적용	적용	적용	적용
RE (1) 하드웨어 기반 인증자 보안			적용	적용
NDR 1.6 - 무선 접근 관리	적용	적용	적용	적용
RE (1) 유일 식별 및 인증		적용	적용	적용
CR 1.7 - 패스워드 기반 인증 강도	적용	적용	적용	적용
RE (1) 인간 사용자 패스워드 생성 및 사용기간 제한			적용	적용
RE (2) 모든 사용자(사람, 소프트웨어 프로세스, 장치) 대상 패스워드 사용기간 제한				적용
CR 1.8 - PKI 인증		적용	적용	적용
CR 1.9 - PKI 인증 강도		적용	적용	적용
RE (1) 하드웨어 기반 공개키 인증 보안			적용	적용
CR 1.10 - 인증자 피드백	적용	적용	적용	적용
CR 1.11 - 로그인 시도 실패	적용	적용	적용	적용
CR 1.12 - 시스템 사용 알림	적용	적용	적용	적용
NDR 1.13 - 신뢰할 수 없는 네트워크 경유 접근	적용	적용	적용	적용
RE (1) 명시적 접근 요청 승인			적용	적용
CR 1.14 - 대칭키 인증 강도		적용	적용	적용
RE (1) 하드웨어 기반 대칭키 인증 보안			적용	적용
FR 2 - 사용 통제 (UC)				
CR 2.1 - 권한 부여	적용	적용	적용	적용

[표 2-2] 보안 수준 기반의 IEC 62443-4-2 컴포넌트 보안 요구사항 분석 (계속)

CR 및 RE	SL-1	SL-2	SL-3	SL-4
RE (1) 모든 사용자 권한 부여		적용	적용	적용
RE (2) 역할 기반 허가		적용	적용	적용
RE (3) 감독자 우선권			적용	적용
RE (4) 이중 승인				적용
CR 2.2 - 무선 사용 통제	적용	적용	적용	적용
CR 2.3 - 휴대용 및 모바일 장치에 대한 사용 통제	X	X	X	X
SAR 2.4 - 모바일 코드	적용	적용	적용	적용
RE (1) 모바일 코드 진본성 검사		적용	적용	적용
EDR 2.4 - 모바일 코드	적용	적용	적용	적용
RE (1) 모바일 코드 진본성 검사		적용	적용	적용
HDR 2.4 - 모바일 코드	적용	적용	적용	적용
RE (1) 모바일 코드 진본성 검사		적용	적용	적용
NDR 2.4 - 모바일 코드	적용	적용	적용	적용
RE (1) 모바일 코드 진본성 검사		적용	적용	적용
CR 2.5 - 세션 잠금	적용	적용	적용	적용
CR 2.6 - 원격 세션 종료		적용	적용	적용
CR 2.7 - 동시 세션 제어			적용	적용
CR 2.8 - 감사 이벤트	적용	적용	적용	적용
CR 2.9 - 감사 저장 용량	적용	적용	적용	적용
RE (1) 감사 저장 용량 임계치 도달 경고			적용	적용
CR 2.10 - 감사 처리 실패 대응	적용	적용	적용	적용
CR 2.11 - 타임 스탬프	적용	적용	적용	적용
RE (1) - 시각 동기화		적용	적용	적용
RE (2) - 시간 소스 무결성 보호				적용
CR 2.12 - 부인방지	적용	적용	적용	적용
RE (1) - 모든 사용자 대상 부인방지				적용
EDR 2.13 - 물리적 진단 및 테스트 인터페이스의 사용		적용	적용	적용
RE (1) 능동적 모니터링			적용	적용

[표 2-2] 보안 수준 기반의 IEC 62443-4-2 컴포넌트 보안 요구사항 분석 (계속)

CR 및 RE	SL-1	SL-2	SL-3	SL-4
HDR 2.13 – 물리적 진단 및 테스트 인터페이스의 사용		적용	적용	적용
RE (1) 능동적 모니터링			적용	적용
NDR 2.13 – 물리적 진단 및 테스트 인터페이스의 사용		적용	적용	적용
RE (1) 능동적 모니터링			적용	적용
FR 3 – 시스템 무결성 (SI)				
CR 3.1 – 통신 무결성	적용	적용	적용	적용
RE (1) 통신 인증		적용	적용	적용
SAR 3.2 – 악성 코드로부터 보호	적용	적용	적용	적용
EDR 3.2 – 악성 코드로부터 보호	적용	적용	적용	적용
HDR 3.2 – 악성 코드로부터 보호	적용	적용	적용	적용
RE (1) 코드 보호 버전 보고		적용	적용	적용
NDR 3.2 – 악성 코드로부터 보호	적용	적용	적용	적용
CR 3.3 – 보안 기능 검증	적용	적용	적용	적용
RE (1) 정상 운영 동안 보안 기능 검증				적용
CR 3.4 – 소프트웨어 및 정보 무결성	적용	적용	적용	적용
RE (1) 소프트웨어 및 정보의 진본성		적용	적용	적용
RE (2) 무결성 위반 자동 알림			적용	적용
CR 3.5 – 입력값 검증	적용	적용	적용	적용
CR 3.6 – 결정론적 출력	적용	적용	적용	적용
CR 3.7 – 오류 처리	적용	적용	적용	적용
CR 3.8 – 세션 무결성		적용	적용	적용
CR 3.9 – 감사 정보 보호		적용	적용	적용
RE (1) 일회용 기록 매체에 감사 기록				적용
EDR 3.10 – 업데이트 지원	적용	적용	적용	적용
RE (1) 업데이트 진본성 및 무결성		적용	적용	적용
HDR 3.10 – 업데이트 지원	적용	적용	적용	적용
RE (1) 업데이트 진본성 및 무결성		적용	적용	적용
NDR 3.10 – 업데이트 지원	적용	적용	적용	적용

[표 2-2] 보안 수준 기반의 IEC 62443-4-2 컴포넌트 보안 요구사항 분석 (계속)

CR 및 RE	SL-1	SL-2	SL-3	SL-4
RE (1) 업데이트 진본성 및 무결성		적용	적용	적용
EDR 3.11 - 물리적 탬퍼 억제 및 탐지		적용	적용	적용
RE (1) - 탬퍼링 시도 통보			적용	적용
HDR 3.11 - 물리적 탬퍼 억제 및 탐지		적용	적용	적용
RE (1) - 탬퍼링 시도 통보			적용	적용
NDR 3.11 - 물리적 탬퍼 억제 및 탐지		적용	적용	적용
RE (1) - 탬퍼링 시도 통보			적용	적용
EDR 3.12 - 제품 공급자의 신뢰기반(RoT) 구축		적용	적용	적용
HDR 3.12 - 제품 공급자의 신뢰기반(RoT) 구축		적용	적용	적용
NDR 3.12 - 제품 공급자의 신뢰기반(RoT) 구축		적용	적용	적용
EDR 3.13 - 자산 소유자 신뢰기반(RoT) 구축		적용	적용	적용
HDR 3.13 - 자산 소유자 신뢰기반(RoT) 구축		적용	적용	적용
NDR 3.13 - 자산 소유자 신뢰기반(RoT) 구축		적용	적용	적용
EDR 3.14 - 부트 프로세스 무결성	적용	적용	적용	적용
RE (1) 부트 프로세스 진본성		적용	적용	적용
HDR 3.14 - 부트 프로세스 무결성	적용	적용	적용	적용
RE (1) 부트 프로세스 진본성		적용	적용	적용
NDR 3.14 - 부트 프로세스 무결성	적용	적용	적용	적용
RE (1) 부트 프로세스 진본성		적용	적용	적용
FR 4 - 데이터 기밀성 (DC)				
CR 4.1 정보 기밀성	적용	적용	적용	적용
CR 4.2 - 정보 지속성		적용	적용	적용
RE (1) 공유 메모리 자원 삭제			적용	적용
RE (2) 삭제 확인			적용	적용
CR 4.3 - 암호 사용	적용	적용	적용	적용
FR 5 - 데이터 흐름 제한 (RDF)				
CR 5.1 - 네트워크 분할	적용	적용	적용	적용
NDR 5.2 - 구역 경계 보호	적용	적용	적용	적용

[표 2-2] 보안 수준 기반의 IEC 62443-4-2 컴포넌트 보안 요구사항 분석 (계속)

CR 및 RE	SL-1	SL-2	SL-3	SL-4
RE (1) 기본 거부 후 예외적 허용		적용	적용	적용
RE (2) 고립 모드(아일랜드 모드)			적용	적용
RE (3) 고장시 폐쇄			적용	적용
NDR 5.3 - 범용 개인 대 개인 통신 제한	적용	적용	적용	적용
FR 6 - 이벤트 적시 대응 (TRE)				
CR 6.1 - 감사 로그 접근성	적용	적용	적용	적용
RE (1) 감사 로그 프로그램 접근			적용	적용
CR 6.2 - 지속적인 모니터링		적용	적용	적용
FR 7 - 자원 가용성 (RA)				
CR 7.1 - 서비스 거부 방지	적용	적용	적용	적용
RE (1) 컴포넌트의 통신 부하 관리		적용	적용	적용
CR 7.2 - 자원 관리	적용	적용	적용	적용
CR 7.3 - 제어 시스템 백업	적용	적용	적용	적용
RE (1) 백업 무결성 확인		적용	적용	적용
CR 7.4 - 제어 시스템 복구 및 재구성	적용	적용	적용	적용
CR 7.5 - 비상 전원	X	X	X	X
CR 7.6 - 네트워크 및 보안 구성 설정	적용	적용	적용	적용
RE (1) 현재 보안설정의 컴퓨터 판독가능 보고서 생성			적용	적용
CR 7.7 - 최소 기능	적용	적용	적용	적용
CR 7.8 - 제어 시스템 컴포넌트 목록		적용	적용	적용
평가항목 개수	50	93	116	122

Summary

1.1절의 내용을 요약해 보면, 기업에서 제품을 개발하는 경우 개발과 관련한 프로세스는 4-1 표준에서의 보안제품 개발 프로세스에 따라 진행이 되어서 4-2 표준에서 요구하는 '컴포넌트 보안 요구사항(CR)'에 대하여 설정한 '보안 수준(SL)'에 맞추어 달성하여야 한다. 이 경우의 제품인 컴포넌트에는 소프트웨어 애플리케이션과 호스트 장치, 임베디드 장치, 네트워크 장치가 포함되게 되며, 이러한 컴포넌트들이 모여서 시스템을 이루게 됨으로 적용되는 표준은 3-3이며 이때의 요구사항은 SR로 정의되고 있다.

소프트웨어 애플리케이션 요구사항은 'SAR'이며, 호스트 장치의 요구사항은 'HDR', 임베디드 장치의 요구사항은 'EDR', 네트워크 장치의 요구사항은 'NDR'로 컴포넌트의 보안 요구사항(CR)에 강화된 보안 요구사항(RE)와 같은 구성 요소로 포함이 된다.

살펴본 내용을 보면, 4-2 표준은 독립적으로 동작하는 것이 아닌 IEC 62443 시리즈와 상호 연동되어 사용되고 있음을 인지하여야 하며, 1-1 표준에서 정의한 기본 요구사항(FR)로 분류한 7개의 카테고리에 따라서 총 124개의 컴포넌트의 보안 요구사항(CR)이 3-3 표준의 시스템에 대한 보안 요구사항(SR)에 따라 도출이 되고 있다. 또한, 달성해야 하는 보안 수준에 따라 4-2 표준에서 살펴보아야 하는 요구사항의 개수가 차이가 남을 인지하여야 한다. 기본적인 SL-1 수준에서는 50개의 요구사항만 확인하고 충족하면 되지만, SL-2에서는 93개, SL-3에서는 116개, SL-4에서는 122개의 보안 요구사항을 확인하고 충족해야 한다. 특히, 총 124개의 CR에서 SL-4에서 122개로 차이가 발생하고 있는 것은 'CR 2.3 - 휴대용 및 모바일 장치에 대한 사용 통제'와 'CR 7.5 - 비상 전원' 요구사항은 컴포넌트에 해당되지 않음에 따라 제외되었음을 참고하기 바란다.

1.2
산업제어시스템 환경에서 사용자 식별과 접근 통제에 대한 보안 요구사항(FR-1 식별 및 인증)

"FR-1 식별 및 인증"에 해당하는 CR 1의 요구사항에서 중점적으로 다루게 되는 내용들은 인증받지 않은 개체의 일상적인 접근, 또는 우연한 접근에 대응하는 보호 메커니즘의 확보로서 모든 사용자 사람, 소프트웨어 프로세스 및 장치를 식별하고 인증하는 것에 관한 내용이다. (앞절에서 기술한 바와 같이 SL-1 수준의 가장 기본적인 내용에 대하여 설명한다.)

CR 1.1 인간 사용자 식별 및 인증

[KS X 62443-4-2 표준 원문 내용]

요구사항

- 컴포넌트는 인간 사용자가 접근 가능한 모든 인터페이스에 대해서 IEC 62443-3-3 SR 1.1에 따라 모든 인간 사용자를 식별하고 인증하는 역량을 제공해야 한다. 이 역량은 적용 가능한 보안 정책 및 절차에 따라 직무분리 및 최소권한을 지원하기 위해서 컴포넌트에 대한 인간 사용자 접근을 제공하는 모든 인터페이스에서 식별 및 인증을 시행해야 한다. 이 역량은 시스템 수준의 식별 및 인증 시스템으로 통합되거나 컴포넌트에 의해 자체적으로 제공될 수도 있다.

근거 및 보충 지침

- 모든 인간 사용자는 컴포넌트에 대한 모든 접근에 대하여 식별 및 인증을 받아야 한다. 이런 사용자 신원의 인증은 패스워드, 토큰, 생체나 물리적 키드 리드(keyed lids) 및 이것들의 조합인 다중 인증과 같은 방법을 사용하여 수행된다. 인간 사용자의 지리적 위치가 인증 프로세스의 일부분으로 사용될 수도 있다. 이 요구사항은 컴포넌트의 로컬 및 원격 접속 양쪽에 적용된다. 이 요구사항은 시스템 수준의 인증 및 식별과 같

은 요구사항에 추가하여 적용한다.

- 인간 사용자 접근이 가능한 인터페이스에는 HTTP(Hypertext Transfer Protocol), HTTPS(HTTP Secure), FTP(File Transfer Protocol), SFTP(FTP Secure) 및 장치 설정 도구(종종 전용 제품 또는 공개 프로토콜 사용)에 사용되는 프로토콜과 같은 인간 사용자 상호작용을 위해 설계된 네트워크 프로토콜 뿐만 아니라 터치스크린, 푸시 버튼, 키보드 같은 로컬 사용자 인터페이스가 있다. 사용자 식별 및 인증은 역할 기반 또는 그룹 기반이 될 수도 있다(어떤 컴포넌트 인터페이스는 여러 사용자가 동일 신원을 공유할 수도 있다). 사용자 식별 및 인증은 현장에서의 신속한 비상 조치를 방해하면 안 된다.
- IEC 62443-2-1에 따라 정의된 IAC 정책을 지원하기 위해, 컴포넌트는 첫 단계로 모든 인간 사용자의 신원을 검증한다. 두번째 단계로 식별된 인간 사용자에게 배정된 권한(permission)을 강제해야 한다.

'CR 1.1 인간 사용자 식별 및 인증'은 IEC 62443-2-1 표준에 따른 컴포넌트 보안 요구사항을 다루고 있는데, 주요 내용은 모든 인간 사용자는 컴포넌트에 대한 접근시 식별 및 인증을 받아야 한다는 것을 의미한다. 이를 위하여 패스워드, 토큰, 생체 인증 등 다중 인증 방법을 적용하여 사용자 식별 및 인증을 수행할 수 있다는 것을 설명하고 있다.

이러한 사용자 식별 및 인증은 컴포넌트의 로컬 및 원격 접속에 모두 적용되며, 이때 해당하는 인터페이스에는 HTTP, HTTPS, FTP, SFTP 및 로컬 인터페이스 등이 있으며, 역할 기반 또는 그룹 기반으로 사용자를 식별할 수 있다. 컴포넌트에 접근 가능한 인터페이스는 네트워크 연결을 위한 프로토콜부터 사용자가 직접 입력 가능한 터치스크린 및 푸시 버튼 등을 포함하여 광범위하게 존재하며, 이러한 모든 인터페이스를 통한 접근에 대해 식별하고 인증을 수행하여야 한다. 또한, 컴포넌트는 2-1 표준에 정의된 산업 자동화 및 제어 시스템에 대한 정책을 준수해야 하며, 네트워크 서비스 제공시, 각 서비스별로 식별 및 인증 방법을 기술해야 함을 설명하고 있다. 예를 들어,

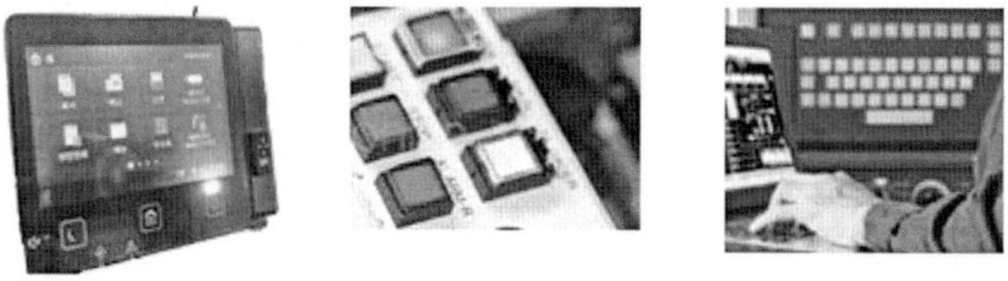

[Touch Pad] [Push Buton] [Key Board]

[그림 2-6] 사용자 인터페이스 예시

컴포넌트 외관에 있는 푸시 버튼과 LCD 화면 등을 통하여 컴포넌트 동작 제어 기능을 제공할 때도 사용자 식별 및 인증 방법을 별도로 기술해야 한다는 것을 의미한다.

이러한 'CR 1.1 인간 사용자 식별 및 인증'에 대한 요구사항은 시스템 수준의 인증 및 식별과 같은 요구사항에 추가하여 적용되게 된다. CR 1.1 요구사항은 4-2 표준 요구사항의 시작이면서 매우 기본적인 내용으로 다른 요구사항과 많은 밀접한 관련을 갖게 된다. 어떻게 보면 매우 쉬운 요구사항일 수도 있겠지만, 실제로 많은 기업에서 간과하고 넘어가는 사항중의 하나일 수 있다. 그러한 사유는, 기존의 제조환경은 폐쇄 환경으로 구성이 되어 있어서 외부인의 접근이 쉽지 않았지만, 현재에는 IIoT(Industrial Internet of Things) 장치와 같이 자체적으로 인터넷에 접속이 가능한 기기들의 등장으로 제조환경의 장치들이 인터넷과 연동되는 등의 네트워킹 기능을 보유하게 되어 폐쇄 환경 기반의 산업제어시스템 환경에 대한 외부 접근과 같은 새로운 이슈가 발생하고 있으며, 기존 레거시(Legacy) 장비들을 살펴보면 네트워킹 기능이 없는 장치들이 대다수임에 따라서 CR 1.1과 같은 보안 요구사항에 대하여 그렇게 깊은 고찰과 대응방안을 수립한게 없었던 것이 현실이다. 기존 산업제어시스템 환경을 폐쇄된 환경으로 본다면 컴포넌트에 접근할 수 있는 사람들은 대다수 관련자 혹은 신뢰할 수 있는 사람들로 인지하고 있어서 이러한 식별 및 인증에 대한 기능을 별도로 구현하지 않는 것이 대부분이기 때문에, IEC 62443 시리즈에서 요구하는 보안 요구사항을 충족하기 위해서는 제조 혹은 보유하고 있는 제품에 대해서 CR 1.1을 충족하고 있는지를 고심

해야 하며, 만일 해당 요구사항을 충족하지 못한다고 한다면 시스템에 통합하여 해당 기능을 제공하는 방법을 확보하고 있어야 한다. 만일 아닐 경우, 제품의 기능을 업그레이드하여 자체적으로 식별 및 인증 기능을 수행할 수 있도록 개선하여야 CR 1.1에 대한 요구사항을 충족할 수 있다.

그러나, 이러한 사용자 식별 및 인증 절차가 현장에서 비상 상황 발생시, 수행되는 비상조치를 방해하게 되는 경우, 문제가 발생하기 때문에 예외 사항을 고려해야 한다. 예를 들어, 시스템 긴급 정지를 수행해야 하는 경우, 사용자 식별 및 인증으로 인해 적시에 정지하지 못해 인명사고 또는 시스템 등의 파손과 같은 피해가 발생하면 큰 문제가 될 수 있으므로 긴급 제동과 같은 비상조치 프로세스에서는 식별 및 인증을 우회할 방안이 함께 고려되어야 한다.

CR 1.3 계정 관리

[KS X 62443-4-2 표준 원문 내용]

요구사항

- 컴포넌트는 모든 계정의 관리를 직접 지원하는 역량을 제공하거나, IEC 62443-3-3 SR 1.3에 따라 계정을 관리하는 시스템에 통합할 수 있는 역량을 제공해야 한다.

근거 및 보충 지침

- 컴포넌트는 더 높은 수준의 계정 관리 시스템에 통합되어 이 역량을 제공할 수도 있다. 만일 역량이 더 높은 수준의 계정 관리 시스템에 통합되지 않는다면, 컴포넌트는 자체적으로 역량을 제공할 것으로 예상된다.
- 컴포넌트가 IEC 62443-3-3 SR 1.3에서 요구한 계정 관리 역량을 제공하는 디렉터리 서버(예, LDAP 또는 Active Directory)에 인증 평가를 위임하는 것은 이 요구사항에 부합하는 일반적인 접근방식일 수 있다.
- 컴포넌트가 계정 관리 역량을 제공하기 위해 더 높은 수준의 시스템에 통합될 경우에, 더 높은 수준의 시스템 역량을 사용하지 못하는 이벤트가 컴포넌트에 미치는 영향을 고려해야 한다.

'CR 1.3 계정 관리'에 대한 요구사항을 살펴보면 컴포넌트에서는 모든 인간 사용자를 식별하고 인증하는 기능을 제공하는 것에 대한 요구조건을 충족하는지를 설명하고 있다.

이러한 기능은 3-3 표준에서 정의하고 있는 상위 수준의 계정 관리 시스템에 통합하여 제공할 수 있는 경우로, 이는 상위 시스템에서 해당 컴포넌트를 식별하고 인증하여 계정 관리를 수행할 수 있는 기능을 제공함을 의미한다. 이러한 계정 관리 요구사항을 충족하기 위한 일반적인 접근방식은 계정 관리 기능을 제공하는 LDAP[30](Lightweight Directory Access Protocol) 또는 Active Directory와 같은 디렉토리 서버에서 컴포넌트 계정 관리 기능을 통합하여 제공하는 방식이 해당되며, 이는 3-3 표준의 SR 1.3에서 요구하는 방식에 해당한다. 그러나, 상위 시스템에 통합되어 계정 관리 기능을 사용하는 경우에도 장애 발생 등으로 인하여 상위 시스템의 기능을 사용할 수 없어서, 적시에 계정 관리 기능을 제공하지 못하는 컴포넌트에 미치는 영향에 대해서는 심각하게 고려하고 이에 대한 대응 방안을 마련해야 한다.

만일, 3-3 표준에서 정의하고 있는 상위 수준의 계정 관리 시스템과 통합되지 않고 컴포넌트가 독립적으로 사용되는 경우, 기본적으로 컴포넌트는 해당하는 계정 관리 기능을 자체적으로 제공해야 4-2 표준의 CR 1.3을 충족하게 된다.

[그림 2-7]은 PLC에서 제공하고 있는 계정 관리 기능의 예시이다. 이러한 기능이 PLC 자체에 내장되어 동작이 될 수도 있으며, 별도의 관리 및 제어 시스템에 통합되어 사용될 수도 있다.

30) LDAP (Lightweight Directory Access Protocol): X.500(TCP/IP)을 근거로 한 디렉토리 데이터베이스에 접속하기 위한 통신 프로토콜

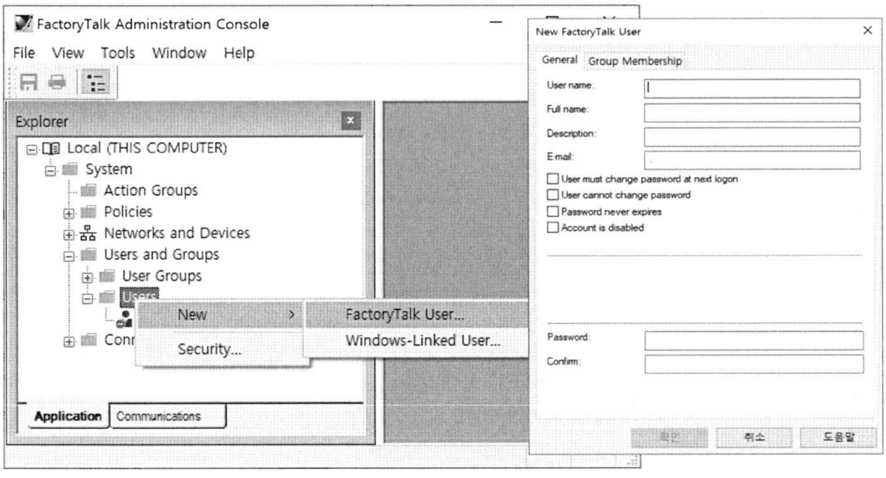

[그림 2-7] PLC에서의 계정 관리 기능 예시

CR 1.4 식별자 관리

[KS X 62443-4-2 표준 원문 내용]

요구사항

- 컴포넌트는 식별자 관리를 지원하는 시스템으로 통합할 수 있는 역량을 제공하고/제공하거나, IEC 62443-3-3 SR 1.4에 따라 직접적으로 식별자 관리를 지원하는 역량을 제공해야 한다.

근거 및 보충 지침

- CR 1.3 – 계정 관리에 의해 생성된 계정은 각 계정을 명확하게 식별하기 위해 하나 이상의 식별자를 사용한다. 이러한 식별자는 연관된 계정과 관련해서 유일하고 모호하지 않아야 한다. 일반적으로 사용하는 식별자의 예로는 계정 이름, 유닉스 사용자 ID, 마이크로소프트 윈도우 계정 GUID(Globally unique identifiers) 및 X.509 인증서 등이 있다. 컴포넌트는 계정과 식별자를 연계하는 자체 역량을 제공할 수도 있다. 만일 컴포넌트가 시스템 지원의 보안 정책을 강제하는 시스템으로 통합되어 있는 경우, 식별자들 시스템 내 모든 컴포넌트에 걸쳐 동일한 계정과 연계시킬 것을 강력히 권고한다. 이런 사항을 달성하기 위해, 컴포넌트는 시스템 차원 식별자 관리 역량으로 통합될 수 있어야 한다.

'CR 1.4 식별자 관리'는 컴포넌트가 가져야 하는 식별자 관리 기능을 중점적으로 설명하고 있으며, 이는 3-3 표준의 SR 1.4(식별자 관리)에 따라 통합 가능한 시스템으로 식별자 관리를 수행하는 기능을 제공하거나, 또는 컴포넌트에서 직접적으로 식별자 관리를 지원하는 기능을 제공해야 한다는 요구사항의 정리이다.

해당 요구사항에서 언급하고 있는 식별자란 계정 이름, 유닉스 사용자 ID, 마이크로소프트 윈도우 계정, GUID[31] 및 X.509 인증서 등으로서 시스템에서 사용자를 유일하게 식별하기 위한 요소를 의미하고 있다. 따라서, 컴포넌트의 각 계정은 하나 이상의 식별자를 사용하여 명확하게 식별되어야 하며, 여기서 식별자는 연관된 계정과 관련하여 유일성을 확보하여야 하고 모호함으로 인한 혼동이 발생하지 않도록 하여야 한다.

컴포넌트는 계정과 식별자를 연계하는 기능을 자체적으로 제공할 수도 있으며, 앞서서 설명한 다른 보안 요구사항과 마찬가지로 3-3 표준을 충족하는 시스템 차원의 보안 정책을 강제하는 시스템과의 통합으로 사용될 수 있으며, 이러한 모든 컴포넌트에 걸쳐 동일한 계정과 연계시키는 방안이 해당 보안 요구사항에서 강력하게 권장되는 사항이다.

CR 1.5 인증자 관리

[KS X 62443-4-2 표준 원문 내용]

요구사항

- 컴포넌트는 다음과 같은 역량을 제공해야 한다:
  a) 초기 인증자 내용의 사용을 지원한다.
  b) 설치 시에 디폴트 인증자에 대한 변경을 알 수 있도록 지원한다.
  c) 주기적인 인증자 변경(change)/새로고침(refresh) 작업으로 올바르게 기능을 지원할 수 있는 역량을 제공해야 한다.

31) "전역 고유 식별자"라고 부르며, 응용 소프트웨어에서 사용되는 "유사 난수"를 말한다.

d) 저장, 사용 및 전송 중에 허가받지 않은 노출 또는 변경으로부터 인증자를 보호한다.

근거 및 보충 지침

- 식별자(5.6 참조) 이외에 신원을 증명하기 위한 인증자가 필요하다. 제어 시스템 인증자는 토큰, 대칭-키, 개인-키(공개/개인-키 쌍의 부분), 생체 인식, 암호, 물리적 키 및 키 카드 같은 것을 포함하지만 이에 국한되지는 않는다. 개인 인증자의 소유를 유지하고 다른 사람과 인증자를 공유하거나 대여하지 않으며, 분실 또는 손상된 인증자를 즉시 보고하게 하는 등, 인증자를 보호하는 합리적인 수단을 인간 사용자에게 알리는 적절한 보안 정책이 존재해야 한다.
- 인증자는 생애주기를 가진다. 계정이 생성되면 계정 소유자가 인증을 받을 수 있도록 자동적으로 신규 인증자가 생성된다. 예를 들어, 패스워드 기반 시스템인 경우, 계정은 계정과 관련된 패스워드를 가진다. 초기 인증자 내용의 정의는 계정 관리 시스템이 모든 신규 계정에 설정하는 초기 패스워드를 관리자가 정의하는 것으로 해석할 수 있다. 이런 초기 값을 설정하는 것은 공격자가 계정 생성과 처음 계정 사용(계정 소유자에 의한 신규 패스워드 설정을 포함) 사이에 패스워드를 추측하는 것을 더 어렵게 만든다. 일부 제어 시스템은 모든 필요한 계정을 디폴트 패스워드로 생성하는 무인 설치 방식으로 설치되고 일부 임베디드 장치는 디폴트 패스워드로 출하된다. 시간이 지날수록, 이런 패스워드는 점점 일반적인 지식이 되고 인터넷 상에 문서로 남겨진다. 디폴트 패스워드를 변경하는 것은 허가받지 않은 사용자가 접근 권한을 얻기 위해 디폴트 패스워드를 사용하는 공격으로부터 시스템을 보호한다. 패스워드는 네트워크 인증에 사용될 때 전송-중이거나 저장소로부터 획득될 수 있다. 이런 복잡성은 패스워드 전송을 결코 요구하지 않는 핸드셰이크 프로토콜 또는 암호화나 해싱값은 암호 기반 보호에 의해 증가될 수 있다. 여전히 패스워드는 공격 대상이 될 수도 있다(예를 들어, 저장 또는 전송-중인 패스워드의 암호 기반 보호를 깨거나 무작위로 추측하는 공격). 정기적으로 패스워드를 변경하거나 새로고침으로 공격기회를 줄일 수 있다. 유사한 고려사항이 암호키 기반의 인증 시스템에도 적용된다. 신뢰 플랫폼 모듈(TPM, Trusted Platform Modules) 같은 하드웨어 보안 모듈 방식의 하드웨어 메커니즘을 사용하여 보호를 강화할 수 있다.

- 인증자 관리는 적용 가능한 보안정책과 절차에 명시해야 한다. 예를 들어, 디폴트 인증자 변경에 대한 제약사항, 새로고침 주기, 인증자 보호를 위한 세부사항 또는 비상 호출 절차.
- 이 요구사항에 명시된 인증자 관리 역량 외에, 인증자 메커니즘의 강도는 선택한 인증자의 강도(예를 들어, 패스워드 복잡도 또는 공개키 인증의 키 길이)와 인증 프로세스에서 인증자를 검증하는 정책(예를 들어, 패스워드가 얼마 동안 정당한지, 어떤 검사가 공개키 인증서 검증에서 수행되는지)에 따라 다르다. 패스워드 기반 및 공개키 인증의 가장 일반적인 인증 메커니즘에 대해서 다른 항목에서 추가 요구사항을 제공한다.
- 일부 작업에서 컴포넌트의 사용은 해당 기능을 수행하기 위하여 추가적인 인증(토큰, 키 및 인증서와 같은)을 요구하며 제한될 수도 있다.

'CR 1.5 인증자 관리'의 요구사항을 살펴보기 이전에 인증자에 대하여 살펴보면, '인증자'라 함은 정당한 사용자임을 입증하는 방법을 의미하며, 기본적으로 패스워드가 이에 해당한다. 3-3 표준에 충족하는 시스템으로 통합 구현이 되어 있는 경우에는 "Single Sign On(SSO)[32)]"을 통한 인증자도 사용이 가능하고, 토큰 및 인증서 등의 다중 인증자 또한 인증자 관리 및 사용에 해당한다. 따라서, 해당 요구사항에서 컴포넌트는 디폴트(default) 인증자의 사용을 지원해야 하며, 컴포넌트 설치 시에는 디폴트 인증자에 대한 변경을 알 수 있도록 지원하고, 주기적인 인증자 변경 및 새로 고침 작업을 통해 올바르게 기능의 사용을 지원할 수 있어야 함을 의미한다. 또한, 인증자의 저장, 사용 및 전송 중에 인가되지 않은 노출 또는 변경으로부터 인증자를 보호할 수 있어야 함을 요구하고 있는데, 이는 제품을 출하할 때 디폴트 인증자를 설정하여 사용자에게 제공해야 하며, 사용자는 제품 설치시, 디폴트 인증자를 변경할 수 있는 기능을 제공해야 함을 의미한다. 이러한 인증자를 안전하게 관리하고 전송하기 위해서는

32) 사용자가 여러 시스템 또는 인터넷, 응용 프로그램, 서비스, 네트워크 등에 접속하기 위하여 한 번의 로그인을 통하여 모든 접속을 진행할 수 있도록 개발된 인증 관리 방식

암호화 등의 방식을 사용하여 인증자를 보호할 수 있는 기능을 제공해야 한다.

인증자 관리와 관련해서 문서적으로 적용 가능한 보안 정책과 절차에 명시되어 있어야 한다. 예를 들어, 디폴트 인증자 변경에 대한 제약사항, 새로 고침 주기, 인증자 보호를 위한 세부 사항 또는 비상호출 절차 등이 보안 정책과 절차에 필수적으로 명시되어 있어야 함을 의미한다. 컴포넌트의 사용시 일부 작업에서는 해당 기능을 수행하기 위하여 추가적인 인증(토큰, 키 및 인증서 등)을 요구하며 제한될 수도 있다. 다음 [그림 2-8]은 사용자가 컴포넌트에 인증자를 통한 커뮤니케이션 방식을 보여주고 있으며, 컴포넌트가 자체적으로 인증자 관리를 수행하지 못하는 경우 통합 시스템의 인

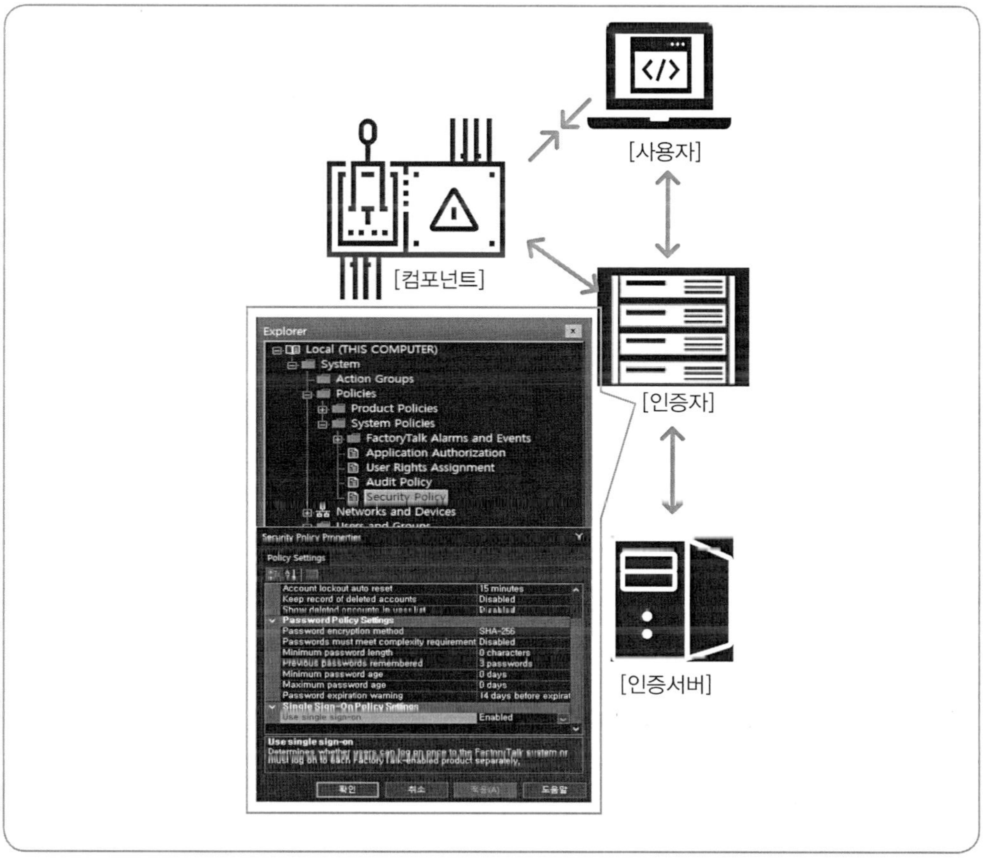

[그림 2-8] 인증자 개요

증 서버를 통한 인증자 관리를 고려하여야 함을 보여주고 있다.

기본적으로 4-2 표준에서는 컴포넌트 자체적으로 요구사항을 충족시켜야 하며, 자체적으로 충족이 안 될 경우, 3-3 표준의 요구사항을 충족하는 시스템과의 통합 연동 및 관리를 통하여 요구사항 충족을 달성해야 한다.

CR 1.6 무선 접근 관리(NDR)

[KS X 62443-4-2 표준 원문 내용]

요구사항

- 무선 접근 관리를 지원하는 네트워크 장치는 무선 통신에 참가하는 모든 사용자(사람, 소프트웨어 프로세스나 장치)를 식별하고 인증하는 역량을 제공해야 한다.

근거 및 보충 지침

- 무선 기술은 대부분의 경우에 또 다른 통신 프로토콜 선택사항으로 고려될 수 있다. 그러므로 무선 기술은 IACS에서 활용되는 다른 통신 유형과 동일한 IACS 보안 요구사항을 따라야 한다. 그러나 보안 관점에서, 유선과 무선 통신 간에는 최소한 하나의 큰 차이가 존재한다. 물리적 보안 대책은 무선 사용 시에 일반적으로 덜 효과적이다.

'CR 1.6 무선 접근 관리' 요구사항은 별도의 요구사항이 없으며, 네트워크 컴포넌트 대상 요구사항인 NDR 1.6에서 해당 요구사항을 설명하고 있다.

만일, 개발 또는 제조 및 관리하는 컴포넌트에 네트워크 기능이 없는 경우, 본 요구사항은 '해당 없음' 또는, 'N/A(Not Applicable)' 처리가 되어야 한다. 하지만, NDR 1.6에서 요구하고 있는 중점적인 사항은 무선 접근 관리와 관련한 내용으로서 만일 대상 컴포넌트에서 무선 접근을 허용하고 해당 기능을 제공하고 있다면 본 요구사항에서 제시하는 조건을 충족해야 한다.

일반적으로 무선 기술은 다른 통신 프로토콜 옵션과 마찬가지로 간주되어야 하며, 대부분의 산업제어시스템에서 사용하는 다른 통신 유형들과 동일한 보안 요구사항의 조건을 충족해야 한다. 즉, 무선 기술이 다른 통신 프로토콜과 마찬가지로 산업제어시스템의 보안 요구사항을 충족해야 함을 의미하며, 유선통신과 비교하였을 경우, 무선 통신에서는 물리적 보안 대책이 효과적이지 않다는 점을 인지하고 있어야 한다. 즉, 무선 통신을 사용할 때는 보안 취약점이 존재할 수 있으므로 적절한 보안 대책을 마련해야 한다는 점이 NDR 1.6에서 중점적으로 다루고 있는 내용이다.

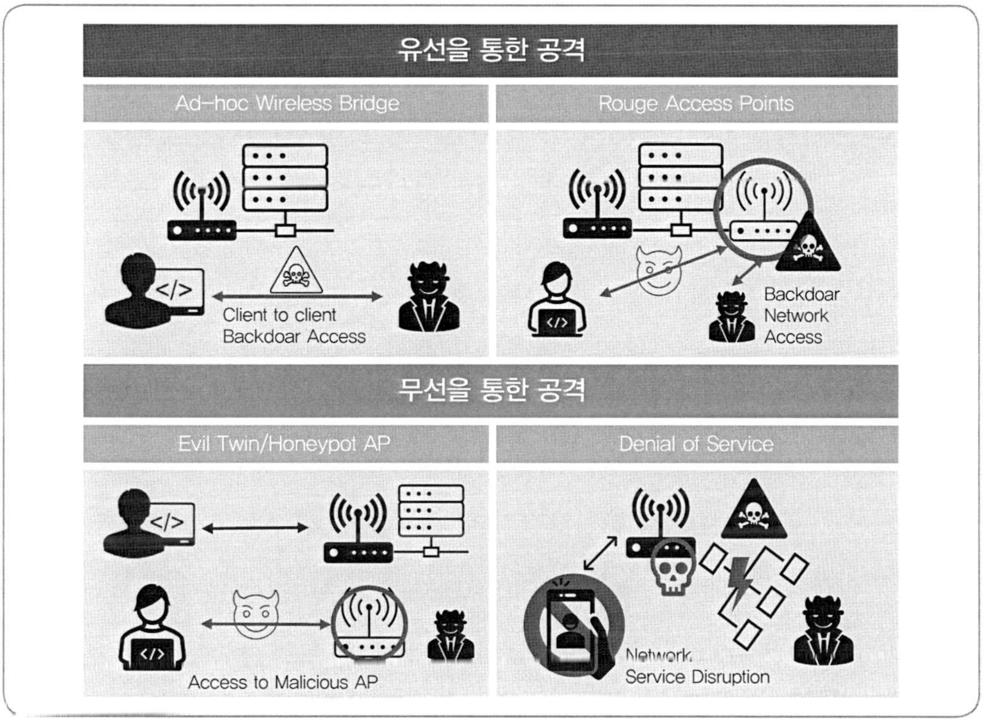

[그림 2-9] 무선 환경에서의 보안 공격 예시

[그림 2-9]는 컴포넌트가 산업제어시스템 환경에서 동작하게 되는 경우에서의 공격 포인트를 설명하고 있다. 우선, 유선으로 연결된 네트워크에 사용자 혹은 컴포넌트가 무선으로 접속하는 경우 상단 좌측의 그림은 보안이 충분하지 않아 직접적으로 사용자 혹은 컴포넌트에 공격자가 백도어를 설치하고 이를 통해 악의적인 행동을 수행하

는 것을 나타내고 있으며, 상단 우측의 그림은 접속하는 무선중계기(AP: Access Point)가 펌웨어 업데이트 등의 관리 소홀로 인해 보안의 허점이 발생하고, 이 AP를 통해 접속하는 사용자 및 컴포넌트를 대상으로 공격자가 악의적인 행동이 가능해짐을 나타내고 있다.

하단의 좌측 그림은 불법적인 무선중계기나 침해된 무선중계기를 통해 공격자가 악성코드 유포가 가능하도록 조작하여 이를 통해 접속하게 되는 사용자 및 컴포넌트를 대상으로 하는 악성코드 설치 등의 악의적인 행동을 수행하게 되는 환경을 의미하며, 하단의 우측은 공격자가 네트워크망의 가용성을 훼손시키는 서비스 거부(DoS: Denial of Service) 공격을 통해 사용자 및 컴포넌트가 시스템과의 연동 등의 동작을 방해하고, 나아가서는 산업제어시스템 환경 자체의 동작을 마비시키게 되는 것을 의미한다.

예를 들어, 앞에서 설명한 이란 원자력 발전소를 타겟으로 진행되었던 최초의 제어시스템 대상의 악성코드인 '스턱스넷(Stuxnet)'의 경우, USB를 통해 원자력 발전소 내부의 사용자 PC를 우선적으로 감염시키고, 연결된 네트워크를 통해 제어 시스템에 대한 공격을 시도하여 HMI를 감염시킴으로써 연결된 컴포넌트에 오동작을 발생시킨 공격 방식이다. (Chapter 1, "1.4.2 국내외 산업제어시스템의 위협 및 공격 사례" 참조) 여기서 SCADA[33] 시스템이 HMI를 통해 컴포넌트의 동작 데이터를 가져가게 되는 경우, 감염된 HMI는 정상적으로 조작된 데이터를 전송하여 오동작하고 있는 컴포넌트를 통해 원심 분리기의 모터가 망가지기 전까지 관리자가 알아차리지 못하게 하였다. 이러한 '스턱스넷'과 같은 방식은 악성코드의 유포를 통해 원자력 발전소가 정지하는 문제를 발생시킨 최초의 제어 시스템 대상 공격으로 유명하지만, 시사하는 점을 살펴보면 사용자 및 관리 미흡과 악성코드의 감염으로 인해 발생한 사고인 점에

33) SCADA(Supervisory Control And Data Aquisition, 감시제어 데이터 수집 시스템)

주의하여야 하며, 이는 NDR 1.6에서 언급하고 있는 무선 접근 관리를 포함하여 네트워크를 통한 접근 관리가 얼마나 중요한 사항인지에 대하여 주의하여야 한다. 다음의 [그림 2-10][34]에서는 '스턱스넷'이 어떻게 유포되어 산업제어시스템 환경을 공격하였는지를 도식화시켜 나타내고 있다.

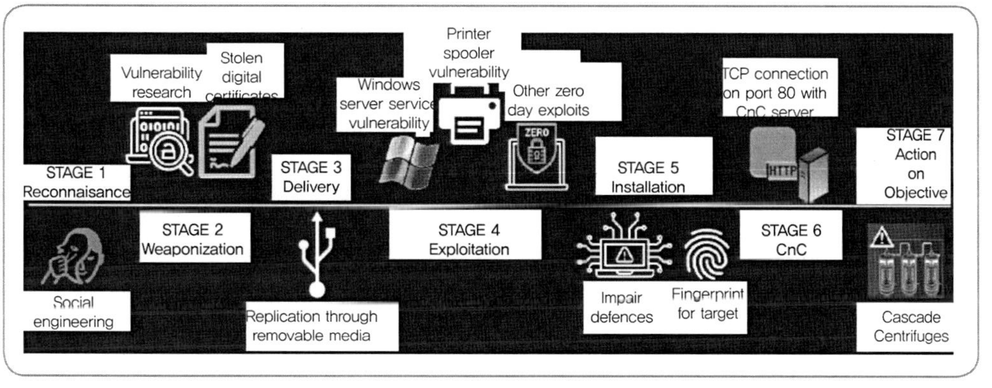

[그림 2-10] Stuxnet 침해사고 내용 〈출처: ResearchGate〉

CR 1.7 비밀번호 기반 인증 강도

[KS X 62443-4-2 표준 원문 내용]

요구사항

- 패스워드 기반 인증을 활용하는 컴포넌트의 경우, 해당 컴포넌트는 국제적으로 인지되고 증명된 패스워드 지침에 따라 패스워드 강도 설정을 강제하는 역량을 제공하거나 역량은 제공하는 시스템으로 통합되어야 한다.

근거 및 부충 지침

- 최소 길이, 다양한 문자 또는 유효 기간(일회용 패스워드 최소 기간) 등과 같은 패스워드 강도 설정을 강제할 수 있는 능력은 사용자 선택 패스워드의 전체 보안을 강화하기 위해 필요하다. 일반적으로 수용되는 사례와 권고안은 문서 "NIST SP800-63-2, Electronic Authentication Guideline"에서 찾을 수 있다.

34) Kumar, Rajesh & Singh, Siddhant & Kela, Rohan. (2021). A Quantitative Security Risk Analysis Framework for Modelling and Analyzing Advanced Persistent Threats. 10.1007/978-3-030-70881-8_3.

'CR 1.7 패스워드 기반 인증 강도'에 대한 요구사항은 컴포넌트에서 패스워드 기반 인증을 사용하는 경우 적합한 패스워드 강도를 강제하여 사용시켜야 함을 설명하고 있다.

사용자가 정의하여 사용하는 암호의 전반적인 보안을 강화하도록 강제하기 위해서는 최소 길이, 문자 종류 또는 사용 기간(최소 일회성)을 지정하여 구성 가능한 암호 강도를 적용하는 기능을 제공하여야 한다. 일반적으로 인정되는 암호 사용에 대한 관행 및 권장 사항으로 미국의 경우에는 NIST(National Institute of Standards and Technology, 국립표준기술연구소)의 SP(Special Publication) 800-63B(Digital Identity Guidelines: Authentication and Life-cycle Management)가 있으며, 국내에서는 KISA(Korea Internet & Security Agency, 한국인터넷진흥원)에서 발간한 패스워드 선택 및 이용 안내서와 같은 지침이나 문서를 참고하면 된다.

패스워드란?

이용자가 인터넷 사이트에 로그인 할 때, 허가된 이용자임을 확인하는데 이용되는 문자열입니다. 이용자의 패스워드가 노출되면, 이용자의 개인 메일 정보, 금융정보 등이 타인에게 유출될 수 있습니다. 따라서 이용자는 안전한 패스워드를 설정하고 이용하여야 하며, 또한 안전하게 관리해야 합니다.

안전한 패스워드란?

제3자가 쉽게 추측할 수 없으며, 시스템에 저장되어 있는 이용자 정보 또는 인터넷을 통해 전송되는 정보를 해킹하여 이용자의 패스워드를 알아낼 수 없거나 알아낸다 하더라도 많은 시간이 요구되는 패스워드를 말합니다.

두 종류 이상의 문자구성과 8자리 이상의 길이로 구성된 문자열

※ 문자종류는 알파벳 대문자와 소문자, 특수문자, 숫자의 4가지임

또는

10자리 이상의 길이로 구성된 문자열

※ 숫자로만 구성할 경우 취약할 수 있음

[그림 2-11] 안전한 패스워드 생성 개요 〈출처: KISA〉

만일, 컴포넌트 자체적으로 패스워드에 대한 강도를 제어할 수 없는 경우, 해당 요구사항을 충족하기 위해서 패스워드와 관련된 기능은 3-3 표준을 충족하는 시스템과 통합하여 패스워드 강도를 제어할 수 있어야 한다. 특히 패스워드가 적용된 암호화 수단을 사용하는 경우 CR 1.7의 '패스워드 기반 인증 강도'는 뒤에서 다루는 CR 4.3 '암호 사용'이 적용되어야 하며, 마찬가지로 해당 요구사항을 충족하여야 한다.

CR 1.10 인증자 피드백

[KS X 62443-4-2 표준 원문 내용]

요구사항

- 컴포넌트가 인증 역량을 제공할 때, 컴포넌트는 인증 프로세스 동안에 인증자의 피드백 정보를 명확하지 않게 제공해야 한다.

근거 및 보충 지침

- 피드백을 명확하지 않게 하는 것은 인가되지 않은 개인의 악용 가능성으로부터 정보를 보호한다. 예를 들어, 인간 사용자가 사용자 이름 또는 패스워드를 입력할 때 별표(*)나 임의 문자 표시로 인증 정보 피드백을 명확하지 않게 한다. 다른 예로는, SSH(Secure Socket Shell) 토큰과 OTP(One Time Passwords) 입력이 있다. 인증 개체는 "모르는 사용자 이름(unknown user name)" 같이 인증 실패의 근거를 말하는 힌트를 제공하지 않는다.

'CR 1.10 인증자 피드백'에 대한 요구사항의 주요 내용은 컴포넌트에서 제공하는 인증자에 대한 피드백을 제 3자가 식별하지 못하도록 처리하여 제공함으로써 피드백 정보를 무단으로 악용하는 것을 방지하는 것에 대하여 설명하고 있다.

예를 들어, 인간 사용자가 사용자 이름 또는 비밀번호를 입력할 때 별표(*)나 무작위 문자 등을 표시하는 마스킹 기능을 통하여 인증 정보의 피드백을 가리는 것과 같은 방식으로 이해하면 된다. 다른 예로 사용되는 SSH(Secure Shell, 보안 소켓 셸) 및 토큰,

OTP(One Time Password, 일회용 비밀번호)의 입력에서도 마찬가지로 마스킹 처리가 되어야 한다.

인증 엔티티는 “알 수 없는 사용자 이름입니다.” 또는, “패스워드 자릿수가 틀립니다.”와 같은 인증 실패 사유에 대하여 유추가 가능한 어떠한 힌트도 제공하지 않아야 한다. 만일 사용자 A가 자신에 대한 패스워드를 설정하는 화면이나 기능에서 새로운 패스워드를 입력하였는데, “사용자 B가 이미 해당 패스워드를 사용하고 있습니다.”와 같은 잘못된 피드백이 제공된다면, 사용자 B의 패스워드가 이미 부적절하게 노출되었다고 할 수 있다. 이러한 예는 Window7 시절의 SSO 메일 생성시에 종종 발생하였으며, 그 당시 시스템 계정에 대해서 SSO 설정하는 경우에 “이미 사용중인 Password 입니다. 다른 Password를 등록하세요.”와 같은 세부적인 피드백을 제공해 주는 경우가 발생했었다. 이 경우 사용자는 단순하게 “다른 Password를 등록해야지.”와 같이 생각할 수 있지만, 돌려서 생각하면 “누군가”는 그 Password를 사용하고 있다는 것이므로, 만일 사용자 계정을 확인하고 하나하나 대입하다 보면 시스템 로그인이 가능할 수 있다는 것을 알려주는 잘못된 피드백의 예시이다.

[그림 2-12] PC 환경에서 포털에 접속하는 경우 입력한 패스워드에 대하여 별표(*) 처

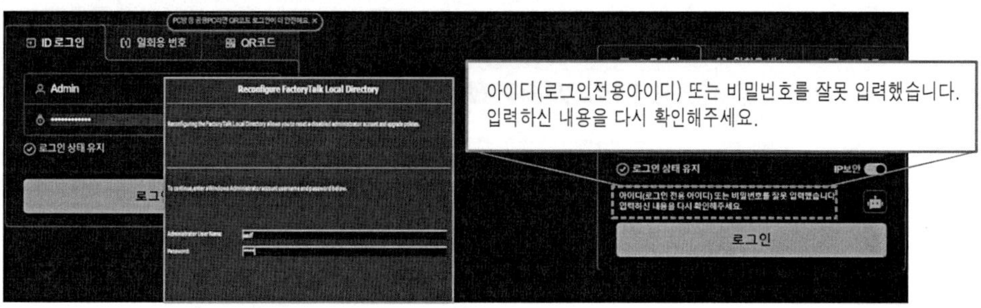

[입력창에서의 마스킹 기능 사용]

[그림 2-12] 로그인 기능에서의 마스킹 사용 및 안전한 피드백 제공 예시

리를 통해 인증 정보의 피드백을 마스킹 처리하는 것과, 잘못된 정보를 입력한 경우의 피드백에서 주요 정보나 힌트를 제공하지 않음으로써 안전한 피드백을 제공하는 예시를 설명하고 있다.

CR 1.11 로그인 시도 실패

[KS X 62443-4-2 표준 원문 내용]

요구사항

- 컴포넌트가 인증 역량을 제공하는 경우 다음과 같은 역량을 제공해야 한다:
  a) 설정한 시간 동안에 모든 사용자(사람, 소프트웨어 프로세스나 장치)에 의한 연속된 부정 접근 시도 횟수 제한을 강제해야 한다;
  b) 이러한 횟수 제한에 도달했을 때 정해진 시간 동안 또는 관리자가 잠금-해제할 때까지 접근을 거부해야 한다. 관리자는 타임아웃이 만료되기 전에 계정을 잠금-해제할 수도 있다.

근거 및 보충 지침

- 서비스 거부의 가능성으로 인하여, 연속된 부정 접근 시도 횟수가 제한되어야 한다. 만일 가능하다면, 애플리케이션 또는 장치는 가용한 보안 정책과 절차에 의해 설정한 기 지정 시간 후에 접근 시도 횟수를 0으로 자동 재설정할 수도 있다. 접근 시도를 0으로 재설정하는 것은 사용자(사람, 소프트웨어 프로세스나 장치)가 정확한 로그인 자격 증명(credentials)을 가질 경우에 접근을 획득할 수 있게 한다. 제어 시스템 오퍼레이터 워크스테이션 또는 노드의 자동(사람 개입 없는) 접근 거부는 비상 상황에서 즉각적인 오퍼레이터 응답이 필요한 경우에는 사용하면 안 된다. 모든 잠금-해제 메커니즘은 지속적 운전을 위한 기능적 요구사항을 고려하여, 시스템의 안전성을 훼손하거나 시스템 장애를 유발할 수 있는 부정적 서비스 거부 운영 상태를 완화해야 한다. 필수 서비스에 사용되는 계정에 대화형 로그인을 허용하면 서비스 거부나 다른 오용을 유발할 수 있다.

'CR 1.11 로그인 시도 실패'에 대한 요구사항은 사용자가 컴포넌트에 대한 로그인 시도 실패시 어떻게 대응하는지에 대한 처리방안을 요구하고 있다.

컴포넌트에서는 '서비스 거부 공격(DoS)' 가능성으로 인하여 연속적인 잘못된 접근 시도 횟수를 설정하고 제한을 두어 관리할 필요가 있다. 이를 위해 컴포넌트에서는 연속적인 로그인 시도의 실패에 대한 임계값을 설정하여 적용하고, 무작위 대응에 대한 공격의 대응 및 서비스 거부 공격을 방지할 필요가 있다.

이와 같은 부적절한 로그인 시도가 발생하여 사용자의 계정이 잠기게 되면, 적용 가능한 보안 정책과 절차에 따라 사전에 정해진 시간이 경과한 경우, 응용 프로그램이나 기기에서는 자동으로 접근 시도 횟수의 카운트를 0으로 초기화시켜서 다시 접속할 수 있도록 하는 기능을 제공할 수 있다. 이러한 접근 시도 횟수를 초기화시키는 방

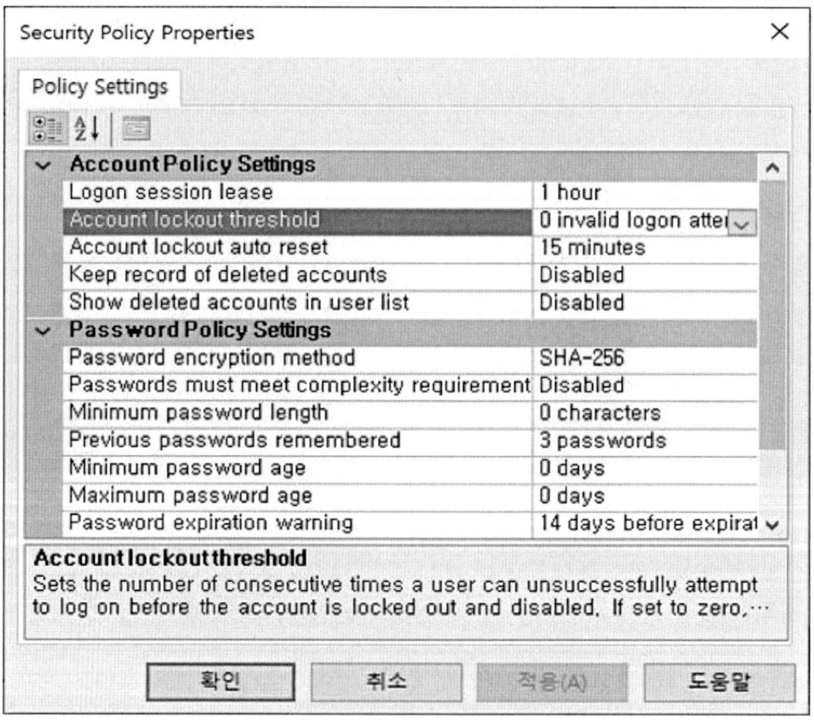

[그림 2-13] PLC에서의 로그인 시도 실패와 관련된 설정 화면 예시

식을 통해 정당한 로그인 자격 증명을 가진 인간이나 소프트웨어 프로세스 또는 기기 등을 포함하여 사용자의 컴포넌트 접근을 관리할 수 있다. 그러나, 긴급 상황 발생으로 인한 작업자의 즉각적인 대응이 필요한 경우, 작업자 역할의 제어 시스템 운영자 워크스테이션 또는 노드에 대하여 인간의 개입이 허용되지 않는 자동화된 접근 거부를 사용하면 안 된다.

모든 잠금 메커니즘은 지속적인 운영의 기능적 요구사항을 고려하여 시스템 장애 또는 안전 위반으로 이어질 수 있는 부정적인 서비스 거부 운영 조건을 완화해야 하며, 특히, 핵심 서비스에 사용되는 계정을 대화형 로그인 방식을 허용하게 되면 무작위 대응 공격이나 서비스 거부 공격 등의 다른 악용에 취약해질 가능성이 존재할 수 있으므로 유의해야 한다. 계정에 대한 대화형 로그인을 허용하는 것은 서비스 거부 또는 다른 형태의 남용 가능성을 제공할 수 있다는 의미를 담고 있으므로 임계적인 서비스를 위해 사용되는 계정에 대해서는 대화형 로그인을 허용하지 않는 것이 중요하다는 것을 의미한다. 또한, 이러한 계정에 대한 대화형 로그인은 외부 공격자들에게 서비스 거부 공격이나 다른 형태의 악용을 할 수 있는 가능성을 제공할 수 있기 때문이다. 예를 들어, 외부 공격자가 이러한 계정에 대해 대화형 로그인을 시도하여 계정에 로그인에 성공하는 경우, 이들은 계정의 권한을 이용(또는 탈취)하여 서비스 거부나 다른 악용을 시도할 수도 있다. 따라서 이러한 계정에 대한 대화형 로그인은 앞서 언급한 바와 같은 사유로 인한 보안 취약점으로 악용할 수 있으므로, 이를 허용하지 않는 것이 중요하다.

대화형 로그인 방식을 대신하여 SSH 공개키를 사용하는 인증 방식을 사용하는 것이 좋으며, 이러한 방식은 대화형 로그인보다 더욱 안전하며 보안성이 높다 할 수 있다. SSH 공개키 인증 방식은 공개키와 개인 키를 생성하여 공개키를 서버에 등록하고, 개인 키를 클라이언트에 저장하여 사용자 인증에 활용되는데, 이러한 방식은 사용자가 암호를 입력하는 대화형 로그인과 달리, 개인 키를 보유하고 있는 사용자만 서버에 접속할 수 있으므로 외부 공격자의 대화형 로그인 시도를 막을 수 있다. 또한, SSH 공개키 인증 방식은 암호를 입력하지 않기 때문에 암호화된 데이터를 복호화하거나, 암호화된 데이터를 전송하는 대화형 로그인과 달리, 해킹에 취약한 보안 취약점이 존재하지 않는다. 따라서, 대화형 로그인 대신에 SSH 공개키 인증 방식을 사용하면 더욱 안전하고, 보안성이 향상되며, 외부 공격자들로부터의 대화형 로그인 시도를 방지할 수 있다.

CR 1.12 시스템 사용 알림

[KS X 62443-4-2 표준 원문 내용]

요구사항

- 컴포넌트가 로컬 인간 사용자 접근/HMI를 지원할 경우에, 인증하기 전에 시스템 사용 알림 메시지를 보여주는 역량을 제공해야 한다. 시스템 사용 알림 메시지는 인가된 직원에 의해 설정 가능해야 한다.

근거 및 보충 지침

- 프라이버시 및 보안 정책과 절차는 적용 가능한 법령, 지침, 정책, 규제, 표준 및 가이드와 부합해야 한다. 종종 이런 요구사항의 주된 목적은 고의적인 위반을 입증하고 위반자를 기소하는 것이다. 그러므로 이 역량은 정책 요구사항을 지원할 필요가 있고, 제지사항으로 사용될 수 있기 때문에 IACS 보안을 개선할 수 있다. 시스템 사용 알림 메시지는 개인이 제어 시스템에 로그인할 때 보이는 경고 배너 형식으로 구현될 수 있다. 제어 시스템 설비에 물리적으로 부착된 경고 배너는 원격 로그인 문제를 보호할 수 없다.
- 시스템 사용 알림 메시지에 포함되는 요소의 예는 다음과 같다:
  a) 개인 자산 소유자가 소유한 시스템에 접근함;
  b) 시스템 사용은 모니터링, 기록 및 감사 대상이 될 수 있음;
  c) 허가받지 않은 시스템 사용은 금지되고 민 · 형사상의 처벌 대상임;
  d) 시스템의 사용은 모니터링과 기록에 동의함을 의미함.

'CR 1.12 시스템 사용 알림' 요구사항은 컴포넌트를 사용하기 위해서 사용자가 접근(로그인 등)을 하는 경우, 사용자의 행위에 대한 모니터링 및 수집 등을 수행하고 있다고 고지하는 시스템 알림을 제공하는 기능을 제공하여야 함을 설명하고 있다.

이러한 시스템 사용 알림의 목적은 사용자에게 주의를 시키는 목적이 다분하며, 개인정보 보호 및 보안 정책과 절차는 적용 가능한 법률, 지침, 정책, 규정 및 지침 등과 일관되어야 한다. 해당 요구사항의 주요 근거는 위반자의 법적 처벌과 의도적인 위반에 대한 입증이다. 시스템 사용 알림 기능의 구현은 보안 정책 요구사항을 지원하는데 필요하며, 불순한 사용자의 위법행위에 대한 약한 방해 요인으로서 사용될 수 있다. 예를 들어, 콜센터 등에 전화하여 상담원과 연결되기 이전에 모든 통화는 녹취된다고 고지하는 것과 같은 방식으로 상담원에 대한 폭언 등을 방지하고, 나아가서 잘못된 상담 등으로 인한 피해 발생 때의 보충 자료로써 사용할 수 있다는 것이다.

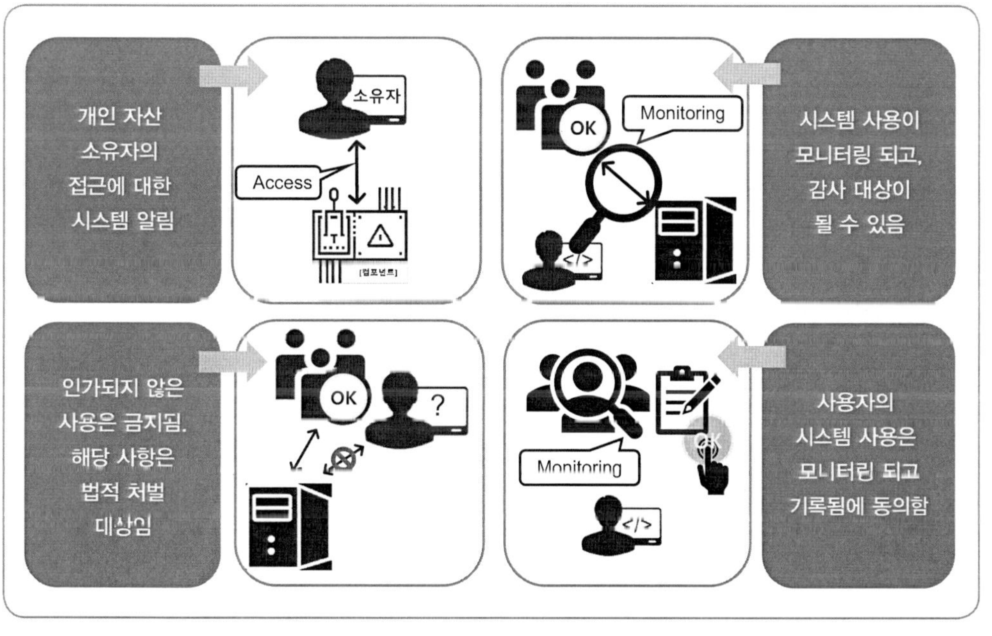

[그림 2-14] 시스템 사용 알림 메시지 예시

시스템 사용 알림 메시지에 포함될 수 있는 요소를 도식화시킨 예시는 [그림 2-14]와 같다.

상단 좌측의 그림은 '자산 소유자 자신이 소유한 시스템에 접근 중'임을 나타내는 시스템 알림 표출에 관한 내용이며, 상단 우측의 그림은 '시스템 사용이 모니터링되고 기록되며, 감사 대상이 될 수 있음'에 대한 시스템 알림을 표출하는 내용이다. 하단 좌측의 그림은 '인가되지 않은 사용에 대한 처벌 대상임'을 고지하는 시스템 알림 표출에 관한 내용이고, 하단 우측의 그림은 '모든 시스템 사용에 대한 모니터링에 대한 동의를 고하는 시스템 알림 표출'에 관한 내용이다.

그러나, 이러한 시스템 사용 알림 메시지는 사용자가 제어 시스템이나 컴포넌트에 로그인할 때 표시되는 경고 배너의 형식으로 구현될 수 있으나, 제어 시스템 시설에 물리적으로 게시된 공지로 구현된 경고 배너는 원격 로그인 문제에 대한 보호를 제공하지 않는다는 점에 유의해야 한다.

CR 1.13 신뢰할 수 없는 네트워크 경유 접근(NDR)

[KS X 62443-4-2 표준 원문 내용]

요구사항

- 네트워크로 장치 접근을 지원하는 네트워크 장치는 비신뢰 네트워크를 통하여 네트워크 장치를 접근하는 모든 방법을 모니터링하고 통제하는 역량을 제공해야 한다.

근거 및 보충 지침

- 네트워크 장치는 허가받지 않은 연결 또는 인가된 연결이 변질(subversion)된 경우에 대응하여 보호하여야 한다.
- 비신뢰 네트워크를 통한 네트워크 장치 접근의 예로는 원격 접속 방법(다이얼-업, 브로드밴드 및 무선) 뿐만 아니라 회사 사무실(비-제어 시스템) 네트워크로부터 연결이 포함된다. 네트워크 장치는 다음과 같은 요소로 접근을 제한하기 위한 접근 통제 목록

(ACL, Access Control List) 기능을 제공할 수 있다:

- 이더넷 스위치 같은 2계층 전달 장치:
  a) MAC 주소
  b) 가상 랜(VLAN, Virtual Local Area Network)
- 라우터, 게이트웨이 및 방화벽 같은 3계층 전달 장치:
  a) IP 주소
  b) 포트 및 프로토콜
  c) 가상 사설 통신망(VPN, Virtual Private Networks)

'CR 1.13 신뢰할 수 없는 네트워크 경유 접근' 요구사항은 별도의 요구사항이 없으며, 네트워크 컴포넌트 대상 요구사항인 'NDR 1.13 비신뢰 네트워크 경유 접근'에서 해당 요구사항에 대하여 설명하고 있다.

'NDR 1.13 비신뢰 네트워크 경유 접근'은 앞선 NDR 1.6과 마찬가지로 해당 사항이 없는 경우 N/A 처리가 가능하다. 그러나, 네트워크 기능을 포함하고 있는 컴포넌트의 경우는 해당 요구사항을 충족하여야 한다.

일반적으로 네트워크 장치는 불법적인 접근이나 인가된 접근이 변질될 경우를 대비하여 보호하는 기능을 포함하고 있어야 한다. 이를 위해 다양한 접근 제어 방식이 제공되게 되는데, 예를 들어, 이더넷(Ethernet) 스위치와 같은 2계층 전달 장치는 MAC 주소나 가상랜(Virtual LAN)을 이용하여 접근을 제한할 수 있으며, 라우터(Router)나 방화벽(Firewall)과 같은 3계층 전달 장치는 IP 주소, 포트 및 프로토콜, 가상 사설 통신망과 같은 다양한 요소로 접근을 제한할 수 있다. 이러한 방식들의 적용을 통하여 네트워크 장치가 안전하게 보호될 수 있으며, 이러한 접근 제어 방식을 구현하는 것을 '접근 통제 목록(ACL)' 기능이라고 한다.

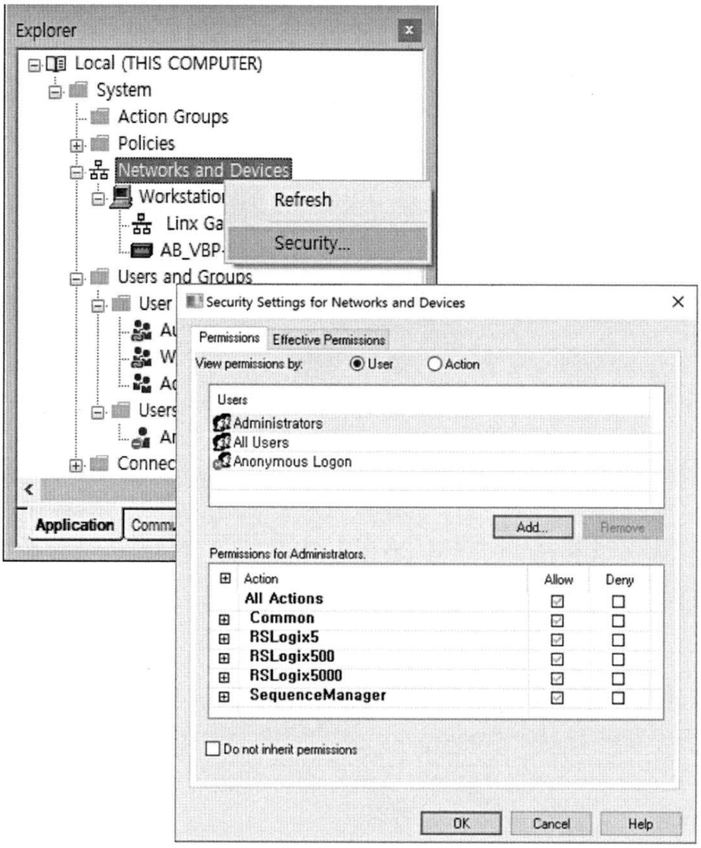

[그림 2-15] 네트워크 ACL 설정 기능 예시

통상적으로 현재 출시되고 있는 대다수의 컴포넌트 제품들은 자체적으로 이더넷 포트를 내장하고 있으므로, NDR 1.13의 요구사항은 필수적으로 충족해야 하는 사항으로 분석하고 있으나, 만일 네트워크 기능이 없는 컴포넌트일 경우, 앞서 설명한 해당 요구사항은 불필요하다.

Summary

1.2절의 주요 내용인 FR-1 식별 및 인증에 관한 내용을 요약하면, 산업제어시스템 환경에서 사용자 식별과 접근통제에 대한 권고사항을 중점적으로 다루고 있는 것이 FR-1 식별 및 인증임을 확인할 수 있다. 우선, 사용자 식별은 접근통제를 구현하는 인가 메커니즘과 함께 사용되는데, 이는 인가되지 않은 사용자가 컴포넌트에 접근하는 것을 방지하는 데 필요함을 의미한다. 또한, 권고사항과 지침에서는 다양한 메커니즘을 혼합해서 사용할 것을 권고하고 있으며, 이는 일부 컴포넌트에서는 강력한 인증 메커니즘을 요구하고, 또 다른 컴포넌트는 요구하지 않을 수도 있음을 의미한다. 이러한 경우, 컴포넌트 각각의 특성 및 환경 등에 맞추어 적절한 접근통제를 적용하는데 필요하다. 이와 함께, 접근통제에 대한 요구사항은 유휴 데이터까지 확장될 필요가 있다는 것을 강조하고 있으며, 이는 비활성화된 데이터나 기능도 접근통제 대상이 되어야 한다는 것을 의미한다. 마지막으로, 단일 구역 내의 식별 및 인증 메커니즘 수를 최소화하기를 권고하고 있는데, 이는 다중 식별 및 인증 메커니즘을 사용하면 관리가 어려워질 수 있으므로, 가능한 경우 단일 메커니즘을 사용하는 것이 좋다는 것을 의미한다. 이러한 권고사항을 준수함으로써 산업제어시스템 환경에서 접근통제와 사용자 식별에 대한 보안을 강화할 수 있다.

1.3 컴포넌트의 사용자 인증 및 인가에 대한 보안 요구사항(FR-2 사용 통제)

"FR-2 사용 통제"에서는 컴포넌트의 사용자 인증 및 인가와 관련된 내용을 다루고 있으며, 이에 따라 CR 2 요구사항에서 중점적으로 다루게 되는 내용은 일시적이거나 또는 우발적인 오용 상황을 방지하기 위해 지정된 권한에 따라 산업제어시스템 사용을 제한하는 것에 관한 내용을 SL-1 수준에서 설명하게 된다.

CR 2.1 권한 부여

[KS X 62443-4-2 표준 원문 내용]

요구사항

- 컴포넌트는 배정된 책무에 기초하여 식별되고 인증된 모든 사용자에게 권한 부여 메커니즘을 제공해야 한다.

근거 및 보충 지침

- 사용 통제 정책(예: 신원-기반 정책, 역할 기반 정책 및 규칙-기반 정책)과 연관된 읽기/쓰기 접근 부여 메커니즘(예: 접근 통제 목록, 접근 통제 매트릭스 및 암호방식)은 사용자(사람, 소프트웨어 프로세스나 장치)와 자산(예: 장치, 파일, 레코드, 소프트웨어 프로세스, 프로그램 및 도메인) 간의 사용을 통제하기 위해 채택한다.
- 제어 시스템이 사용자(사람, 소프트웨어 프로세스나 장치)의 신원을 검증한 후(5.3 및 5.4 참조), 요청된 작업이 정의된 보안 정책 및 절차에 따라 실제로 허용되는지 검증해야 한다. 예를 들어, 역할-기반 접근 통제 정책인 경우에서 제어 시스템은 검증된 사용자 또는 자산에 배정된 역할과 이러한 역할에 배정된 권한을 점검한다 – 만일 요청된 작업이 허가 범위 안에 있는 경우 실행되고 그렇지 않다면 거부된다. 이것은 직무 분리 및 최소권한의 시행을 허용한다. 권한부여 메커니즘의 사용은 제어 시스템의 운영 성능에 부정적인 영향을 끼치지 않아야 한다.

- 제어 시스템 컴포넌트에 대하여 계획된 또는 계획되지 않은 변경은 제어 시스템의 전반적인 보안에 중대한 영향을 끼칠 수 있다. 따라서 자격이 있고 인가된 개인만이 업그레이드 및 수정을 포함하여 변경을 시작하기 위한 목적으로 제어 시스템 컴포넌트의 사용 권한을 가져야 한다.

'CR 2.1 권한 부여'에서는 컴포넌트가 CR 1.3에 따라 계정 관리 기능을 제공하는 경우, CR 1.3의 요구사항에 따라 권한 부여 기능을 제공하는 것을 요구사항으로 제시하여 설명하고 있다.

적어도 권한이 부여된 책임에 따라 인간 사용자가 컴포넌트에 접근 가능한 모든 인터페이스에 대하여 권한 부여 메커니즘이 적용되어야 하며, 최소 권한 원칙에 따라 적용되는 경우와 권한 부여 메커니즘에 대해 최소 권한 원칙을 적용할 수 있는 경우에만 해당 CR 2.1의 보안 요구사항을 충족하게 된다. 하지만, HMI, 웹 인터페이스, 콘솔 등의 컴포넌트가 보유하고 있는 접속 가능한 인터페이스에서 권한 부여 메커니즘이 없는 경우에는 CR 2.1의 요구사항을 충족하지 못한다고 볼 수 있다. 이와 더불어, 앞선 CR 1.3에 대한 요구사항 해당 여부가 '해당 없음'인 경우에는 CR 2.1의 요구사항 또한 동일하게 '해당 없음'이 된다.

인간, 소프트웨어 프로세스 및 장치를 포함하는 사용자(User)와 장치, 파일, 레코드, 소프트웨어 프로세스, 프로그램 및 도메인 등의 자산 간의 사용을 제어하기 위하여 신원 기반 정책, 역할 기반 정책 및 규칙 기반 정책 등의 권한 부여 정책과 관련된 읽기/쓰기 액세스 강제 실행 메커니즘을 사용해야 한다. 이러한 읽기/쓰기 액세스 강제 실행 메커니즘에는 액세스 제어 목록, 액세스 제어 매트릭스 및 암호화 등이 해당 된다. 제어 시스템은 사용자의 신원을 확인한 이후 요청된 작업이 정의된 보안 정책 및 절차에 따라 실제 허용 여부도 확인해야 하는데, 예를 들어, 역할 기반 액세스 제어 정책에서는 제어 시스템이 확인된 사용자 또는 자산에 할당된 역할과 이러한 역할에 할

당된 권한을 확인하여 요청된 작업이 권한에 해당하면 실행하고, 그렇지 않을 경우 거부하게 되는 것을 의미한다. 이를 통해 책임 분리 및 최소 권한 원칙을 시행할 수 있다.

그러나, 권한 부여 정책과 관련된 읽기/쓰기의 액세스 강제 실행에 대한 메커니즘은 제어 시스템의 운영 성능에 부정적인 영향을 미치지 않아야 하는데, 이러한 제어 시스템 컴포넌트에 대한 계획적 또는 비-계획적인 변경은 전반적인 보안에 중대한 영향을 미칠 수 있기 때문이다. 따라서 변경, 업그레이드 및 수정을 위해 제어 시스템 컴포넌트를 사용하는 것은 적격한 자격을 갖춘 인가된 개인만이 가능하도록 관리되어야 한다.

CR 2.2 무선 사용 통제

[KS X 62443-4-2 표준 원문 내용]

요구사항

- 컴포넌트가 무선 인터페이스 사용을 지원하는 경우, 컴포넌트는 일반적으로 수용되는 산업계 관행에 따라 사용 인가, 모니터링 및 제한 사항 등을 지원하는 시스템으로 통합할 수 있는 역량을 제공해야 한다.

근거 및 보충 지침

- 무선 사용 통제는 시스템을 구성하는 다른 장치에서 구현될 수 있다. 네트워크 장치는 네트워크 접근 통제(NAC, Network Admission Control)와 같은 통제를 통해 사용 통제를 보조하는 장치 중 하나일 수 있다. 무선 네트워크를 활용하는 장치와 애플리케이션의 경우, 해당 장치는 네트워크 접근 통제와 같은 무선 네트워크 보호를 적절하게 활용할 수 있어야 한다. 또한 컴포넌트는 무선 장치 또는 유선 장치에서 접근하는지 여부에 따라 접근에 대한 다른 제약사항들을 다르게 구현할 수도 있다. 컴포넌트는 인터페이스가 무선을 통해서인지 아닌지 여부를 구분할 수 있어야 한다. 일부 네트워크 장치는 무선 스펙트럼에서 허가 받지 않은 무선 네트워크 활동을 검색하는 역량을 제공한다. 제어 시스템의 성능에 부정적인 영향을 주지 않기 위해, 허가 받지 않은 네트워크 활동 점검을 수행하는 전용 장치를 배치하는 것은 모범 사례이다.

'CR 2.2 무선 사용 통제'에 대한 요구사항은 컴포넌트에서 해당하는 경우에만 충족하면 된다.

무선 사용 제어는 시스템을 구성하는 다양한 기기에서 구현될 수 있으며, 네트워크 장치는 네트워크 접속 통제와 같은 제어를 통하여 기기의 사용 제어를 지원하는 장치 중 하나일 수 있다. 그러므로, 기기 혹은 응용 프로그램이 무선 네트워크를 이용한다면 네트워크 접속 통제와 같은 무선 네트워크 보호를 적절하게 사용해야 한다.

컴포넌트는 무선 기기 또는 유선 기기에서 액세스가 발생하는지에 따라 액세스에 대한 다른 제한을 구현할 수도 있는데, 이는 컴포넌트에서 인터페이스가 무선인지 아닌지를 구분할 수 있어야 함을 의미한다. 일부 네트워크 장치는 무선 스펙트럼에서 무단 무선 네트워크 활동을 검색하는 기능을 제공하는데, 제어 시스템 기능에 부정적인 영향을 방지하기 위해 무단 네트워크 활동을 검사하는 전용 기기를 배치하는 것이 해

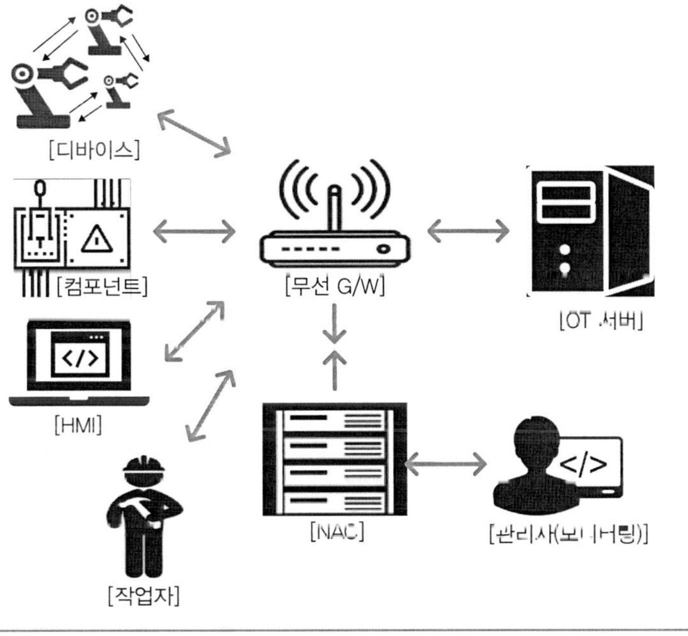

[그림 2-16] 전용장비를 통한 무선사용 통제 예시

당 요구사항을 충족하기 위한 좋은 방법 중의 하나이다. 그러나, 컴포넌트가 무선 기능을 지원하지 않을 때에는 CR 2.2 요구사항에 대하여 '해당 없음'으로 관리하면 된다.

[그림 2-16]은 NAC(Network Access Control)을 통해 무선 게이트웨이에 접속하는 접근에 대한 통제를 하는 것을 나타내고 있다. 실제적으로 무선 게이트웨이에 연결하여 사용되는 장치들은 NAC을 통해 관리하여 무선 사용 통제 요구사항을 충족하게 된다. 여기서 중요한 점은 NAC을 통해 모니터링되고 사용 승인 및 제한 사항 관리를 수행되어야 한다는 점이다.

CR 2.4 모바일 코드(SAR, EDR, HDR, NDR)

[KS X 62443-4-2 표준 원문 내용]

요구사항

- 소프트웨어 애플리케이션이나 임베디드 장치, 호스트 장치, 네트워크 장치가 모바일 코드 기술을 활용할 경우에, 대상 애플리케이션이나 장치는 모바일 코드 기술 사용에 관한 보안 정책을 강제하는 역량을 제공해야 한다. 보안 정책은 소프트웨어 애플리케이션에 사용된 각 모바일 코드 기술에 관하여 최소한 다음과 같은 활동을 허용해야 한다:
  a) 모바일 코드 실행 통제;
  b) 사용자(사람, 소프트웨어 프로세스나 장치)가 모바일 코드를 애플리케이션으로 또는 애플리케이션으로부터 전송 허용 통제;
  c) 모바일 코드 실행전에 무결성 점검의 결과를 기반으로 모바일 코드 실행 통제

근거 및 보충 지침

- (공통 해당) 모바일 코드 기술은 한정되지는 않지만 Java, JavaScript, ActiveX, PDF, PostScript, Shockwave 동영상, Flash 애니메이션 및 VBScript를 포함한다. 사용 제한은 서버에 설치된 모바일 코드의 사용과 선택 및 개별 워크스테이션에 다운로드 되고 실행되는 모바일 코드 둘 다에 적용된다. 통제 절차는 컴포넌트가 있는 제어 시스템 내에 승인되지 않은 모바일 코드의 개발, 획득 또는 도입을 방지해야 한다. 예를 들어, 모바일 코드 교환은 제어 시스템 내에 직접적으로 허용되지 않지만, IACS 직원이 유지하

> 는 통제된 인접 환경에서 허용할 수도 있다.
>
> - (HDR, NDR 한정 해당) 모바일 코드는 코드 자체(애플리케이션 계층)에 무결성, 진본성 및 권한부여 점검을 추가하거나, 보안 속성을 제공하는 안전한 통신 터널 또는 이런 옵션과 동등한 메커니즘을 통하여 모바일 코드를 전송하여 "적시(just-in-time)" 코드 실행으로 안전하게 할 수 있다.

'CR 2.4 모바일 코드' 요구사항은 SAR 및 EDR, HDR, NDR 공통적인 사항이며, 각 특정 컴포넌트 유형별 요구사항에서 설명하고 있다.

모바일 코드란, 인터넷 또는 네트워크를 통해 전송되어 컴포넌트에서 자동으로 실행되는 코드를 의미한다. 이러한 코드는 웹 페이지, 전자 메일, 메시지, 다운로드 가능한 파일, 소프트웨어 패치, 악성코드 등 여러 형태로 존재할 수 있다. 모바일 코드는 일반적으로 실행 중인 호스트 시스템의 보안 정책에 따라 권한을 요구하거나 제한될 수 있으며, 이를 통해 시스템의 보안성을 유지하는 조처를 할 수 있다.

4-2 표준에서는 모바일 코드의 보안 취약점을 방지하기 위해 여러 가지 기술적 요구사항을 제시하고 있다. 예를 들어, 모바일 코드를 실행하기 전에 인증 및 권한 부여를 수행하거나, 혹은 모바일 코드 실행 시의 보안 이벤트 로깅 및 모니터링을 수행하는 등의 내용이 이에 포함된다. 일반적으로 4-2 표준은 산업용 제어 시스템의 보안에 대한 기술적 요구사항을 제시하는 표준 문서임에 따라 산업제어시스템 환경에서 모바일 코드의 사용 예시를 살펴보면 다음과 같다.

- 산업제어시스템 운영자는 제어 시스템의 상태를 모니터링하거나, 제어 명령을 수행하기 위하여 모바일 앱을 개발하여 사용할 수 있으며, 이를 위해서는 안전한 앱을 개발하기 위해서 안정적인 모바일 코드를 사용하여야 하며, 이를 산업제어시스템 환경에서 배포할 수 있다.

- 산업제어시스템에서 실행되는 소프트웨어를 업데이트하는 경우 산업제어시스템 운영자는 모바일 코드를 사용하여 업데이트를 수행할 수 있으며, 이를 통해 소프트웨어의 취약점을 해결하거나 새로운 기능을 추가할 수 있다.
- 보안 패치를 배포하는 경우 산업제어시스템 운영자는 모바일 코드를 사용할 수 있으며, 이때 보안 패치는 산업제어시스템에서 발견된 취약점을 해결하기 위해 소프트웨어에 적용되는 업데이트를 의미하게 된다. 모바일 코드를 사용하여 보안 패치를 배포하면, 산업제어시스템에서 발생할 수 있는 보안 문제를 예방하거나 해결할 수 있다.
- 산업제어시스템 운영자는 모바일 코드를 사용하여 원격으로 산업제어시스템을 제어할 수 있다. 예를 들어, 산업제어시스템의 제어 및 모니터링을 위해 제어용 모바일 앱을 개발하고, 이를 사용하여 원격에서 산업제어시스템을 제어하거나 모니터링할 수 있다.

위에서 설명한 내용과 같이 산업제어시스템 환경에서 모바일 코드의 사용은 매우 중요하다. 만일, 사용하는 모바일 코드에 취약점이나 보안 문제가 존재하는 경우, 해커들은 이를 이용하여 산업제어시스템에 대한 공격을 수행할 수 있다. 따라서 산업제어시스템 운영자는 모바일 코드의 보안성을 고려하여 안전하고 안정적인 모바일 코드를 개발하고 사용해야 한다.

CR 2.5 세션 잠금

[KS X 62443-4-2 표준 원문 내용]

요구사항

- 컴포넌트가 로컬 또는 네트워크를 통해 접속하는 것과 상관없이 인간 사용자 인터페이스를 제공하는 경우, 컴포넌트는 다음과 같은 역량을 제공해야 한다.
  a) 설정 시간 동안 사용하지 않거나 또는 사용자(사람, 소프트웨어 프로세스나 장치)가 수동으로 시작하지 않으면 세션 잠금을 시작하여 추가 접근 방지;

> b) 세션을 소유한 인간 사용자 또는 다른 인가된 사용자가 적절한 식별 및 인증 절차를 사용하여 접근을 다시 설정하기 전까지 세션 잠금이 유효한 상태로 유지
>
> **근거 및 보충 지침**
>
> - 세션 잠금은 지정된 워크스테이션 또는 노드의 접근을 방지하기 위해 사용한다. 컴포넌트는 설정 가능한 시간 간격 이후에 세션 잠금 메커니즘을 자동으로 활성화해야 한다. 대부분의 경우에, 세션 잠금은 시스템 수준에서 설정된다. 이 요구사항의 일부로 구현된 세션 잠금은 원격 세션 종료에 의해 선점되거나 제한될 수 있다.

'CR 2.5 세션 잠금'에 대한 요구사항은 컴포넌트와의 네트워크를 통해 연결되어 사용되는 경우의 특정 워크스테이션 또는 노드에서의 접근을 방지하는 세션 잠금에 대하여 설명하고 있다.

컴포넌트가 보유하고 있는 인터페이스를 통해 사용자 등이 접근 가능한 기능을 제공하는 경우, 컴포넌트는 사람을 포함한 소프트웨어 프로세스 및 장치를 포함하는 사용자가 수동으로 시작하지 않는 경우를 포함하여, 세션이 일정 시간 사용되지 않음을 감지하고 연결된 세션을 잠금 처리하여 추가적인 접근을 방지해야 한다.

또한, 이렇게 잠긴 세션을 소유한 인간 사용자나 또는 다른 인가된 사용자가 적절한 식별 및 인증 절차를 거칠 때까지 세션 잠금이 유효한 상태로 유지되어야 한다. 이를 위해서는 컴포넌트에서 설정된 시간 간격 이후에 세션 잠금 메커니즘이 자동으로 활성화되어야 하는데, 이러한 설정은 대개 시스템 수준에서 수행되게 된다. 이와 같은 요구사항이 구현될 때에 'CR 2.6원격 세션 종료'로 인해 세션 잠금이 중단될 수 있다는 점을 유의하여야 한다. 그러나, 원격 세션 종료를 다루는 요구사항 CR 2.6은 SL-2 수준에서 다루고 있으므로 여기서는 추가적인 설명은 생략하도록 하겠다.

CR 2.8 감사 이벤트

[KS X 62443-4-2 표준 원문 내용]

요구사항

- 컴포넌트는 다음과 같은 카테고리의 보안과 관련된 감사 기록을 생성하는 역량을 제공해야 한다.
  a) 접근 통제
  b) 요청 오류(errors)
  c) 제어 시스템 이벤트
  d) 백업 및 복구 이벤트
  e) 설정 변경
  f) 감사 로그 이벤트
- 개별 감사 기록은 다음과 같은 사항을 포함해야 한다.
  a) 타임 스탬프
  b) 소스 (장치, 소프트웨어 프로세스나 인간 사용자 계정으로부터 발생)
  c) 카테고리
  d) 유형
  e) 이벤트 ID
  f) 이벤트 결과

근거 및 보충 지침

- 장치는 임베디드 펌웨어를 가지거나 또는 운영체제를 실행할 수도 있다. 요구사항의 목적은 이벤트 카테고리를 커버하는 것이지만, 최소한 펌웨어나 운영체제가 생성할 수 있는 위 카테고리의 모든 이벤트를 포함한다.
- 비고: 보안 이벤트 카테고리는 기능 자체가 컴포넌트에 의해 제공될 때에만 가용하다.

'CR 2.8 감사 이벤트'에 대한 요구사항은 컴포넌트에 내장된 펌웨어나 운영체제가 실행되는 경우 생성되는 이벤트를 기록하여 카테고리화 시킴으로써 감사 이벤트를 생성 및 관리하기 위한 것이다.

감사 이벤트 카테고리에는 펌웨어나 운영체제에서 생성할 수 있는 모든 이벤트가 포함되고, 또한 보안 이벤트 카테고리는 기능 자체가 컴포넌트에 의해 제공될 때만 사용할 수 있다. 실제로 이러한 감사 이벤트에 대한 관리가 거의 없거나, 미흡한 것이 현재의 산업제어시스템 환경의 현실이다.

PLC 관점에서 살펴보면, 시스템 로그 등의 이벤트는 생성되어 지정된 메모리 영역에 적재되고 있으나, 이를 활용하여 분석을 수행하는 모니터링 애플리케이션 및 기능을 PLC 자체적으로 처리하지 못함으로 인하여 요구사항의 불충분이 발생하게 된다. 물론, 산업제어시스템 환경에서 SIEM(Security Information and Event Management, 보안 정보 및 이벤트 관리) 장비를 구성하여 사용하는 경우 이러한 이벤트 관리가 가능하지만, 이때의 다른 문제점으로는 SIEM에서 수집되는 장치의 원시 이벤트 로그 생성 시간과 SIEM에 수집되면서 생성되는 시간과의 불일치로 인한 문제점에 대해서는 주의 깊게 살펴보아야 하는 문제이기도 하다.

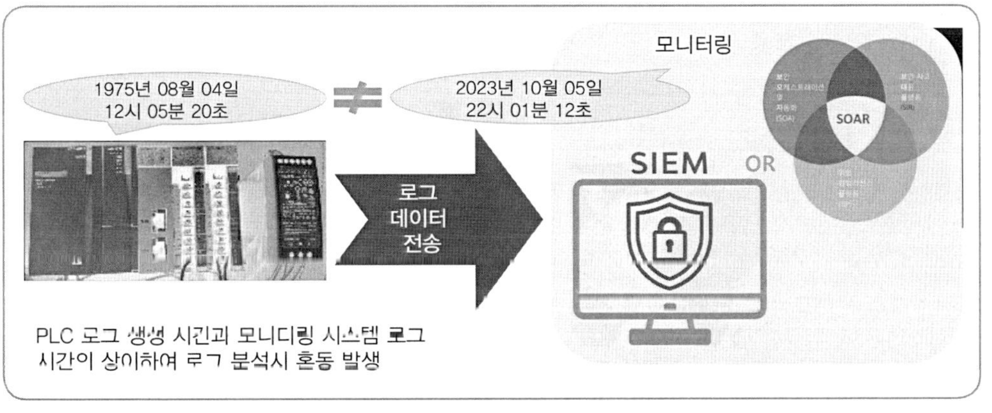

[그림 2-17] 감사 로그 시간 불일치에 따른 분석 이슈 예시

CR 2.9 감사 저장 용량

[KS X 62443-4-2 표준 원문 내용]

요구사항

- 컴포넌트는 다음을 제공해야 한다.
  a) 로그 관리를 위해 일반적으로 인지되는 권고사항에 따라 감사 기록 저장 용량을 할당하는 역량을 제공해야 한다. 그리고,
  b) 감사 저장 용량에 근접하거나 초과 시, 컴포넌트 실패에 대비하는 메커니즘을 제공해야 한다.

근거 및 보충 지침

- 컴포넌트는 충분한 감사 저장 용량을 제공하고, 보존 정책, 수행된 감사, 그리고 온라인 감사 처리 요구사항을 고려해야 한다. 컴포넌트가 대부분 감사 저장 용량을 제공하기 위해 통합된 시스템에 의존할 수도 있다. 그러나 컴포넌트는 감사 데이터를 시스템에 전송하기 전까지 버퍼링을 위해 충분한 지역 저장소를 제공해야 한다.
- NIST SP 800-92(Guide to Computer Security Log Management)의 지침을 고려할 수도 있다. 감사 저장 용량은 가용한 정책과 규제나 비즈니스 요구사항에 필요한 기간 동안에 로그를 보존하기에 충분해야 한다.

'CR 2.9 감사 저장 용량'에 대한 요구사항은 컴포넌트에서 감사 처리 요구사항을 만족하는 보존 정책 수립 및 그에 따라 수행된 감사 로그 기록을 보존하기 위해 충분한 감사 저장 용량의 제공을 고려해야 함을 의미한다.

만일 통합 시스템을 통하여 컴포넌트의 로그 기록을 관리하는 경우, 컴포넌트는 감사 데이터를 통합 시스템에 전송하기 전에 충분한 로컬 저장공간을 제공하여 로그 기록의 저장공간 부족으로 인한 분실이 발생하지 않도록 버퍼링을 지원해야 한다. 이처럼 통합된 시스템을 사용하여 로그 기록을 관리할 수도 있지만, 그러함에도 불구하고 컴포넌트 자체적으로 로그를 보존하기에 충분한 감사 저장 용량을 확보하고 있어야 한다. 이를 위해 감사 저장 용량의 적정한 크기를 산정하고, 보안 정책과 규제, 비즈니

스 요구사항 등을 고려하여 로그 기록은 충분한 기간 가용하도록 지원해야 한다. 이에 대하여 상세하게 가이드를 주고 있는 문서는 NIST에서 발행한 SP 800-92(Guide to Computer Security Log Management) 지침으로써 감사 저장용량의 고려시 활용할 수 있다.

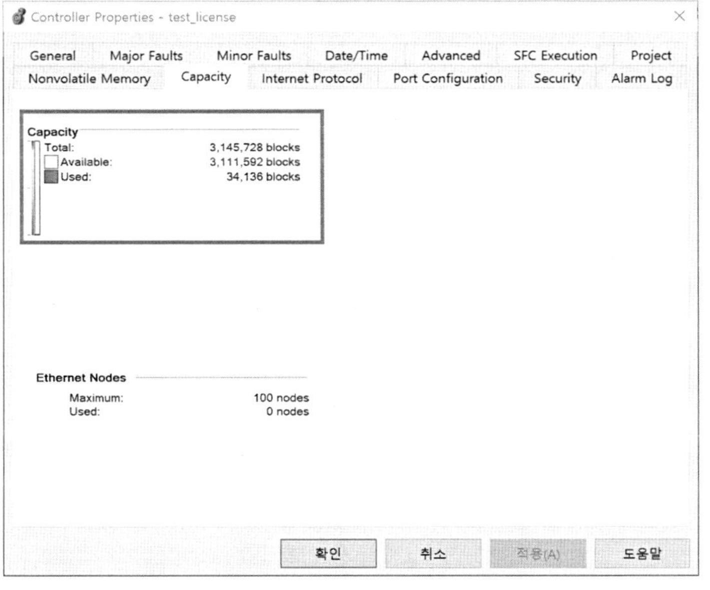

[그림 2-18] PLC에서의 감사 저장 용량 설정 및 확인 예시

CR 2.10 감사 처리 실패 대응

[KS X 62443-4-2 표준 원문 내용]

요구사항

- 컴포넌트는 다음을 제공해야 한다.
  a) 감사 처리 실패 이벤트 시에 필수 서비스와 기능 손실에 대비하기 위한 역량을 제공해야 한다. 그리고,
  b) 일반적으로 수용되는 산업 사례 및 권고안에 따라 감사 처리 실패에 대응하여 적절한 작업을 지원하는 역량을 제공해야 한다.

근거 및 보충 지침

- 감사 생성은 일반적으로 이벤트 소스에서 발생한다. 감사 처리는 감사 기록의 전송, 추가 사항(타임 스탬프 추가 같은) 및 지속적 저장소를 포함한다. 예를 들어, 감사 처리 실패는 소프트웨어/하드웨어 오류, 감사 추출 메커니즘의 실패 및 감사 저장 용량 초과 같은 것이다. 적절한 대응 활동을 설계할 때 NIST SP 800-92, Guide to Computer Security Log Management의 가이드라인을 고려한다. 감사 저장 용량 초과 시에 오래된 감사 기록을 덮어쓰거나 감사 로그 생성을 중단하는 것은 가능한 방안이지만, 필수적인 포렌식 정보의 손실을 감수해야 한다. 또한 직원에게 경고하는 것은 감사 처리 실패 대응에 적절한 지원 활동이 될 수 있다.

'CR 2.10 감사 처리 실패 대응' 요구사항에서 설명하고 있는 감사 처리 실패의 예시로는 소프트웨어 및 하드웨어 오류나 감사 추출 메커니즘의 실패, 감사 저장 용량 초과 등이 해당한다.

컴포넌트에서 적절한 방식으로 감사 처리를 수행하여 생성되는 감사 기록에 타임 스탬프 적용 등과 같은 추가적인 조치 및 반영을 통하여 기기에서의 저장 및 외부 전송에서 실패 혹은 오류가 발생하는 경우, 이에 대한 대응을 적절하게 수행하여 요구사항을 충족하는 것을 의미하고 있다. 이를 위해, NIST의 SP 800-92의 보안 로그 관리에 대한 가이드라인을 고려하여 적절한 대응 활동을 설계할 수 있다.

앞서 설명한 예시 중에서, 감사 저장 용량 초과 시의 경우, 오래된 감사 기록을 덮어쓰거나 감사 로그 생성을 중단하는 것과 같은 방식으로의 대응이 가능하지만, 이 같은 경우에 필수적인 로그 기록이 일부 유실되어 포렌식 정보의 손실을 감수해야 한다. 이러한, 감사 처리 실패가 발생하는 경우 담당 직원에게 경고 알림을 전송하는 것은 감사 처리 실패에 대응하는 적절한 하나의 지원활동이 될 수도 있다.

[그림 2-19]는 감사 처리 실패 대응의 흐름을 설명하고 있다.

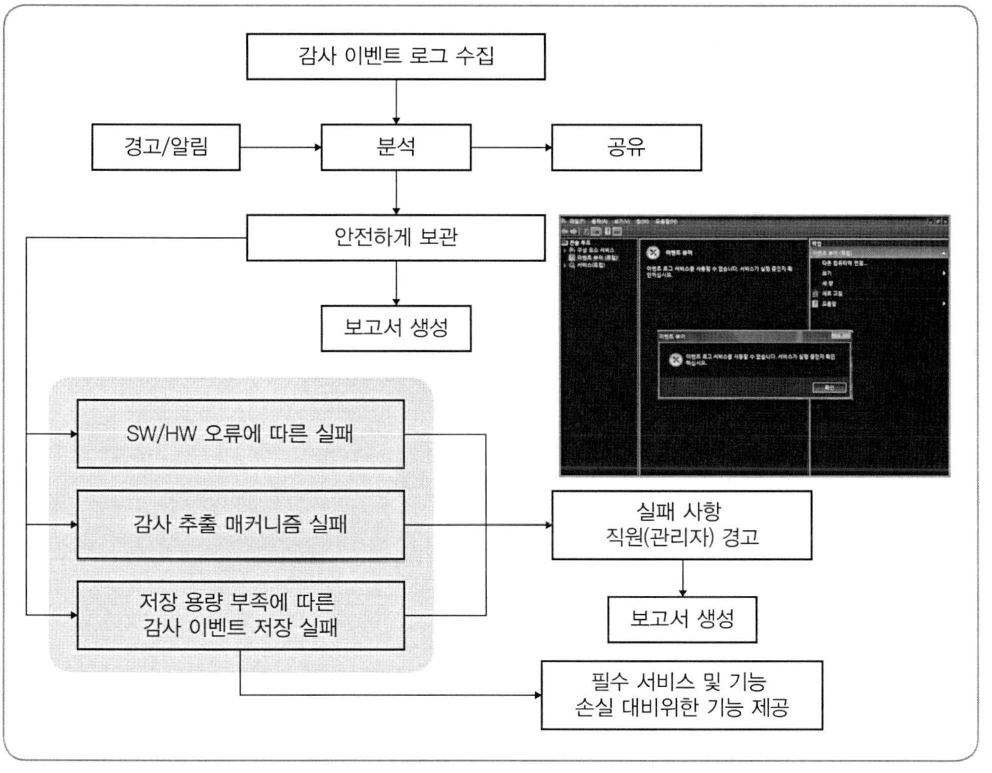

[그림 2-19] 감사 처리 실패 대응 Flowchart 예시

CR 2.11 타임 스탬프

[KS X 62443-4-2 표준 원문 내용]

요구사항

- 컴포넌트는 감사 기록에서 사용하는 타임 스탬프(날짜 및 시간 포함) 생성 역량을 제공해야 한다.

근거 및 보충 지침

- 타임 스탬프 형식의 모범 참조는 'ISO/IEC 8601:2004, Data elements and interchange formats – Information interchange Representation of dates and times'이다. 어떤 특정 지역에서는 일광절약시간(서머타임) 같은 정기적 시간-이동 이벤트가 반영되는 시스템을 설계할 때 주의해야 한다.

'CR 2.11 타임 스탬프'와 관련된 요구사항을 살펴보면 컴포넌트에서는 감사 기록을 생성해야 하고, 이러한 감사 기록 생성시, 날짜와 시간을 기록하는 "타임 스탬프"를 생성하여 감사 가록에 포함시켜야 하는 내용을 설명하고 있다.

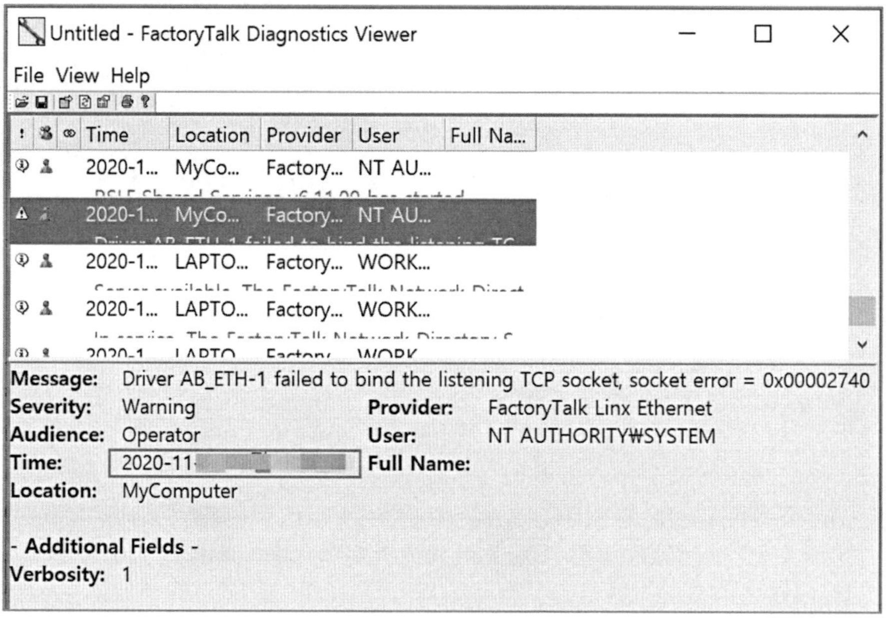

[그림 2-20] PLC에서 생성되는 타임 스탬프 기능 예시

컴포넌트의 동작에 대한 감사 추적성을 확보하기 위하여 사용되는 타임 스탬프 기능은 감사 이벤트가 발생하여 생성된 시각을 기록하여 추후에 이벤트 발생 순서나 시간대 등을 파악하는 데 사용된다. 예를 들어, 공장 내부에 설치된 제어 시스템에서 감사 이벤트가 발생하였다고 가정해보면, 생성된 이벤트 기록에는 해당 이벤트를 발생시킨 사용자, 이벤트 내용, 그리고 발생 시각 등의 정보가 포함되게 된다. 만약 이벤트 발생 시각이 타임 스탬프 기능을 이용하여 기록되어 있다면, 이벤트 발생 순서나 시간대를 파악하는데 도움을 받을 수도 있다.

더 나아가서, 만약 여러 개의 이벤트가 발생하였다면, 이벤트 발생 순서나 시간대를 파악함으로써 이벤트 간의 상관관계를 파악할 수도 있다. 이를 통해 보안 이벤트가 발생했을 때 적절한 조치를 빠르게 취할 수 있으며, 원인 규명을 보다 효과적으로 대응할 수 있게 된다. 따라서, 제어 시스템에서 감사 추적성을 확보하고자 한다면, 타임스탬프 기능을 이용하여 감사 이벤트의 발생 시간을 기록하고, 추후에 이벤트 간의 관계를 파악할 수 있도록 구성하는 것이 중요하다.

이러한 타임 스탬프 기능을 제공하기 위해서는 제어기기 간의 시간 동기화 기능이 필수적으로 적용이 되어 있어야 한다. 만일 시간 동기화가 되지 않는다면, 기기 간에 생길 수 있는 시간 차이 등에 따라 발생 시간에 대해 추적하여 순서를 규명하는데 혼란을 발생시킬 수도 있다. 따라서, 시간 동기화 기능을 위해 실제 필드에서는 통상적으로 NTP(Network Time Protocol)와 같은 시간 동기화 프로토콜을 사용하여 타임 스탬프를 생성하고 있다.

CR 2.12 부인방지

[KS X 62443-4-2 표준 원문 내용]

요구사항

- 컴포넌트가 인간 사용자 인터페이스를 제공하는 경우, 컴포넌트는 해당 인간 사용자가 특정 행동을 했는지 여부를 판단하는 역량을 제공해야 한다.
- 이런 역량을 지원할 수 없는 제어 요소는 컴포넌트 문서에 목록화 해야 한다.

근거 및 보충 지침

- 사용자의 특정 행동의 예는 오퍼레이터 작업 수행, 제어 시스템 구성 변경, 정보 생성, 메시지 전송, 정보 승인(동의 표시 같은) 및 메시지 수신 같은 것이다. 부인방지는 특정 행동을 하지 않았다는 사용자, 특정 문서를 작성하지 않았다는 작성자, 메시지를 보내지 않았다는 전송자, 메시지를 받지 않았다는 수신자나 문서에 서명하지 않았다는 서명자의 잘못된 사후 주장을 방지한다. 부인방지 서비스는 정보가 사용자로부터

> 비롯되었는지, 사용자가 특정 작업을 했는지(예를 들어, 전자메일 전송 또는 작업 지시 승인)나 특정 정보를 수신했는지를 판단하는데 사용된다. 부인방지 서비스는 다양한 기술 또는 메커니즘(예, 사용자 식별 및 인가, 디지털 서명, 디지털 메시지 수신 및 타임 스탬프)을 적용하여 획득한다.

'CR 2.12 부인방지'와 관련된 요구사항은 사용자 혹은 프로세스가 컴포넌트를 조작하는 행동에 대한 부인방지 기능을 제공해야 함에 대하여 설명하고 있다.

사용자의 특정 행동, 예를 들어 오퍼레이터 작업 수행, 제어 시스템 구성 변경, 정보 생성, 메시지 전송, 정보 승인 및 메시지 수신과 같은 행동에서 사용자는 자신의 특정 행동이나 행위에 대하여 '부인'할 수 있다는 문제점을 갖고 있다. 만일, 잘못된 오퍼레이션 작업으로 인해 산업제어시스템 망의 가용성이 훼손되는 사고가 발생하는 경우, 사용자 혹은 프로세스가 작업에 대한 행동이나 행위를 부인하는 것이 가능하다면, 책임 추적성이 훼손되어 보안의 큰 허점으로 작용하게 된다. 따라서, 부인방지 서비스는 이러한 자신의 행위에 대한 부인 가능성을 방지하는데 사용되는 기능이다. 부인방지 서비스는 사용자가 특정 작업을 했는지, 특정 정보를 수신했는지, 또는 특정 문서를 작성했는지를 판단하는데 사용되며, 이러한 서비스는 다양한 기술과 메커니즘을 사용하여 획득할 수 있다.

예를 들어, 사용자 식별 및 인가, 디지털 서명, 디지털 메시지 수신 및 타임 스탬프와 같은 것을 사용하여, 이러한 기술과 메커니즘을 결합하여 사용함으로써 부인 가능성을 최소화하고 보안을 강화하는데 사용될 수 있다.

Summary

1.3절의 FR-2 사용 통제에서는 컴포넌트의 사용자 인증 및 인가에 대한 내용을 다루었다. FR-2의 요구사항에 따르면 사용자가 인증되면, 컴포넌트는 해당 사용자에게 허용된 작업만을 수행하도록 제한되어야 한다. 자산 소유자나 시스템 통합 사업자는 각 사용자, 그룹, 역할 등에 따라 권한을 배정하여 데이터 읽기/쓰기, 프로그램 다운로드, 구성 설정 등과 같은 사용자의 작업 수행을 허용하기 전에 필요한 권한이 부여되었는지 검증해야 하며, 이를 통해 컴포넌트의 자원을 인가되지 않은 작업으로부터 보호할 수 있어야 한다. 일부 컴포넌트 자원은 강력한 사용 통제 보호가 필요하지만, 다른 자원은 그렇지 않을 수 있다는 점에 유의해야 하며, 또한, 사용 통제 요구사항은 유휴 데이터로도 확장할 수 있어야 하고, 사용자의 권한은 접근 시간/날짜, 위치, 수단에 따라 다를 수 있다는 점을 인지하고 있어야 한다. 이를 통하여 컴포넌트 및 산업제어시스템 망에 대한 보안성을 강화할 수 있다.

1.4
시스템 무결성에 대한 보안 요구사항(FR-3 시스템 무결성)

"FR-3 시스템 무결성"에 대한 보안 요구사항에서는 일시적이거나 또는 우발적인 조작 실수에 대응하여 IACS의 무결성을 보호하기 위해 시스템 무결성을 확보할 방안에 대해서 중점적으로 다루고 있다.

CR 3.1 통신 무결성

[KS X 62443-4-2 표준 원문 내용]

요구사항

- 컴포넌트는 전송된 정보의 무결성을 보호하는 역량을 제공해야 한다.

근거 및 보충 지침

- 대부분의 일반 네트워크 공격은 네트워크 패킷 조작과 같은 전송-중인 데이터의 조작을 기반으로 한다. 스위칭 또는 라우팅 네트워크는 공격자가 탐지되지 않고 패킷을 조작할 수 있는 아주 좋은 기회를 제공하며, 스위칭과 라우팅 메커니즘 자체가 전송된 정보에 대하여 더 많은 접근을 획득하기 위해 조작될 수도 있다. 제어 시스템 환경에서 조작은 센서에서 수신기로 전송되는 측정값의 변경 또는 제어 애플리케이션에서 액츄에이터(actuator)로 보내진 명령 파라미터의 변경 같은 것이다.
- 전송에 사용되는 네트워크 유형(예, TCP/IP 대 로컬 시리얼 링크)과 환경(예, 로컬 네트워크 세그먼트내 전송 대(vs.) 신뢰되지 않은 네트워크를 통한 전송)에 따라, 실현 가능하고 적합한 메커니즘이 다르다. 직접 연결(Point-to-Point)된 소규모 네트워크 상에서, 종단의 무결성이 마찬가지로 보호되는 경우(7.6 참고) 모든 노드의 물리적 접근 보호는 낮은 SL로도 충분할 수 있다. 그러나 직원이 상주할 수 없는 구역의 분산된 네트워크 또는 광대역 네트워크인 경우, 물리적 접근 보호를 강제할 수 없다. 통신서비스를 제공하기 위해 완전한 전용서비스(예: 임대회선 대(vs.) T1 링크)가 아닌 일반적인 상품으로 상용서비스를 사용하는 경우, 통신 무결성(예를 들어 법적 제약 때문에)을

위해 필요한 보안 통제 구현과 관련하여 필요한 보증을 획득하기가 더 어려워질 수도 있다. 필수 보안 요구사항에 맞추기가 불가능하거나 비현실적인 경우, 적절한 보완 대책을 구현하거나 추가 위험을 명시적으로 수용하는 것이 적합할 수도 있다.

- 산업 장비는 종종 무결성 문제나 오탐(false-positive) 사고를 유발할 수 있는 환경적 조건의 대상이 된다. 환경은 종종 통신선과 신호의 무결성에 영향을 주는 조건을 유발할 수 있는 분진, 액체, 진동, 가스, 방사선 및 전자기파 간섭(EMI, Electromagnetic Interference)을 포함한다. 네트워크 인프라는 통신 무결성에 물리적/환경적 영향을 최소화하도록 설계되어야 한다. 예를 들어, 분진, 액체 그리고/또는 가스가 문제가 될 경우, 유선에 상용급 RJ-45 커넥터 대신에 밀봉된 RJ-45나 M12 커넥터를 사용하는 것이 필요할 수 있다. 케이블 자체는 분진, 액체 그리고/또는 가스를 처리하기 위해 별도 피복을 사용할 수 있다. 진동이 문제가 되는 경우 RJ-45 커넥터 대신 M12 커넥터를 사용할 수 있다. 방사선 그리고/또는 EMI가 문제가 되는 경우, 통신 신호의 영향을 방지하기 위해 차폐 연선 또는 광케이블을 사용할 수 있다. 또한 무선 네트워크를 사용할 계획이 있는 경우 실행 가능한 솔루션인지 확인하기 위해 해당 구역의 무선 스펙트럼을 분석할 필요가 있다.

'CR 3.1 통신 무결성'에 대한 보안 요구사항에서는 컴포넌트가 정보를 전송하거나 처리하는 경우, 해당 정보가 변조되지 않고 안전하게 유지되도록 보호해야 하는 내용을 포함하여 설명하고 있다.

이러한 보호 기능의 적용을 통해 정보의 보안성을 유지하고, 변조되지 않았음을 보장하는 신뢰성을 확보하기 위해서 매우 중요한 사항이다. 일반적으로 공격자가 시도하는 네트워크 공격의 방식은 전송 중인 데이터를 탈취하여 조작하는 것을 주요한 공격 방법으로 활용하고 있으며, 이러한 공격 방식이 가능한 것은 네트워크에서 전송되는 정보를 공격자가 쉽게 확보하고 조작할 수 있는 스위칭이나 라우팅 네트워크 환경으로 산업제어시스템 환경이 구성되어 있다는 점이다. 이러한 공격 방식을 통해 산업제어시스템 환경에서의 센서나 액추에이터로 전송되는 정보를 조작하여 오작동을 발생시킬 수 있게 된다.

이를 보호하기 위한 보호 메커니즘은 네트워크를 구성하는 환경 및 규모에 따라 달라질 수 있으며, 작은 규모의 네트워크 환경에서는 모든 노드에 대하여 물리적인 보호를 구현하는 것이 가능하여 4-2 표준에서의 보안 요구사항을 만족하는데 충분하겠지만, 분산된 네트워크나 광대역 네트워크 환경에서는 모든 노드에 대한 보안 요구사항을 만족하는 보호를 구현할 수 없음에 따라서 보안 이슈가 발생할 수 있다. 이 경우, 통신 무결성을 위한 보안 통제 구현이 어려울 수 있으므로 적절한 대응책을 구현하여 보완하거나 추가 위험을 수용해야 할 필요가 있다.

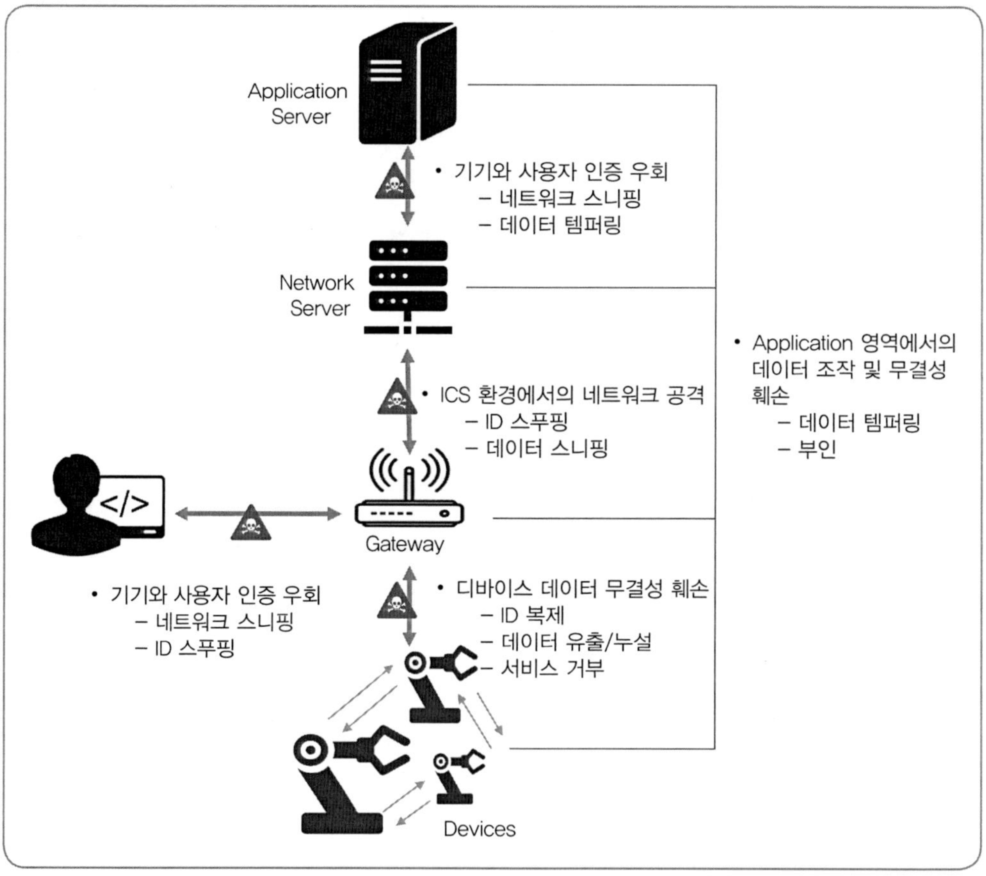

[그림 2-21] 산업제어시스템 환경에서의 통신 무결성 검증 Points 예시

[그림 2-21]은 산업제어시스템 환경을 예로 들어서 각 네트워크 연결에서의 검증 Point 및 내용을 설명하고 있다. 예를 들어, 디바이스와 게이트웨이 간의 통신 연결에서 중점적으로 검증해야 하는 것은 ID 복제의 여부나 서비스 거부가 발생하는지 여부와 데이터가 악의적이거나 혹은 부주의 때문에 유출되는지 여부를 확인해야 한다.

CR 3.2 악성코드로부터 보호(SAR)

[KS X 62443-4-2 표준 원문 내용]

요구사항

- 애플리케이션 제품 공급자는 해당 애플리케이션과 호환되는 악성코드 방지 메커니즘을 확인하고 문서화하며, 특별한 구성 요구사항을 기록해야 한다.

근거 및 보충 지침

- 악성코드(예를 들어, 바이러스, 웜, 트로이 목마 및 스파이웨어 등)로부터의 보호는 제어 시스템 애플리케이션 또는 외부 서비스/애플리케이션에 의해 제공될 수도 있다. 제어 시스템 애플리케이션은 악성코드로부터 보호하도록 설계된 메커니즘과 호환되어야 한다. 이 요구사항은 제품 공급자가 애플리케이션과 호환되는 모든 악성코드 방지 메커니즘을 확인하고 문서화한다는 의미는 아니지만, 최소한 하나의 메커니즘을 확인하고 문서화하였음을 의미한다.

'CR 3.2 악성코드로부터 보호'의 요구사항은 컴포넌트별로 다르므로 각 특정 컴포넌트 유형별 요구사항에서 설명하고 있다.

'SAR 3.2 악성코드로부터 보호'와 관련된 요구사항은 소프트웨어 애플리케이션에 해당하는 요구사항으로써 제어 시스템 애플리케이션과 외부 서비스 및 애플리케이션에 대하여 악성코드로부터 보호하는 요구사항과 충족 조건에 대해 설명하고 있다.

제어 시스템에 적용되어 사용되는 애플리케이션은 악성코드로부터 보호되도록 설계되어야 하며, 이를 위해서는 악성코드 방지 메커니즘이 필수적으로 구현되어야 한다.

이를 위해서 제품 공급자는 애플리케이션과 호환되는 최소한 한 개 이상의 악성코드 방지 메커니즘을 확인하고 문서화시켜서 관리해야 한다. 다시 설명하면, 악성코드로부터 보호 기능을 지원하는 최소 하나 이상의 애플리케이션과 호환 가능한 보안 메커니즘과 관련한 목록을 문서화시키고 관리해야 함을 의미하고 있으며, 이와 같은 요구사항은 애플리케이션의 보안 강화를 위한 필수적인 조치로서, 제어 시스템의 안정성과 신뢰성을 보장하기 위해 반드시 지켜져야 하는 사항이다.

CR 3.2 악성코드로부터 보호(EDR)

[KS X 62443-4-2 표준 원문 내용]

요구사항

- 임베디드 장치는 허가받지 않은 소프트웨어의 설치 및 실행으로부터 보호하는 역량을 제공해야 한다.

근거 및 보충 지침

- 허가받지 않은 소프트웨어는 악성코드를 포함할 수 있고, 따라서 컴포넌트에 해로울 수 있다. 만일 임베디드 장치가 보완 통제를 활용할 수 있다면, 악성코드 방지를 직접 지원할 필요는 없다. IACS는 요구되는 보호조치를 제공할 책임이 있다고 가정한다. 그러나 로컬 USB 호스트 접근이 있는 경우, 악성코드 방지 필요성은 위험 평가에 의해 결정하여야 한다.
- 탐지 메커니즘은 애플리케이션 바이너리와 데이터 파일의 무결성 위반을 탐지할 수 있어야 한다. 기법은, 국한되지는 않지만, 바이너리 무결성 및 속성 모니터링, 해싱 및 서명 기법을 포함할 수 있다.
- 방지 기법은, 국한되지는 않지만, 제거-가능한 매체(이동식 매체) 통제, 샌드박스 기법 및 특정 컴퓨팅 플랫폼 메커니즘 – 제한된 업데이트 역량, 비실행(NX, No Execute) 비트, 데이터 실행 방지(DEP, Data Execution Prevention), 주소 공간 배치 무작위화(ASLR, Address Space Layout Randomization), 스택 변형 탐지 및 강제적 접근 통제(MAC, Mandatory Access Control)) 같은 것이다. 제어 시스템 모니터링 도구 및 기법을 포함하여 관련된 요구사항은 'CR 6.2 지속적인 모니터링'를 참조하기 바란다.

'EDR 3.2 악성코드로부터 보호' 요구사항을 살펴보면 임베디드 장치에 인가되지 않은 소프트웨어가 불법적으로 설치 및 실행되는 것을 방지하기 위한 보안 기능의 제공에 대하여 설명하고 있다.

임베디드 장치에 인가되지 않은 소프트웨어의 설치 및 실행으로부터 보호하는 기능을 구현하거나, 컴포넌트에서 별도 지정한 구성 요소에서 동작 가능한 악성코드 방지에 대한 메커니즘을 제공하는 환경이 다음과 같이 구현되어 있다면 EDR 3.2에서 요구하는 보안 요구사항을 충족한다고 볼 수 있다.

- 사용자의 요구사항에 대하여 사용 설명서로 문서화시켜 관리
- 이진 무결성, 속성 모니터링, 해싱, 서명 기술 등의 허용된 탐지 기술이 사용
- 이동식 매체와 같은 제거 가능한 매체에 대한 통제, 샌드박스 기법, 제한된 펌웨어 업데이트 등의 특정 컴퓨팅 플랫폼 메커니즘, 비-실행 비트, 데이터 실행 방지, 주소 공간 배치 무작위화, 스택 변형 탐지, 강제적 접근통제인 MAC 등의 허용된 방지 기술을 사용

그러나, 컴포넌트 자체에서 앞서 언급한 보호 기능을 구현하지 않고 IACS 기능을 참조할 경우는 EDR 3.2에서의 보안 요구사항을 충족시키지 못한다고 판단해야 한다.

[그림 2-22]는 악성코드 탐지 메커니즘의 적용을 통해 검증된 코드만이 설치 및 실행되는 환경의 예시를 설명하고 있다. 이 경우 인가된 코드만이 설치 및 실행되어 안전한 임베디드 장치에 대한 관리가 가능해진다.

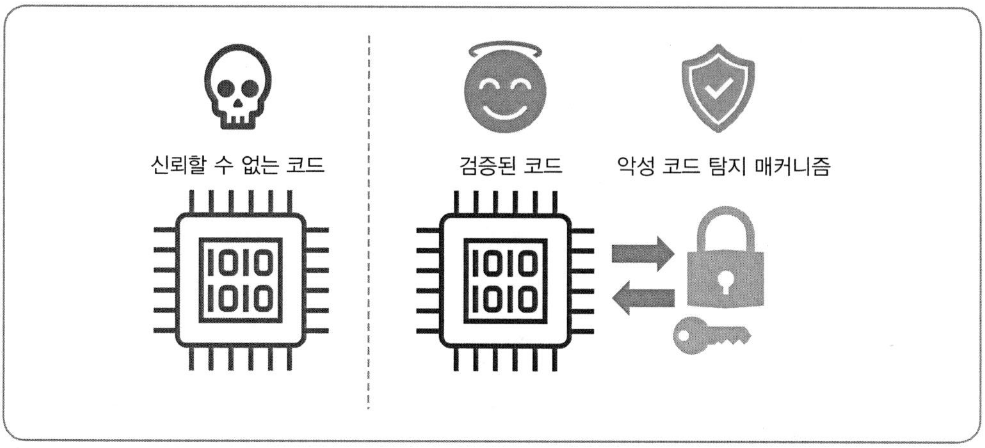

[그림 2-22] 임베디드 장치에서의 악성코드 탐지 메커니즘 예시

CR 3.2 악성코드로부터 보호(HDR)

[KS X 62443-4-2 표준 원문 내용]

요구사항

- IACS 제품 공급자는 악성코드를 방지하기 위해 확인한 메커니즘을 호스트 장치에서 제공해야 한다. IACS 제품 공급자는 악성코드 방지와 관련된 특별한 구성(configuration) 요구사항을 문서화해야 한다.

근거 및 보충 지침

- 호스트 장치는 악성코드(예를 들어, 바이러스, 웜, 트로이 목마 및 스파이웨어 등) 방지를 지원해야 한다. 제품 공급자는 제어 시스템의 일차적 임무가 유지되도록 악성코드 메커니즘으로부터 보호 구성을 확인하고 문서화해야 한다.

'HDR 3.2 악성코드로부터 보호'에 대한 요구사항은 호스트 장치에서의 악성코드 방지 메커니즘을 제공해야 하는 요구사항에 대하여 설명하고 있다.

일반적으로 호스트 장치는 산업제어시스템 환경에서 사용되는 컴포넌트를 관리하기 위한 PC 장치류에 속하는 경우가 대부분으로, 악성코드 (예: 바이러스, 웜, 트로이 목마, 스파이웨어 등) 방지 기능을 필수적으로 제공해야 한다. 따라서, 제품 공급자는 제어 시스템의 주요 기능을 유지하기 위하여 악성코드 방지 메커니즘이 적용된 호스트 장치의 보호 구성을 확인하고 이에 대하여 문서화시켜 관리해야 한다. 이러한 문서화에 포함되는 대상은, 제품에 대한 악성코드 보호 요구사항을 충족시키는 지원과 관련된 사항이다.

[그림 2-23]은 호스트 장치를 통해 산업제어시스템 환경에 대한 침해가 발생하는 시나리오를 도식화시켜 보여준다.

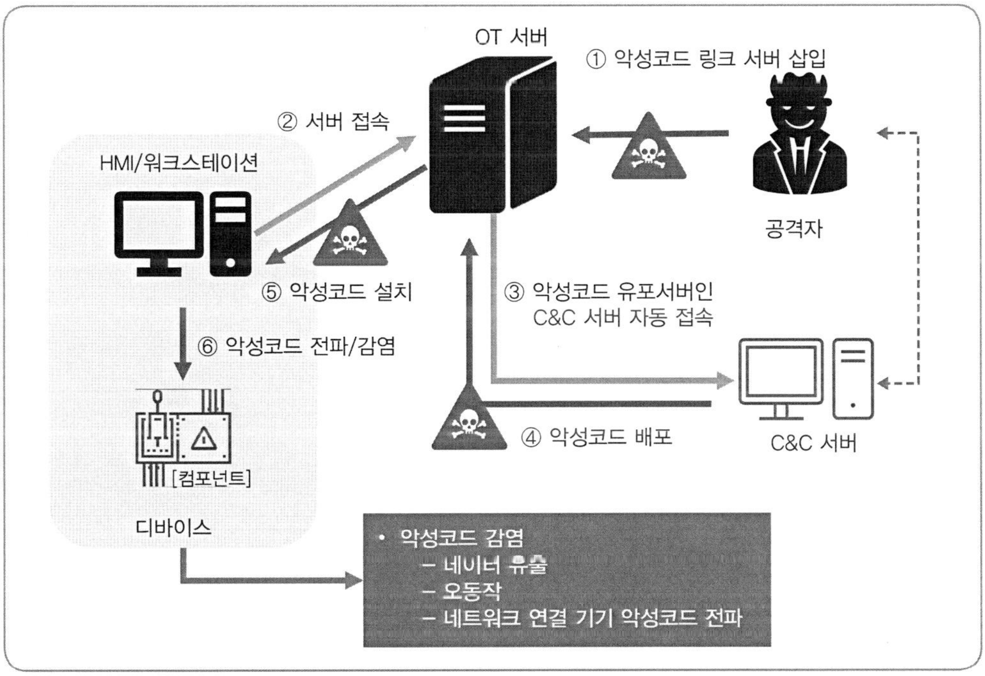

[그림 2-23] 호스트 장치에서의 악성코드 감염 예시

순서에 따라 공격자는 IT 망에 위치하는 OT 서버에 침투해서 악성코드 링크를 서버에 삽입시키고, OT 서버에 HMI나 워크스테이션이 접속하게 되는 경우 악성코드는 감염 대상 서버에 자동으로 접속되어 악성코드를 배포하며, 이를 HMI나 워크스테이

션에 설치하여 산업제어시스템 환경의 디바이스까지로 전파시켜 감염시키게 된다. 실제적으로, 산업제어시스템 망을 대상으로 하는 공격은 매우 정교하게 이루어져 있으며, IT 망과 OT 망의 연동 구간의 보안 취약점을 대다수 이용하고 있다.

CR 3.2 악성코드로부터 보호(NDR)

[KS X 62443-4-2 표준 원문 내용]

요구사항

- 네트워크 장치는 악성코드 방지를 제공해야 한다.

근거 및 보충 지침

- 만일 네트워크 장치가 보완 통제를 활용할 수 있다면, 악성코드 방지를 직접 지원할 필요는 없다. 한 가지 가능한 보완 통제는 전송 중에 악성코드를 식별하고 제거하기 위한 네트워크 패킷 필터링 장치를 사용하는 것이다. IACS는 요구되는 보호조치를 제공할 책임이 있다고 가정한다. 그러나 로컬 USB 호스트 접근이 있는 경우, 악성코드 방지 필요성은 위험 평가에 의해 결정하여야 한다.

'NDR 3.2 악성코드로부터 보호' 요구사항은 네트워크 장치에서 악성코드 방지를 위해 보완 통제를 적용할 수 있다는 것을 주요 내용으로 삼고 있다. 예를 들어, 악성코드를 식별하고 제거할 수 있는 네트워크 패킷 필터링 장치를 사용하는 것과 같은 사항이 해당할 수 있다.

제어 시스템에서는 기본적으로 요구되는 보호 조치를 제공해야 하지만, 로컬 USB 호스트 접근이 가능한 경우 악성코드 방지 필요성은 위험 평가에 따라 결정되어야 한다. 따라서, 네트워크 디바이스에서 직접적으로 악성코드에 대한 보완 통제를 제공할 수 있도록 허용되거나, 직접 수행하지 못하는 경우 대체 보호조치 사용이 가능하다면 NDR 3.2 보안 요구사항은 충족하게 된다.

[그림 2-24]는 전용 장비를 통한 네트워크에서의 악성코드로부터의 보호를 도식화시켜 나타내고 있다.

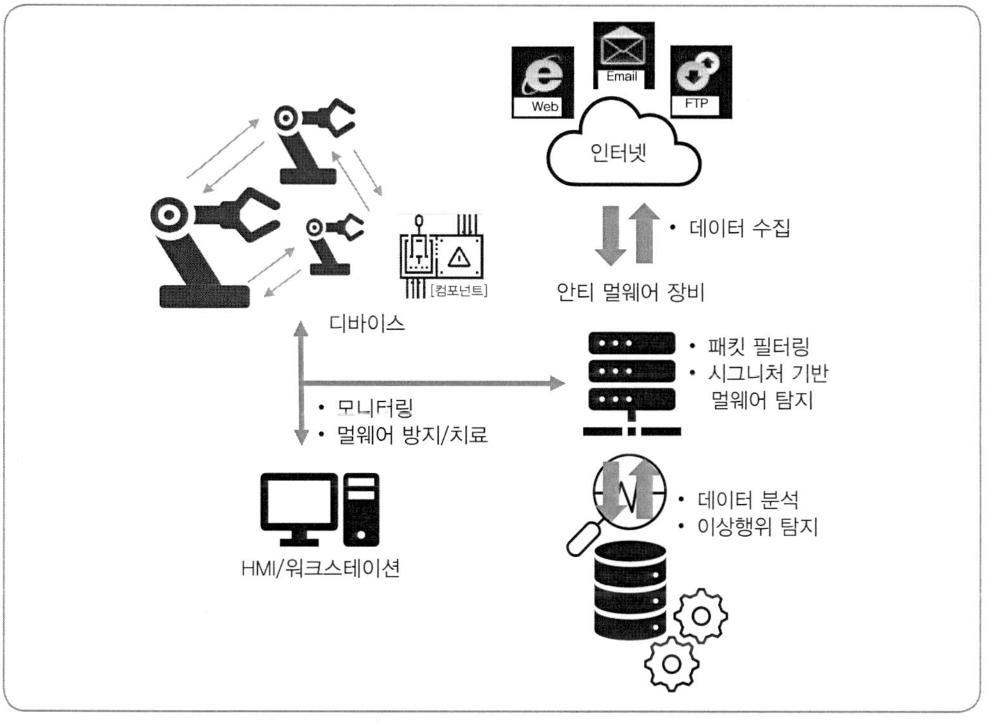

[그림 2-24] 네트워크 장치를 통한 악성코드 방지 예시

그림의 내용을 설명하면 OT 망에서 안티-멀웨어(Anti-Malware) 장비를 설치하여 관리함으로써 외부로부터 들어오는 데이터에 대한 실시간 패킷 필터링을 수행하거나 적상되어 있는 시그니처 기반의 멀웨어를 탐지하고, 모니터링을 통한 데이터 분석과 이상행위 탐지를 통해 산업제어시스템 환경에서의 멀웨어 방지 및 치료를 수행하는 것을 나타내고 있다.

CR 3.3 보안 기능 검증

[KS X 62443-4-2 표준 원문 내용]

요구사항

- 컴포넌트는 IEC 62443-3-3 SR 3.3에 따라 보안 기능의 의도된 작동을 검증하는 역량을 제공해야 한다.

근거 및 보충 지침

- 제품 공급자 그리고/또는 시스템 통합 사업자는 설계된 보안 통제를 테스트하는 방법에 관한 가이드를 제공해야 한다. 자산 소유자는 정상 운영 동안에 이런 검증 테스트를 실행할 경우에 가능한 영향을 인지할 필요가 있다. 이런 검증 실행의 상세사항은 지속적 운영 요구사항의 고려사항으로 주의 깊게 명시될 필요가 있다(예: 스케줄링 또는 사전 알림).
- 보안 검증 기능 예는 다음과 같다:
  - 제어 시스템 대상 파일 시스템에 대한 유럽 컴퓨터 안티바이러스 연구소(EICAR, European Institute for Computer Antivirus Research) 테스트에 의한 안티바이러스 대책 검증. 안티바이러스 소프트웨어는 EICAR 테스트 샘플을 탐지하고 적절한 사고 처리 절차가 기동(triggered)되어야 한다.
  - 인가받지 않은 계정으로 접근을 시도하여 식별, 인증 및 사용 통제 대책을 검증(어떤 기능은 자동화될 수 있음).
  - 악성 트래픽은 아니지만 불규칙적으로 기동하는 침입 탐지 시스템(IDS, Intrusion Detection System) 규칙을 포함하여 보안 통제로서의 IDS 검증. 테스트는 이 규칙을 기동하는 트래픽과 적절한 IDS 모니터링 및 사고 처리 절차를 도입하여 수행될 수 있다.
  - 감사 로깅이 보안 정책과 절차가 요구하는 대로 발생하고 내·외부 개체에 의해 비활성화되지 않음을 확인.

'CR 3.3 보안 기능 검증' 요구사항은 컴포넌트에서 보안 기능이 의도한 대로 작동하는지에 대하여 검증할 수 있는 기능의 요구에 대하여 설명하고 있다.

제품 공급업체나 시스템 통합 업체는 설계된 보안 통제를 테스트하는 방법에 대한 가이드를 제공해야 한다. 제공된 가이드를 통해 자산 소유자는 정상 운영 동안에 이러한 정상적인 검증 테스트가 실행될 경우 발생 가능한 영향을 정확하게 인지하고 있어야 한다. 따라서, 제공되는 가이드에는 검증 실행의 세부 정보를 포함하여 지속적인 운영 요구사항을 제공하여야 하며, 작업 일정을 고려한 사전 통보에 대해서도 신중하게 명시되어야 한다.

이러한 제어 시스템 보안 검증 기능에 해당하는 사항은 다음과 같다.

- 인가되지 않은 계정으로 접근 시도를 하여 식별, 인증, 사용 통제 대책 검증
- 악성 트래픽이 아니지만 불규칙적으로 발생하는 침입 탐지 시스템인 IDS 규칙을 포함한 IDS 검증
- 보안 정책 및 절차에 따라 감사 로그가 생성되고 내/외부 개체에 의해 비활성화되지 않음을 확인하는 감사 로깅 검증

이때, IDS 검증에서는 IDS에 적용된 규칙을 활성화하고 적절한 IDS 모니터링 및 사고처리 절차를 수행하여 이루어질 수 있는지 확인하는 것을 의미하고 있다.

보안 기능을 검증하기 위하여 수동의 방식을 포함하는 검증 절차의 정의 및 보안 기능을 테스트하는 방법에 대하여 요구사항의 문서화로 확인 가능한 지침이 존재하는 경우에는 CR 3.3을 충족하게 되지만, 로그 메시지가 없거나 알림 없음 등의 사유로 보안 기능을 테스트할 수 없는 경우에는 해당 요구사항을 충족하지 못하게 된다.

[그림 2-25]는 OT 영역에서의 보안 취약성 경보를 도식화시켜서 설명하고 있다.

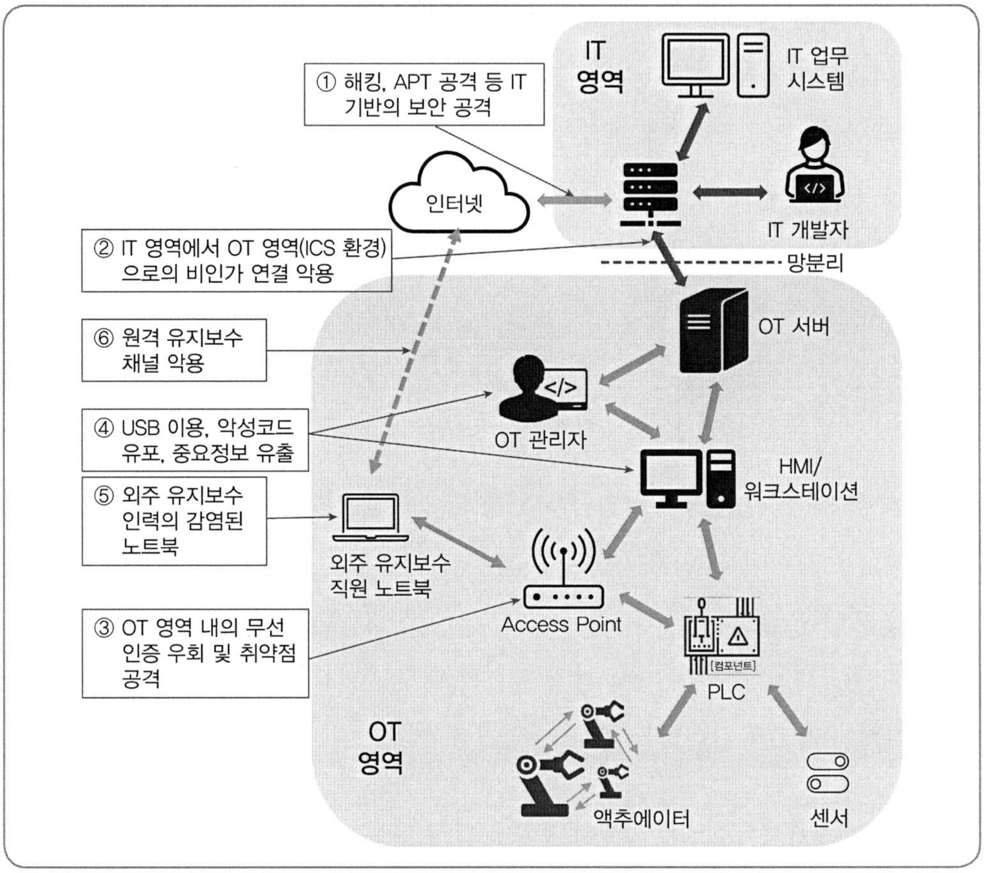

[그림 2-25] OT 영역 보안 취약성 경로 예시

IT 영역에서는 해킹이나 APT(Advanced Persistent Threat) 공격과 같은 IT 기반의 보안 공격에 취약함을 나타내고 있으며, IT 영역과 OT 영역 연결 부분에서의 비인가 연결 악용이 보안 공격에 악용됨을 나타내고 있다.

이와 함께 OT 영역 내부에서는 무선 인증 사용시, 우회 등의 취약점을 공격 대상으로 삼으며, OT 관리자가 USB 등의 사용으로 인해 악성코드에 노출되거나, 유포시키거나, 중요 정보를 유출시키게 되는 취약점을 가질 수 있다. 더불어, 외주 유지보수 인력이 반입한 노트북이 이미 감염되어 있어서 이를 통해 OT 망에 악성코드가 유포되는 문제점도 발생 가능하며, 외부에서 유지보수를 위해 인터넷을 통한 연결과 같은 원격 유지보수 채널의 악용이 취약점으로 존재하게 된다.

CR 3.4 소프트웨어 및 정보 무결성

[KS X 62443-4-2 표준 원문 내용]

요구사항

- 컴포넌트는 소프트웨어, 구성 및 기타 정보에 대한 무결성 점검을 수행 또는 지원하며, 이런 점검 결과를 기록하고 보고하거나 무결성 점검을 수행 또는 지원할 수 있는 시스템으로 통합되는 역량을 제공해야 한다.

근거 및 보충 지침

- 무결성 검증 방법은 다른 보호 메커니즘(권한 강제 같은)을 회피하여 발생할 수도 있는 소프트웨어와 정보의 탬퍼링을 탐지, 기록, 보고 및 보호하기 위해 적용된다. 컴포넌트는 공식적이거나 권고된 무결성 메커니즘(암호 해시 같은)을 적용한다. 예를 들어, 이런 메커니즘은 보안 위반(인가 받지 않은 변경 포함)을 탐지하기 위해 최종 구성 정보에 대하여 현장 장치를 모니터링하기 위해 사용할 수 있다.

'CR 3.4 소프트웨어 및 정보 무결성' 요구사항에서는 소프트웨어와 정보의 변경을 탐지하고 보호하기 위한 무결성 검증 방법의 기능을 컴포넌트에서 제공하고 있는지에 대한 요구사항에 대하여 설명하고 있다.

권한 강제 등과 같은 보호 메커니즘이 우회되는 경우 발생할 수 있는 소프트웨어와 정보의 변조를 탐지, 기록, 보고, 보호하기 위한 기능을 제공해야 함을 설명하고 있는데, 이는, 다른 보호 메커니즘을 회피할 수 있는 방법을 방지하기 위하여 적용되어야 하는 기능에 해당한다. 컴포넌트는 권고된 암호 해시 사용 등과 같은 무결성 메커니즘을 통해 소프트웨어 및 정보를 보호해야 한다. 이러한 메커니즘은 최종 구성 정보를 모니터링하고 인가받지 않은 변경을 포함하는 보안 위반 사항을 탐지하는데 시스템과 연계되어 사용될 수 있다.

이러한 소프트웨어 무결성 정보에 대한 공격은 지멘스의 S7 PLC를 대상으로 하는 시연을 통해 무결성 정보를 검증하지 못하는 점을 악용하여 해킹에 성공함으로써 알려지게 되었다. 따라서, 소프트웨어 및 정보 무결성에 대해서는 중요하게 다룸으로써 안전한 컴포넌트를 개발해야 한다.

CR 3.5 입력값 검증

[KS X 62443-4-2 표준 원문 내용]

요구사항

- 컴포넌트는 컴포넌트의 동작에 직접 영향을 미치는 외부 인터페이스를 통한 입력 또는 산업 공정 제어 입력으로 사용된 모든 입력 데이터의 구문, 길이 및 내용을 검증해야 한다.

근거 및 보충 지침

- 설정값(set point) 같은 입력 데이터의 유효한 구문을 점검하는 규칙은 이 정보가 탬퍼되지 않았는지, 그리고 규격을 준수하는지를 적절하게 검증해야 한다. 인터프리터에 전달되는 입력이 명령으로 의도치 않게 해석되지 않도록 사전 차단되어야 한다. 이 사항은 보안 CR이므로, 예상된 범위를 벗어났으나 유효한 정수를 입력하는 것과 같은 인적 오류를 다루지 않는다.
- 일반적인 입력 데이터 검증과 관련된 실증 사례는 필드 유형에 정의된 범위 외의 값, 데이터 필드의 유효하지 않은 문자, 누락되거나 불완전한 데이터 및 버퍼 오버플로우 같은 것이다. 부당한 입력이 시스템 보안 문제를 유발하는 예로는 SQL 삽입 공격, 크로스사이트 스크립팅(XSS) 또는 잘못된 형식의 패킷(프로토콜 퍼저가 일반적으로 생성하는) 같은 것이다. 고려해야 할 가이드라인에는 오픈 웹 애플리케이션 보안 프로젝트(OWASP, Open Web Application Security Project) 코드 리뷰 가이드와 같은 잘-알려진 가이드라인을 포함한다.

'CR 3.5 입력값 검증' 요구사항에서는 컴포넌트에서 외부 인터페이스를 통해 입력되는 데이터를 포함하여 제어 입력으로 사용되는 모든 데이터에 대해 구문, 길이, 내용에 대한 검증을 수행해야 함을 설명하고 있다.

컴포넌트에 입력되는 데이터는 실제 동작에 영향을 발생시키기 때문에 검증을 통하여 문제가 발생하지 않도록 하는 것이 중요하다. 입력값 검증의 범위와 관련하여 Layer 2부터 Layer 7까지 전체 네트워크 서비스를 포함해야 하며 초기화, 상호인증 등 세션 생성 과정 등의 전부가 포함되어야 한다. 따라서, 입력값 검증을 수행하는 경우 대상 컴포넌트가 제공하는 모든 네트워크 서비스 및 각 서비스에 대한 세션 생성 과정을 식별하고, 이를 기반으로 각 단위별로 입력값 검증을 수행해야 한다.

CR 3.6 결정론적 출력

[KS X 62443-4-2 표준 원문 내용]

요구사항

- 자동화 프로세스와 물리적 또는 논리적으로 연결된 컴포넌트는 컴포넌트 공급자가 정의한 정상 작업을 유지할 수 없다면 사전-결정된 상태로 출력을 설정하는 역량을 제공해야 한다.

근거 및 보충 지침

- 제어 시스템 장치와 소프트웨어에 대한 위협 활동의 결과로써 제어 시스템의 사전 결정된 출력 동작은 정상 작업의 무결성을 보장하는 중요한 특성이다. 이상적으로는, 장치는 공격받는 중에도 정상적으로 작동해야 하지만, 제어 시스템이 정상 작업을 유지할 수 없는 경우, 제어 시스템 출력은 사전 결정된 실패(fail) 상태로 전환해야 한다. 제어 시스템의 사전 결정된 출력 동작은 장치에 따라 다르고 사용자가 구성할 수 있는 옵션 중에 하나는 다음과 같다:
  - 무-전원 –무-전원 상태로 실패;
  - 보류 –마지막으로 알려진 유효 값(good value)으로 실패;
  - 고정 –자산 소유자나 애플리케이션이 결정한 고정 값으로 실패;
  - 동적 –현재 상태를 기반으로 위 옵션 중 하나로 실패

'CR 3.6 결정론적 출력' 요구사항은 공급자가 정의한 기능을 수행할 수 없는 자동화된 프로세스에 연결되어 동작하는 컴포넌트에서 정상 작동을 유지하기 위한 기능을 제공해야 함을 설명하고 있다.

제어 시스템 장치와 소프트웨어에 대한 위협 조치의 결과로 인한 제어 시스템 출력의 결정론적 동작은 정상 작동의 무결성을 보장하기 위한 중요한 특성중의 하나이다. 이상적으로는, 장치가 공격자로부터 공격을 받는 동안에도 계속해서 정상 작동해야 하지만, 제어 시스템이 정상 작동을 유지할 수 없다면 제어 시스템의 출력은 미리 결정된 상태로 실패해야 함을 의미한다. 여기서 장치에 따라 사전에 결정된 적절한 제어 시스템 출력에 대한 상태는 달라지게 된다. 이와 같은 결정론적 출력은 장치가 프로세스를 직접적으로 제어하는 경우에 적용이 가능하다. 해당 요구사항을 충족하기 위해서는 결정론적 출력에 대한 요구사항을 문서화를 통해 관리해야 하며, Fail safe(안전한 실패)의 경우, 문서에 기술된 프로세스에 따라 동작함을 시연할 수 있어야 한다.

CR 3.7 오류 처리

[KS X 62443-4-2 표준 원문 내용]

요구사항

- 컴포넌트는 IACS를 공격하는 공격자에 의해 악용될 수 있는 정보를 제공하지 않는 방식으로 오류 조건을 식별하고 처리해야 한다.

근거 및 보충 지침

- 제품 공급자 그리고/또는 시스템 통합 사업자는 오류 메시지의 구조와 내용을 주의 깊게 고려해야 한다. 컴포넌트가 생성하는 오류 메시지는 IACS를 악용하는 공격자가 사용할 수 있는 잠재적으로 해로운 정보를 드러내지 않고 시의적절하고 유용한 정보를 제공해야 한다. 이런 정보의 공개는 오류 조건의 시의적절한 해결 필요성으로 정당화된다. 고려되는 가이드라인은 OWASP 코드 리뷰 가이드 같은 잘-알려진 가이드라인 같은 것이다.

- IACS를 공격하는 공격자에게 도움을 줄 수 있는 오류 메시지의 좋은 예는 시스템 인증이 왜 실패하였는지 상세 정보를 제공하는 것이다. 예를 들어, 올바르지 않은 사용자 ID나 올바르지 않은 패스워드를 제시하는 피드백은 공격자가 IACS를 공격하는데 도움을 주므로 제공하지 않아야 한다.

'CR 3.7 오류 처리' 요구사항은 제어 시스템 내부의 컴포넌트에서는 악의적인 공격자가 이를 악용할 가능성이 있는 정보를 제공하지 않도록, 오류 조건을 식별하고 처리가 가능해야 함을 요구하고 있다.

제품 공급자나 시스템 통합 업체에서는 오류 메시지를 생성하는 경우 메시지의 구조와 내용에 대하여 신중하게 고려해야 한다. IACS를 악용하고자 하는 공격자가 사용 가능한 정보를 드러내지 않으면서, 시의적절하고 유용한 오류 메시지 정보를 제공해야 한다. 이러한 정보를 공개하는 사유는 오류 조건의 메시지를 활용하여 적절하게 해결하기 위해 반드시 필요하기 때문이다. 이를 위해, OWASP 코드 리뷰 가이드[35) 같은 잘 알려진 가이드라인을 참고하여 작업하는 것을 권고한다.

IACS를 공격하는 공격자에게 도움이 되는 오류 메시지의 예시로는, 시스템 인증 실패에 대한 상세 정보를 제공하는 것이 해당 된다. 예를 들어, 올바르지 않은 사용자 ID나 패스워드를 제시하는 피드백은 공격자가 IACS를 공격하는 데 도움이 되므로 제공해서는 안 된다. 따라서, 오류 처리와 관련한 요구사항을 충족하기 위해서는 오류 처리 시에 해당 오류 조건을 식별 및 처리하고 의도하지 않은 정보가 유출되지 않도록 관리해야 하며, 보안 관련 정보가 표시되지 않도록 처리해야 한다. 오류 발생시, 디버깅 전용 툴이 아닌 일반 사용자 인터페이스 상에서 해당 오류의 원인을 명확히 식별할 수 없도록 조치가 필요하며, 이에 대한 예시로는 아이디 패스워드 정보를 잘못 입력했을 경우, 아이디 혹은 패스워드가 잘못되었다 등의 정보가 노출되지 않고 단순하

35) https://owasp.org/www-project-code-review-guide/

고도 불분명하게 잘못 입력되었다는 정보만 노출하도록 해야 한다.

[그림 2-26] 잘못된 오류 발생처리 예시

CR 3.10 업데이트 지원(EDR, HDR, NDR)

[KS X 62443-4-2 표준 원문 내용]

요구사항

- 임베디드 장치 및 호스트 장치, 그리고 네트워크 장치는 업데이트 및 업그레이드 역량을 지원해야 한다.

근거 및 보충 지침

- 설치된 생애주기를 넘어간 임베디드 장치 및 호스트 장치, 그리고 네트워크 장치는 업데이트 및 업그레이드를 설치할 필요가 있다. 임베디드 장치 및 호스트 장치, 그리고 네트워크 장치가 필수 기능을 지원하거나 실행하는 사례가 있다. 임베디드 장치 및 호스트 장치, 그리고 네트워크 장치가 고가용성 시스템의 필수 기능에 영향을 주지 않고 패치와 업데이트를 지원하는 적절한 메커니즘이 필요하다. 이런 역량을 제공하는 한가지 예는 임베디드 장치 및 호스트 장치, 그리고 네트워크 장치 내에 이중화(redundancy)를 지원하는 것이다.

'CR 3.10 업데이트 지원' 요구사항은 업데이트 지원 요구사항은 컴포넌트 별로 달라서 별도의 요구사항이 존재하지 않는다. 따라서 EDR 3.10과 HDR 3.10 그리고 NDR 3.10에서 각 유형별 포함하는 공통적인 요구사항에 대한 내용으로 제어 시스템에서 사용되는 컴포넌트 장치는 입데이트 및 업그레이드 기능을 제공해야 함을 의미하고 있다.

OT 환경의 특성상, 사용되는 제어 시스템 및 컴포넌트들은 매운 긴 사용 기간(Life-Time)을 갖게 된다. 이러한 긴 사용 기간을 갖는 기기들은 업데이트 및 업그레이드에 대해서 주의를 갖고 관리가 되어져야 한다. 따라서, 산업제어시스템에 설치되어 사용되는 컴포넌트들은 특히, 임베디드/호스트/네트워크 장치를 포함하여 이러한 장치들의 사용 기간이 다해도 업데이트와 업그레이드가 가능해야 한다. 앞서 언급하는 장치들은 산업제어시스템 환경에서 핵심 기능을 지원하거나 수행하는 경우가 많기 때문에, 이에 따른 고-가용성 시스템의 중요한 기능에 영향을 미치지 않으면서 패치 및 업데이트를 지원할 수 있는 적절한 메커니즘이 필요하며, 이중화를 지원하는 장치들은 이러한 기능을 제공하는 좋은 예시에 해당한다고 할 수 있다. 컴포넌트의 업데이트 지원과 관련된 요구사항을 충족하기 위해서는 핵심적인 장치들의 경우, 제품 생명주기(Life-Cycle) 이후에도 업데이트 및 업그레이드할 수 있는 기능을 제공해야 하며, 컴포넌트가 업데이트 및 업그레이드 기능을 지원 또는 실행하는 경우, 컴포넌트의 필수적인 핵심 기능에 영향을 미치지 않고 패치 및 업데이트를 지원하는 메커니즘이 필요하다.

CR 3.14 부트 프로세스 무결성(EDR, HDR, NDR)

[KS X 62443-4-2 표준 원문 내용]

요구사항

- 임베디드 장치 및 호스트 장치, 그리고 네트워크 장치는 사용하기 전에 컴포넌트의 부트와 런타임 프로세스에 필요한 펌웨어, 소프트웨어 및 구성(configuration) 데이터의 무결성을 검증해야 한다.

근거 및 보충 지침

- 자산 소유자에게 컴포넌트 보안 기능이 훼손되지 않았음을 보증하기 위해, 컴포넌트의 소프트웨어와 펌웨어가 탬퍼되지 않았고, 소프트웨어와 컴포넌트가 컴포넌트상에서 실행이 정당하다는 것을 보장할 필요가 있다. 그러므로 컴포넌트에 피해를 주거나 악의적인 공격자가 추가 컴포넌트, 자산 또는 데이터에 접근 권한을 획득하는 경로를 제공할 수 있는 안전하지 않거나 유효하지 않은 운영 상태로 부트 되지 않음을 보장하기 위해, 컴포넌트는 부트 프로세스 동안 사용하기 전에 컴포넌트의 펌웨어 및/또는 소프트웨어 무결성을 검증하기 위한 점검을 수행해야 한다.

'CR 3.14 부트 프로세스 무결성' 요구사항 또한 EDR과 HDR 그리고 NDR을 포함하는 공통적인 내용으로 컴포넌트의 부팅과 런-타임 프로세스에 필요한 펌웨어, 소프트웨어, 그리고 구성 데이터에 대하여 무결성 검증을 통해 올바르게 작동하는지 확인하기 위한 요구사항을 설명하고 있다.

컴포넌트의 부팅 과정에서 무결성 검사를 수행함으로써 컴포넌트에 설치되어 있는 소프트웨어와 펌웨어가 손상되지 않았음을 확인할 수 있어야 하고, 이를 통해 컴포넌트가 실행되는 환경이 안전하며, 악의적인 공격자로부터 컴포넌트, 자산 또는 데이터에 접근할 수 없도록 보장할 수 있어야 한다. 자산 소유자는 이러한 무결성 검사 기능을 통해 컴포넌트 보안 기능의 손상을 방지하고, 컴포넌트의 실행이 정당하며, 컴포넌트가 부팅될 때 유효한 운영 상태로 부팅되는 것을 확인할 수 있다. 따라서, 부트 프로세스 무결성에 대한 요구사항은 소프트웨어 애플리케이션을 제외한 임베디드/호스트/네트워크 장치가 해당되는 요구사항이며, 해당 장치들의 사용전 부팅 프로세스 관련 펌웨어 및 소프트웨어, 구성 데이터의 무결성을 검증하는 기능을 지원해야 한다.

Summary

1.4절의 FR-3 시스템 무결성에서 다루는 내용을 정리해 보면 컴포넌트가 실행되기 전에 여러 테스트 사이클을 거쳐 의도대로 작동하도록 검증되어야 하고, 운영 상황에서는 자산 소유자가 컴포넌트의 무결성을 유지하는 책임이 있으며, 위험 평가 방법론의 적용을 통해 자산 소유자는 IACS의 각 컴포넌트, 통신 채널 및 정보에 대하여 서로 다른 무결성 보호 등급을 배정할 수 있다. 물리적 자산의 무결성은 운영 중이거나 운영이 중단된 상황에서도 유지되어야 하며, 논리적 자산의 무결성은 데이터가 전송되거나 저장소에 있을 때 유지되어야 한다.

1.5

컴포넌트의 정보보호에 대한 보안 요구사항(FR-4 데이터 기밀성)

"FR-4 데이터 기밀성"의 CR 4 요구사항에서는 SL-1 수준에 해당되는 도청 또는 우발적 공개를 통한 정보의 인가받지 않은 공개를 방지하기 위한 요구사항에 대하여 중점적으로 설명하고 있다.

CR 4.1 정보 기밀성

[KS X 62443-4-2 표준 원문 내용]

요구사항

- 컴포넌트는 다음을 제공해야 한다.
  a) 명시적인 읽기 권한이 지원되는 유휴 정보의 기밀성 보호 역량 제공
  b) IEC 62443-3-3 SR 4.1에 정의된 전송-중 정보의 기밀성 보호 지원

근거 및 보충 지침

- 주어진 정보를 보호해야 하는지 여부는 상황(context)에 따라 결정되며, 제품 설계 시 결정할 수 없다. 그러나 조직이 제어 시스템에 명시적인 읽기 권한을 설정하여 정보 접근을 제한한다는 사실은 조직이 이 정보를 보호해야 한다는 의미이다. 그러므로 컴포넌트가 명시적인 읽기 권한을 배정하는 역량을 지원하는 모든 정보는 잠재적으로 민감하게 고려되어야 하며 따라서 컴포넌트는 기밀성을 보호하기 위한 역량을 제공해야 한다.
- 전송 중 정보의 기밀성은 컴포넌트가 지원해야 하는 시스템 수준 역량이 필요하다.
- 기밀성 보호는 'CR 4.3 암호(Cryptography) 사용'에서 상세한 요구사항을 제공한다.

'CR 4.1 정보 기밀성' 요구사항에서는 컴포넌트가 산업제어시스템 환경에서 전송되는 데이터 중에서 기밀성을 확보해야 하는 중요 정보를 보호하기 위해 암호화를 적용하

거나 접근 권한을 기반으로 하는 읽기 권한을 제공하는 점에 대하여 설명하고 있다.

제품 설계 단계에서는 주어진 정보를 보호해야 할 필요성 여부를 결정할 수 없다. 그러나, 제품이 설치되고 동작하는 단계에서 사용하는 조직이 해당 제어 시스템에 대한 정보 접근을 제한하기 위하여 명시적인 읽기 권한을 설정할 수 있어야 하며, 이는 보호해야 하는 정보가 존재하며 해당 정보를 보호해야 함을 의미한다. 그러므로 컴포넌트에서 명시적인 읽기 권한을 설정하는 기능을 제공할 수 있으므로, 제어 시스템의 모든 정보에 대하여 잠재적으로 민감하게 고려되어야 하며, 이에 따라 컴포넌트는 기밀성을 보호하기 위한 역량을 갖추고 있어야 한다. 정보 전송 중에는 시스템 수준에서 기밀성을 보호하기 위한 역량이 필요하며, 이는 컴포넌트가 지원해야 하는 기능 중의 하나에 해당한다.

제어 시스템 중의 하나인 PLC에서 정보 기밀성을 제공하기 위해 제공되는 기능의 예시를 살펴보면 공인된 암호 알고리즘의 적용을 통하여 정보의 기밀성을 확보하는 기능을 제공하고 있다. 이러한 암호 알고리즘을 사용하는 기능은 대다수의 PLC에서 충분하게 구현되어 사용되고 있으나, X.509 인증서[36] 기반의 정보 기밀성을 제공하는 방식은 현재까지 구현 및 적용이 부족한 것이 현실이다. 특히, 이러한 X.509 인증서 기반의 사용은 OPC-UA[37]라는 제조 시스템의 아키텍처면서 프로토콜에서는 필수적인 기능 중의 하나이다.

36) 국제 전기 통신 연합(ITU)에서 제안된 인증서의 기본 형식을 정의한 규격에 따라 생성된 공개키(PKI, Public Key Infrastructure) 형식의 인증서

37) OPC-UA (Unified Open Platform Communications Architecture): 다 수의 기계 장치들 사이에서 정보 및 데이터를 단순화된 방식으로 교환 또는 전송할 수 있도록 지원하는 기계간 통신 프로토콜

현재 국내 PLC 제조사에서 제공하는 OPC UA 관련 X.509 인증서 설정 예시 화면 임

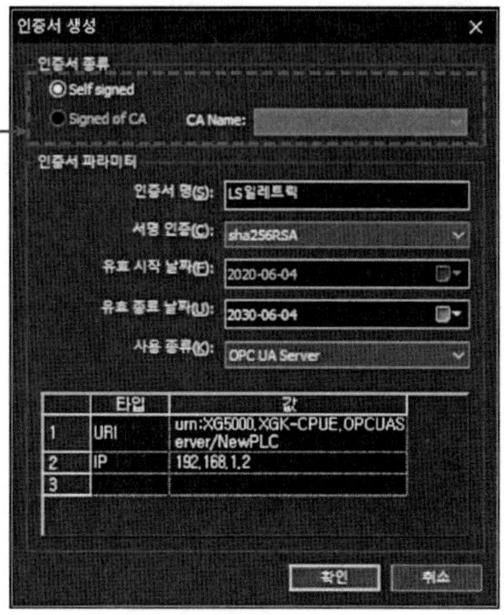

[그림 2-27] OPC UA 관련 X.509 인증서 설정 화면 예시

CR 4.3 암호 기법 사용

[KS X 62443-4-2 표준 원문 내용]

요구사항

- 암호가 필요한 경우, 컴포넌트는 국제적으로 인정되고 입증된 보안 사례(practices) 및 권고사항에 따라 암호학적 보안 메커니즘을 사용해야 한다.

근거 및 보충 지침

- 암호학적 보호 방식의 선택은 보호되는 정보의 가치, 정보의 기밀성 및 무결성의 침해 결과, 정보의 기밀성 유지 기간, 그리고 제어 시스템 운영 제약조건을 포함하여 위협 및 위험 분석을 기반으로 해야 한다. 이러한 대상은 유휴정보(data at rest)나 전송 중 정보, 또는 양쪽 모두를 포함할 수 있다. 백업은 유휴 정보의 예이고, 데이터 기밀성 및 무결성 평가 프로세스의 일부분으로 고려해야 한다. 제어 시스템 제품 공급자는 암호 키 설정 및 관리와 관련된 사례와 절차를 문서화해야 한다. 제어 시스템은 AES(Advance Encryption Standard)와 SHA(Secure Hash Algorithm) 같은 검증된 암호 및 해시 알고리즘을 사용해야 하고, 표준을 기반으로 한 키 길이(key size)를 활용해야 한다. 키 생성은 효율적인 난수 생성기를 사용하여 수행해야 한다. 키 관리의 보안 정

책 및 절차는 정의된 표준에 따라 주기적인 키 변경, 키 폐기, 키 배포 및 암호 키 백업을 다룰 필요가 있다. 일반적으로 수용되는 설계 및 권고사항은 NIST SP 800-57, 키 관리 권고안 – 1 부: 일반에서 확인할 수 있다. 구현 요구사항은 FIPS 140-2, 암호 모듈 보안 요구사항 또는 ISO/IEC 19790에서 확인할 수 있다.

- 'CR 1.8 PKI 인증서와 함께, 이 CR은 이 문서에 정의된 많은 다른 요구사항을 충족할 때 적용할 수도 있다.'

'CR 4.3 암호 기법 사용' 요구사항에서는 컴포넌트에서 암호의 사용이 필요한 경우에 국제적으로 인정되고 입증된 암호학적 보안 메커니즘을 사용해야 함을 설명하고 있다.

보안 관행 및 권고사항 등에 따라 검증된 암호학적 보안 메커니즘을 사용하는 것을 통하여 암호화된 데이터의 기밀성을 유지하고 인증되지 않은 액세스로부터 보호할 수 있다. 또한, 이러한 보안 관행 및 권고사항에서는 국제 표준 및 인증된 보안 요구사항을 충족하는 표준 기술과 알고리즘을 정의하고 있다. 따라서 컴포넌트는 이러한 권고사항에 따라 적절한 암호화 메커니즘을 구현해야 한다.

제어 시스템에서는 암호학적인 보호 방식을 선택할 때, 보호되는 정보의 가치, 정보의 기밀성 및 무결성이 침해될 가능성, 정보의 기밀성 유지 기간, 그리고 제어 시스템 운영 제약조건 등 위협과 위험 분석을 기반으로 고려해야 한다. 여기에 포함되는 대상은 유휴 정보나 전송 중 정보, 또는 두 가지 정보 모두를 포함할 수 있다. 예를 들어, 백업 데이터는 유휴 정보의 일종이며 데이터 기밀성 및 무결성 평가 프로세스에서도 고려해야 하는 중요 정보 중의 하나이다.

[그림 2-28] PLC에서 사용하는 암호 기능 설정 화면 예시

제어 시스템 제품 공급자는 암호키 설정 및 관리와 관련된 사례와 절차를 문서화를 통해 관리해야 하며, 제어 시스템에서 AES(Advanced Encryption Standard)나 SHA(Secure Hash Algorithm)와 같은 검증된 암호 및 해시 알고리즘을 적용하고 암호화에 사용되는 키의 생성은 효율적인 '난수 생성기(RNG, Random Number Generator)'를 통해 적합한 키 길이를 도출하여 사용해야 한다. 키 관리 보안 정책 및 절차는 정의된 표준에 따라 주기적인 키 변경, 키 폐기, 키 배포 및 암호키 백업을 다룰 필요가 있으며, 이와 같은 모든 사항을 고려해 암호학적 보호 방식을 선택해야 한다. 하지만, 실제 산업제어시스템 환경에서는 이러한 암호학적 기능의 사용을 적절하게 사용하지 않아 정보의 노출 및 변조 가능성이 하나의 위협 요소로서 작용하게 된다.

Summary

1.5에서의 FR-4 데이터 기밀성 요구사항에서는 컴포넌트와 정보보호에 관련된 내용을 다루고 있으며, 일부 컴포넌트가 생성한 정보 중에는 전송 중이든 유휴 상태이든 기밀성이나 민감성을 가진 경우가 있는데, 이러한 정보는 항상 보호되어야 한다. 또한, 일부 통신 채널과 데이터 저장소는 도청이나 인가되지 않은 접근으로부터 보호되어야 하는데, 이는 정보보호에 매우 중요한 요소이며, 데이터의 무단 접근을 방지하여 정보 유출을 막기 위한 것이다. 따라서 이러한 정보에 대한 보호는 모든 상황에서 필요한 것이 주요 내용이다.

1.6
컴포넌트의 데이터 흐름 제한에 대한 보안 요구사항(FR-5 데이터 흐름 제한)

"FR-5 데이터 흐름 제한"의 CR 5 요구사항에서는 SL-1 수준에 맞추어 구역(Zone)과 통신경로(Conduit)로 분할하여 일시적인 또는 우발적인 우회를 방지하기 위한 요구사항에 대하여 중점적으로 설명하고 있다.

CR 5.1 네트워크 분할

[KS X 62443-4-2 표준 원문 내용]

요구사항

- 컴포넌트는 논리적 분할 및 중요도(criticality)에 기반하여 광범위한 네트워크 아키텍처를 지원하기 위해 필요하다면 구역과 통신경로를 지원하는 분할된 네트워크를 지원해야 한다.

근거 및 보충 지침

- 네트워크 분할은 사이버 보안을 포함하여 다양한 목적으로 조직에서 사용된다. 네트워크 분할의 주된 이유는 제어 시스템으로의 네트워크 트래픽 유입(ingress) 또는 노출을 감소시키고 제어 시스템으로부터의 네트워크 트래픽 유출(egress) 또는 확산을 감소시키는 것이다. 이를 통해 사이버 보안 통제 수단을 제공할 뿐만 아니라 전체 시스템 응답 및 신뢰성을 개선한다. 또한 중요한 제어 시스템 및 안전 관련 시스템을 포함한 제어 시스템내의 네트워크 세그먼트는 추가적인 보호 수준을 확보하기 위해 다른 시스템으로부터 분할할 수 있다.
- 제어 시스템으로부터 월드 와이드 웹(WWW, World Wide Web)으로 접근은 제어 시스템 운영 요구사항에 명확한 근거가 있어야 한다.

- 네트워크 분할과 보호 등급은 설비의 자산 소유자와 제어 시스템 내의 시스템 통합 사업자가 사용하는 전체 네트워크 아키텍처에 따라 매우 다르다. 기능에 기반한 논리적 네트워크 분할은 어느 정도의 보호 수단을 제공하지만, 네트워크 장치가 침해되는(compromised) 경우, 단일장애점(SPoF, Single Point of Failure)은 여전히 발생 가능하다. 물리적 네트워크 분할은 단일장애점 케이스를 제거하여 또 다른 수준의 보호를 제공하지만, 네트워크 설계 시 보다 더 복잡하고 비용이 많이 소요된다. 이런 트레이드-오프는 네트워크 설계 프로세스(IEC 62443-2-1 참조) 과정에서 평가 할 필요가 있다.
- 사고 대응 시, 네트워크 세그먼트 간 연결을 끊을 필요가 있다. 이 경우, 필수 작업을 지원하는데 필요한 서비스는 장치가 적절하게 동작을 지속 및/또는 순차적으로 정지될 수 있는 방식으로 유지되어야 한다. 일부 서버는 정상적인 네트워크 기능을 지원하기 위해 제어 시스템 네트워크에서 이중화가 필요할 수도 있다. 예를 들어 동적 호스트 설정 프로토콜(DHCP, Dynamic Host Configuration Protocol), 도메인 네임 서비스(DNS, domain Name Service)나 로컬 인증기관(CA, Certification Authority) 같은 것이 있다. 또한 일부 중요한 제어 시스템과 안전 관련 시스템은 설계 초기부터 다른 네트워크와 완전히 격리할 필요가 있다.

'CR 5.1 네트워크 분할' 요구사항에서는 컴포넌트가 네트워크를 논리적인 분할과 해당 중요도(Criticality)에 따라 구역과 통신경로를 지원하는 기능에 대한 요구사항을 설명하고 있다.

산업제어시스템 환경에서 사이버 보안을 위해 다양한 목적으로 네트워크 분할을 사용하고 있다. 네트워크 분할의 주요 목적은 제어 시스템으로 유입되는 네트워크 트래픽을 감소시키고 제어 시스템에서 나가는 네트워크 트래픽을 제한함으로써 보안을 강화하는 것이다. 이러한 방식을 적용하여 사이버 보안 통제 수단을 제공하고 전체 시스템 응답 및 신뢰성을 개선할 수 있다. 또한, 중요한 제어 시스템 및 안전 관련 시스템을 포함한 제어 시스템 내의 네트워크 세그먼트를 통해 다른 시스템으로부터 분리하여 추가적인 보호 수준을 제공할 수 있다.

분할된 네트워크는 높은 보안 수준을 요구하는 부분, 높은 가용성이 필요한 부분, 제어와 관련된 부분 등으로 분리함으로써 네트워크의 안전성과 효율성을 높이는데 도움이 된다. 제어 시스템에서 네트워크 분할은 보안을 강화하고 시스템 응답과 신뢰성을 향상시키기 위하여 매우 중요한 역할을 수행하게 되는데, 네트워크 분할과 보호 등급의 설정은 설비 소유자와 시스템 통합 사업자에 따라 다음과 같이 다양하게 설정할 수 있다.

- 논리적 분할을 적용하게 되면 일부 보호 기능을 제공하지만, 단일 장애 지점에 대한 문제 발생
- 물리적 분할을 적용하게 되면 보다 높은 수준의 보호 기능을 제공할 수 있으나, 네트워크 설계가 논리적 분할 대비하여 더욱 복잡하고 구성 장치의 증가로 비용이 더욱 많이 발생

사고 대응 시에는;

- 네트워크 세그먼트 간의 연결을 끊을 수 있어야 하고,
- 필수적인 작업을 지원하는 서비스는 정지되지 않도록 유지되어야 하며,
- 일부 중요한 제어 시스템과 안전 관련 시스템은 설계 초기부터 완전히 격리되어야 할 필요가 있으며,
- 이러한 조치들을 통해 제어 시스템의 보호와 신뢰성을 강화할 수 있다.

또한, 일부 서버는 제어 시스템 네트워크에 대한 이중화가 필요할 수 있는데, 이는 정상적인 네트워크 기능을 지원하기 위한 것이다. 이러한 서버들의 예시로는 DHCP(Dynamic Host Configuration Protocol), DNS(Domain Name Service), 로컬 인증기관(CA) 등이 해당 된다.

CR 5.2 구역 경계 보호(NDR)

[KS X 62443-4-2 표준 원문 내용]

요구사항

- 구역 경계의 네트워크 장치는 위험 기반 구역과 통신경로 모델에 정의된 구획화를 강제하기 위해 구역 경계선에서 통신을 모니터링하고 제어하는 역량을 제공해야 한다.

근거 및 보충 지침

- 각 보안 구역 외부로의 모든 연결은 효과적인 아키텍처(예를 들어, DMZ 내에 있는 애플리케이션 게이트웨이를 보호하는 방화벽)에 배치된 적절한 경계선 보호 장치(예를 들어, 프록시, 게이트웨이, 라우터, 방화벽, 단방향 게이트웨이, 가드 및 암호화 터널)를 구성하는 관리 인터페이스를 통하여 이루어져야 한다. 지정된 대체 처리 사이트의 제어 시스템 경계선 보호는 주(primary) 사이트의 보호등급과 동일하게 제공되어야 한다.

'CR 5.2 구역 경계 보호'는 구역 경계 보호 요구사항은 네트워크 컴포넌트가 적용 대상으로 'NDR 5.2 구역 경계 보호' 요구사항에서 산업제어시스템 내부의 각 보안 구역과 외부를 연결하는 모든 경로에 대해서 모니터링하고 제어하는 기능의 제공에 대하여 설명하고 있다.

제어 시스템 내부의 각 보안 구역과 외부를 연결하는 모든 경로는 프록시, 게이트웨이, 라우터, 방화벽, 단방향 게이트웨이, 암호화 터널링 등과 같은 적절한 경계선 보호 장치로 보호되어야 한다. 이러한 장치는 효과적인 아키텍처에 배치되어야 하는데, 예를 들어, DMZ 내에 있는 애플리케이션 게이트웨이를 보호하는 방화벽과 같은 것이 해당한다. 이러한 장치들에 대하여 관리 인터페이스가 구성 및 해당 인터페이스의 관리의 필요함을 요구사항에서 다루고 있다. 만일, 지정된 대체 처리 사이트에서의 제어 시스템 경계선 보호는 주-사이트의 보호 등급과 같게 제공되어야 하며, 이를 통해 제어 시스템 내부의 네트워크 트래픽을 통제하고, 외부에서의 침입을 방지할 수 있어서 제어 시스템의 신뢰성 및 안정성을 보장할 수 있어야 한다.

CR 5.3 범용 개인 대 개인(P2P) 통신 제한(NDR)

[KS X 62443-4-2 표준 원문 내용]

요구사항

- 구역 경계선의 네트워크 장치는 제어 시스템 외부의 사용자나 시스템으로부터 수신한 범용 개인-개인(person-to-person) 메시지에 대응하여 보호하는 역량을 제공해야 한다.

근거 및 보충 지침

- 범용 개인-개인 통신 시스템은 이메일 시스템, 소셜 미디어 형식(트위터, 페이스북, 인스타그램 등) 또는 모든 형식의 실행 파일을 전송할 수 있는 메시지 시스템 같은 것이지만 이에 국한되는 것은 아니다. 이런 시스템은 일반적으로 제어 시스템 운영과 무관한 개인적 목적으로 활용하기 때문에 편리함 보다 위험성이 더 크다.
- 이런 유형의 범용 통신 시스템은 제어 시스템에 악성 소프트웨어를 유입시키거나, 제어 시스템 외부 장소에 존재하는 읽기 인가자에게 정보를 전달하거나, 제어 시스템 공격에 착수하거나 보안 문제를 유발하는 과도한 네트워크 부하를 유입시키는 공격 벡터로 이용된다.
- 네트워크 장치는 예를 들어, 애플리케이션 계층 방화벽에서 더 많은 심층 검사뿐만 아니라 포트 번호나 출발지 및/또는 목적지 주소를 기반으로 특정 통신을 차단하는 것에 의해 이런 제한을 실현할 수 있다.

'NDR 5.3 범용 개인 대 개인 통신 제한' 요구사항은 범용 개인 대(vs) 개인 통신 시스템이 제어 시스템에 악영향을 미칠 수 있는 위험성을 완화하기 위한 요구사항에 대하여 설명하고 있다.

이러한 범용 개인 대 개인 통신 시스템은 이메일, 소셜 미디어 등을 포함하며, 보안과는 무관한 개인적 목적으로 사용되기 때문에 위험성이 증가할 수밖에 없다. 이러한 시스템은 악성 소프트웨어를 유입, 외부 장소에 존재하는 권한이 없는 임의의 사용자에게 정보를 전달, 제어 시스템 공격에 착수, 과도한 네트워크 부하를 유입시키는 공격 벡터로 이용될 수 있으므로, 이를 방지하기 위해서는 애플리케이션 계층 방화벽에서 심층 검사를 수행하거나, 특정 통신을 차단하는 것과 같은 제한 조처를 할 수 있어야 한다.

실제로 대기업에 SI 사업이나 컨설팅 사업을 수주하여 프로젝트를 진행하고자 투입되는 경우, 반입하는 장비에 보안 SW 설치를 강제하게 된다. 이를 통해 무분별한 개인 대 개인 통신으로의 자료 반출이나 악성 SW 등의 반입을 방지할 수 있는데, 실상 프로젝트에 투입되는 개발자나 컨설턴트들은 그러함에도 불구하고 사용이 가능한 개인 대 개인 통신 방식을 찾아서 공유하고 사용하는 일이 비일비재 하다. 실제 IT 환경에서도 유사한 상황이며, OT 환경에서 사용되는 컴포넌트는 개인 대 개인 통신의

[그림 2-29] 개인의 범용 통신 사용 통제 및 제한 기능 예시

사용 제한은 아직 걸음마 단계로써, 특정 (통신) 포트의 사용을 제한하는 형태로 이러한 요구사항을 충족시키고 있는 현실이라 할 수 있다.

[그림 2-29]는 이러한 범용 통신 사용을 방지하기 위한 Port Block 기능이 구현된 예시를 도식화시켜 나타내고 있다.

Summary

1.6절의 FR-5 데이터 흐름 제한에서는 IEC 62443-3-2에서 제공하는 위험 평가 방법론을 사용하여, 자산 소유자는 정보의 흐름을 제한하고, 정보를 전송하는 통신경로의 설정을 결정할 수 있으며, 이를 통해 얻어지는 권고사항과 가이드라인을 제공함으로써 제어 시스템 내의 네트워크를 비즈니스나 공용 네트워크와 분리하거나, 물리적으로 단방향 게이트웨이, 단일 상태기반 방화벽 또는 DMZ와 같은 다양한 메커니즘을 사용하여 정보 흐름을 관리할 수 있다. 이와 같은 방식으로 정보 유출이나 해킹과 같은 위험으로부터 제어 시스템을 보호할 수 있게 된다.

1.7

이벤트 적시 대응에 대한 보안 요구사항(FR–6 이벤트 적시 대응)

"FR-6 이벤트 적시 대응"의 CR 6 요구사항에서는 SL-1 수준에 맞추어 산업제어시스템 컴포넌트의 작동을 모니터링하고, 요청시 포렌식 증거를 수집하여 제공함으로써 발견된 사고에 대응하는 방법을 중점적으로 설명하고 있다.

CR 6.1 감사 로그 접근성

[KS X 62443–4–2 표준 원문 내용]

요구사항

- 컴포넌트는 인가된 사람 및/또는 도구가 읽기-전용으로 감사 로그에 접근하는 역량을 제공해야 한다.

근거 및 보충 지침

- 애플리케이션과 장치는 해당 애플리케이션 또는 장치에서 발생한 이벤트에 대한 감사 기록을 생성할 수 있다('CR 2.8 감사 이벤트' 참조). 이런 감사 로그에 대한 접근은 보안 사고의 사후 조사 중 감사 로그 필터링, 중복 정보 식별 및 제거, 검토 및 보고 활동을 지원하기 위해 필요하다. 일반적으로 감사 축약 및 보고서 생성은 별개의 정보시스템에서 수행된다. 감사 기록에 대한 수동적 접근(화면 보기나 인쇄)은 기본 요구사항을 충족할 수 있지만, 상위 SL에서는 충분하지 않다. 프로그래적 접근은 보안 정보 및 이벤트 관리(SIEM, Security Information and Event Management)와 같은 분석 메커니즘에 감사 로그 정보를 제공하기 위해 일반적으로 사용한다.

'CR 6.1 감사 로그 접근성'의 요구사항에서는 CR 2.8의 요구사항에 따라서 생성된 산업제어시스템 환경의 애플리케이션과 장치에서 발생한 이벤트에 대한 감사 기록에 대하여 읽기 권한으로 접근할 수 있는 기능에 대하여 설명하고 있다.

감사 로그에 대한 접근은 사후 조사 및 보고 활동을 지원하기 위해 필수적인 사항이다. 통상적으로 감사 축약 및 보고서 생성은 다른 정보시스템에서 수행되며, 감사 기록에 대한 수동 접근 방식은 SL-1 수준의 요구사항 충족에는 충분하지만, 상위의 SL에서는 더 많은 요구사항이 존재하게 되어 불충분할 수 있다. 그러므로, 프로그램적 접근은 분석 메커니즘인 보안 정보 및 이벤트 관리(SIEM)와 같은 시스템에 감사 로그 정보를 제공하는 데 유용하게 사용된다.

그러나, 이러한 SIEM이나 SOAR(Security Orchestration Automation and Response)와 같은 추가적인 시스템을 구현하여 감사 로그 정보를 통합하여 관리하게 되는 경우 로그 데이터의 전송 및 보관에서의 이슈는 반드시 고려되어야 하며, 이에 대한 백업 데이터 생성 및 보관과 함께 이에 대한 접근에서의 요구사항 충족 여부를 살펴보아야 한다.

Summary

1.7절의 FR-6 이벤트 적시 대응에서는 시스템이 처음에 안전한 상태에서 작동하더라도, 이를 유지하기 위해 모니터링하는 것이 중요하다는 것을 중점적으로 설명하고 있다. 만약 시스템에 이벤트가 발생하고 이것이 보안과 관련이 있다면, 적시에 이를 감지하고 대응해야 한다. 자산 소유자는 보안 위반에 대한 대응 정책과 절차, 그리고 통신 체계와 통제를 설정해야 하는데, 이를 위해 포렌식 증거를 수집, 보고, 보존 및 자동 연계하는 메커니즘을 사용할 수 있으며, 이를 위한 권고사항과 가이드라인이 필요하다. 이때 사용되는 모니터링 도구와 기법은 제어 시스템의 운영에 부정적인 영향을 주지 않아야 한다.

1.8

컴포넌트의 자원 가용성에 대한 보안 요구사항(FR-7 자원의 가용성)

"FR-7 자원 가용성"의 CR 7 요구사항에서는 SL-1 수준에 맞추어 컴포넌트가 정상적인 실행 조건 환경에서 안정적으로(reliably) 운영되고 개체의 일시적 또는 우발적인 동작으로 인하여 발생하는 서비스 거부 상황을 방지하기 위한 내용을 중점적으로 다루고 있다.

CR 7.1 서비스 거부 방지

> [KS X 62443-4-2 표준 원문 내용]
>
> 요구사항
>
> - 컴포넌트는 DoS 이벤트로 인하여 성능저하 모드로 운영될 때 필수 기능을 유지하는 역량을 제공해야 한다.
>
> 근거 및 보충 지침
>
> - 컴포넌트는 다양한 형태의 DoS 공격 대상이 될 수도 있다. DoS 발생 시에 컴포넌트는 성능저하 모드에서도 안전 운전을 지속하는데 필요한 필수 기능을 유지할 수 있도록 설계해야 한다.

'CR 7.1 서비스 거부 방지' 요구사항에서는 서비스 거부(DoS) 방지 이벤트가 발생하여 컴푸넌트가 성능저하 모드로 운영될 경우, 필수 기능을 유지하기 위한 기능을 제공함에 대하여 설명하고 있다.

산업제어시스템 환경에서 컴포넌트는 다양한 형태의 DoS(서비스 거부) 공격 대상이 될 수 있으며, 이러한 상황에서도 안전 운전을 지속할 수 있도록 필요한 기능을 유지해야 한다. 이는, 일반적인 IT 환경과 다르게 OT 환경 자체가 무중단 시스템을 지향하고 있음에 따라서 생기는 OT 환경의 중요 특성 중의 하나이며, 앞에서 설명한 CR 3.6의 결정론적 출력과도 밀접한 관련성을 갖게 된다. 이를 위해 산업제어시스템 환경에서 사용되는 컴포넌트들은 성능저하 모드에서도 필수 기능을 유지할 수 있는 설계를 강조하고 있다. 이는 산업제어시스템 환경에서 사이버 보안 역량을 강화하기 위한 중요한 요소 중의 하나이다. 그러므로, 컴포넌트 설계 시에는 DoS 공격에 대한 적절한 대응과 함께 필수 기능 유지에 대한 고려가 필수적으로 고려되어야 할 필요가 있다.

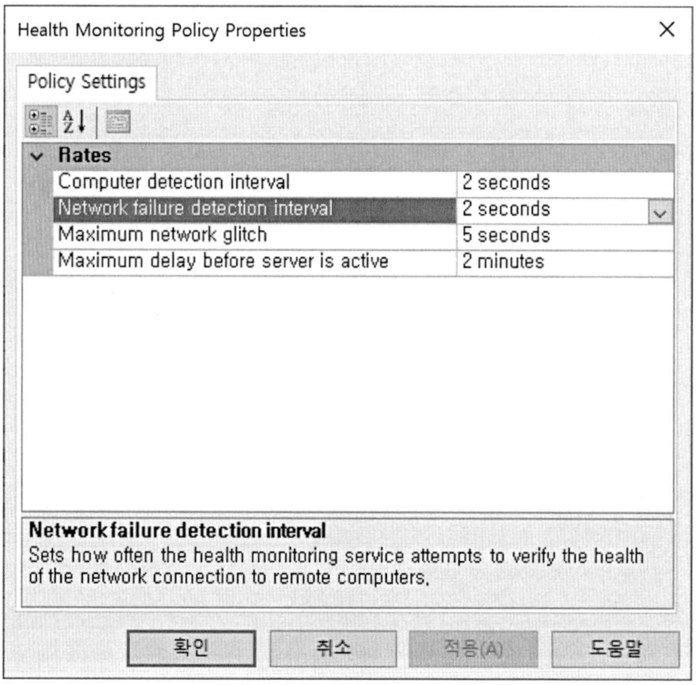

[그림 2-30] DoS 공격에 대한 대응 및 기능 유지 예시

CR 7.2 자원 관리

[KS X 62443-4-2 표준 원문 내용]

요구사항

- 컴포넌트는 자원 고갈을 방지하기 위해 보안 기능의 자원 사용을 제한하는 역량을 제공해야 한다.

근거 및 보충 지침

- 자원관리(예를 들어, 네트워크 분할 또는 우선순위 스킴)는 우선순위가 낮은 소프트웨어 프로세스가 우선 순위가 높은 소프트웨어 프로세스를 관리하는 제어 시스템을 지연 또는 간섭하는 것을 방지한다. 예를 들어, 네트워크 스캔 개시, 운영체제의 패치 그리고/또는 안티바이러스 점검은 정상 운영에 심각한 방해를 유발할 수 있다. 트래픽 비율 제한 스킴은 완화 기술로 고려해야 한다.

'CR 7.2 자원 관리' 요구사항은 우선순위가 낮은 소프트웨어 프로세스가 우선순위가 높은 소프트웨어 프로세스의 동작을 방해하는 것을 방지하기 위한 자원관리에 대하여 설명하고 있다.

이러한 프로세스 관리를 위한 자원의 관리를 위해, 네트워크 분할이나 우선순위 스킴과 같은 기술의 적용을 통하여 시스템의 운영을 지연시키거나 간섭하는 것을 방지할 수 있다. 예를 들어, 네트워크 스캔, 운영체제의 패치, 안티바이러스 점검 등은 시스템 운영에 심각한 방해를 일으킬 수 있는데, 이러한 작업을 수행할 때는 우선순위가 높은 소프트웨어 프로세스에 대한 영향을 최소화시키기 위한 자원관리를 신중하게 고려해야 한다. 특히, 트래픽 비율 제한 스킴과 같은 완화 기술을 사용하여 우선순위가 높은 프로세스에 대한 자원을 충분히 보장하면서도, 우선순위가 낮은 프로세스가 운영에 심각한 방해를 일으키지 않도록 조치할 수 있다. 다시 정리하면, 컴포넌트의 보안 기능은 시스템의 다른 기능들과 충돌없이 효율적으로 작동하도록 설계되어야 하며, 이는 컴포넌트에서 보안 기능의 자원 사용이 우선순위가 높은 소프트웨어 프로세스의 실행에 영향을 주지 않도록 자원관리 기능을 제공해야 한다는 것을 의미한다.

보안 기능을 포함하는 비필수 프로세스에 의해 시스템 리소스 사용량이 증가하는 경우, 리소스 부족 발생으로 인하여 필수 프로세스에 영향이 가지 않도록 비필수 프로세스의 리소스 사용량을 제한하는 기능의 확보가 필요하다. 이러한 사례의 예시로는 제조환경에서 설치된 안티바이러스 SW의 패치 업데이트로 인해 실제 동작해야 하는 제어 시스템의 프로세스가 영향을 받아 불량률이 증가한 사례가 있다. 실제로 이러한 문제로 인해 제조환경에서는 안티바이러스 SW를 조금 다른 방식으로 사용하게 된다. 예를 들어, 제조공장용 안티바이러스 SW를 설치하고 특정 기간 모니터링을 통해 사용되는 데이터를 식별하고 시그니처로 관리하여 등록해서 화이트박스 기반으로 관리하는 것과 같은 방식으로 동작을 시키고 있다.

CR 7.3 제어 시스템 백업

[KS X 62443-4-2 표준 원문 내용]

요구사항

- 컴포넌트는 컴포넌트 상태(사용자 수준 정보와 시스템 수준 정보)를 보호하기 위해 시스템 수준의 백업 작업에 참여하는 역량을 제공해야 한다. 백업 프로세스는 정상적인 컴포넌트 작동에 영향을 미치지 않아야 한다.

근거 및 보충 지침

- 최신 백업의 가용성은 제어 시스템의 장애 그리고/또는 잘못된 설정으로부터 복구를 위해 필수이다. 이 기능의 자동화는 모든 필요 파일이 추출되며 오퍼레이터의 부담을 줄일 수 있다.
- 백업 역량을 지원하도록 설계하는 경우, 백업에 저장되는 정보를 주의 깊게 고려해야 한다. 일부 정보는 시스템 일부의 보안 통제를 통하여 보호되는 다른 정보나 암호 키를 가질 수도 있다. 그러한 정보가 백업 될 때, 대부분 정보를 보호하기 위한 동일한 보안 통제가 제공되지 않는다. 그러므로 컴포넌트 백업 역량은 백업에 담긴 필수 정보의 보호를 지원하는 메커니즘을 포함해야 한다. 예로는 백업 암호화, 백업 절차의 일부로

민감한 데이터 암호화, 민감한 정보 제외 같은 것이다. 만일 백업이 암호화된다면, 백업의 부분으로 암호 키를 포함하지 않고 별도로 안전한 백업 절차의 부분으로 암호 키를 백업하는 것이 중요하다.

'CR 7.3 제어 시스템 백업' 요구사항은 컴포넌트에서 시스템 수준의 백업 작업에 참여할 수 있는 기능을 제공해야 하며, 이러한 기능은 정상적인 작동에 영향을 미치지 않아야 함을 설명하고 있다.

제어 시스템의 안정적인 운영을 위해 최신 백업의 가용성은 매우 중요하며, 이를 자동화로 구현하게 되면 운영자의 부담을 줄일 수 있습니다. 하지만, 백업시 저장되는 정보들은 보안 통제를 필요로 할 수 있으므로 이러한 점을 고려하여 백업 역량을 설계해야 한다. 민감한 정보나 암호키 등이 포함된 정보를 백업할 때에는 해당 정보의 보안 통제를 유지할 수 있는 메커니즘이 필수적으로 요구된다. 이를 위해 백업 암호화, 민감한 데이터 암호화 등의 기술을 활용할 수 있으며, 암호화된 백업의 경우 암호키를 별도로 안전하게 보관하는 것이 중요하다.

또한, 자원 관리를 통해 백업 작업이 우선순위가 높은 작업을 방해하지 않도록 조치를 취해야 한다. CR 7.3의 요구사항을 요약하면, 컴포넌트에서 시스템 수준의 백업을 지원하는 기능이 구현되어 있어야 함을 의미하며, 백업시 컴포넌트의 통상적인 기능에 영향을 발생시키면 안 되는 것을 의미한다.

CR 7.4 제어 시스템 복구 및 재구성

[KS X 62443-4-2 표준 원문 내용]

요구사항

- 컴포넌트는 중단 또는 장애 후에 알려진 안전한 상태로 복구 및 재구성하는 역량을 제공해야 한다.

근거 및 보충 지침
• 알려진 안전한 상태로 컴포넌트를 복구 및 재구성한다는 것은 모든 시스템 파라미터(디폴트 또는 설정 가능한)를 안전한 값으로 설정하고, 보안-필수 패치를 재설치하고, 보안 관련 구성 설정을 재설정하며, 시스템 문서와 운영 절차를 사용할 수 있으며, 컴포넌트를 재설치하고 설정된 값으로 구성하며, 가장 최신의 안전한 백업을 적재하였으며, 시스템을 완전하게 테스트하여 작동시킨다는 의미이다.

'CR 7.4 제어 시스템 복구 및 재구성' 요구사항은 컴포넌트를 안전한 상태로 복구하고 재구성하기 위한 과정에 대하여 설명하고 있다.

컴포넌트에서 프로세스가 중단 또는 장애 이후에 안전한 상태로 복구 및 재구성하는 기능이 구현되어 있어야 한다. 또한, 컴포넌트를 안전한 상태로 복구하기 위해서는 다음과 같은 단계를 고려해야 한다.

① 시스템 파라미터를 디폴트 값이나 설정 가능한 값 중 안전한 값으로 설정
② 컴포넌트의 보안을 강화하기 위해 보안-필수 패치를 재설치
③ 패치 재설치 완료시, 컴포넌트의 보안 설정을 재설정시켜, 보안에 취약한 설정을 제거하여 보안을 강화
④ 시스템 문서와 운영 절차를 사용하여 컴포넌트를 안전하게 구성
⑤ 컴포넌트를 안전한 상태로 재설치하고 설정된 값으로 구성
⑥ 가장 최신의 안전한 사용 가능한 백업 데이터를 적재하여 필요한 경우 백업에서 데이터를 복원할 수 있도록 지원
⑦ 컴포넌트를 완전하게 테스트하여 작동 상태를 확인하고 안정적인 운영이 가능한지 확인

앞서 설명한 바와 같이 제어 시스템 복구 및 재구성을 위해 시스템 복구 및 재구성 프

로세스를 설계하고, 이를 자동화 시키거나 수동으로 수행할 수 있도록 지원해야 한다는 것이 해당 요구사항의 핵심이다. 이 과정에서 중요한 것은 데이터의 무결성을 보장하는 것이기 때문에, 백업 및 복구 절차는 데이터의 무결성을 유지하고, 장애 상황에서도 데이터의 손상 없이 안전하게 복구될 수 있도록 해야 한다.

CR 7.6 네트워크 및 보안 구성 설정

[KS X 62443-4-2 표준 원문 내용]

요구사항

- 컴포넌트는 제어 시스템 공급자가 제공한 지침에 서술된 권고 네트워크와 보안 구성에 따른 설정 역량을 제공해야 한다. 컴포넌트는 현재 적용된 네트워크와 보안 구성 설정에 대한 인터페이스를 제공해야 한다.

근거 및 보충 지침

- 이러한 구성 설정은 제어 시스템 컴포넌트의 조정 가능한 파라미터이다. 기본적으로 컴포넌트는 권고된 설정으로 구성되어야 한다. 컴포넌트가 승인 및/또는 권고된 구성 설정의 변형을 탐지하고 교정하기 위해서 컴포넌트는 보안 정책 및 절차에 따라 구성 설정의 변경을 모니터링하고 통제할 수 있어야 한다.

'CR 7.6 네트워크 및 보안 구성 설정' 요구사항에서는 제어 시스템 컴포넌트의 조정 가능한 파라미터에 대한 설명과 이러한 파라미터가 권고된 설정으로 구성되어야 함을 설명하고 있다.

컴포넌트가 권고된 구성 설정의 변형을 탐지하고 교정하기 위해서는 보안 정책 및 절차에 따라 구성 설정의 변경을 모니터링하고 통제할 수 있는 것이 매우 중요하다. 이를 위해서는 컴포넌트에서 제공하는 인터페이스를 통하여 사용자들이 컴포넌트가 적절하게 설정되어 있는지 확인할 수 있어야 한다는 것을 의미한다.

CR 7.7 최소 기능

[KS X 62443-4-2 표준 원문 내용]

요구사항

- 컴포넌트는 불필요한 기능, 포트, 프로토콜 및/또는 서비스의 사용을 구체적으로 제한하는 역량을 제공해야 한다.

근거 및 보충 지침

- 컴포넌트는 광범위하고 다양한 기능과 서비스를 제공하는 역량을 가진다. 제공되는 기능과 서비스 중 일부는 IACS 기능을 지원하는데 필요하지 않을 수도 있다. 그러므로 기본적으로 기본 구성설정 이외의 기능은 비활성화 하여야 한다. 추가적으로 제어 시스템의 단일 컴포넌트에서 여러 가지 서비스를 제공하는 것이 편리하지만, 그렇게 하는 경우 단일 컴포넌트가 제공하는 서비스의 제한과 비교하여 위험이 증가한다.

'CR 7.7 최소 기능' 요구사항에서는 제어 시스템 컴포넌트의 기능과 서비스를 관리하는 중요성에 대하여 설명하고 있습니다.

컴포넌트는 다양한 기능과 서비스를 제공할 수 있으며, 그중 일부 기능과 서비스는 산업제어시스템에서 요구하는 기능을 지원하는 데 필요하지 않을 수 있다. 그러므로, 컴포넌트는 기본 구성 설정 이외의 기능은 비활성화시켜 제한하는 것이 좋으며, 해당 요구사항에서는 비활성화 시키는 기능의 제공을 요구하고 있다.

또한, 제어 시스템상의 단일 컴포넌트에서 여러 가지 서비스를 제공하는 것은 편리할 수 있으나, 이 경우 단일 컴포넌트가 제공하는 서비스의 제한과 비교하여 위험이 증가하게 된다. 따라서 모든 서비스가 단일 컴포넌트에서 제공되는 것이 아니라, 기능과 서비스를 분리하고 분산시키는 것이 더욱 안전하다. 이럴 경우, 단일 컴포넌트의 장애나 침해가 전체 시스템에 영향을 미치는 것을 방지할 수 있다. 예를 들어, 사용자 매뉴얼에 PLC에서 제공하는 추가적 기능인 P2P, 고속링크, 고속카운트 등의 기능을 사용하기 위해선 해당 기능을 설정해야 하는 것으로 확인되고 있는 상황에서는, 기본값이 'DISABLE'이고 필요시 설정을 통해 'ENABLE' 할 수 있다면 해당 요구사항을 충족하는 것으로 판단할 수 있다. 그러나, 사용자 매뉴얼 상에 존재하는 기능 이외의 실행되고 있는 서비스 중, 필수적으로 필요하지 않은 기능 및 서비스가 존재하는 경우라면 해당하는 내용을 상세히 확인할 필요가 있으며, 필요시에는 해당 기능 및 서비스를 'DISABLE' 시키는 기능을 제공할 수 있어야 한다. 따라서, 컴포넌트는 사용 가능한 기능, 포트, 프로토콜 및 서비스를 구체적으로 정의하고, 이를 관리하는 방법을 제공할 수 있어야 한다.

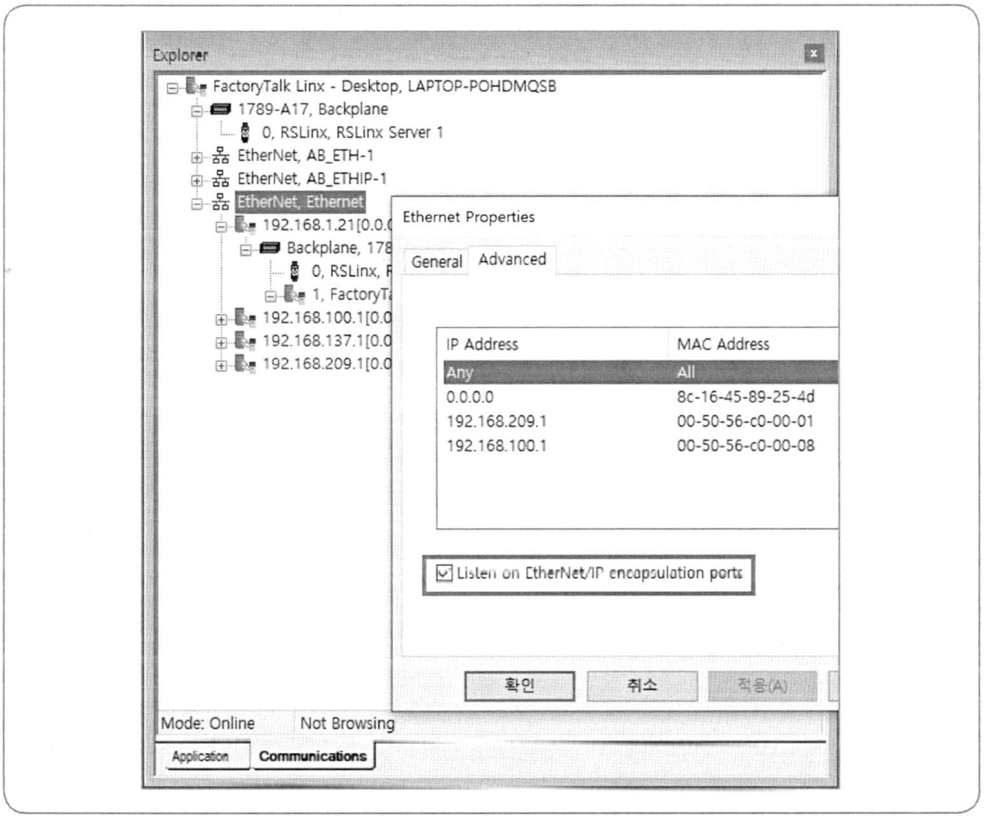

[그림 2-31] PLC에서의 최소 기능 제공 예시

Summary

1.8절의 FR-7 자원 가용성의 목표는 컴포넌트가 여러 가지 유형의 서비스 거부 이벤트에 대응하여, 다양한 수준에서 기능의 일부 또는 전체적인 비-가용성을 포함하여 복원성을 유지하도록 보장하는 것이며, 특히 컴포넌트 내에서 발생하는 보안 사고가 필수 기능이나 다른 안전 관련 기능에 영향을 미치지 않도록 보장하는 것이다. 즉, 컴포넌트의 안전성과 보안성을 모두 고려하여, 서비스가 중단되지 않도록 하는 것을 목표로 하는 것을 의미한다.

CHAPTER 3

제조 및 개발 보안 국제 표준 적용을 위한 컴포넌트 제품 개발 가이드

– 컴포넌트 제품 시험평가

1. 산업제어시스템 보안 국제 표준 국내외 인증 및 국내 환경 변화
2. 산업제어시스템 컴포넌트 보안 시험평가 절차
3. 산업제어시스템 컴포넌트 보안 시험평가 기준 해설

1 산업제어시스템 보안 국제 표준 국내외 인증 및 국내 환경 변화

전체적으로 "Chapter 3. 제조 및 개발 보안 국제 표준 적용을 위한 컴포넌트 제품 개발 가이드 – 컴포넌트 제품 시험평가"는 3개의 부분으로 구성되며, IEC 62443 표준에 관련된 평가 및 인증과 이에 따른 국내 환경의 변화, 표준에 따라 개발된 컴포넌트의 보안 시험평가 절차, 그리고 4-2 표준에서 정의되었던 컴포넌트 보안 요구사항에 대한 평가 기준에 대하여 설명과 해설을 진행하려고 한다.

이번 장은 IEC 62443 표준의 '보안 평가 방법론' 중, 컴포넌트 제품에 대한 보안 평가를 다루는 '컴포넌트 보안 평가 방법론'에 대하여 설명을 진행하고자 한다. 보안 평가 관련한 작성중인 표준 문서에 대해서는 Chapter 1에서 간단하게 소개하였으나, 이번 Chapter 3을 통하여 평가 방법 및 절차 등에 대한 세부적 소개와 4-2 표준에 따라 개발된 제품의 보안 평가에 대한 설명을 진행하겠다.

1.1 시험평가의 필요성 및 인증제도

기존의 산업제어시스템을 포함한 다양한 기업의 제품 개발의 프로세스는 ISO 9000 시리즈의 표준에 따라 품질을 중심으로 적용하여 왔다. 최근 들어 제어 및 제조/생산 시스템들이 자동화 및 컴퓨터화, 내외부 네트워크 연동 등을 통하여 새로운 제조 및 제어 시스템 환경에서의 안전 및 보안 등은 새로운 국면을 맞이하고 새로운 환경으로 발전하게 되었다. 또한, 모바일 환경의 발전 및 전환과 안전사고 예방, 인력 감면 등의 다양한 경영 이슈들과 맞물려 생산 및 제조환경의 모습은 빠르게 변화가 되고 있다.

여기서는 '왜? IEC 62443에서 컴포넌트 제품에 대한 시험평가가 필요한지'와 '관련 국내외 시험평가 및 인증제도', '이러한 시험평가가 도입되었을 경우 어떠한 이익이나 변화가 생길지' 등에 대하여 간단하게 살펴보고자 한다.

1.1.1 시험평가 및 인증의 필요성

최근 다양한 산업제어시스템, 금융서비스, 일반기업 등을 대상으로 발생하는 해킹사고나 안전사고, 또는 코로나와 같은 기타 자연 발생적인 재해 등으로 인하여 물질적, 금전적 피해 발생과 이로 인한 부가적인 문제 발생 등에 따라 막대한 피해가 발생하고 있다. 예를 들어, 제조 및 생산 시설 등에 대한 해킹 또는 랜섬웨어와 같은 비이리스 공격 등을 통한 생산의 지연 및 중단과 장비의 오류 등을 통한 불량 발생 증가 또는 인명사고 등은 기업들의 입장에서 막대한 피해로 연결된다. 간단한 예로써 포항제철소의 용광로 수리를 위해 사용을 중단시키지 못하고, 용광로 온도를 최소로 낮추어 보수 공사를 진행하고 있는 것이 현실이다. 또한, 최근의 2020년부터 시작된 코로나 팬데믹과 더불어 현대자동차를 비롯한 수많은 자동차 회사에 대한 부품의 공급 차질은 국내외적으로 자동차 생산의 막대한 피해를 발생시키고 있으며, 이를 통한 직간접적인 사회적 피해는 산술적으로 정의하기 불가능하다 할 수 있다. 이러한 장비, 장치, 또는 시스템 등에 대한 안전성, 기능성, 기타 성능의 증명을 위하여 다양한 시험평가 제도와 인증제도가 활성화되어 왔으며, 최근 보안 분야에 대한 시험평가 및 인증은 매우 중요한 요소로써 자리 잡고 있다.

제어 시스템과 관련한 생산 및 제조산업 분야에서의 보안에 관련된 시험평가 및 인증 등에 대한 이슈와 필요성은 산업계 전반에 걸쳐 매우 중요한 요인으로 대두되고 있으며, 특히 국내에서의 이러한 상황은 크게 3가지의 변화와 함께 감지되고 있다. 이는 글로벌 제조산업 및 환경이 점차 정보통신 기반 기술 적용으로 인하여 편리성과 위협이 동시적 증가에 따른 변화, 국내의 제한적 시장환경을 극복하고 해외 진출을 위한 신규 공급망 확대의 필요, 끝으로 이러한 개발 및 제조산업에 대한 정부 정책의 변화를 들 수 있다.

1) 글로벌 산업환경의 변화

- 정보통신 기반의 첨단 산업제어 및 제조환경(네트워크, 인터넷, 클라우드 연동)으로 전환
  다양한 경제적, 사회적 요구의 증가와 더불어 정보통신 기술의 도입, 이에 따른 생산성 향상, 제조 및 생산 기술 고도화, 품질 향상 등은 기존 제조환경에서 첨단 제조환경으로의 변화 요인으로 작용하고 있으며, 이로 인하여 새로운 제조산업의 환경으로의 변화 시도가 진행되고 있다.
- 위협 및 산업 재해(예: 해킹 공격, 안전사고 등)의 증가
  정보통신 기술과 네트워크 기반의 관리 및 통제 방식의 도입에 따라 일반적인 물리적 공격 형태에서 첨단 방식을 통한 다양한 해킹 위협과 사이버 테러 등이

증가하고 있으며, 이는 단순한 위협이나 공격의 양상을 벗어나 사이버 테러와 산업재해 (예: 오작동 유발에 의한 인명사고 등) 발생의 새로운 문제로 확대되고 있다.

- 제한적 공급 및 수요 시장에서 글로벌 시장 및 공급망으로의 확대

  정보통신기술을 통하여 물류 서비스의 확대로 인한 로컬 생산 및 수요 시장의 규모에서 다국적 생산/소비 및 국가간 무역 확대, 글로벌 제조시설 증가 등에 대한 포괄적이고 통합적인 통제 관리를 위하여 공급되는 모듈, 부품, 제품 및 시스템 등의 신뢰성 확보를 위하여 최소한의 '보증' 개념의 요구사항이 발생하고 있다.

2) 국내 기업의 인식 변화

- 글로벌 시장 확대를 위한 해외 기업과의 연계 및 진출

  자원, 부품, 제품의 글로벌 공급과 수요 시장의 세계화에 따라 국내 중소형 기업이 해외 시장의 진출을 진행하고 있으며, 글로벌 수요기업들은 안전한 제품 수요를 위하여 공급받는 제품 및 솔루션 등에 대한 품질, 성능, 보안 및 안전 등에 대한 요구사항을 제시하고 있다.

- 안전한 제품 공급망의 확보 및 유지의 강화

  산업 자동화 및 제어 시스템 환경하에서의 제품 생산 및 개발은 제품의 품질 향상과 생산성 향상 등에 대한 장점을 기업들에 제공하고 있으나, 이는 또한 해킹, (안전) 사고 및 기타 문제 발생의 소지를 제공하기도 한다. 이러한 해킹 및 사이버 공격 등의 위협 증가는 제조산업 환경의 생산 지연 및 중단을 유발하며, 불안전한 공급은 수요기업들에 대한 공급사에 대한 신뢰성 하락과 안전하고 신뢰할 만한 공급기업에 대한 새로운 공급망 구축 고려하게 만든다.

3) 정부의 정책 변화

- 국가기반산업시설 및 제어 시스템의 보안 및 안전을 위한 정부 차원의 대응 전략 수립
  사이버 테러 위협 발생과 해킹 등의 침해 공격 등에 따른 국가기반산업시설들에 대한 보호와 안전관리 등을 위하여, 공급되는 부품, 제품, 솔루션 등에 대한 전반적인 공급체계의 관리 정책 수립과 안전한 제품 개발에 대한 신뢰성 확보를 위하여 국제 표준기반의 도입에 관한 움직임과 관련 정책의 변화가 발생하고 있다.
- 스마트 제조사업(스마트공장) 전환을 위한 정책 및 지원 확대
  기존 중소 제조산업 시설 및 환경에 대한 정보통신 기술 도입 장려와 다양한 정부 지원사업 등을 통하여 중소 생산 및 개발 기업에 대한 스마트공장으로의 전환을 장려하고, 이를 통하여 기존의 해킹 등의 위협을 최소화하며 대응할 수 있는 능력을 강화하려는 정책들이 마련되고 있다. 이는 전반적인 국내외 산업 구조의 변화를 위한 요인으로 국내뿐만 아닌 다양한 국가들이 이에 대한 정책적 지원을 마련하고 있다.
- 정보통신 기술 기반의 IT + OT 융합 환경으로의 전환 및 세계화 참여
  산업제어 및 제조 시설들에 대한 첨단 기술(예: 로봇을 통한 생산 및 제어 등) 도입과 보안 위협 대응 기술(예: IPS[38], IDS[39]) 등의 확대 적용 등을 통하여 잠재적 위협 요소의 제거와 선제적 위협 발생의 대응 등을 통한 산업 및 제어 시스템 보호에 대한 정책적 변화가 발생하고 있다.

위에서 설명한 각각의 변화 및 관련 요인들은 제품들을 공급받는 일반기업, 자산의 소유자, 정부기관들의 입장에서 국제 표준의 적용과 이에 대한 시험평가 또는 인증

38) IPS(Intrusion Protection System, 침해 대응 시스템)
39) IDS(Intrusion Detection System, 침해 탐지 시스템)

등의 요구를 발생시키는 원인이라 할 수 있다.

이러한 변화 및 요인들은 국내외 제조환경, 제조 및 통제·관리시스템, 생산 장비, 모듈 및 부품, 소프트웨어 솔루션 등의 기업들 및 생산 제품들에 대한 신뢰성 향상을 요구하는 원인이기도 하다. 또한, 제품들에 대한 시험평가 및 인증(서)들은 해당 제품을 생산 및 개발하는 기업들에 대한 가치 및 신뢰성 상승에 기여하고, 안전한 제품의 공급과 해당 제품의 적용을 통한 시스템 등의 구축은 사이버 테러 등에 대한 대응 능력과 산업 재해 및 안전사고 발생을 최소화할 수 있는 방법이라 할 수 있다.

1.1.2 IEC 62443 국내외 시험평가 및 인증 제도

세계적으로 사용되고는 대다수의 양산 제품에 대한 개발 및 생산은 국가간의 호환 사용 등을 위하여 국제 표준에 기반하여 만들어지고 있으며, 이러한 표준의 적용 준수 여부 등의 확인을 위하여 많은 시험 및 인증기관들이 존재하고 있다. 또한, 이들을 통하여 제품들은 그들의 표준적용 유무, 성능, 안전성, 기능성 등 다양한 부분에 대한 시험평가와 시험성적서를 제공받고 있으며, 일부의 경우는 인증 프로세스 등을 통한 인증 진행과 인증서를 제공받기도 한다. 대표적으로 알려진 정보통신 보안에 관련된 시험평가 및 인증제도로써 공통평가기준(CC: Common Criteria)가 있으며, 이에 대한 시험평가기관의 인정에 대한 ISO 17025 등을 들 수 있다. 이들은 국제적으로 상호 인정을 위하여 마련된 제도로써 각 시험기관의 성적서, 인증기관들의 인증서 등은 제도에 참여한 국가의 별도 시험평가 또는 인증을 필요로 하지 않고 있다. 국내외의 유명 시험기관 또는 인증기관들로는 국내에도 많이 알려진 독일의 TÜV[40], 프랑스의

40) TÜV(Technischer Uberwachungs Verine. e.V, 독일기술검사협회): 안전, 보안, 산업 등 전 산업 분야에 대한 시험평가, 인증, 심사, 자문 등의 글로벌 서비스 제공 기관

Thales[41], 스위스의 SGS[42], 미국의 UL[43] 등을 들 수 있으며, 국내의 경우는 한국산업기술시험원(KTL) 이나 한국기계전자시험연구원(KTC) 등을 들 수 있다.

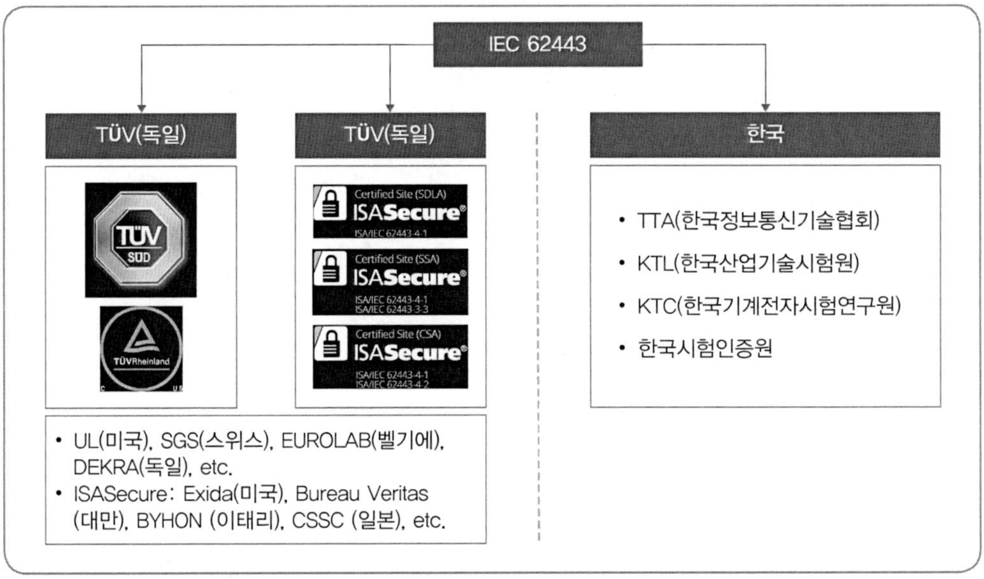

[그림 3-1] 국내외 IEC 62443 시험평가 및 인증 서비스 기관

IEC 62443 표준 또한 표준의 적용과 이에 대한 시험평가 및 확인 검증 등을 위하여 일부 글로벌 시험평가 및 인증기관들이 준비하여 진행하고 있으며, 국내의 시험평가 기관들 또한 이러한 제품들의 출시에 따른 보안 시험평가 수행을 위하여 준비를 진행하고 있다.

여기서는 IEC 62443 산업 자동화 및 제어 시스템의 보안 적용에 관련된 시험평가 진행과 인증 등에 대한 국내외 주요 시험기관들을 간략하게 소개하고자 한다.

41) 종합전기 제작회사로 가전, 교통, 우주 항공, 정보통신 등의 생산과 산하의 시험기관을 보유한 그룹
42) 농업, 건설, 에너지, 제조, 오일/가스, 환경, 의료 등에 대한 글로벌 품질검사 및 시험인증 서비스 기관
43) UL(Underwriter's Laboratories) 미국 보험협회가 설립한 안전 및 인증 등에 관련한 시험평가기관

해외의 IEC 62443 시험평가 및 인증 서비스는 크게 유럽지역과 북미지역으로 구분할 수 있다. 유럽의 경우는 독일의 TÜV가 중심이 되어 진행하고 있으며, 북미의 경우는 미국의 ISA가 중심이 되어 진행하고 있다.

국가별 시험평가 기관 독일

특히, 독일의 TÜV는 IEC 62443에 따른 인증을 최초로 제공한 회사로 알려져 있으며, TÜV 그룹에 속하여 있는 3개의 시험평가 및 인증기관(SÜD, Rheinland, Nord)들 모두가 참여와 준비를 진행하고 있다. 그 외 스위스의 SGS, 벨기에의 EUROLAB[44], 독일의 DEKRA[45] 등이 시험평가 및 인증 기관들이 참여를 준비하고 있는 것으로 확인된다. 이러한 유럽 및 독일 시험평가 및 인증 서비스 기관들의 빠른 움직임은 앞서 설명한 이란의 원자력 발전소에 대한 스턱스넷 해킹 공격과 관련되어 있다고 알려져 있으며, 공격 대상이었던 발전소의 제어장치(예: PLC) 및 통제·관리시스템 등이 독일의 지멘스사(SIEMENS)의 것으로 밝혀졌다. 이는 제어 시스템 및 장치의 제조 및 개발, 구축 등을 진행하는 기업 입장에서 막대한 이미지 훼손과 부가적인 시장 피해를 발생시킬 수 있는 매우 중요한 이슈 사항으로 자사의 제품에 대한 보안 신뢰성의 확보가 되지 않을 경우, 향후 제어 시스템 산업의 시장 참여에 대한 막대한 지장을 초래할 수 있음을 보여주는 사례이다. 현재 지멘스는 자사의 제품 및 개발 프로세스 등에 대하여 IEC 62443 표준의 준수와 적용을 적극적으로 진행하고, 생산 시설 및 공정 등에 대하여도 시험평가 및 인증을 독일의 시험평가 및 인증기관인 TÜV와 함께 진행하고 있다. 또한, 현재 글로벌 제어 시스템 및 제어장치 개발 기업으로써는 선두적으로 IEC 62443 표준을 적용하고 표준 적용 및 확대를 이끌고 있으며, 이러한 이유에 독일의 TÜV 또한 유럽지역 내에서 시험평가 및 인증 진행에 대한 선두 기관으로 알려져 있다.

44) 항공, 자동차, 방위산업, 의료, 에너지산업, 소비재 등의 시험평가를 위한 글로벌 시험평가 기관
45) 안전, 환경, 보건 등의 시험 및 검사 인증 등에 대한 글로벌 서비스 제공 기관

[그림 3-2] TÜV Rheinland IEC 62443 시험성적서 및 인증서 사례 〈출처: TÜV Rheinland〉

국가별 시험평가 기관 미국

북미지역의 산업 관련 표준은 주로 미국을 중심으로 진행하고 있으며, 특히, 미국의 산업 관련 조직인 ISA가 ISO 및 IEC 등의 국제표준을 자국의 표준으로 변경 및 등록하는 관련 업무를 담당하고 있다고 할 수 있다. 또한, ISA는 자동화 및 제어 시스템 등의 전반적인 산업에 관련된 표준 및 표준화 업무를 담당하고 있으며, IEC 62443의 표준에 대한 주요 업무를 담당하고 있다. IEC 62443 표준을 자국 대응 표준화(ISA 62443)하여 등록 및 관리를 하고 있으며, 일부의 내용은 자국 산업 및 현장에 적합하게 수정 및 보완을 진행하여 배포관리 하는 등의 업무를 담당한다. 참고적으로, 일반적으로 알려진 미국의 공식 표준기관인 ANSI(American National Standards Institute, 미국표준협회)는 국제 표준의 전반적 업무 등을 전문으로 진행하는 협회이며, NIST(National Institute of Standards and Technology, 미국표준기술연구소)는 자국 내에서 필요한 전반적인 표준 등의 개발을 위한 연구조직으로 일부의 역할은 중복된다고도 할 수 있으나, 각각의 기관들은 개별적인 역할을 수행하고 있다. 주로 ISA는 산업 자동화에 관련된 ISO 또는 IEC의 표준의 관리 및 표준화 활동을 담당하고 있으며, 타 국가들이 표준의 업무를 진행하는 방식과는 조금 차이가 있다고 할 수 있다. 그 외 기타 대부분의 국가는 정부기관의 대표 표준기관과 그 예하의 협회 등을 통하여 전반적인 표준의 제안, 개발, 관리와 관련 활동을 진행하고 있다. 참고로 한국의 경우, 산업통상자원부 예하에 "국가기술표준원(KATS)"가 있으며, 그 예하에 "표준협회(KSA)"가 있어서 국가 표준업무의 대표기관과 실무 조직의 형태로 운영되고 있다.

미국의 ISA를 통한 ISA 62443 표준에 대한 시험과 인증 또한 독일의 TÜV가 진행하는 방식과는 조금 다른 형태를 가지고 있다. 독일의 TÜV의 경우, TÜV 자체가 시험평가 기관인 관계로 IEC 62443에 관련된 시험평가 진행하고 있으며, 필요한 인증 서비스의 경우 또한 자체적으로 진행하고 있다. 반면에 미국의 ISA의 경우는 직접적인 시험 진행을 하는 것이 아니라, ISA SCI라는 별도의 비영리 기관을 통하여 "ISASecure"라는 별도의 인증프로그램 체계를 구축하여 인증 서비스를 제공하고 있으며, 그 예하에 별도의 인증기관(CB, Certification Body)와 시험평가기관을 등록 지정하여 시험평가 및 인증을 진행하는 방식을 가지고 있다. 현재 ISASecure에 등록되어 있는 인증기관들은 시험기관들을 겸하고 있으며, 시험기관들을 통한 시험평가 진행과 이를 통한 개별 기관들의 인증을 진행하고 있다. 또한, ISA의 인증프로그램에 참여하고 있는 글로벌 시험평가 및 인증기관들의 모든 지역 시험기관들이 인증기관의 역할을 수행하는 것은 아니며, 시험만 가능한 지역 시험소의 경우 시험평가만을 진행하고 인증서 발행 및 관리는 인증이 가능한 시험소[46]를 통하여 인증을 진행한다.

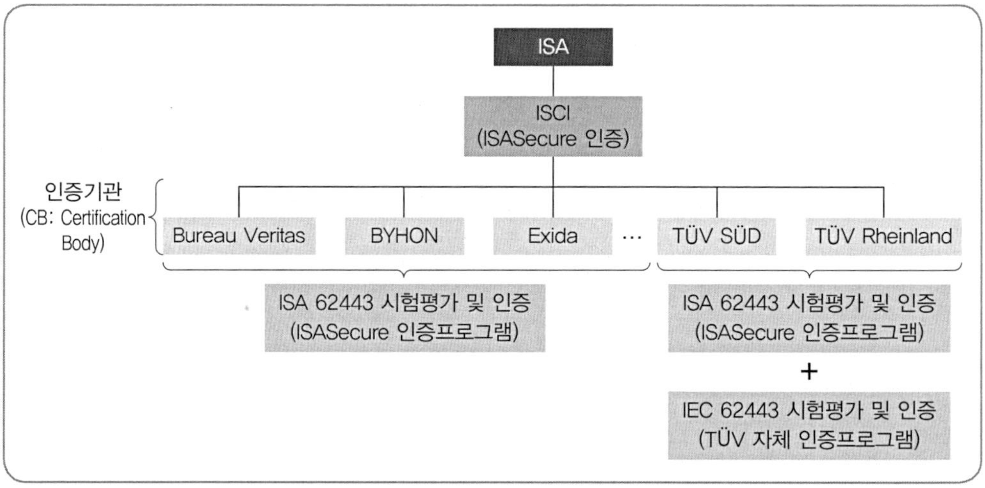

[그림 3-3] ISASecure 인증프로그램 구성

현재 ISASecure 인증프로그램에 등록되어있는 글로벌 시험기관(로컬 시험소) 및 인증기관은 "Bureau Veritas(타이완)", "BYHON(이탈리아)", "Control System Security Center(CSSC) Certification Laboratory(일본)", "Exida(미국)", "FM Approvals(미국)", "TÜV SÜD(독일)", "TÜV Rheinland(독일)" 등이 있으며, 자세한 사항은 ISASecure 홈

46) 여기서 시험소는 글로벌 시험기관의 로컬 브렌치 시험소를 의미하며, 각각의 시험소는 등록 여부에 따라, 인증서 발행 가능 또는 시험평가 가능 등의 차별이 발생한다.

페이지[47]를 참조하기 바란다.

[ISA SCI의 ISASecure 인증프로그램]

ISCI(ISA Security Compliance Institute)가 제공하는 ISASecure 인증프로그램은 3개의 별도 인증으로 구분되며, ISASecure.org를 통하여 확인이 가능하다.

- SDLA(Security Development Lifecycle Assurance): 컴포넌트 또는 제품 공급자에 대한 보안 개발 생명주기에 연관되는 ISA 62443-4-1 표준의 요건 충족 여부를 인증하는 프로그램
- SSA(System Security Assurance): 산업 자동화 및 제어 시스템에 관련된 ISA 62443-3-3 표준의 요건 충족 여부와 ISA 62443-4-1 표준의 SLDA 프로그램에 따라 개발되었음을 인증하는 시스템 보안 관련 보증 프로그램
- CSA(Component Security Assurance): 컴포넌트 또는 제품이 ISA 62443-4-1의 SLDA 프로그램에 따라 개발되었으며, ISA 62443-4-2에서 제시하는 컴포넌트 보안 요구사항을 충족하고 있는지에 대한 컴포넌트 보안 보증 프로그램. 여기에 해당하는 컴포넌트는 4-2 표준에서 언급되는 Embedded Devices, Host Devices, Network Devices 및 Software Applications를 의미한다.

Certified Site (SDLA) ISASecure® ISA/IEC 62443-4-1

Certified Site (SSA) ISASecure® ISA/IEC 62443-4-1 ISA/IEC 62443-3-3

Certified Site (CSA) ISASecure® ISA/IEC 62443-4-1 ISA/IEC 62443-4-2

〈출처: ISASecure〉

앞서 설명한 독일의 TÜV에서 진행하는 시험 및 인증과 미국의 ISA에서 진행하는 시험 및 인증은 동일한 국제 표준인 IEC 62443을 근간으로 하고 있으나, 별도의 시험평가 체계와 인증 체계를 유지하고 있다. 현재까지는 IEC 62443의 기업 및 시스템, 제품

47) https://isasecure.org/certification/certification-bodies

개발 등에 대한 도입 및 적용의 초기 단계이므로 대륙간의 다른 체계를 유지하고 있다고 보이나, 표준적용의 확대와 개별 산업군 제품들에 대한 본격적인 적용의 확산에 따라 새로운 시험평가 및 인증 체계의 마련이나 기존의 다른 글로벌 시험인증 체계(예: CC 인증)처럼 상호 연계 및 합병 등을 통한 글로벌 통합 시험평가 및 인증 제도로 재편될 것으로 판단된다. 이는 현재로써는 속단하기 어려운 사항이나, 지금까지의 진행 상황을 살펴보면 어느 특정 시점(예: 시험평가 및 인증의 불편성 증가, 글로벌 호환 시험 및 인증 체계의 필요성 증가, 시험 및 평가 기간 단축 및 비용 절감 등)에는 통합된 단일화된 모습의 제도로 발전할 가능성이 매우 높다고 할 수 있다.

기타 미국 및 유럽의 시험평가 및 인증기관들 중, IEC 62443 표준에 대한 시험평가 및 인증을 준비하고 있는 기관들이 다수 있는 것으로 조사되고 있으나, 이에 대한 세부 사항은 현재까지 공개된 것이 없으므로 추가적인 관련 사항의 확보시, 별도 공지할 수 있도록 할 예정이다.

국가별 시험평가 기관 한국

국내의 IEC 62443(KS X IEC 62443) 표준에 대한 시험평가가 가능한 자격을 갖춘 기관은 현재 4곳[48)]의 시험기관으로 확인되고 있으며, KTL(한국산업기술시험원), KTC(한국기계전자시험연구원), TTA(한국정보통신기술협회), KC(한국시험인증원) 등이 있다. 2020년 국가기술표준원으로부터 IEC 62443 표준의 국내 대응 표준인 KS X IEC 62443 제정을 기점으로 국내 시험평가에 대한 이슈와 논의들이 시작되었으며, 현재까지 국내 4개의 공공 및 민간 시험기관이 해당 표준에 대한 시험평가를 진행할 수 있는 시험평가 자격을 보유하고 있다고 조사되었다. 이 기관들은 국제공인시험기관 인정 자격인 KOLAS[49)]과 IEC 62443(KS X IEC 62443)의 표준에 대한 시험평가 자격 또

48) 2023년 9월 현재 기준
49) KOLAS (Korea Laboratory Accreditation Scheme, 한국인정기구)

한 동시에 보유하고 있는 기관들이다. 특히, KTC(한국기계전자시험연구원)의 경우는 KS X IEC 62443 시험평가 진행을 위한 "소프트웨어융합센터"를 내부에 정식으로 확대 개설하여 시험평가 및 성적서 발행을 위한 체계를 마련하였다.

IEC 62443 시험평가 및 인증 가능 범위 - 국내외 기관

앞서 설명한 국내외 시험평가 및 인증 서비스 기관들은 IEC 62443 시리즈 전반에 대한 시험평가 및 인증 서비스를 지원하지는 않으며, 현재 그들이 진행 가능한 시험평가 및 인증 서비스의 범위는 [표 3-1]과 같다.

- TÜV(SÜD, Reinland)의 경우, IEC 62443 표준중, 2-4 및 4-1 표준에 대하여 시험평가와 인증 서비스를 제공하며, 3-3 및 4-2 표준에 대하여는 시험평가만을 진행할 수 있다.
- ISA(International Society of Automation)은 ISASecure를 통하여 3-3, 4-1, 4-2 표준에 대한 인증 서비스를 제공하고 있으며, 시험평가는 지정된 시험평가기관을 통하여 진행하고 있다.

그 외, 미국의 UL, 스위스의 SGS, 벨기에의 EUROLAB, 독일의 DEKRA 등의 민간 시험기관들 또한 CC 평가 및 국제 공인시험평가 기관의 자격을 보유하고 있으며, IEC 62443 시험평가에 참여를 준비하고 있다고 조사되나 자세한 시험평가의 범위에 대하여는 현재 공개되어 있지 않다.

- TTA(한국정보통신기술협회)은 정보통신관련 민간협회로써 CC 평가 및 KOLAS 시험평가 기관으로 4-2 표준에 대한 시험평가의 자격을 보유하고 있다.
- KTL(한국산업기술시험원)은 정부산하 공공 시험기관으로 일반적 시험평가 및 KOLAS 시험평가 기관으로 2-4, 3-3, 4-1, 4-2 표준에 대한 시험평가 자격을 보유하고 있다. 현재 국내 시험평가기관으로써는 가장 폭넓은 IEC 62443의 시험

평가가 가능한 시험기관이다.

- KTC(한국기계전자시험연구원)은 재단법인 시험기관으로 CC 평가 및 KOLAS 시험평가 기관으로 4-2 표준에 대한 시험평가 자격을 보유하고 있다.
- KC(한국시험인증원)은 민간 시험평가 기업으로 CC 평가 및 KOLAS 시험평가 기관으로, 3-3, 4-1, 4-2 표준에 대한 시험평가 자격을 가지고 있다.

[표 3-1] IEC 62443 관련 시험평가 및 인증 서비스 제공 범위

기관명	시험평가/인증 범위	비고
TÜV (SÜD, Reinland)	IEC 62443-2-4 (Eval. & Cert.) IEC 62443-3-3 (Eval.) IEC 62443-4-1 (Eval. & Cert.) IEC 62443-4-2 (Eval.)	• TÜV(Nord)도 시험평가/인증에 참여 검토중인 것으로 확인
ISA-Secure (International Society of Automation)	IEC 62443-3-3 (Cert.) IEC 62443-4-1 (Cert.) IEC 62443-4-2 (Cert.)	• 시험은 별도 지정 시험기관을 통하여 진행
UL(미국), SGS(스위스), EUROLAB(벨기에), DEKRA(독일), 등		• 시험 및 인증 서비스 • 민간 시험평가/인증기관
TTA (한국정보통신기술협회)	IEC 62443-4-2 (Eval.)	• 민간협회 • CC & KOLAS 평가기관
KTL (한국산업기술시험원)	IEC 62443-2-4 (Eval.) IEC 62443-3-3 (Eval.) IEC 62443-4-1 (Eval.) IEC 62443-4-2 (Eval.)	• 정부산하 시험기관 • KOLAS 평가기관
KTC (한국기계전자시험연구원)	IEC 62443-4-2 (Eval.)	• 재단법인 시험기관 • CC & KOLAS 평가기관
KC (한국시험인증원)	IEC 62443-3-3 (Eval.) IEC 62443-4-1 (Eval.) IEC 62443-4-2 (Eval.)	• 민간 시험평가 기업 • CC & KOLAS 평가기관

〈2023년 9월 기준〉

IEC 62443 표준에 관련된 국내의 시험평가 정책 및 동향 변화에 대한 내용은, '1.3 국내 도입 관련 환경의 변화'에서 자세하게 설명하도록 하겠다.

1.2

국내외 시험평가 및 인증 사례

앞 절, '1.1 시험평가의 필요성 및 인증제도'에서 IEC 62443의 시험평가 기관들과 인증 등에 대한 전반적인 현황들을 살펴보았다. 조금 복잡하게 보이기는 하지만 간단하게 소개만을 한 수준으로 정리하였으며, 이러한 시험평가 및 인증 체계의 구성은 향후 IEC 62443에 대한 시험평가 및 인증 환경의 변화를 예측할 수 있는 요소로 판단되며, 글로벌 제조 및 개발 기업들의 관점에서 보안의 중요성을 인식하고 변화의 단계로도 볼 수 있다.

이번 절에는 산업 자동화 및 제어 시스템 보안에 관련된 IEC 62443의 시험평가 및 인증 사례에 대하여 살펴볼 예정이다. 국내외에서 시험평가 및 인증 등에 대한 사례를 통하여 향후 기업들이 시험평가 진행에 있어서의 내부적 시험평가 및 인증 취득 등에 대한 개념 정립과 추진 전략을 수립하는데 도움이 될 것으로 보인다.

IEC 62443 산업 자동화 및 제어 시스템 보안에 대한 시험평가 및 인증의 시작은 그리 오래되지 않았으며, 이제 태동기의 단계라고도 할 수 있다. 방대한 제조 산업의 환경하에서 일부 글로벌 제어 시스템 및 장비업체들이 시작하고 있으며, 이러한 시작은 곧 국내외 중소 및 중견 기업들까지에게도 영향을 미치리라 판단된다. 이는 곧 쓰나미와 같이 빠르게 다가올 것이며, 준비되지 못한 기업들은 이러한 환경의 변화에 대응하지 못하고 쓰러질 수도 있을 것이다. 그러므로, 어렵겠지만 한 발짝 앞선 검토, 준비, 대응 전략의 수립이 필요하며, 이는 곧 기업의 생존을 사수하는 방법이 될 것이다.

IEC 62443 표준에 대한 국내 시험평가 및 인증 사례에 대하여 살펴보면, 국내 기업들은 2022년도까지 IEC 62443-4-2에 관련된 컴포넌트 또는 제품들에 대한 시험평가가

[그림 3-4] LS 일렉트릭의 IEC 62443-4-1 인증 획득 사례 〈출처: TÜV SÜD Korea〉

이루어진 사례가 없는 것으로 조사되었으며, 2023년 2월에 LS 일렉트릭이 IEC 62443-4-1 SPDL에 대한 인증을 획득하였다고 발표되었다. LS 일렉트릭이 획득한 4-1 인증은 앞 절에서 설명한 독일의 시험평가 및 인증기관인 TÜV SÜD를 통하여 진행되었으며, R&D 연구개발 부분에 대한 프로세스 보안 인증을 획득하였다. 그 외 해외 기업들이 국내 진출을 위하여, 해외 시험평가 기관들을 통한 인증을 받은 제품을 국내에 들여오는 경우가 일부 있으며 지속적으로 증가하고 있는 추세이다.

해외의 경우는 국내보다는 활발한 IEC 62443에 대한 유사 사례가 존재하고 있으며, 지속적으로 증가하고 있는 추세라 할 수 있다. ([부록 3] ISA ISCI 발표 IEC 62443-4-2 제품 목록 참조)

앞 절, '1.1 시험평가의 필요성 및 인증제도'에서 소개한 유럽 및 미국의 시험평가 기관과 인증기관들을 통하여 IEC 62443에 대한 시험평가 및 인증 진행 사례들이 다수 있으나, 여기서는 미국의 산업 자동화 및 디지털전환 기술 제공 전문기업인 Rockwell Automation사에서 진행한 제품에 대한 인증 사례에 대하여 설명하도록 하겠다. 이 사례들 이외에 다양한 시험평가 및 인증 사례들이 존재하며 필요시, 해당 시험기관 또는 인증기관의 인증서 및 성적서를 참조하면 좋을 듯 하다.

[Rockwell Automation사의 제품 인증 사례]

2019년 4월, 미국의 산업자동화장치 및 시스템 전문기업인 Rockwell Automation사는 독일의 시험평가 및 인증기관인 TÜV Rheinland사를 통하여 자사의 PLC(Programmable Logic Controller) 제품인 "ControlLogix 5580" 컨트롤러 패밀리[50]에 대한 시험평가 및 시험인증을 진행하였다. 해당 제품에 대한 IEC 62443 시험평가 및 인증의 범위는 4-1 개발 프로세스 표준(2018)과 보안 수준(SL) 1등급에 해당하는 4-2 컴포넌트 보안 요구사항(2019)로 정의하였으며, 4-2 표준을 적용한 최초의 시험평가 및 인증을 획득한 컨트롤러 제품이다.

"ControlLogix 5580" 컨트롤러는 증가하는 수요를 충족할 수 있도록 제조용 스마트 기계와 장비의 성능, 용량, 생산성 및 보안성을 향상시켜 지원할 수 있도록 하였으며, Studio

Certificate

Cyber Security

TÜVRheinland CERTIFIED

No.: 968/FSP 1792.00/19

Product tested	Programmable Logic Controller	Certificate holder	Rockwell Automation, Inc. 1201 South Second Street Milwaukee, WI 53204 USA
Type designation	ControlLogix 5580 Controller Family		
Codes and standards	IEC 62443-4-1:2018 (Edition 1.0)		IEC 62443-4-2:2019 (Edition 1.0)
Intended application	The ControlLogix 5580 Controller Family complies with the requirements according to IEC 62443-4-1 and Security Level 1 (SL 1) according to IEC 62443-4-2.		
Specific requirements	The instructions of the associated User Manuals and the Reference Manual released by manufacturer must be considered. The current versions of the product are specified in the currently valid revision list. The list is released by the manufacturer in cooperation with the certification body.		

Valid until 2024-04-12

This certificate is valid only for products which are identical with the product tested.

Köln, 2019-04-12

Dipl.-Ing. Thomas Steffens

www.fs-products.com
www.tuv.com

TÜVRheinland®
Precisely Right

[그림 3-5] "ControlLogix 5580" 컨트롤러 인증서 및 제품 〈출처: TÜV Rheinland〉

50) 기본적인 동일 제품에 대하여 일부 모듈 또는 물리적 변경을 포함하는 유사 제품군의 형태임

5000 설계 환경을 표준 프레임워크로 사용하였다. Studio 5000 설계 환경은 생산성을 최적화하고 설계 의도 및 제작 사양 등에 대한 검토 등에 소요되는 시간을 단축 시킬 수 있으며, 고속 모션 애플리케이션 및 SIL2/PLd및 SIL3/PLe안전 솔루션을 위한 EtherNet/IP를 통한 통합 모션을 관리 할 수 있다.

해당 "ControlLogix 5580" 컨트롤러 패밀리 제품은 기본적으로 5종의 기본 형태로 정의되었다.

- 1756-L81E (Primary Controller (User Memory 3MB))
- 1756-L81EK (Confomal coated version 1756-L18E)
- 1756-L81EXT (Extended Temperature Controller (User Memory 3MB))
- 1756-L81EP (Process Controller (User Memory 3MB))
- 1756-L81E-NSE (No Stored Energy Controller (User Memory 3MB))

인증에 사용된 제품 모델은 기본적으로 사용 메모리 용량은 3MB인 B1756-L81E 모델을 사용하였으며 추가적인 변경에 따라 확장자를 변경하고 각 모델들에 적용되는 펌웨어(Firmware)의 변경에 따른 인증이 진행되었다. 또한, 기본 제품 모델(1756-L81E)을 기반으로 사용 메모리가 5MB인 1756-L82E 모델, 10MB인 1756-L83E 등으로 추가되며, 동일한 확장자의 변경과 펌웨어의 변경에 따른 패밀리 인증을 획득하게 되었다. 즉, 5개의 제품 변형 모델과 4종의 사용 메모리 변경과 28개의 펌웨어 구분을 통하여 패밀리 제품군을 구성하고 일괄적인 진행의 패밀리 인증을 받았다고 할 수 있다. 기본적인 1개의 모델을 기반으로 총 28개의 파생 및 변경 모델을 생산 및 판매를 할 수 있다는 것이다. 이는 기업이 입장에서 인증 소요 시간의 단축, 인증 비용의 절감, 제품의 구성 다양성 확보와 고객들의 다양한 요구를 수용할 수 있는 많은 장점을 제공하는 것이라 할 수 있다. 이는 컴포넌트를 포함하는 제품을 개발하고 생산하는 기업의 입장에서 시험평가 및 인증 획득을 위한 전략적 접근을 위한 검토를 해야 하는 이유이기도 하다.

Rockwell Automation

ControlLogix 5580 Controller Family
Revision Release List
Rockwell Automation • Certificate No.: 968/FSP 1792.00/19

TÜVRheinland®
Precisely Right.

Modules / Components

Type Designation	Description	Series	Firmware Revision	Report-No.	Certification Status
1756-L81E	Primary Controller (User memory 3MB)	B	V35.011	968/FSP 1792.07/23	*Valid*
		B	V34.011	968/FSP 1792.06/22	*Valid*
		B	V33.012	968/FSP 1792.05/22	*Valid*
		B	V33.011	968/FSP 1792.04/21	*Valid*
		B	V32.014	968/FSP 1792.03/20	*Valid*
		B	V32.013	968/FSP 1792.02/20	*Valid*
		B	V32.012	968/FSP 1792.01/19	*Valid*
		B	V32.011	968/FSP 1792.00/19	*Valid*
1756-L81EK	Conformal coated version of 1756-L81E	B	V35.011	968/FSP 1792.07/23	*Valid*
		B	V34.011	968/FSP 1792.06/22	*Valid*
		B	V33.012	968/FSP 1792.05/22	*Valid*
		B	V33.011	968/FSP 1792.04/21	*Valid*
		B	V32.014	968/FSP 1792.03/20	*Valid*
		B	V32.013	968/FSP 1792.02/20	*Valid*
		B	V32.012	968/FSP 1792.01/19	*Valid*
		B	V32.011	968/FSP 1792.00/19	*Valid*

Rockwell Automation, Inc.
South Second Street
Milwaukee, WI 53204
United States of America

TUV Rheinland Industrie Service GmbH
Automation - Functional Safety (A-FS)
Am Grauen Stein
51105 Köln
Germany

Page 1 of 9

File: FSP_1792_00_19_RL_2023_01_05_pdf.docx

Rockwell Automation

ControlLogix 5580 Controller Family
Revision Release List
Rockwell Automation • Certificate No.: 968/FSP 1792.00/19

TÜVRheinland®
Precisely Right.

Type Designation	Description	Series	Firmware Revision	Report-No.	Certification Status
1756-L81EXT	Extended Temperature Controller (User memory 3MB)	B	V35.011	968/FSP 1792.07/23	*Valid*
		B	V34.011	968/FSP 1792.06/22	*Valid*
		B	V33.012	968/FSP 1792.05/22	*Valid*
		B	V33.011	968/FSP 1792.04/21	*Valid*
1756-L81EP	Process Controller (User memory 3MB)	B	V35.011	968/FSP 1792.07/23	*Valid*
		B	V34.011	968/FSP 1792.06/22	*Valid*
		B	V33.012	968/FSP 1792.05/22	*Valid*
		B	V33.011	968/FSP 1792.04/21	*Valid*
1756-L81E-NSE	No Stored Energy Controller (User memory 3MB)	B	V35.011	968/FSP 1792.07/23	*Valid*
		B	V34.011	968/FSP 1792.06/22	*Valid*
		B	V33.012	968/FSP 1792.05/22	*Valid*
		B	V33.011	968/FSP 1792.04/21	*Valid*
1756-L82E	Primary Controller (User memory 5MB)	B	V35.011	968/FSP 1792.07/23	*Valid*
		B	V34.011	968/FSP 1792.06/22	*Valid*
		B	V33.012	968/FSP 1792.05/22	*Valid*
		B	V33.011	968/FSP 1792.04/21	*Valid*
		B	V32.014	968/FSP 1792.03/20	*Valid*
		B	V32.013	968/FSP 1792.02/20	*Valid*
		B	V32.012	968/FSP 1792.01/19	*Valid*
		B	V32.011	968/FSP 1792.00/19	*Valid*

Rockwell Automation, Inc.
South Second Street
Milwaukee, WI 53204
United States of America

TUV Rheinland Industrie Service GmbH
Automation - Functional Safety (A-FS)
Am Grauen Stein
51105 Köln
Germany

Page 2 of 9

File: FSP_1792_00_19_RL_2023_01_05_pdf.docx

[그림 3-6] "ControlLogix 5580" 컨트롤러 패밀리 제품 인증 예시 〈출처: TÜV Rheinland, Roackwell Automation〉

1.2.1 ISA ISCI 발표 IEC 62443-4-2 제품 목록

ISA의 ISA Security Compliance Institute(ISCI)에서 발표한 IEC 62443-4-2 인증제품은 2013년도부터 2022년도까지 총 18개 기업의 59개 제품이 IEC 62443-4-2 인증을 받았으며, 기업으로는 미국의 Honeywell Process Solutions(21개 제품), 프랑스의 Schneider Electric(10개 제품), 일본의 Yokogawa Electric Corporation(7개 제품), 스위스의 ABB(5개 제품) 등이 있다. 인증받은 Honeywell Process Solutions의 임베디드 제품 중 11개 제품과 RTP Corportation와 MOXA Inc.의 각각 1개 제품이 SL-2 수준의 인증을 받았다.[51)] 참고로, 2021년도까지는 14개 기업에서 총 50개의 제품이 4-2 인증을 받았으며, 1년 사이에 1개 기업과 9개의 제품이 추가적으로 인증을 획득하였다.

51) 관련 'ISA ISCI 발표 IEC 62443-4-2 제품 목록'은 [부록 3]를 참조하기 바란다.

1.3
국내 도입 관련 환경의 변화

해외 기업들에 있어서 IEC 62443 표준의 검토 및 도입의 시작은 이미 앞에서 설명한 것처럼 이란의 원자력 발전소에 대한 사이버 공격 발생 이후부터라고 할 수 있으며, 많은 글로벌 산업 자동화 장비 및 제어 시스템의 개발을 진행하는 회사들은 컴포넌트 및 생산 제품들에 대한 전반적인 보안 이슈를 해결하기 위하여 노력해 왔다. 그 결과, IEC 62443의 전반적인 표준의 논의 및 도입을 적극 추진했으며, 글로벌 기업들과 글로벌 시험평가 및 인증기관들의 노력을 통하여 빠르게 산업계 속으로 파고들고 있다.

이러한 글로벌 변화 속에서 한국의 산업계의 환경적 변화를 위한 노력도 감지되고 있으며, 특히 공공분야에 대하여 IEC 62443 표준의 도입 및 적용에 관하여 빠르게 논의되고 있다. 국내 정보통신 기술의 빠른 발전과 모바일 환경으로 전환 등으로 인하여, 산업환경 내에서는 다양한 편리성의 제공과 생산성 및 업무 등의 효율성 확대가 이루어지고 있으며, 그로 인하여 많은 기업, 기관, 생산 시설 및 제조환경 등에 대하여 정보통신 기술의 적용과 이용이 증가하고 있다. 일반적인 민간 산업 및 제조, 생산 기업들의 환경에서는 이러한 정보통신 기술의 도입 및 적용은 각 기업들의 의사 결정에 따라 적용할 수 있으며, 충분한 예산과 내부적인 혁신을 통하여 가능하다고 할 수 있다. 그러나, 이러한 새로운 기술의 도입은 새로운 보안 취약점의 발생과 위협 증가의 요소로 대두될 수 있으며, 이는 새로운 문제 발생 등의 원인이 되기도 한다.

1.3.1 공공 부분에서의 변화

특히, 정부 및 민간의 핵심 기반 시설(예: 원자력 발전소, 석유화학 플랜트 등)들과 핵심 보안 시설(예: 석유저장 시설 등)은 일반적인 보안 및 안전관리 수준이 아닌 보다 강화된 보안 통제 환경이 구축 운영되어야 하며, 사용되는 부품, 모듈, 장치, 관련 소프트웨어 및 시스템 등은 강력한 보안 수준의 검증을 통한 것들로 구성되어야 한다.

2019년, IEC 62443-4-2 표준에 대한 번역 및 국내 대응 표준(KS X IEC 62443-4-2)의 제정과 더불어 국내에서도 공공분야 및 국가 기반 산업시설 및 제어 시스템 등에 대한 보안표준의 적용에 대한 논의가 시작되었으며, 정부 기관 및 학계, 산업계들을 중심으로 워킹그룹을 구성하고 해당 표준기반의 컴포넌트, 개발 제품 등의 시험평가 및 인증제도 마련에 대한 검토가 시작되었다. 이는 국내 제어 시스템 관련 제조산업 및 제품 공급망의 안전한 구현을 목적으로 하고 있으며, 국내 시험평가기관(예: 기계전기전자시험연구원, 산업기술시험원, 정보통신기술협회)을 통하여 제어 시스템 관련 전체적 제품에 대한 시험성적서 발행을 검토하였다. 이는 중장기적으로 국내 시험평가 및 인증제도의 마련과 운영을 위한 법/제도 개선 방안을 포함하고, 운영/관리 프로세스 등에 대한 전반적인 제도 추진을 검토한다는 것이다.

2020년부터 공공 부분에 대한 IEC 62443 표준의 국가 기반 산업제어시스템에 대한 적용을 위하여 해당 워킹그룹은 국내 시험평가기관들과 시험평가에 대한 논의를 진행하였으며, 해당 시험기관들은 4-2 표준의 컴포넌트 보안 요구사항을 기반으로 시험평가에 대한 전반적인 검토를 진행하였다. 2022년부터 공공분야인 국가 기반 산업제어시스템 등에 컴포넌트 및 제품들의 공급을 진행하는 기업들에 대하여 시험평가 및 성적서 제출에 대한 시범사업 진행을 준비하였으나, 이는 국내 기업들의 현실적 상황과 코로나 팬데믹의 발생, 국내 경제적 상황 등의 다양한 요인들로 인하여 현재까지 진행되지 못하고 있다. 또한, 해당 워킹그룹을 통하여 가칭 “소프트웨어 공급망 안전성 확보 지침”에 대한 규정을 개발하고 검토중인 것으로 알려졌으나, 코로나 팬데믹의 발생과 이에 따른 환경 변화 등에 따라 정책 개발의 지연으로 인하여 지연되고 있는 것으로 조사되고 있으며, 해당 규정의 대외적 공개 여부와 시점은 미정이다.

공공 및 국가 기반 산업시설들에 대한 IEC 62443 표준의 도입에 대한 제도의 검토는 민간 산업시설 및 제어 시스템 부분에서의 표준 도입에 영향을 미칠 것으로 판단되나, 공공 또는 민간 부분중 어느 분야가 먼저 IEC 62443의 도입과 적용할지는 가늠하기 매우 어렵다. 이는 정부 주도의 법/제도에 기반한 도입 및 진행이 먼저 진행될 수도 있으며, 민간 부분의 기업들이 위협의 대응과 글로벌 시장 진입, 제품 경쟁력 확보 등의 다양한 이유에 의하여 우선 도입과 적용을 시도할 수 있는 부분이기 때문이다.

1.3.2 민간 부분에서의 변화 예상

앞에서 간단하게 국내외 기업들의 IEC 62443-4-2 표준에 대한 컴포넌트 및 제품들에 대한 시험평가들과 4-1 표준의 SPDL에 대한 인증 사항들을 소개하였다. 특히, 4-1 표준에 대한 글로벌 기업들의 인증 획득의 증가는 눈여겨보아야 할 사항으로 판단된다. 글로벌 기업들의 4-1 표준의 SPDL에 대한 인증 수요의 증가는 기업들 자체적으로 컴포넌트 또는 제품 개발에 있어서 발생할 수 있는 잠재적 위협요소를 차단하기 위한 대응 방안이며, 표준 적용을 통하여 안전한 제품 개발 환경과 프로세스가 갖추어져 있음을 증명하는 것이다. 즉, 자사 제품의 안전한 개발을 입증하고, 제품 공급의 상대적 우위를 차지하고자 하는 목적을 가지고 있다고 볼 수 있다. 이는 추후 이러한 글로벌 기업들에게 반제품, 부품, 모듈, 소프트웨어들을 공급하는 공급업체 또는 협력 업체들에게 공급망 보인에 대한 동일한 수준의 보안성 및 안전성을 요구할 수 있는 명분이 될 것이며, 글로벌 기업들의 요구사항 수준에 준하는 개발 보안에 대한 수준의 순수 또는 동일화된 환경의 구축을 의미한다. 또한, 공급되는 제품들에 대한 보안 신뢰성의 요구와 통일화된 제품 개발 프로세스의 구축 및 확립, 공급 제품의 보안 및 안정에 대한 신뢰성에 대한 증빙을 요구할 수 있다. 즉, 글로벌 수요기업들이 획득한 4-1 표준 적용에 대한 인증의 획득을 요구할 수 있으며, 이는 새로운 공급망 체계로의 변화와 구축에 대한 신호탄이 될 수 있다.

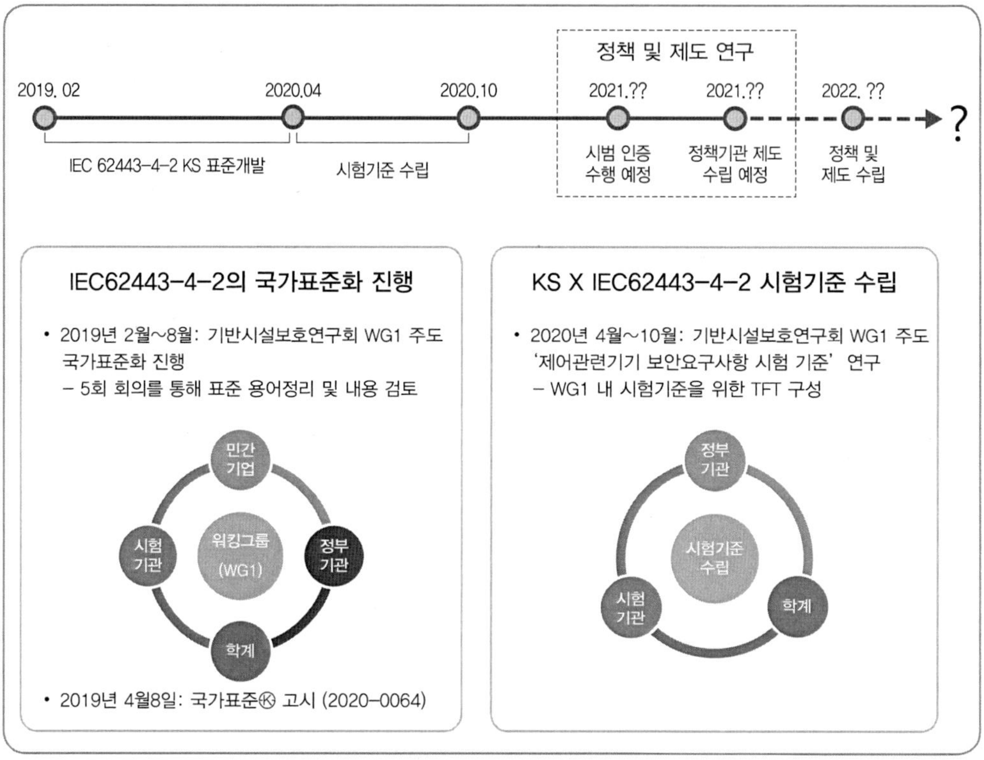

[그림 3-7] 국내 IEC 62443 표준 도입을 위한 활동 〈출처: 전자신문[52]〉

4-1 표준 적용에 대한 인증 및 4-2 컴포넌트 또는 제품에 대한 시험평가 또는 인증의 요구는 기존의 공급망 체계에 대한 변화 및 새로운 구성의 요인으로 작용할 것이며, 이는 기존 제조환경에 대한 보안 및 안전 강화, 생산 자동화를 통한 제품의 보안 균일성 확보, 제품 제조 및 개발상에서 발생 가능한 잠재적 위협 요소 제거, 안전한 제품 개발 및 공급망 보안 관리 체계 구축 등의 효과를 위한 포석이라 할 수 있다.

이러한 이유에서 국내의 민간 부분에 대한 IEC 62443 표준의 적용 및 도입에 따른 변화는 최상위 수요기업의 인증 취득으로 인한 새로운 보안 요구사항의 충족과 안전한 공급망 체계의 구성을 위한 자연스러운 변화가 예상된다. 단, 이러한 변화는 관련된

52) "산업제어시스템 보안 해결할 KS국가표준 나왔다", 전자신문, 2020/04/08, (https://www.etnews.com/20200408000117)

산업 및 기업의 환경들과 이해관계들에 따라 속도 및 범위가 결정될 것으로 보이나, 최상의 수요기업들이 IEC 62443-4-1 표준의 개발 프로세스 인증 획득의 증가에 따라 협력 또는 공급기업들에 대한 요구가 증가할 것이며 이에 대한 충족 여부가 기존 공급망에 대한 유지 또는 새로운 공급망의 변화를 일으킬 것으로 보인다. 이는 최종 수요기업의 입장에서 공급받는 제품, 부품, 모듈 또는 소프트웨어를 통한 완제품 개발과 납품시 사고 발생(예: 안전 및 보안사고, 기능적 오류에 의한 사고 등)에 따른 책임 소재 및 범위 등과 "제조물책임법[53)]"에 따른 배상 등의 복잡한 문제 발생에 대한 대비책 중의 하나라고도 할 수 있다. 그러므로, 컴포넌트 또는 제품 등의 개발, 생산, 제조, 납품 등을 진행하는 협력 또는 공급기업들은 IEC 62443의 표준에 대한 적용을 검토하고 시험평가 및 인증 등의 추진을 준비해야 할 것으로 보인다.

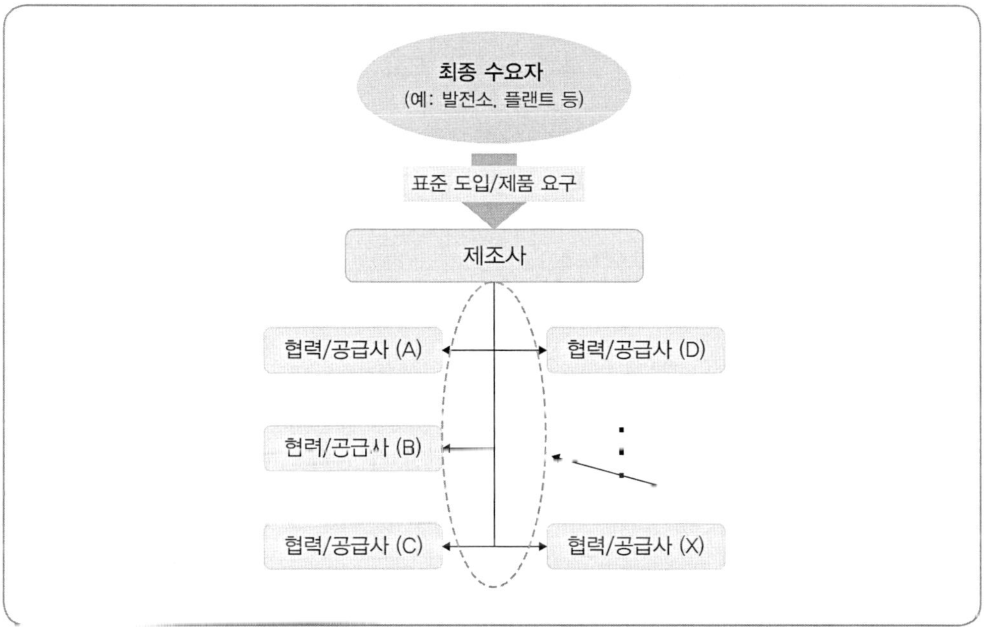

[그림 3-8] IEC 62443 표준 도입 및 적용에 따른 요구 발생

53) 2017년 공포된 법률로 제조물의 결함으로 인하여 발생한 손해로부터 피해자들 보호하기 위한 법률

1.4

시험평가 및 인증에 따른 기대 효과

최근 들어 국내외적으로 많은 기업들이 IEC 62443 표준의 도입 및 적용을 검토하고 있으며, 컴포넌트 및 제품 등의 개발 프로세스에 대한 인증의 획득과 이에 대한 시험평가의 진행이 증가하고 있는 추세이다. 여기서 우리는 '왜, 기업들이 IEC 62443 표준의 인증 획득과 제품에 대한 시험평가를 진행하는가?'에 대하여 이해하고 넘어가야 할 필요가 있다.

앞서 몇몇 보안사고 사례들과 인증 및 시험평가 진행 사례들을 통하여 우리는 산업자동화 및 제어 시스템들을 구성하는 컴포넌트, 제품, 모듈, 부품, 프로그램 등에서 보안 취약점의 발생과 사이버 공격으로 인한 시스템의 오동작 또는 시스템 오류는 단순한 사고가 아닌 산업 재해의 수준으로 확대될 수 있다는 것을 보았다. 그러한 예상되는 위험을 무시하고 넘어갈 기업, 기관 또는 산업시설들은 없을 것이며, 사고에 따른 책임의 한계, 패해 범위, 기업 손실 등의 다양한 경영적 관점에서의 접근이 필요할 것이다. 그러므로, 우리는 IEC 62443 표준의 적용을 통하여 변화될 새로운 공급망 구조와 이에 따른 기대 효과에 대하여 알아볼 필요가 있다.

1) 수요자 입장에서의 공급망 변화

IEC 62443 표준에 대한 시험평가 및 인증 획득 등에 따라 수요자 관점에서의 변화는 몇 가지로 정리될 수 있다.

첫 번째로, IEC 62443 표준 도입에 따른 제조 및 관련 산업의 '국제적 환경 변화와 새로운 공급망 체계의 구축' 필요성 대두라 할 수 있다. 최근 글로벌 산업 자동화 및 제어 시스템의 컴포넌트, 제품, 시스템 등을 개발 및 생산하는 기업들은 기업의 보안성 입증과 제품 개발 및 생산의 안전성 입증 등을 위하여 IEC 62443에서 요구하는 4-1 표준의 SPDL(안전한 제품 개발 생명주기)에 대한 인증을 획득하고 있으며, 이를 통하여 기업의 이미지 개선을 진행하고 있다. 또한, 이들은 4-2 컴포넌트 보안 요구사항에 대한 표준을 컴포넌트 및 제품 개발에 적용함으로써 제품의 보안성과 안전성에 대한 확보에 노력하고 있다. 이러한 변화 속에서 산업군의 최상위에 위치하는 글로벌 기업들은 자사의 완제품 개발 및 생산을 위하여 공급받게 되는 많은 부품, 모듈, 소프트웨어 프로그램 등에 대한 보안성 확보와 공급망에 대한 안전성 확보를 보장받기를 희망한다. 즉, 협력 및 공급기업들로부터 공급받는 부품, 모듈, 소프트웨어 프로그램 등에 대한 보안성에 대한 보증과 기업 자체의 보안성 및 안전성 등에 대한 보증을 요청할 수 있다는 것이다. 이는 공급기업들의 내부적인 보안 및 안전사고 등의 발생을 통하여 연계 발생 가능한 공급 및 생산, 제조의 지연 발생과 공급받은 제품의 보안성능 등의 부족에 따른 완제품에 대한 보안 취약성 발생과 이로 인하여 최종적으로 발생할 수 있는 제품 또는 시스템에 대한 책임 소재 및 책임 범위를 포함하는 최종 책임의 요인 등을 원천적으로 최소화 시킬 수 있는 방법이기 때문이라 할 수 있다. 그러므로, 글로벌 기업들은 그들의 보안 수준과 동등한 수준의 인증 및 보안 수준을 제품 공급사들에게 요청하고, 이에 따른 새로운 공급망의 구축 및 운영을 희망한다.

두 번째로, 국가기반시설 및 중요 공공 또는 민간 보안시설 등의 안전에 대한 요구사항으로 공급기업에 대한 IEC 62443의 시험평가 및 인증의 획득 요구라 할 수 있다. 일반적으로 국가기반시설 또는 중요 보안시설(예: 공항, 석유화학 플랜트, 발전소 등)에 사용되는 컴포넌트, 부품, 모듈, 소프트웨어 프로그램 등은 보안적으로 안전하게 설계, 개발, 생산, 공급 등이 진행되어야 하며, 구축 및 운영관리 또한 안전하게 진행되어야 한다. 이러한 전체적인 보안 관리 체계의 구축과 운영을 위하여는 시설 및 공급에 참여하는 모든 기업이 보안적으로 안전함을 보장하여야 하며, 이를 위하여 시설의 구축 및 운영관리를 담당하는 정부 또는 민간의 입장에서는 공급자들과 해당 제품들에 대한 안전성 입증을 요구할 수 있다. 이러한 입증의 방법으로 IEC 62443에서 요구하는 보안에 대한 사항으로 만족하는 시험평가 및 인증의 요구가 발생할 수 있다.

세 번째로, 앞서 설명한 것처럼, 글로벌 기업들과 같은 대형 수요기업 또는 석유화학 플랜트와 같은 대형 산업제어시스템 운영관리 시설에서는 필요시 컴포넌트, 부품, 모듈, 소프트웨어 프로그램 등에 대한 안정적 공급을 요구한다.[54)] 만일, 이러한 공급의 요청에 대하여 공급기업이 자체적인 문제 또는 사고의 발생 등에 따라 공급이 적시에 이루어지지 못할 경우, 수요기업의 입장에서는 자신들의 공급망에 이러한 공급사를 포함시킬 이유가 없어지게 된다. (하지만, 공급사의 제품이 특수한 경우에 대체품 또는 대체 공급기업이 존재하지 않는 경우는 논외로 치부해야 한다.) 그러므로, 수요기업은 공급사들이 안정적으로 제품의 공급을 진행할 수 있는 능력과 사고 발생의 위협이 최소화할 수 있는 기업을 필요로하게 된다.

마지막으로, IEC 62443 표준의 적용을 통하여 개발 및 생산된 제품 등의 사용시에 발생하는 보안사고 또는 관련된 안전사고 등의 발생에 따른 책임소재의 명확성과 원인에 대한 추적, 그리고 사고 및 피해의 범위 등에 대한 확인과 조치의 신속성이 있다. 이는 사용된 제품, 컴포넌트, 부품, 소프트웨어 프로그램 등의 사고 발생에 대한 원인 규명과 책임에 대한 명확한 파악에 도움을 줄 수 있으며, 최종 사용자 입장에서의 책임 완화 및 면책성 등을 위한 방법으로 사용될 수 있다.

2) 공급자 입장에서의 공급망 변화

IEC 62443 표준에 대한 시험평가 및 인증 획득 등에 따라 공급자 관점에서의 변화 또

54) 여기서 필요시는 수요기업의 입장에서 필요한 시점을 이야기하며, 사전에 계획되고 주문된 공급 또한 포함된다.

한 몇 가지로 정리될 수 있다. 공급자 입장에서의 변화는 앞서 간단하게 설명한 수요자 입장에서의 변화와 연관되는 부분이 존재하기도 하며, 또는 반대적 관점에서의 입장이 존재하기도 한다.

첫 번째로, 수요기업들이 자사의 환경에 IEC 62443 표준에 대한 인증 획득과 도입의 정책을 마련할 경우, 공급기업들에 대한 관련 표준의 적용과 제품 시험평가 및 인증 등에 대한 요구의 증가가 예상된다. 수요기업들의 입장에서 보안적으로 안전한 컴포넌트, 부품, 모듈, 소프트웨어 프로그램 등의 공급 받기를 희망하며, 공급사들로부터 안정적이고 보안적으로 안전한 생산 및 개발 환경에서의 제품을 희망하기 때문이라 할 수 있다. 이는 공급자의 입장에서는 새로운 변화의 요구로 여겨지이며, 또한 새롭게 풀어야 할 문제라고도 할 수 있다.

두 번째로, 수요기업으로부터 IEC 62443 표준이 적용된 개발 환경과 해당 제품에 대한 보안 요구의 발생에 따라 공급기업들의 입장에서는 IEC 62443 표준의 적용 및 도입과 이를 통한 보안적으로 신뢰할 만한 제품의 개발 및 공급을 할 수 있는 안정적 환경의 구축이 필요한 시점이 되고 있다. 수요기업들의 요구사항을 만족시키는 개발 프로세스의 도입과 이에 따라 보안요구사항이 충족되는 제품의 개발 및 생산을 통한 안정적 공급체계의 구축과 공급망의 지속적 참여를 요청할 것이다.

세 번째로, 대다수의 중소 및 중견 개발/제조/생산 기업들의 관점에서 이제 시작되는 개발 보안 환경의 구축과 이에 따른 제품의 개발을 시작하기에 많은 변화를 겪어야 하며, 관리 및 개발 체계 등의 내적 변화가 필요하다. 이는 기업들의 독자적인 노력으로만 진행될 수 있는 사항들은 아니며, 내부적 예산 투입, 인적지원 투입, 개신 및 변화의 이행 등과 외부로부터의 컨설팅 등을 통한 기업의 진단과 분석 등을 포함하는 관계로 기업들이 입장에서는 도입 및 적용에 대한 상당한 어려움의 발생이 예상된다. 그러나, 향후 세계적인 추세의 변화와 기업들의 움직임 등을 살펴보면 IEC 62443의 표준 도입 및 적용, 제품 및 컴포넌트 등에 대한 시험평가 및 인증들은 필수적인 공급의 요소가 될 것으로 보이며, 이러한 보안적 요소에 대한 증빙을 갖추지 못할 경우, 해당 기업들은 새롭고 안전한 공급망 체계에 포함되지 못하고 도태될 것으로 판단된다.

마지막으로, 컴포넌트, 제품, 모듈, 부품, 소프트웨어 프로그램 등의 개발과 제조 및 생산을 진행하여 상위의 수요기업들에 공급하는 하위 공급기업들의 입장에서 IEC 62443 표준 도입을 통하여 새로이 구축될 공급망에 대한 참여 여부는, 향후 공급기업들의 생사를 가를 수 있는 핵심 요인으로 작용할 것이다. 또한, 기업이 이러한 새롭게 구성되는 공급망의 참여가 불가능할 경우, 해당 기업들은 타 기업들과의 경쟁에서 뒤처지게 되며 수요기업이 구축하는 새로운 공급망으로부터 제외되고 도태가 될 수 있는 상황을 직면할 수 있다.

앞에서 IEC 62443의 표준의 도입 여부에 따라 기존의 제품 공급망들은 새롭게 구축되어 운영될 수 있다고 설명하였으며, 수요기업들은 요구사항으로 강제화할 것이며, 공급기업들은 어쩔 수 없이 수용해야 하는 변화의 시점이 점점 빠르게 다가오고 있다. 향후 이러한 변화는 고민하고 선택하는 사항이 아닌 필수적 요소로 공급기업들에게 빠르게 다가올 것이며, 이에 대한 검토와 준비는 이러한 새로운 파고를 넘을 수 있는 원동력이 될 것이다.

1.4.1 공급망 변화에 대한 시나리오

앞서 설명한 공급망 구조의 변화에 대한 설명을 도식화하고 시나리오화하여 이해가 쉽도록 설명하도록 하겠다. [그림 3-9]는 IEC 62443 표준의 도입과 적용을 통하여 변화될 공급망에 대한 내용을 보여주고 있으며, 이는 실제적으로 발생하는 상황을 설명하고 있다.

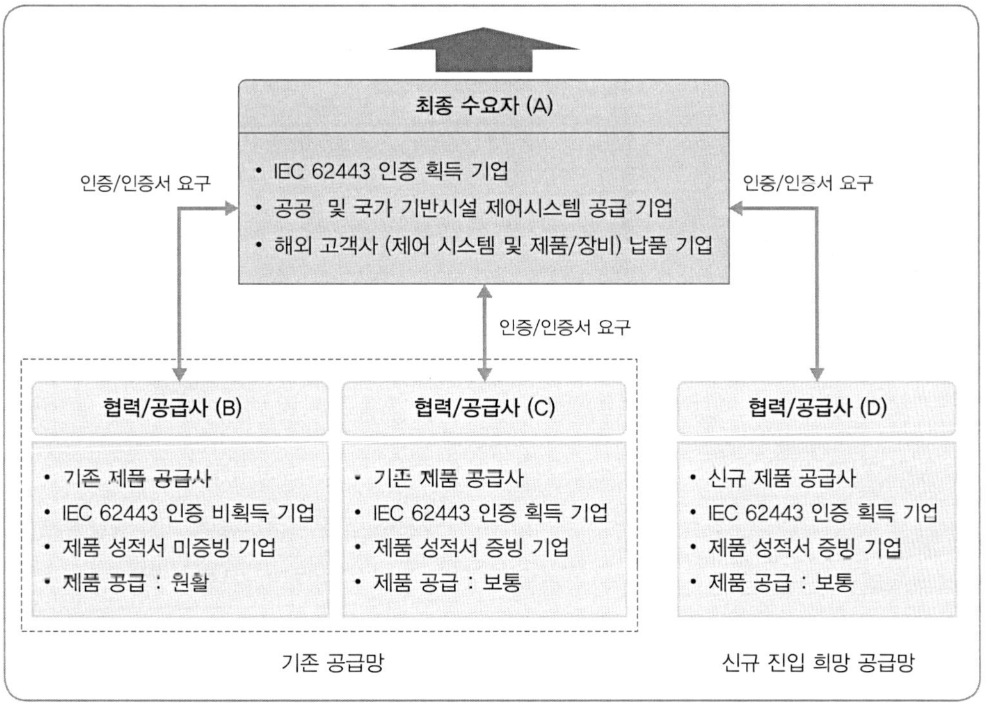

[그림 3-9] IEC 62443 표준 도입 및 적용을 통한 공급망 체계의 변화 사례

[그림 3-9]에서 최종 수요자(A)는 공급망의 최상단에 위치한 글로벌 기업 또는 플랜트, 산업 자동화 및 제어 시스템 등의 소유자로 정의하고, 이들은 앞서 설명한 바와 같이 IEC 62443에 대한 표준의 적용과 인증 등을 획득하고 있다. 이들은 또한 시스템의 구축 등을 담당하는 시스템 통합 구축자(SI) 등을 포함할 수도 있으며, 또한 해외 글로벌 기업 등에 완제품(예: PLC 등) 개발하여 납품 및 공급하는 기업일 수도 있다. 하단의 협력 및 공급사(B, C, D)는 컴포넌트, 제품, 부품, 모듈, 소프트웨어 프로그램 등을 개발, 생산, 제조, 공급하는 기업들이며, 협력 및 공급사(B, C)는 기존에 최종 수요자의 공급망에 포함되어 납품을 진행하는 중인 기업으로 정의하고, 협력 및 공급사(D)는 기존의 공급망에 참여하고 있지 않는 신규 참여 희망기업으로 정의한다.

최종 수요자(A)가 IEC 62443에 대한 표준의 획득과 이에 기반한 보안환경이 구축된 새로운 공급망의 구축을 위하여, 기존의 공급사 (B)와 (C)에 대하여 IEC 62443 인증의 획득과 공급 제품들에 대한 시험평가 성적서 등의 증빙을 요청할 경우;

- 공급사(B)는 IEC 62443 관련 인증을 획득하지 못하고 공급 제품에 대한 시험평가의 성적서 등을 증빙하지 못하는 등의 사전 준비가 되어있지 않은 기업이다.
- 공급사(C)는 IEC 62443 관련 인증 획득과 공급 제품에 대한 시험평가의 성적서 등을 증빙할 수 있으며, 수요자의 요구사항을 충족시킬 수 있는 준비가 되어있는 기업이다.
- 공급사(D)는 기존의 공급망에 포함되어 있지는 않으나 IEC 62443 관련 인증 획득과 공급 제품에 대한 시험평가의 성적서 등을 증빙할 수 있는 기업이다.

최종 수요자(A)의 입장에서는 보안적으로 안전한 제품의 수급과 안정적 제품의 공급망 확보 및 구축, 공급기업의 보안관련 인증확보 및 공급 제품에 대한 보안성 증빙 등의 여러 조건을 검토하여 공급망에 대한 변화를 검토할 수 있다. 이 경우, 최종 수요자(A)는 기업의 안정적 공급망 확보 및 유지를 위하여 기존의 공급자(B)를 공급망에서 제외시킬 명분을 가질 수 있으며, 공급자(C)는 공급망에 유지 시키고, 신규 공급자인 (D) 또한 공급망에 새로이 포함시킴으로써, IEC 62443 표준에서 요구하는 요건들에 대한 충족과 안전한 제품에 대한 신뢰성 확보 및 보안체계가 마련된 공급사를 확보하는 안전한 공급망을 구축 유지 할 수 있을 것으로 보인다.[55] 즉, 최종 수요자의 공급망에 참여하는 공급기업이 안전한 개발 프로세스와 제품에 대한 보안 요구사항을 증빙하지 못하는 경우는 향후 산업환경에서 도태가 될 수 있음을 보여주는 단적인 사례라 할 수 있다.

55) 단, 이 시나리오는 실제적으로 최종 수요자(A)의 내부적 의사 결정에 따라 정의될 수 있으므로, 일반적인 이해를 돕기 위한 사례일 뿐 100% 정의된 것은 아닌 사례라고 할 수 있다.

1.4.2 IEC 62443 표준 도입 및 적용에 따른 중장기적 기대 효과

IEC 62443 표준의 적용을 위하여 기업은 제품 및 개발 환경 등에 대한 보안 요구사항의 충족과 운영 관리가 동반되어야 한다. 이러한 환경적 요인의 구축과 운영은 기업에 있어서 향후 새로운 사업참여 기회의 확대와 산업 재해, 인적 재난, 안전사고 등의 예방 효과와 개발 및 공급 제품에 대한 신뢰성과 안전성을 제공할 수 있다. 이는 표준 도입과 이를 위한 인증의 획득과 제품에 대한 시험평가 등을 통하여 함께 이루어지는 기대 이익의 발생으로도 볼 수 있다.

수요 및 공급기업의 입장에서 표준 프로세스의 도입에 대한 인증확보와 제품의 보안 대응 능력에 대한 시험평가의 결과는 새로운 사업의 참여를 위한 기회를 제공받을 수 있다. 이는 공공 및 국가 기반 시설 등의 제어 시스템 등에 대한 공급 등의 참여를 위한 조건을 제공받을 수 있으며, 민간 및 공공분야에 대한 공급망 참여를 위한 조건으로도 작용할 수 있기 때문이다.

개발된 제품에 대한 시험평가 및 프로세스 등에 대한 인증의 확보는 제품 및 프로세스 등에 대한 보안성 확보를 의미하며, 이러한 제품의 적용 환경 및 시설들은 그렇지 못한 환경보다 더욱 안전하다고 할 수 있다. 즉, 외부의 공격 등으로부터의 대응 내성을 확보하며 이상 상황 발생을 최소화하고, 공격 등에 따른 2차, 3차적 사고의 발생과 피해 범위의 확대를 방지할 수 있다. 이는 기본적인 제조환경의 개선과 안전한 스마트공장 환경으로의 전환을 위한 기반이라 할 수 있다.

표준의 적용에 따른 시험평가 및 인증 등의 진행은 안전하게 개발 및 생산된 제품에 대한 신뢰성을 제공할 수 있으며, 안정성에 대한 입증을 동시에 제공할 수 있다. 이는 해당 제품을 이용하는 시스템 및 시설 환경 등에 대한 위협 및 이상 발생을 최소화할 수 있다. 이는 제품의 품질 향상에 대한 기여와 기업의 시장 확대를 위한 핵심 요인으로 작용할 수 있다.

Summary

IEC 62443 표준에 관련한 국내외 인증 및 국내 환경 변화에 대하여 간략한 설명을 통하여 최근 이슈가 되기 시작한 산업 자동화 및 제어 시스템에 대한 시험평가 및 인증에 대하여 살펴보았다. 현재 설명한 국내외적인 시험평가 및 인증 관련 사항들은 지속적으로 변화되고 있으며, 향후의 글로벌 시장의 변화는 예측하기 매우 어렵다. 그러나, 제어 시스템 및 산업 생산 환경에서의 보안 이슈는 지속적으로 강조될 것이며, 선택사항이 아닌 필수 요인으로 기업들에게 다가올 것으로 예상된다.

현재까지 대부분의 기업들은 생산성과 품질 등에 목적을 우선시하며 발전해 왔으나, 이제는 보안 및 안전이라는 요인이 추가되어 기업 성장을 위한 새로운 방법을 요구하고 있다. IEC 62443 표준의 도입과 적용, 그리고 이를 위한 시험평가 및 인증의 확보는 필수적 요소로써 스마트제조 환경과 제품에 있어서는 제품 품질과도 같은 핵심 요소로 여겨지고 준비되어야 할 것이다.

2 산업제어시스템 컴포넌트 보안 시험평가 절차

다양한 산업 자동화 및 제어 시스템과 생산 또는 제조 시설에 대한 내외부로부터의 보안 위협 증가와 더불어 이에 대한 대응을 위한 국제적 논의가 활발하게 진행중에 있으며, 그 한 부분의 활동으로써 IEC 62443 산업 자동화 및 제어 시스템에 대한 보안 표준의 개발을 들 수 있겠다. 최근에는 기존에 제정되어 사용되고 있는 IEC 62443 산업 자동화 및 제어 시스템 표준 시리즈에 대하여 일부 개정 작업이 진행중에 있으며 새로운 표준의 제정을 위한 작업이 계속 진행되고 있다.

특히, 최근 IEC 62443 표준 중에서 3-3 표준의 시스템에 대한 보안 요구사항들과 이를 구성하는 4-2 표준의 컴포넌트 보안 요구사항들에 대한 시험 및 평가 진행을 위하여 제정 준비중인 표준은 컴포넌트 및 구성 시스템에 대한 시험평가 방법론에 관한 내용을 포함하고, 전반적인 평가의 절차 및 평가 승인에 대한 기준 등의 부분을 정의할 예정이다. 제정을 준비하고 있는 표준은 기업들이 생산하는 제품 중의 하나인 컴포넌트("IEC 62443-4-2, 컴포넌트의 기술적 보안 요구사항")에 대한 시험 및 평가를 진행하기 위하여 개발 및 제정이 준비되고 있다.

2.1

컴포넌트 시험평가 기본 사항

IEC 62443 표준의 '4-2 컴포넌트의 기술적 보안 요구사항'에 대한 평가 방법론의 내용은 컴포넌트 및 전반적인 제품을 개발하는 기업들에 있어서, 향후 필수적으로 검토하고 준비해야 하는 핵심 표준으로 컴포넌트 또는 생산 제품에 대한 보안에 관련된 평가 진행을 위한 많은 정보를 담고 있다. 또한, '2.1 컴포넌트 평가 기본 사항'에서는 앞으로 설명될 평가의 절차 전반에 걸쳐 이해하고 숙지해야 할 내용 중 필수적인 사항들에 대한 설명을 포함할 예정이다.

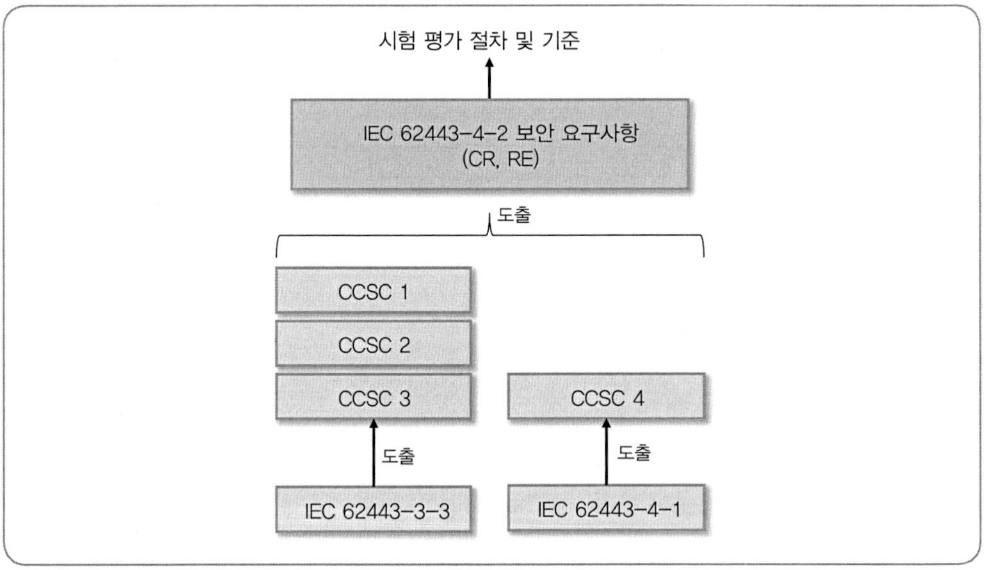

[그림 3-10] IEC 62443-3-3 및 4-1 요구사항들과의 CCSC 관계

'6-2 평가 방법론'에 대한 내용의 이해를 위하여 컴포넌트 개발에 관련된 IEC 62443-4-1 표준과 4-2 표준에 대한 이해와 참고가 필요하며, 3-3 표준 및 기타 부가적인 표준

내용에 대한 참고가 필수적으로 요구된다.

2.1.1 공통 컴포넌트 보안 제약 조건

공통 컴포넌트 보안 제약 조건은 평가 절차에 대한 이해를 위하여 필수적으로 숙지해야 할 내용으로 CCSC[56]를 정의할 수 있다. CCSC는 컴포넌트들에 공통적으로 포함되 있는 보안 관련 제약 조건으로써, IEC 62443 표준의 '3-3 시스템 보안 요구사항 및 보안 수준'에 기본적으로 정리되어 있으며, 4-2 표준에서 다시 CCSC 1~4까지를 정의하고 있다. 평가 방법에서 다시 CCSC를 설명하는 이유로는 컴포넌트에 대한 평가 관점에서 컴포넌트가 가지고 있어야 할 공통적인 보안 제약 조건의 정의와 구조적 연관 관계를 이해할 필요가 있기 때문이다.

IEC 62443 표준 내에 정리되있는 CCSC 1부터 CCSC 4까지의 정의에 대하여 표준 내의 원문에 대한 번역과 이를 설명한 내용은 아래와 같다.

1) CCSC 1: 필수 기능의 지원(Support essential functions)

CCSC 1의 '필수 기능의 지원'은 개발 또는 개발 예정인 컴포넌트가 향후 적용되어 사용될 목표 시스템의 보안 요구사항들과 일반적인 보안 특성을 충분히 고려하여 개발하여야 한다는 것이다. 즉, 개발된 컴포넌트의 보안 기능이 향후 사용될 시스템에서의 보안 기능과 수준을 만족시키지 못할 경우, 해당 시스템은 사용된 컴포넌트로 인하여 보안 위협의 증가와 시스템 전반에 걸친 취약점을 가질 수 있다는 것을 의미한다.

56) CCSC(Common Component Security Constraints), 공통 컴포넌트 보안 제약 조건

[주요 내용]

만일 최종적으로 구현되는 시스템에 대한 정보나 내용을 알 수 없는 경우라도 컴포넌트에 연관된 모든 요구사항과 관련 기능들이 컴포넌트 내에 구축될 것으로 예상하여야 하며, 이러한 기능이 최종 시스템 수준에서 구현되어 적용되는가에 대하여 충분한 가정을 가지고 개발을 진행하여야 한다. 즉, 컴포넌트가 적용될 최종적인 시스템에 대한 보안 상황(또는 요소 등)이 관련 문서에 명확하게 정의되고 기술되어 있어야 한다.

시스템의 필수 기능은 시스템 수준에 위치하여 있어야 하며, 이러한 필수 기능은 컴포넌트 수준에 정의된다.

평가 진행 중인 컴포넌트에 의해서 특정한 필수 기능이 제공되는 경우, 이러한 기능은 보안 상황 내에서 정의되어야 한다. 이는 평가 단계중 "보안 환경 평가"에 명시된다.

일반적으로, 컴포넌트의 개발은 최종적으로 적용되는 시스템에 대한 전반적인 지식이나 기타 관련 내용에 대한 숙지 없이도 가능하며, 컴포넌트의 개발시 관련 시스템과의 보안에 연관된 내용은 필요하지 않을 수 있다.

2) CCSC 2: 보완 대책(Compensating counter measures)

[주요 내용]

보안 요구사항(컴포넌트 요구사항, CR)의 선택은 지정된 보완 대책과 일치해야 하며 또한 평가 단계의 "보안 요구사항 선택 평가"에 명시된다.

각 해당 컴포넌트 요구사항(CR) 및 확대된 보안 요구사항(RE)에 대하여 제품(컴포넌트 포함) 공급업체는 이 요구사항들이 컴포넌트에 의해 충족되는지 또는 '시스템 통합(SI)'에 의해 충족되는지 여부를 정의해야 한다.

위에서 설명된 '시스템 통합'을 통하여 충족되는 각 CR 및 RE는 아래의 추가적인 규정을 따라야 한다.

IEC 62443-4-1에서 명기된 SD-2 심층방어 설계(Defense in depth design)에 따라 '시스템 통합'은 심층방어에 관련하여 설명되어야 한다.

시스템 통합은 환경 설정 및 기술적 컴포넌트 기능의 조합에 의하여 충족되어야 한다. 통합된 설명서가 필요하다.

IEC 62443-4-1에서 명기된 SG-2 심층방어에 따라 환경상에서 예상되는 상황에 대한 사항들을 문서화해야 한다.

명시된 하나 이상의 요구사항이 컴포넌트의 외부에 존재하는 보완대책의 보조 없이는 충족할 수 없는 경우도 있다. 이 경우 해당 컴포넌트의 문서는 컴포넌트를 시스템에 통합할 때 요구사항을 충족할 수 있도록 시스템이 제공해야 하는 적절한 대책을 기술해야 한다.

CCSC 2에 포함되는 '보완' 또는 '보완 대책'은 개발 또는 개발 예정인 컴포넌트가 자체적으로 충족시킬 수 없는 보안에 관련된 기술 요구사항과 기능들에 대하여, 추후에 해당 컴포넌트가 적용될 시스템 또는 이와 동등한 수준에서 제공되는 기능 및 대책 등을 마련해야 한다는 의미를 포함한다. 또한, 이러한 내용들은 관련 문서에 정리되고 설명되어 있어야 하며, 이는 추후 해당 컴포넌트의 보안 수준에 대한 입증 및 기능 연동 등의 다양한 사용에 활용할 수 있기 때문이다.

3) CCSC 3: 최소 권한(Least privilege)

[주요 내용]

필요시 하나 또는 하나 이상의 시스템 컴포넌트(소프트웨어 애플리케이션, 임베디드 장치, 호스트 장치 및 네트워크 장치)는 최소 권한을 수행할 수 있는 기능을 제공하여야 한다.

각각의 시스템 컴포넌트는 사용 권한의 세분화와 해당 권한을 충분히 지원할 수 있도록 역할에 대한 유연성을 제공해야 한다.

필요할 때 개별적인 책임을 이용할 수 있어야 한다.

사용 권한 및 할당에 대한 세분화는 장치 유형에 따라 다르며 제품 설명서에서 이를 정의해야 한다.

최소 권한에 대한 기준은 서로 다른 기능을 가지고 있는 컴포넌트에 의하여 지원되어야 한다. (최소 권한 원칙은 컴포넌트에 적용된다).

적용이 가능한 경우, 평가에서 요구되는 허용 기준은 특정한 CR과 RE에 대한 최소 권한의 원칙을 포함한다.

CCSC 3의 "최소 권한"이라 함으로 IEC 62443-3-3에서 명기되어 있는 사항이며 기능과 능력, 역할 등을 지원하기 위한 '최소한의 권한'이 컴포넌트에 적용되어 있어야 함을 의미한다. 즉, 컴포넌트에 대한 어떠한 상황 발생시, 컴포넌트는 자기 보호 등을 위한 최소한의 보안 대책 수행에 대한 권한이 보장되어야 한다는 것을 의미한다.

4) CCSC 4: 소프트웨어 개발 프로세스(Software development process)[57)]

[주요 내용]

IEC 62443-4-1 표준에 설명된 보안 제품 개발 프로세스에 따라 정의된 모든 컴포넌트는 개발되고 지원되어야 한다.

57) 개발 프로세스는 IEC 62443-4-1 "안전한 제품 개발 생명주기 요구사항"에 포함되있는 제품 개발에 대한 절차로써 SPDL(Secure Product Development Life-cycle)을 의미한다. CCSC 4는 전체 62443 표준에서 다루는 하드웨어 및 소프트웨어 중, 소프트웨어 부분에만 해당하는 개발 프로세스에 대한 사항이다.

> 보안제품 개발 프로세스는 평가 대상인 컴포넌트의 성숙도 수준 ML-3을 맞추어야 한다. 즉, 평가 대상인 컴포넌트에 보안제품 개발(절차/방식 등)이 적용되었으며 요구되는 산출물들은 사용 가능하여야 한다.

CCSC 4에서 명시하는 "소프트웨어 개발 프로세스"는 IEC 62443-4-1 표준에서 정의하는 개발 절차에 따라 컴포넌트의 설계 및 개발 등이 진행되어야 한다는 것을 의미한다.

2.1.2 보안 환경, 위협 모델, 컴포넌트 요구사항의 평가

컴포넌트가 가지고 있는 보안 수준을 검증하기 위한 평가 프로세스는 2개의 단계로 구분되며 컴포넌트 보안 요구사항에 대한 선택 평가는 1단계에 해당한다. 위에 설명한 CCSC 4에서의 "소프트웨어 개발 프로세스"에 명시된 정의에 따라, 평가를 위한 대상 컴포넌트는 IEC 62443-4-1 표준에 포함되어 있는 보안 요구사항인 SR-1에 해당하는 "제품 보안 환경(Product Security Context)"에 대한 설명과 및 SR-2에 해당하는 "위협 모델(Threat Model)"에 대한 검토 및 분석이 필요하다. 설명된 "제품 보안 환경"과 정의된 "위협 모델"은 4-2의 표준에서 소개되는 전체 '컴포넌트 보안 요구사항(CR)' 중에서 컴포넌트의 평가에 사용될 요구사항에 대한 보안 요구사항을 선택하기 위한 기반 요소로 작용한다. 즉, SR-1과 SR-2에서의 내용과 분석 등을 통하여 검토 및 정의된 사항들은 대상 컴포넌트의 평가 진행을 위한 4-2에서의 컴포넌트 보안 요구사항을 선택 및 정의하는데 사용될 핵심 요인으로 사용된다는 것이다. 또한 '선택된 컴포넌트 보안 요구사항'들은 대상 컴포넌트의 2단계 평가 진행에 있어서 평가의 범위 정의 및 지속적인 평가 프로세스에 중요한 입력으로 작용한다.

정리하면, 1단계 평가는 진행할 대상 컴포넌트에 관한 전반적인 개발 보안에 대한 환경적 요소의 확인과 위협 모델에 대한 정의를 위한 전반적인 문서(예: 설계 문서, 지침서 등)들과 각종 자료(예: 생성된 개발관리 문서 등)의 검토를 진행하는 단계라 할 수 있으며, SR-1과 SR-2가 설계 및 개발에 적절하게 적용되어 있는가를 확인하는 2단계 평가의 검토적 단계라고도 할 수 있다.

평가 1단계인 선택 평가에서의 '제품 보안 환경(SR-1)' 및 '위협 모델(SR-2)'과 컴포넌트 등의 다른 요소[58]들과의 관계는 [그림 3-11]을 참조한다.

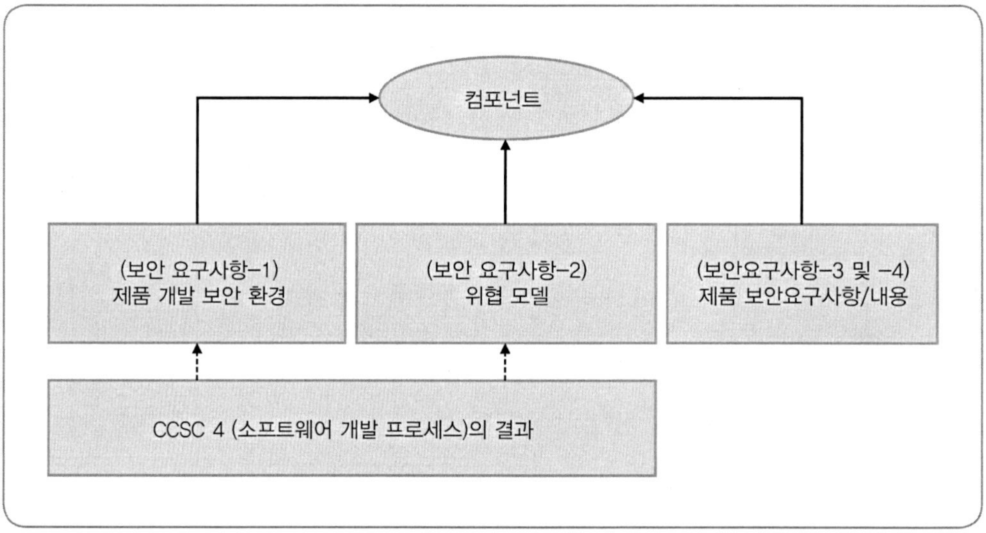

[그림 3-11] 컴포넌트 보안 요구사항의 선택 평가 (1단계)

2.1.3 컴포넌트 산출물에 대한 평가

앞에서 보여준 선택 평가(1단계)를 통하여 정의된 IEC 62443-4-1 표준의 SPDL들에서 다양한 요구사항들이 발생하며, 이 개발 프로세스에 관련된 다양한 문서 및 산출물 또한 도출된다. 이러한 산출물들(예: SVV의 경우, 시험 결과 또는 보안 시험 보고서)

58) IEC 62443-4-1/Practice-2(보안 요구사항 명세)중, "SR-3 제품보안 요구사항", "SR-4 제품보안 요구사항" 내용

는 실제 보안 평가가 진행되는 동안에 대상 컴포넌트의 보안 개발에 대한 증빙 또는 증거(물)로써 사용되며, 해당 산출물들에 대한 평가는 위에서 언급된 '제품 보안 환경' 및 '위협 모델'과 '컴포넌트에 대한 보안 요구사항'의 선택 평가 이후 진행되는 차기 평가 단계에서 수행된다.

컴포넌트 보안에 대한 산출물은 IEC 62443-4-1 표준의 SPDL의 각 단계별("보안 관리(SM)"~"보안 가이드라인(SG)"까지)에 해당하는 산출물들을 의미하며, 이러한 산출물들은 각 기업의 내규, 규정, 환경 등에 따라 각기 다른 명칭 또는 다른 항목들을 포함하고 구성되어 사용될 수 있다. 그러나, 컴포넌트에 관련된 산출물에 대한 평가 진행시, 평가자는 각 개발 프로세스에서 요구되는 항목들이 포함된 산출물을 요구하게 되며, 제공된 산출물들을 중심으로 평가가 진행된다.

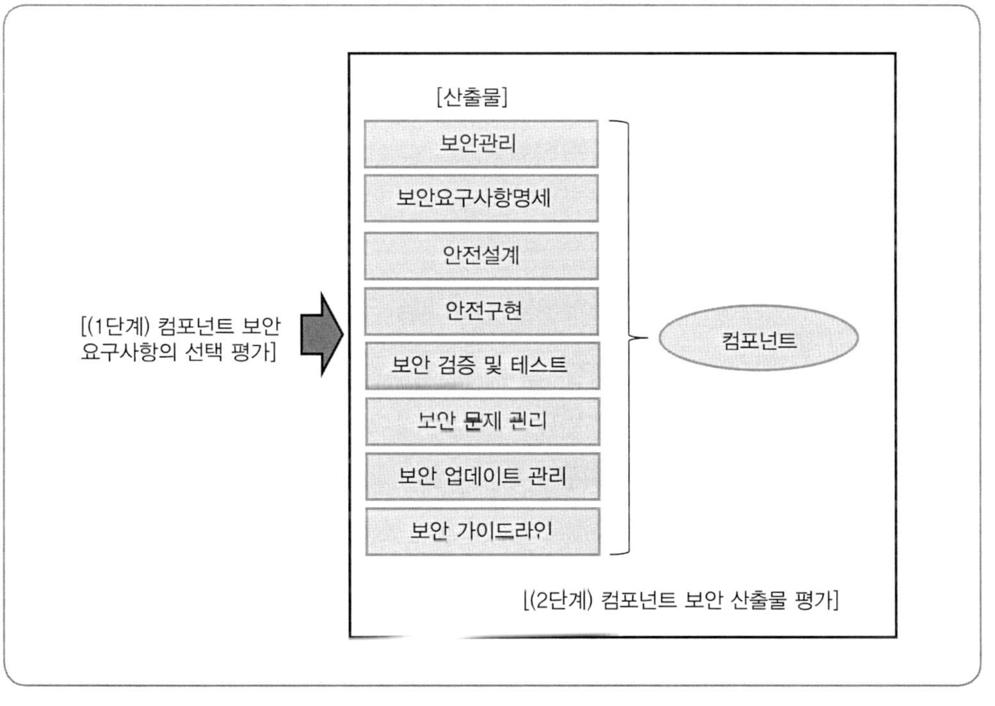

[그림 3-12] 컴포넌트 보안 산출물 평가(2단계)

2.2
컴포넌트 개발 보안 평가 프로세스

개발된 컴포넌트 또는 제품들에 대한 "평가 프로세스(Evaluation Process)"는 "평가 활동"의 연속적인 활동을 의미한다. 따라서 피평가자(예: 평가 대상 컴포넌트 개발사 등)들로부터 제공되는 산출물 등을 포함한 다양한 자료들과 함께 평가 진행을 위하여, 컴포넌트 평가를 위해 정의하는 프로세스에 따라서 진행되어야 한다. 만일, 피평가자 또는 기업 및 기관들의 요구 또는 편리(예: 시간 단축, 내부 환경 등)에 의하여 대체 가능한 순서로 변경되거나 이들 순서 등을 따라 평가가 진행되는 경우, 해당 컴포넌트 및 제품에 대한 평가 프로세스는 부적합 상황으로 인지되며 해당 평가는 평가자에 의하여 중단될 수 있다.

컴포넌트 평가를 위한 모든 평가 활동은 4-2 표준의 '컴포넌트의 기술적 보안 요구사항(CR)'과 IEC 62443-4-1 표준에서 명시하는 'CCSC 4를 따르는 컴포넌트 개발 프로세스'를 기반으로 정의된다.

개발된 컴포넌트의 보안적 특성에 대한 평가 진행을 위하여 해당 컴포넌트 공급업체 또는 개발사는 이에 대한 세부 사항들이 기술된 문서(예: 개발설계 문서) 또는 자료(예: 요구사항 분석자료)들을 평가자에게 제공하여야 한다. 만일, 표준에서 정의하는 평가 활동중 컴포넌트 개발사들이 제공되지 못한 산출물 또는 자료 등에 의하여 마무리되지 못하거나 확인되지 못한 평가 활동이 발생하는 경우, 그 평가 프로세스는 완료될 수 없으며, 해당 평가는 평가자에 의하여 부적합 사항에 따른 실패 또는 평가 중단으로 종료될 수 있다.

전체적인 평가 프로세스는 앞서 '컴포넌트 평가 기본 사항'에서 설명한 것처럼 2개의 단계로 구분되어 진행된다. 1단계는 컴포넌트 보안 요구사항 및 보안 수준에 대한 선택과 결정을 진행하는 기본단계의 평가를 진행하는 것이라 할 수 있다. 평가를 위한 대상 컴포넌트 또는 제품 개발에 관련된 기본적인 환경적 요인에 대한 평가라고도 할 수 있으며, 개발에 관련된 전반적 배경, 환경, 기능 요구 등 다양한 부분에 대하여 평가수행에 필요한 내용의 절차적 확인 단계라고도 할 수 있다.

2단계는 평가 대상 컴포넌트 또는 제품의 설계, 적용, 문서 및 시험 등을 통하여, 컴포넌트가 어떠한 보안 기능을 포함하고 있는지에 대하여 각종 산출물들을 기반으로 평가하는 것과 실제 공격 시험 등을 통하여 평가를 진행한다. 여기서 '산출물'이라 함은 4-1 표준의 SPDL의 각 실행(Practice)에서 요구하는 문서 및 자료 등을 의미한다. 실제적인 컴포넌트 또는 제품에 대한 평가가 진행되는 단계로도 볼 수 있으며, 해당 평가 대상에 직/간접적으로 관련된 전반적인 절차 및 문서 등을 통하여 실제 개발 컴포넌트 또는 제품에 대한 보안적 요구사항의 적용 또는 기능 구현의 여부 등에 대한 평가를 진행하는 절차라 할 수 있다.

[그림 3-13]은 컴포넌트에 대한 평가 프로세스에 대한 전체 구성을 보여주며, 여기서는 각 해당 시험 프로세스에 대하여 설명하도록 하겠다.

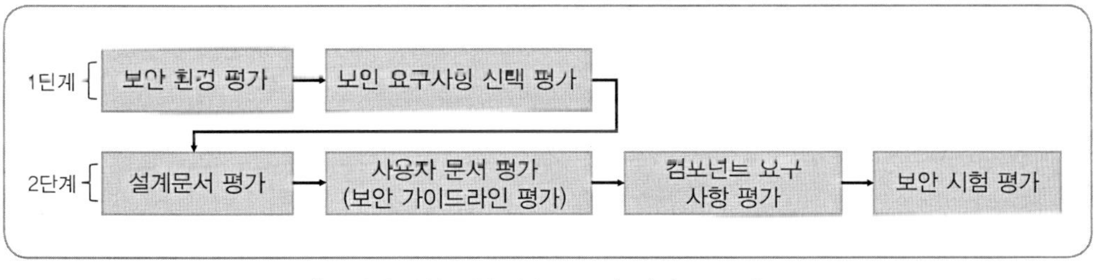

[그림 3-13] 컴포넌트 보안 평가 프로세스

앞서 설명한 것처럼 컴포넌트의 평가는 총 2개의 단계로 구성되며 평가의 절차는 세부적으로 6개의 프로세스로 구성된다.

1) 보안 환경 평가

가장 먼저 진행되는 평가로써, 컴포넌트 또는 제품들에 대한 평가 대상의 보안 환경 또는 상황 등에 대한 평가를 포함하며, 기본적인 보안 관련 내용 등에 대한 평가를 수행한다.

2) 보안 요구사항 선택 평가

컴포넌트 공급업체 또는 개발사가 평가 진행을 위하여 '컴포넌트 요구사항(CR)'과 '확대된 보안 요구사항(RE)'을 선택했다고 가정한 상태에서 진행하는 평가로써, '선택된 보안 요구사항'으로 정의한다. 또한, 컴포넌트 공급업체 또는 개발사는 해당 컴포넌트 또는 제품의 개발에 있어서 자체적으로 보유, 유지 및 적용하고 있는 개발 프로세스를 준수하여야 하며, 평가에서는 컴포넌트 공급업체 또는 개발사가 내부의 개발 프로세스를 준수하여 개발하였는지에 관한 정확한 확인 및 검사를 진행한다. 그러므로, 컴포넌트 공급업체 또는 개발사는 제품 개발에 있어서 내부적으로 정의된 개발 프로세스를 준수하여 개발하였음을 입증하여야 하며, 평가 진행을 위하여 컴포넌트 공급업체 또는 개발사 선택한 요구사항들은 위협 모델 및 문서화된 보안 환경 등과 부합되어야 하며 일관성을 가지고 있어야 한다.

3) 설계 문서 평가

'2) 보안 요구사항 선택 평가'에서 컴포넌트 공급업체 또는 개발사가 선택한 4-2 표준의 컴포넌트 보안 요구사항(CR)에 대하여, 개발된 컴포넌트가 해당 요구사항들을 충족시킬 수 있는지에 대하여 제공된 문서, 방법 및 산출물 등을 통한 문서적 평가를 수행한다.

4) 보안 가이드라인 평가 (사용자 문서 평가)

각각의 컴포넌트 공급업체 또는 개발사들이 컴포넌트 개발을 위하여 적용하고 있는 개발 프로세스들은 4-1 표준에서 제시하는 프로세스를 준수해야 하며, 여기에 포함되어 있는 모든 사항이 내부의 보안 규정 또는 지침 등에서 명시하는 내용들을 준수하였는지를 평가한다.

5) 컴포넌트 요구사항 평가

평가 대상 컴포넌트에 대하여 해당 4-2 표준에서 정의된 컴포넌트 보안 요구사항들에 충족 여부를 검증하고 평가한다.

6) 보안 시험평가

보안 시험은 위협 완화 시험, 취약점 시험 및 침투 시험 등을 포함하며, 해당 제품에 대한 보안 취약점을 발견하기 위하여 컴포넌트의 개발 절차에서 요구되는 광범위한 활동 등에 사용되는 용어이다. 또한, 보안 시험은 컴포넌트의 모든 부품 및 기능을 포함하는 부품의 요소 수준에서 수행된다. 특히, 보안 시험은 실제 컴포넌트 또는 개발 제품에 대한 전문적인 보안 시험으로 진행되며, 앞 장에서 설명한 국내의 정부기관에서 추진하는 공공기반시설에 사용되는 컴포넌트 또는 제품들에 대하여 진행되는 시험 및 평가 부분이 이러한 부분을 포함한다고 할 수 있다. 향후, 시험평가기관을 통한 시험평가 진행과 시험성적서의 획득을 위해서는 실제적인 보안 시험 및 평가에 대한 준비가 충분하게 되어 있어야 할 것이다.

[표 3-3] 컴포넌트 보안 평가 프로세스

단계	절차	평가 구분	주요 내용
1단계	1	보안 환경 평가	컴포넌트, 시스템, 네트워크 등의 해당 평가 대상의 보안 환경 또는 기본적인 보안 내용에 대한 평가
	2	보안 요구사항 선택 평가	제품 공급업체 또는 개발사 내부의 제품 개발 절차의 준수 여부를 검사하는 평가
2단계	3	설계 문서 평가	개발사가 표준에서 제시한 각 컴포넌트 요구사항(CR)에 대하여 해당 요구사항들을 충족시킬 수 있는지에 대한 방법 및 산출물 평가
	4	보안 가이드라인 평가	컴포넌트 개발을 위하여 보유하고 있는 개발 절차들이 IEC 62443-4-1 표준에서 제시하는 절차의 준수 여부 평가
	5	컴포넌트 요구사항 평가	컴포넌트에 대하여 해당 요구사항들의 충족 여부 검증
	6	보안 시험평가	컴포넌트의 모든 부품 및 기능을 포함하는 부품의 요소 수준에서 수행 (예: 위협 완화 시험, 취약성 시험 및 침투 시험)

2.3 평가 요구사항

컴포넌트 및 제품에 대한 평가 진행을 위한 '평가 요구사항(ER, Evaluation Requirement)'은 IEC 62443-4-1 및 4-2 표준에서 정의하는 다른 요구사항들과 비교하여 보았을 경우, 표준에서 요구하는 이외의 추가적인 기술 사항이나 절차들에 대한 사항 등은 포함하지 않으며, 평가 진행 및 절차에 영향을 미치는 CCSC에 대한 내용만을 공식적인 평가 요구사항으로 정의한다.

컴포넌트 또는 제품의 보안 평가 진행을 위하여 기본적으로 요구되는 평가 요구사항은 'ER-1'과 'ER-2'로 구성된다.

1) 평가 요구사항 ER-1

컴포넌트 공급업체 또는 개발사는 평가를 위한 요구사항이 컴포넌트에 의하여 자체적으로 충족되거나 또는 시스템 통합(SI) 구축 등을 통하여 충족되는 경우, 각각 적용 가능한 '컴포넌트 보안 요구사항(CR)'과 '확대된 보안 요구사항(RE)'를 명확하게 구분하여 정의하여야 한다. 참고적으로 확대된 요구사항이 포함된 보안 요구사항일 경우는 '보안 수준' SL-1을 포함한 SL-2~SL-4에 해당하기 때문이다. 즉, 보안 요구사항에 '부합하는 것', '구현된 것', '기능이 있는 것' 등에 대하여 정의되어야 하며, 이를 기반으로 전체적인 평가의 범위 등이 정의될 수 있다.

2) 평가 요구사항 ER-2

평가를 위한 컴포넌트 공급업체 또는 개발사는 평가 진행중인 컴포넌트 또는 제품이 최소 IEC 62443-4-1 표준에서 명시된 "성숙도 수준(Maturity Level)"의 ML-3[59]을 최소한 충족할 수 있도록 개발되었음을 증명할 수 있는 산출물들을 제공하여야 한다. 즉, ML-3의 수준에서 요구하는 컴포넌트 공급업체 또는 개발사의 개발 프로세스, 조직체계, 관리 등, 관련된 규정 또는 체계에 따라 안전하게 개발되었음을 증명할 수 있는 수준의 증빙 자료의 제공이 필요하다.

위에서 정의한 2개의 기본적인 평가 요구사항에 대하여 예를 들어 추가적 설명을 진행하겠다. 제품에 대한 보안에 관련된 평가를 진행하기 위하여 제품에 대한 자체적인 보안성 및 안정성, 각종 요구사항 등을 만족시켜야 하는 것은 기본적인 준비 요소라 할 수 있다. 또한, 기업 내에 포함되는 사람, 재무, 구매, 장비, 절차, 등의 제품에 대한 개발 및 생산에 포함되는 다양한 부가적 보안 및 관리 요소 등에 대하여 안전성과 보안 사항 등에 대한 환경적 요인들이 동시에 준비되어 있어야 한다.

예를 들어, 소프트웨어 컴포넌트 제품의 개발에 있어서 제품의 기능적 측면에서 완벽하게 요구사항을 만족하였다고 할지라도 해당 개발자가 비정상적 의도를 가지고 백도어(Back–door) 또는 버그(예: 이스터에그) 등을 만들어서 은닉하여 놓았으며, 개발된 컴포넌트 제품이 석유-화학 플랜트의 제어 시스템에 설치되었다고 가정하자. 그 개발자는 회사에서 권고에 의한 퇴사를 하였으며, 추후 불손한 의도를 가지고 개발된 소프트웨어 컴포넌트가 설치되어 있는 시스템의 백도어를 통하여 침입한 후, 시스템의 오동작과 이를 통한 사고 발생 및 운영적 문제를 일으킬 경우는, 단순한 제품 또는 제어 시스템만의 보안 문제가 아닌 해당 소프트웨어 컴포넌트 개발사와 석유-화학 플랜트의 전체적인 문제로 확대될 될 수 있다. 그러므로, 이러한 문제의 발생 이전에 개발 준비 단계부터 잠재적으로 발생 가능한 위협 요소들에 대한 판단과 사전적 차단을 위하여 인사관리 등에 대한 중요성이 함께 검토되고 평가될 수 있어야 한다. 이러한

59) ML-3: 성숙도 수준(Maturity Level) 3단계: 공급업체가 조직 전체 내에서 프로세스가 지속적인 반복 및 운영이 가능하고 이에 대한 증거가 있다. (IEC 62443-4-1, 4.2 Maturity model 참조)

발생 가능한 문제 요소들에 대하여 기업 내부에 규정 및 절차 등에 따라 체계가 정립되어야 하며, 지속적인 관리와 운영 등이 동시에 이루어 짐으로써 모든 발생 가능한 위협은 통제가 가능하게 된다.

조금 어렵고 이해하기 복잡하여 보이는 내용이나 실제적 평가에서는 필요한 조직체계 및 관련 사항에 대한 자료 및 증빙 등의 검토를 통하여 보안성 등을 확인하는 절차로 보면 될 것이다.

2.4 보안 평가 활동

컴포넌트 평가를 위한 '평가 활동'은 6개의 '평가 절차'에 세부적인 34개의 '평가 활동'으로 구성되어 있으며, 평가를 통하여 전반적인 보안 위협 사항에 대한 확인을 진행할 수 있도록 구성되었다. 또한, 각 평가 진행 단계는 IEC 62443-4-1과 4-2 표준에서

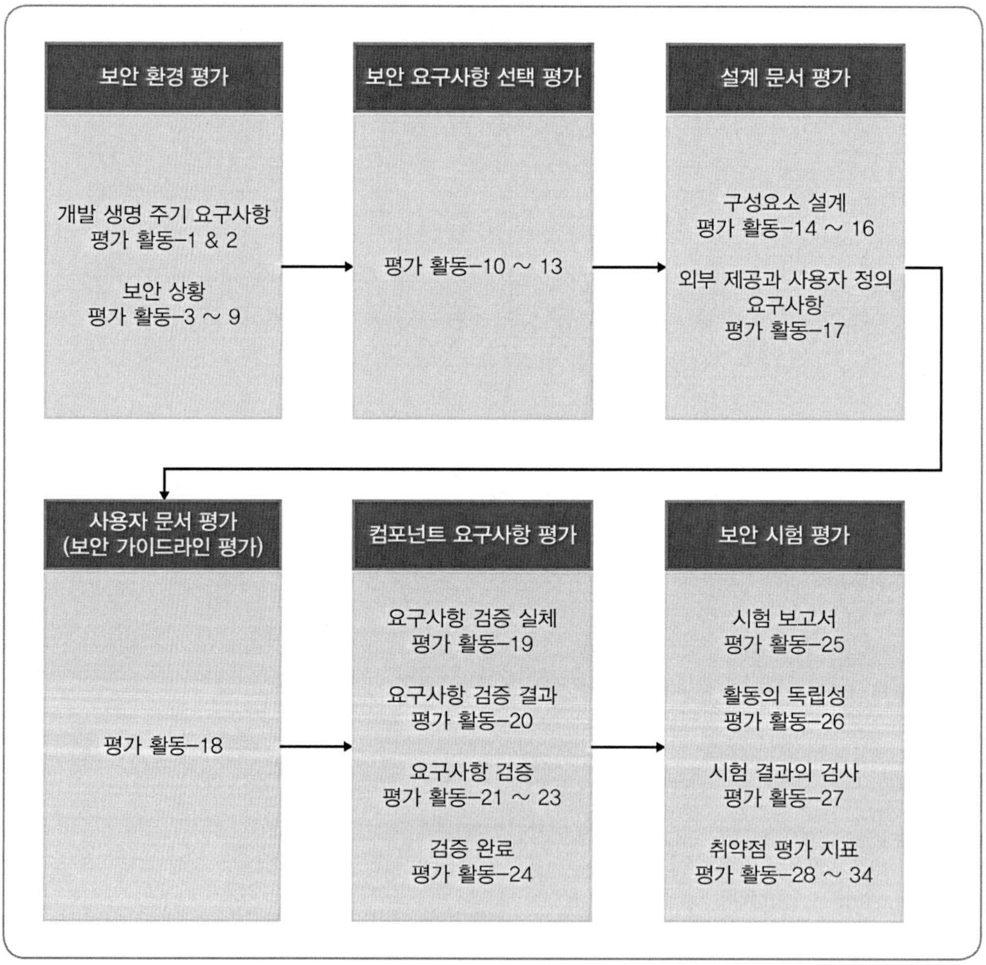

[그림 3-14] 보안 평가 절차 및 활동의 구성 개요

요구하는 다양한 보안 요구사항들에 대한 참조 요구사항을 표기함으로써 평가 활동 진행을 위하여 참고가 필요할 경우, 제시된 참고 요구사항을 확인함으로써 문제 발생 또는 기타 필요한 사항에 대한 검토 및 확인을 할 수 있게 되어 있다.

컴포넌트 평가를 위한 보안 평가의 절차와 활동은 [그림 3-14]에서 보여주는 것처럼 6개의 평가 절차로 구성된다. 세부적인 각 평가 절차에 포함되있는 세부 시험평가 항목들과 평가 활동에 대한 자세한 내용의 설명은 다음 부분에서 진행하도록 하겠다.

참고

참고적으로, IEC 62443 표준 문서 초안은 영문으로 작성된 국제 표준 문서 초안이며, 표준의 문서에 사용되는 단어, 용어 등은 매우 전문적 수준의 문장으로 구성되어 있어서 한국인들이 이해하기에는 조금 어렵고 난해한 부분이 존재하고 있다. 특히, 엔지니어 또는 개발자들의 입장에서는 표준 문장의 이해와 의미에 대한 심도있는 해석에 어려움이 종종 발생하고 있다.

일부 표준은 국내 KS에서 번역을 통하여 국내 표준화를 진행하였으나, 전체적인 내용에 대하여 직역을 중심으로 번역하였기에 일반적으로 이해가 어려운 부분이 발생하고 있으며, 이로 인하여 잘못된 표준의 적용 및 개발이 진행되기도 한다. 영문 표준에서 사용되는 정의나 영어적 뉘앙스 차이에 의하여 특정 내용들에 대한 이해 및 해석이 달라질 수 있으므로, 동일한 단어에 대하여 표준 문서상에서 의미 차이에 대한 설명을 진행하려 한다. 또한, 이러한 표준에 대한 부족한 번역의 문제를 해결하고자 일부 단어 및 용어 등에 대하여 이해가 쉽도록 해설과 설명을 포함할 예정이다.

참고로 평가에 관련된 해외 문서들은 평가 활동에 대한 사항을 명확하게 이해할 수 있도록 표기되어 있으나, 이를 국문 번역을 하면서 이에 대한 혼돈이 발생할 수 있어 중요 단어에 대하여는 아래와 같이 정의 및 간단한 설명을 추가하였다.

해당 단어들은 영문 표기상 매우 다른 뉘앙스로 표현되는 관계로 평가자 또는 제품 개발사/제조사들이 각각의 단어에 대한 명확한 의미에 준하여 평가 및 준비를 하여야 하나, 일반적으로 이해 차이에 따른 착오 부분이 발생할 수 있어 이를 명확하게 구분하고자 설명과 정의를 추가하였다.

[용어 정의]

- 확인(Check): 제품, 문서, 상황 등에 대한 일반적인 것에 대하여 시각적 또는 활동을 통하여 기준, 요건 등의 유무를 확인하는 것을 뜻하며, 가장 낮은 수준의 단계로 정의한다.
- 비교(Compare): 해당 제품 및 유사 제품 간 또는 제품과 문서의 기술 또는 표기 등에 대하여 사실 여부 등에 대한 검토 활동을 말하며, 이상 또는 상이 발생 등에 대한 유무를 확인할 수 있도록 하는 활동으로 정의한다.
- 검사(Examine): 해당 제품 또는 컴포넌트 등에 대하여 물리적, 전기적, 또는 특정한 활동 등을 통하여 피시험 대상에 대한 '확인'을 하는 활동으로 특정한 기준, 제공되는 문서, 환경 조건 등의 만족 여부를 명확하게 평가 및 구분하는 것으로 "확인 (Check)" 보다는 더욱 강하고 중요한 단계로 정의한다.
- 검증(Verify): 평가 대상에 대한 규정, 문서, 상황, 상태 등에 대하여 "검사 (Examine)" 하고 증명하는 단계로 피시험자가 제공하는 규격, 문서 등을 통하여 명확한 입증과 검사를 진행하는 것으로 정의한다.

2.4.1 보안 환경 평가

컴포넌트의 평가 진행에 있어서 가장 먼저 진행되는 평가로써 해당 평가 대상에 대한 보안 상태 또는 기본적인 보안 내용 및 환경 등에 대한 전반적인 평가를 수행한다. 보안 환경 평가는 2개의 서브 카테고리와 9개의 보안 평가 활동으로 구성된다.

1) 개발 생명주기 요구사항

"개발 생명주기 요구사항"은 4-1 표준에서 설명하는 컴포넌트 또는 제품에 대한 "개발 생명주기(PDL, Product Development Life-cycle)"에 관련된 보안 요구사항에 대한 부분을 평가하는 것이다.

평가활동-1과 평가활동-2에 대한 시험평가를 위한 참고 요구사항은 CCSC 4 소프트웨어 개발 프로세스, SM-3 가용성 식별, SM-5 프로세스 범위 지정, SM-12 프로세스 확인, SR-1 제품 보안 상황, SR-2 위협 모델 등으로 필요시 4-1 표준을 참고하기 바란다.

평가활동-1은 평가자가 필수적으로 확인(Check)하는 사항으로 4-1 표준에 설명된 안전한 제품 개발 프로세스(SM ~ SG까지)가 평가 진행중인 컴포넌트 개발에 어떻게 적용되었는지를 확인하는 평가 활동이다.

평가활동-2는 평가자가 필수적으로 검사(Examine)하는 사항으로 평가 진행중인 컴포넌트 개발사로부터 제출받은 4-1 표준 SPDL에서 요구되는 관련 산출물을 검사하는 평가 활동이다.

참고 요구사항	CCSC 4 소프트웨어 개발 프로세스, SM-3 가용성 식별, SM-5 프로세스 범위 지정, SM-12 프로세스 확인, SR-1 제품 보안 상황, SR-2 위협 모델
평가활동-1	평가자가 필히 확인하는 사항 IEC 62443-4-1 표준에 따라 설명된 안전한 제품 개발 프로세스가 평가 중인 컴포넌트에 적용되어 있는지 확인
평가활동-2	평가자가 필히 검사하는 사항 IEC 62443-4-1 표준에서 요구하는 연관된 관련 산출물에 대한 검사

2) 보안 환경

'보안 환경'에 대한 평가 진행은 컴포넌트 또는 제품이 가지고 있는 보안 상황 및 상태, 환경 등을 이해하기 위하여 진행되며, 최소 요구사항과 이에 대한 적용 및 사용 환경을 가정하고, 가정된 환경에 대한 전반적인 설명을 기술하여야 한다. 즉, 개발된 컴포넌트의 사용 환경(예: 시스템 연동 및 구성 관련 사항 등)에 대한 설명과 이에 따른 보안 요구사항들의 전반적 환경 여건 등을 확인하기 위한 활동으로 볼 수 있다. 특별한 기준이나 형태 등이 존재하지 않으며 4-1 표준에서도 특정한 형식과 양식들을 별도로 정의하지는 않고 있다. 그러나, 효과적인 평가 진행을 위하여, 예를 들면 '컴포넌트가 적용되는 보안 상황이 정의되는 것이 필요하며 제품에 대한 위협 모델은 준비가 되어 있어야 한다'와 같은 내용들이 기술되고 설명되어 있어야 한다.

또한, 평가 대상에 대한 다양한 관련 정보들은 문서화되어 관리되고 있어야 하며, 정리된 산출물의 형태로 준비되는 것이 필요하다. 해당 산출물(예: 문서)에는 평가 대상 컴포넌트의 규격(SPEC) 등의 내용을 포함하고 있어야 한다. 컴포넌트 규격은 산출물을 위한 특정한 체크리스트나 기술문서의 형식으로 정리되어 사용될 수 있으며, 이들은 각 기업의 내부 양식 또는 형식으로 정의될 수 있다.

평가활동-3부터 평가활동-9까지의 평가를 위한 참고 요구사항은 CCSC 4 소프트웨어 개발 프로세스, SR-1 제품 보안 환경, SR-2 위협 모델, SR-4 제품 보안 요구사항 내용, CCSC 1 주요 기능 지원, CCSC 2 보완 대책 등으로 필요시 4-1 표준을 참고하기 바란다.

평가활동-3은 평가자가 필히 확인(Check)하는 사항으로 평가자는 컴포넌트 개발사로부터 제공된 산출물이 평가 또는 정의 문서에서 정의하는 모든 정보가 포함되어 있는지의 여부를 확인하는 평가활동이다.

평가활동-4는 평가자가 필히 확인(Check)하는 사항으로 컴포넌트 개발사로부터 제공된 위협 모델이 사용 가능한지에 대한 사항과 위협 모델이 4-1 표준의 SR-2에 정의된 내용을 제공하는지를 확인하는 평가활동이다.

평가활동-5는 평가자가 필히 확인(Check)하는 사항으로 컴포넌트 개발사로부터 제공된 산출물들에서 시스템에서 요구하는 필수 기능들과 특정한 제약 사항들에 대하여 충분한 설명 등을 포함하고 있는지를 확인하는 평가활동이다.

평가활동-6는 평가자가 필히 검사(Examine)하는 사항으로 시스템에 대한 컴포넌트 적용과 관련하여 특정한 제약사항이 존재하는 것을 확인한 경우, 평가자는 자체적인 위험 평가 진행시에 해당 제약사항들에 대하여 충분한 고려를 하였는지와 컴포넌드에 구현 또는 제공하는 보안 기능이 컴포넌트의 필수 기능(예: 기본적 기능 작동)에 부정적인 영향을 미치지 않는지에 대한 검사를 하는 평가활동이다.

평가활동-7은 평가자가 필히 검사(Examine)하는 사항으로 컴포넌트 개발사로부터 제공된 산출물(예: 문서 등)에 정리되어 있는 컴포넌트의 보안 기능이 실제적인 보완 대응책처럼 적용되어 있는지에 대한 검사를 하는 평가활동이다.

평가활동-8은 평가자가 필히 검사(Examine)하는 사항으로 시스템을 통하여 적용되는 적절한 대응 또는 보안 대책이 제공된 산출물에 충분하게 기술되어 있는지의 여부를 검사하는 평가활동이다.

평가활동-9은 평가자가 필히 확인(Check)하는 사항으로 위에서 간단하게 설명한 다양한 가정들이 확정된 경우, 평가자는 컴포넌트에 관련된 보안 상황에 대한 부분, 제공된 위협 모델에 대한 내용 및 선택된 컴포넌트의 요구사항이 무엇인지 등을 확인하는 평가활동이다.

참고 요구사항	CCSC 4 소프트웨어 개발 프로세스, SR-1 제품 보안 환경, SR-2 위협 모델, SR-4 제품 보안 요구사항 내용, CCSC 1 주요 기능 지원, CCSC 2 보정 대책
평가활동-3	• 평가자가 필히 확인하는 사항 • 제공된 산출물에 평가 또는 정의 문서에서 정의하고 있는 모든 정보가 포함되어 있는지 확인
평가활동-4	• 평가자가 필히 확인하는 사항 • 위협 모델이 사용 가능한지와 위협 모델이 SR-2에 정의된 내용을 제공하는지 확인
평가활동-5	• 평가자가 필히 확인하는 사항 • 제공된 산출물이 시스템 필수 기능 및 특정 제약을 설명하는지 확인
평가활동-6	• 평가자가 필히 검사하는 사항 • 특정 제약이 존재하는 경우, 평가자는 위험 평가시에 그 제약 사항들이 고려되었는지, 그리고 컴포넌트의 보안 기능이 필수 기능에 부정적인 영향을 미치지 않는지 검사
평가활동-7	• 평가자가 필히 검사하는 사항 • 제공된 문서에서 열거한 보안 기능이 보완 대응책처럼 적용되었는지에 대한 검사
평가활동-8	• 평가자가 필히 검사하는 사항 • 시스템에 의하여 적용되는 적절한 대응책이 기술되어 있는지 여부를 검사
평가활동-9	• 평가자가 필히 확인하는 사항 • 가정들이 확정된 경우, 평가자는 보안 상황, 위협 모델 및 선택된 컴포넌트의 요건에 따라 확인

2.4.2 보안 요구사항 선택 평가

'보안 요구사항 선택 평가'는 평가 대상인 컴포넌트 개발 또는 제품 공급자가 '컴포넌트 요구사항(CR)'과 '확대된 보안 요구사항(RE)'을 선택했다고 가정한 상태에서 진행하는 평가이며, 이는 '선택된 보안 요구사항'으로 정의한다. 또한, 컴포넌트 개발 또는 제품 공급자는 해당 컴포넌트 또는 제품의 개발에 있어서 자체적으로 보유 및 유지하고 있는 제품 개발에 관련된 규정 및 프로세스 등을 준수하여야 하며, 평가를 통하여 평가자는 공급자가 내부의 제품 개발 규정 및 프로세스 등에 대한 준수 여부에 대하여 검사를 진행한다. 그러므로, 컴포넌트 개발 또는 제품 공급자는 규정 및 절차를 준수하여 컴포넌트를 개발하였음을 입증하여야 하며, 평가 진행을 위하여 공급자가 선택한 보안 요구사항(예: CR이나 RE)들은 제공된 위협 모델 및 문서화된 보안 상황과 부합되고 일관성을 가지고 있어야 한다. 평가자는 이를 확인 및 검사 등의 방식을 통하여 평가를 진행한다.

평가활동-10부터 평가활동-13까지의 평가를 위한 참고 요구사항은 CCSC 4 소프트웨어 개발 프로세스, SR-2 위협 모델, SR-3 제품 보안 요구사항, SR 4 제품 보안 요구사항 내용, SM-5 프로세스 범위 지정 등으로 필요시 4-1 표준을 참고하기 바란다.

평가활동-10은 평가자가 필히 검사(Examine)하는 사항으로 컴포넌트 개발 또는 제품 공급자가 선택한 컴포넌트의 보안 요구사항이 제품 공급자의 개발 프로세스에서 정의된 대로 선택되었는지와 이 선택된 요구사항들이 합리적인 정당성에 기반한 것인지에 대한 검사를 하는 평가활동이다.

평가활동-11은 평가자가 필히 검사(Examine)하는 사항으로 컴포넌트 개발 또는 제품 공급자에 의하여 제공된 문서화된 보안 상황이 선택된 요구사항과 일치하는지에 따른 위협 모델을 검사하는 평가활동이다.

평가활동-12는 평가자가 필히 확인(Check)하는 사항으로 평가 대상 컴포넌트에 구현된 전체 기능들중 보안 요구사항의 선택시, 선택되지 않아 평가 범위에서 제외되는 기능들에 대하여, 평가에서 제외되는 것에 대한 타당성 여부와 해당 근거를 확인하는 평가활동이다. 이는 시험평가의 목적과 대상 컴포넌트에서의 구현된 기능 등에 따른 시험평가 범위 설정에 대하여 매우 중요한 부분을 차지하는 내용으로, 시험 결과서 또는 성적서 상에 기록 및 정의된 시험평가 범위, 결과 내용과 추후 컴포넌트 제품의 판매 및 공급 시에 실제적인 기능의 차이 발생 등에 따른 문제 발생을 사전에 차단할 수 있다.

평가활동-13은 평가자가 필히 확인(Check)하는 사항으로 모든 적용 가능한 컴포넌트 보안 요구사항들이 컴포넌트에서 자체적으로 충족되는지 또는 시스템 통합을 통하여 충족되는지를 확인하는 평가활동이다. 이는 평가를 위하여 선택한 보안 요구사항들을 충족하기 위한 컴포넌트의 기능들이 자체적으로 구현되어 있는지 또는 외부 시스템에서 구현 또는 제공을 하는지에 대한 확인을 하는 것으로 명확한 평가 대상에서 가지고 있는 보안 요구사항에 대응하는 기능의 제공을 정의할 수 있다.

참고 요구사항	CCSC 4 소프트웨어 개발 프로세스, SR-2 위협 모델, SR-3 제품 보안 요구사항, SR-4 제품 보안 요구사항 내용, SM-5 프로세스 범위지정
평가활동-10	• 평가자가 필히 검사하는 사항 • 선택된 컴포넌트 요구사항이 제품 공급자의 개발 프로세스에서 정의된 대로 선택되었고 합리적인 정당성이 제공되었는지 검사
평가활동-11	• 평가자가 필히 검사하는 사항 • 문서화된 보안 상황이 선택된 요구사항과 일치하는지에 따라 위협 모델을 검사
평가활동-12	• 평가자가 필히 확인하는 사항 • 평가 범위에 속하지 않는 모든 기능들이 제외되는 것에 대한 타당한 근거를 가지고 있는지 확인
평가활동-13	• 평가자가 필히 확인하는 사항 • 적용 가능한 모든 컴포넌트의 요구사항들이 컴포넌트에 의해 충족되는지 또는 시스템 통합에 의해 충족되는지 확인

2.4.3 설계 문서 평가

1) 컴포넌트 설계

컴포넌트 개발 또는 제품 공급자는 4-1 표준에서 제시한 각각의 컴포넌트 보안 요구사항(CR)에 대하여 개발중 또는 이미 개발된 컴포넌트들이 해당 요구사항들을 어떻게 충족시킬 수 있는지에 대한 방법을 명시하여야 하며, 평가시에 관련 자료 또는 산출물(예: 설계 문서 등)을 제공하여야 한다. 또한, 평가자는 평가 진행을 위하여 선택된 컴포넌트 보안 요구사항에 대한 적합성에 대한 만족 여부를 확인하기 위하여 컴포넌트 개발 또는 제품 공급자에 의하여 제공되는 산출물들을 참고할 필요가 있다. 예를 들면, 컴포넌트 상에 외부와의 데이터 통신을 위한 네트워크 인터페이스가 구현되어 포함된 경우, 외부에서 또는 외부로 연결하여 사용할 수 있는 모든 인터페이스는 네트워크 연결 환경/조건/상태 등을 구성/조정/설정할 수 있어야 한다는 것이며, 평가시 이러한 모든 사항에 대하여 제공된 문서 또는 산출물 등을 통하여 확인하고 평가해야 한다. 해당 요건은 4-2 표준에서 제시된 7가지 기본 요건(FR)의 정의에서 기인한다.

평가활동-14부터 평가활동-16까지의 평가를 위한 참고 요구사항은 CCSC 4 소프트웨어 개발 프로세스, SR-2 위협 모델, SD-1 안전한 설계 원칙, SD-2 심층 방어 설계, SD-4 안전한 설계 모범사례 등으로 필요시 4-1 표준을 참고하기 바란다.

평가활동-14는 평가자가 필히 검사(Examine)하는 사항으로 컴포넌트 개발 또는 제품 공급자로부터 제공된 위협 모델이 대상 컴포넌트의 모든 인터페이스들과 컴포넌트의 아키텍처에 대한 세부 사항을 충분히 다루고 있는지를 검사하는 평가활동이다.

평가활동-15는 평가자가 필히 확인(Check) 및 검증(Verify)하는 사항으로 제공된 산출물들을 확인하고 평가 진행을 위하여 요구된 모든 '설계 문서(Demanded Design Documentation)'들이 포함되어 있는지를 확인하고 검증하는 평가활동이다. 이는 때로 컴포넌트 개발 또는 제품 공급자들이 제공한 자료 및 문서들과 평가를 위한 대상인 컴포넌트의 기능들이 다르게 구현되어 있는 경우 또는 기능 등이 제외되어 있거나 추후 추가적으로 구현되어 제품화 될 수 있으므로, 제공된 문서 전반에 대하여 적합한 설계 문서인지에 대한 확인과 설계 및 개발에 관련된 충분한 문서들인지를 검증하게 된다.

평가활동-16는 평가자가 필히 검사(Examine)하는 사항으로 평가 대상 컴포넌트에 대한 산출물이 4-1의 표준에서 요구하는 '심층방어 설계'와 제출된 '위협 모델' 간의 일관성을 갖는지에 대해 검사를 하는 평가활동이다. 4-1 표준의 SPDL상에 SD-2에 해당하는 심층방어를 위한 설계에 대한 요구사항이 있으므로 이에 대한 설계 개념을 적용하여야 하며, 컴포넌트 설계시에 발견된 '위협 모델'들에 대하여 정의되고 정리되어 있어야 한다. 여기서는 심층방어를 위한 설계의 내용과 이에 연관되는 위협 모델에 대한 내용이 상호 일관성을 가지고 정리되어 있는지의 여부를 검사하게 된다.

참고 요구사항	CCSC 4 소프트웨어 개발 프로세스, SR-2 위협 모델, SD-1 안전한 설계 원칙, SD-2 심층 방어, SD-4 안전한 설계 모범사례
평가활동-14	• 평가자가 필히 검사하는 사항 • 제공된 위협 모델이 모든 인터페이스들과 컴포넌트의 아키텍처에 대한 세부 사항을 다루는 지를 검사
평가활동-15	• 평가자가 필히 확인 및 검증하는 사항 • 산출물을 확인하고 모든 요구된 설계 문서(Demanded Design Documentation)가 포함되어 있는지 검증
평가활동-16	• 평가자가 필히 검사하는 사항 • 컴포넌트 산출물이 심층 방어 설계 및 위협 모델에 대한 일관성을 갖는지 검사

2) 외부 제공과 사용자 정의 컴포넌트

대다수 컴포넌트의 개발은 최종 완제품을 요구하는 개발사, 시스템 통합사(SI) 또는 최종 자산 소유자가 요구하는 요구사항에 따라 개발되고 있다고 할 수 있으며, 때로는 고객사들로부터 요구되는 수준의 컴포넌트 또는 제품에 대한 충분한 개발 프로세스 및 요구사항 등을 보유하거나 준수하지 못하는 외부 또는 3자 개발사들로부터 개발된 하위 컴포넌트 또는 모듈들을 사용하는 경우가 발생하기도 한다. 이러한 경우는 컴포넌트 또는 제품 개발 상황에서 종종 발생하게 되며, 이 경우에 대한 평가 진행 또한 필요하게 된다. 여기서는 이러한 외주 개발을 통한 컴포넌트에 대한 평가 활동에 대하여 설명을 진행한다.

평가활동-17의 평가를 위한 참고 요구사항은 SM-9 외부 공급 컴포넌트 보안 요구사항, SM-10 제3자 공급자 맞춤 개발 컴포넌트, SD-1 안전한 설계 원칙, SD-2 심층 방어 설계 등으로 필요시 4-1 표준을 참고하기 바란다.

평가활동-17은 평가자가 필히 확인(Check)하는 사항으로 외부에서 제공되거나 3자에 의하여 맞춤형으로 개발된 컴포넌트를 공급받은 경우, 해당 컴포넌트가 보안 요구사항을 충족하는지와 외부 또는 3자에 의하여 제공된 관련 산출물을 사용할 수 있는지에 대한 확인하는 평가활동이다.

예를 들어, 컴포넌트 또는 모듈 등을 개발하는 외부 또는 3자 개발사 등은 중소기업일 수 있으며, 이 경우 다양한 환경적 조건 또는 내부 리소스 문제 등으로 인하여 충분한 설계 및 개발 프로세스 또는 산출물들에 대한 생산과 관리 등의 능력이 미흡할 수 있다. 이는 보안적 관점에서 요구되는 수준의 요구사항의 충족 또한 미흡할 수 있다고 판단할 수 있으므로, 평가는 잠재적으로 발생 가능한 상황에 관한 확인과 검토를 위하여 해당 컴포넌트 등에 관련된 충분한 산출물을 제공받고 확인하는 것이 필요하다.

참고 요구사항	SM-9 외부 공급 컴포넌트 보안 요구사항, SM-10 제 3자 공급자 맞춤 개발 컴포넌트, SD-1 안전한 설계 원칙, SD-2 심층 방어
평가활동-17	• 평가자가 필히 확인하는 사항 • 외부에서 제공되고 제3자 컴포넌트에서 맞춤 개발된 컴포넌트가 요구사항을 충족하고 관련 산출물을 사용할 수 있는지

2.4.4 보안 가이드라인 평가

각각의 컴포넌트 개발 또는 제품 공급자들이 개발을 위하여 따르고 있는 자체적인 개발 프로세스들은 4-1 표준에서 명시하는 보안 프로세스와 부합화되어야 하며, 이러한 내용들이 포함되어 있는 보안 가이드라인(예: 지침서, 절차서, 규정집 등)이 준비되어 있어야 한다.

평가활동-18의 평가를 위한 참고 요구사항은 CCSC 4 소프트웨어 개발 프로세스, SUM-2 보안 업데이트 문서, SUM-3 종속 컴포넌트나 운영체제 보안 업데이트 문서, SG-1 제품 심층방어, SG-2 환경에서 기대되는 심층방어 조치, SG-3 보안 강화 지침, SG-4 안전한 폐기 지침, SG-5 안전한 운영 지침, SG-6 계정 관리 지침 등으로 필요시 4-1 표준을 참고하기 바란다.

평가활동-18은 평가자가 필히 검사(Examine)하는 사항으로 각각의 컴포넌트 개발 또는 제품 공급자들이 제공한 자체 보안 가이드라인에 포함되어 있는 항목, 내용 및 정보들을 충분하고 적절한지와 내용들이 완전하며 어떠한 불일치 등이 없는지에 대한 검사를 진행하는 평가활동이다.

참고 요구사항	CCSC 4 소프트웨어 개발 프로세스, SUM-2 보안 업데이트 문서, SUM-3 종속 컴포넌트나 운영체제 보안 업데이트 문서, SG-1 제품 심층방어, SG-2 환경에서 기대되는 심층방어 조치, SG-3 보안 강화 지침, SG-4 안전한 폐기 지침, SG-5 안전한 운영 지침, SG-6 계정 관리 지침
평가활동-18	• 평가자가 필히 검사하는 사항 • 보안 가이드라인에 제공된 정보가 적절하고 완전하며 불일치가 없는지 검사

2.4.5 컴포넌트 요구사항 평가

1) 요구사항 검증 존재

컴포넌트의 설치, 운영, 유지보수 및 폐기에 관련된 보안 기능을 위한 컴포넌트 보안 요구사항들의 내용은 문서로 준비되어 운영 또는 유지관리되고 있어야 한다. 4-2 표준에서 언급하는 컴포넌트 보안 요구사항(CR)에 대한 중요 부분 등은 상세하게 정의되어 있어야 하며, 다른 부분 기술적이지 않은 방식으로 서술되어 있어야 한다. 또한, 진행중인 컴포넌트의 평가에서 보안 요구사항에 대한 충족 여부를 검증할 필요가 있으며, 여기서 검증은 해당 컴포넌트 개발에 관련된 시험 문서 검토 또는 설계를 위하여 작성된 문서 등의 검토를 통하여 수행된다.

평가 진행에 있어서 주의할 사항으로 4-2 표준 내에 정의된 컴포넌트 보안 요구사항들은 특정 컴포넌트에 해당하는 전체적 보안 요구사항의 한 부분이며, 4-2 표준 내에서 정의되지 않은 요구사항들은 평가 범위 밖에 해당하므로 컴포넌트에 대한 평가 프로세스를 진행하는 동안은 고려하지 않는다. 그 평가 프로세스는 4-2 표준의 컴포넌트 보안 요구사항(CR)들에 대한 요구사항 연계와 함께 형성될 수 있다.

평가 진행중인 컴포넌트에 대한 요구사항들은 시험 항목 또는 다른 검증 활동 등과 같은 컴포넌트 요구사항 검증 시에 함께 진행될 필요가 있다.

평가활동-19의 평가를 위한 참고 요구사항은 CCSC 4 소프트웨어 개발 프로세스, SR-3 제품 보안 요구사항, SVV-1 보안 요구사항 테스트, 모든 CR, SD-1 안전한 설계 원칙, SD-2 심층 방어 설계 등으로 필요시 4-1 표준을 참고하기 바란다.

평가활동-19는 시험평가자가 필히 확인(Check)하는 사항으로 내부에서 수행된 시험 문서 또는 설계 문서 등의 검토 등과 같은 활동을 통하여, 적용 가능한 각각의 컴포넌트 보안 요구사항에 대한 검증이 수행되었는지 여부를 확인하는 평가활동이다.

참고 요구사항	CCSC 4 소프트웨어 개발 프로세스, SR-3 제품 보안 요구사항, SVV-1 보안 요구사항 테스트, 모든 CR, SD-1 안전한 설계 원칙, SD-2 심층 방어
평가활동-19	• 평가자가 필히 확인하는 사항 • 시험 문서 검토 또는 설계 문서 검토 등을 통하여 각 해당 컴포넌트의 요구사항에 대하여 검증이 수행되었는지를 확인

2) 요구사항 검증 결과

평가 방법론 문서들에서는 컴포넌트의 평가와 해당 평가 범위에 대한 검증을 진행하는 평가자와 평가를 지원하기 위하여, 각 컴포넌트 보안 요구사항(CR)에 대한 평가의 승인에 대한 기준을 명시하고 있다. 이는 평가자가 4-2 표준에서의 컴포넌트 보안 요구사항에 대한 실제 구현 여부와 적용 등의 검증과 판단을 할 수 있는 기준을 제공함으로써 평가의 정확성과 합리적 판단을 할 수 있도록 함을 목적으로 한다.

이러한 '승인 기준'은 4-2에 정의되어 있는 컴포넌트의 보안 요구사항(CR)들로부터 도출되며, 평가 항목의 정의에 의한 적절한 방법을 통해 검증된다. 예를 들어, 시험평가 대상 컴포넌트가 1개 이상의 인터페이스나 컴포넌트 기능에 대한 요구사항이 있을 수 있으므로 몇 가지 추가적 시험이 필요할 수 있음을 보여준다.

보안 요구사항 검증을 위한 평가 항목들과 같은 컴포넌트 보안 요구사항(CR)은 다음과 같은 순서로 구성된다.

① 규격 부품에 대한 요구사항 (IEC 62443-4-2 표준에서 도출된 CR, FR의 순서로 정리된)
② (다음 장에서 설명하는) 승인 기준
③ 시험 항목들과 같은 요구사항 검증

컴포넌트 시험평가에 대한 각 보안 요구사항별 승인 및 실패 기준에 대하여는 다음 Chapter 3, "3. 산업제어시스템 컴포넌트 보안 시험평가 - 기준 해설"에서 설명할 예정이다.

평가활동-20의 시험평가를 위한 참고 요구사항은 CCSC 4 소프트웨어 개발 프로세스, SR-3 제품 보안 요구사항, SVV-1 보안 요구사항 테스트, 모든 CR 등으로 필요시 4-1

표준을 참고하기 바란다.

평가활동-20은 평가자가 필히 검사(Examine) 및 비교(Compare)해야 사항으로 컴포넌트 개발 또는 제품 공급자들로부터 제공된 다양한 증거들과 함께 컴포넌트 보안 요구사항에 대한 검증 결과를 검사하고, 그 결과를 기반으로 평가 대상 컴포넌트 및 제품에 대한 승인 기준과 비교를 진행하는 평가 활동이다.

참고 요구사항	CCSC 4 소프트웨어 개발 프로세스, SR-3 제품 보안 요구사항, SVV-1 보안 요구사항 테스트, 모든 CR
평가활동-20	• 평가자가 필히 검사 및 비교하는 사항 • 요구사항 검증 결과(즉, 제품 공급업체로부터의 증거)를 검사하고, 그 결과를 합격 기준과 비교

3) 요구사항 검증

시험은 컴포넌트의 보안 요구사항 검증을 위한 일반적으로 예상되고 허용되는 방법으로(참고: SVV-1 보안 요구 사항 테스트), 시험을 위한 항목을 정의하기 위하여 최소한 아래에 제시된 특성을 충족시켜야 한다.

- 시험에서 예상되는 시험에 대한 설명, 시험 준비 상황, 및 시험 진행 단계
- 시험 진행 결과
- 시험 결과에 대한 합격/실패를 포함하는 평가

시험에 대한 예상은 컴포넌트의 기능들이 올바르게 작동하는 경우에 대한 예상 시험 결과들을 의미하며, 컴포넌트에 대하여 의도된 동작과 정상 동작 등에 따른 승인 기준으로부터의 결과를 말한다. 또한, 시험 결과는 시험 진행에 있어서 실제로 검출 및 확인되는 컴포넌트의 동작을 의미한다.

컴포넌트 개발에 관련된 기술 구현을 위한 방법의 선택은 컴포넌트 개발 또는 제품 공급자들이 선택한 '보안 수준(SL)'에 적절하도록 선택해야 하며, 위에서 설명한 "설계 문서 평가"의 부분을 참고한다.

시험 진행에 있어서 시험자는 선택된 기술에 대한 구현 방법이 올바르게 수행되었는지의 여부를 검사할 필요가 있으며, 시험에 대한 설명 문서에는 컴포넌트 개발에 대한 기술 구현에 대한 세부 사항들이 충분히 반영되어 있어야 한다. 해당 시험 결과가 기대했던 시험 수준을 만족할 경우의 평가는 '합격'으로 정의될 것이며, 시험 결과가 이를 만족시키지 못할 경우의 평가는 '실패'로 정의될 것이다.

평가활동-21에서 평가활동-23까지의 평가를 위한 참고 요구사항은 CCSC 4 소프트웨어 개발 프로세스, SR-3 제품 보안 요구사항, SVV-1 보안 요구사항 테스트, SVV-5 테스트 담당자 독립성, 모든 CR 등으로 필요시 4-1 표준을 참고하기 바란다.

평가활동-21은 평가자가 필히 확인(Check)하는 사항으로 시험에 관련된 모든 문서가 제공된 시험의 특성을 충족시키는지를 확인하는 평가활동이다.

평가활동-22은 평가자가 필히 확인(Check)하는 사항으로 시험자는 대상 컴포넌트에 대한 모든 시험이 진행 완료된 이후에 시험 결과를 확인하는 평가활동이다.

평가활동-23은 평가자가 필히 확인(Check)하는 사항으로 시험 문서를 통하여 시험자에게 요구된 독립성에 대한 침해 여부를 확인하는 평가활동이다.

참고 요구사항	CCSC 4 소프트웨어 개발 프로세스, SR-3 제품 보안 요구사항, SVV-1 보안 요구사항 테스트, SVV-5 테스트 담당자 독립성, 모든 CR
평가활동-21	• 평가자가 필히 확인하는 사항 • 모든 시험 문서가 주어진 시험 특성을 충족하는지 확인

평가활동-22	• 평가자가 필히 확인하는 사항 • 모든 시험을 통과한 경우 시험 결과를 확인
평가활동-23	• 평가자가 필히 확인하는 사항 • 시험 문서를 통하여 시험자에게 요구된 독립성에 대한 충족 여부를 확인

4) 검증 완료

실제 대상 컴포넌트의 시험 진행을 위한 시험 항목, 범위, 방법 등이 시험평가 진행을 위하여 부족한 경우 또는 부합하지 못하여 우회적 대안을 통할 경우에 대한 유효성 및 검증에 대한 사항이다. 예로써 컴포넌트 상에 각각의 유선 및 무선 통신을 위한 별도의 인터페이스가 존재하고 기능적으로 동시에 사용되는 경우에 대한 시험이 필요하나, 시험 항목에서는 시험 범위의 밖으로 인정되어 제공되지 않을 경우, 시험 진행을 위하여 개발사가 대체 시험의 항목과 환경, 방법, 범위 등을 제공하는 경우를 들 수 있다. 이러한 어떤 특정한 컴포넌트 보안 요구사항(CR)을 위한 시험 항목이 정의되어 있지 않은 상황에서 시험이 필요한 경우는 이를 대체하여 진행할 수 있는 우회적인 시험 항목 또는 요구사항에 대한 유효성 검증 방법이 함께 제공되어야 하며 이에 대한 검증을 진행하는 것이 필요하다.

각각의 컴포넌트 보안 요구사항(CR)과 관련된 시험의 승인 기준에 초점을 맞춘 설계 문서의 평가는 대체 가능한 유효성 검사 방법으로 볼 수 있다. 이 경우, 시험자는 컴포넌트 개발 또는 제품 공급사로부터 제공된 컴포넌트에 대한 기술 또는 설계 문서들과 지정된 시험 항목 및 유효성 검증 방법 등을 통하여 해당 평가에 대한 합격 기준을 만족시킨다는 근거가 충분하다는 의견을 제시해야 한다.

평가활동-24의 평가를 위한 참고 요구사항은 CCSC 4 소프트웨어 개발 프로세스, SR-3 제품 보안 요구사항, SR-5 보안 요구사항 검토, SD-1 안전한 설계 원칙, SD-2 심층 방어 설계 등으로 필요시 4-1 표준을 참고하기 바란다.

평가활동-24는 평가자가 필히 검사(Examine)하는 사항으로 제품 공급업체가 제공하는 컴포넌트 보안 요구사항(CR)을 충분히 충족시킨다는 증거를 통하여 시험 결과가 없이도 모든 요구사항의 유효성 결과를 검사하는 평가활동이다.

참고 요구사항	CCSC 4 소프트웨어 개발 프로세스, SR-3 제품 보안 요구사항, SR-5 보안 요구사항 검토, SD-1 안전한 설계 원칙, SD-2 심층 방어
평가활동-24	• 평가자가 필히 검사하는 사항 • 제품 공급업체가 제공하는 컴포넌트의 요구사항이 충분히 충족되는지 여부의 증거를 통하여 (테스트 결과 없이) 모든 요구사항에 대한 유효성 결과를 검사

2.4.6 보안 시험평가

일반적으로 보안 시험은 위협 완화 시험, 취약점 시험 및 침투 시험 등과 같은 보안 취약점을 발견하기 위하여 컴포넌트의 개발 프로세스에서 요구되는 광범위한 활동 등을 설명하는 용어로써, 컴포넌트에 사용 또는 적용되는 모든 부품 및 기능을 포함하는 컴포넌트 상에서 진행되는 것을 의미하며, 여기서는 대상 컴포넌트 및 제품에 대한 실제적 보안 시험의 진행과 시험에 관련된 전반적인 평가활동을 의미한다.

1) 시험 보고서

보안 시험의 결과는 시험 보고서에 문서화되어 기록되어야 하며, 이러한 시험 보고서의 형식은 필수 사항은 아니지만 기업들의 입장에서 표준에서 제시하는 소프트웨어 개발 프로세스 요구사항들에 대한 명확한 참조로 사용되는 것을 권장한다.

평가활동-25의 평가를 위한 참고 요구사항은 CCSC 4 소프트웨어 개발 프로세스, SI-

1: 보안 구현 검토, SVV-2 위협 완화 테스트, SVV-3 취약점 테스트, SVV-4 침투 테스트 등으로 필요시 4-1 표준을 참고하기 바란다.

평가활동-25는 평가자가 필히 검사(Examine)하는 사항으로 평가 진행중인 컴포넌트에 대하여 내부적 또는 자체적으로 이미 진행된 보안 시험에 대한 결과 보고서를 검사하는 평가활동이다.

참고 요구사항	CCSC 4 소프트웨어 개발 프로세스, SI-1: 보안 구현 검토, SVV-2 위협 완화 테스트, SVV-3 취약점 테스트, SVV-4 침투 테스트
평가활동-25	• 평가 진행중인 컴포넌트에 대한 보안 시험 보고서를 검사

2) 활동의 독립성

보안 시험은 IEC 62443-4-1 표준문서 내의 소프트웨어 개발 프로세스의 "SVV-5 (Secure Verification & Validation) 시험자의 독립성", 표3. "개발자로부터의 시험자에 대하여 요구되는 독립성의 수준"에서 정의된 것처럼 필요한 시험자의 시험 활동에 대한 독립성 준수가 필요하다.

평가활동-26의 평가를 위한 참고 요구사항은 CCSC 4 소프트웨어 개발 프로세스, SVV-5 테스트 담당자 독립성 등으로 필요시 4-1 표준을 참고하기 바란다.

평가활동-26은 평가자가 필히 확인(Check)하는 사항으로 시험자의 독립성의 충족에 대한 여부를 확인하는 평가 활동이다. 시험자의 경우, 컴포넌트의 시험 진행에 있어서 어떠한 외부 또는 내부직의 요인 등으로부터 독립성이 보상되어야 하며, 컴포넌트 개발자 또는 관련 부서 등으로부터 완전한 독립성이 보장되어 시험 진행에 있어서 영향을 주어서는 안된다는 것에 대하여 확인하게 된다. 예를 들어, 시험자가 시험 진행하는 컴포넌트 또는 제품의 부서가 선배의 연구개발 부서인 경우 또는 해당 부서의 선배가 시험 관리에 담당을 하는 경우 등은 시험의 독립성 보장에 대한 의문을 가질 수 있어 보이며, 보이지 않는 압력 또는 편리성 제공 등의 문제가 발생할 수 있는 소지가 있으므로 평가자는 시험자의 시험 진행에 대한 독립성이 확보되어 별도의 영향을 받지 않는지에 대하여 확인을 해야 한다.

참고 요구사항	CCSC 4 소프트웨어 개발 프로세스, SVV-5 테스트 담당자 독립성
평가활동-26	• 보안 테스트가 테스터에게 요구되는 독립성을 충족하는지 확인

3) 시험 결과의 검사

보안 시험은 해당 컴포넌트의 보안 취약점을 발견하는 것을 목표로 한다. 예를 들어 컴포넌트에 대한 취약점 시험에서는 다음과 같은 유형의 취약점이 발생할 수 있으므로 이를 고려해야 한다.

소프트웨어 컴포넌트의 개발에 있어서 발생 가능한 취약점의 사례는 아래와 같으므로 참고하기 바란다.

- (소프트웨어) 컴포넌트가 개발사 자체적인 개발이 아닌 외부의 타 사(3자 또는 3rd Party)에 의하여 개발된 소프트웨어에 대한 취약점
- (소프트웨어) 컴포넌트의 운영체계 내에 존재하는 취약점
- 컴포넌트에 적용되는 하드웨어, 펌웨어 또는 BIOS[60]의 조작 등에 관련된 취약점
- 컴포넌트로부터 데이터 '내보내기' 등의 기능 실행시 발생 가능한 데이터 무결성 보장 누락 등의 취약점

60) BIOS(Basic Input/Output System): 컴퓨터의 기본 작동을 위한 컴퓨터 펌웨어

보안 시험에서는 개발 단계, 절차와 방법 등과 관계없이 일반적으로 컴포넌트에서의 알려지지 않은 취약점뿐만 아니라 대외적으로 공개적으로 알려지고 악용될 수 있는 다양한 취약점(예: CVE[61])을 식별하고 평가하는 목표에 도달해야 한다. 컴포넌트에 대한 네트워크 또는 시스템 침입을 위한 경로로 사용되는 '공격 벡터[62]'에 대한 보안 시험은 4-1의 SD-2 '심층방어 설계'에서 명시한 것과 같은 사용 가능한 컴포넌트 설계 문서 등을 활용하여 수행하게 된다.

평가활동-27의 평가를 위한 참고 요구사항은 CCSC 4 소프트웨어 개발 프로세스, SM-11 보안-관련 이슈 평가 및 처리, SD-2 심층방어 설계, SI-1 보안 구현 검토, SVV-2 위협 완화 테스트, SVV-3 취약점 테스트, SVV-4 침투 테스트 등으로 필요시 4-1 표준을 참고하기 바란다.

평가활동-27은 평가자가 필히 검사(Verify)하는 사항으로 문서화된 시험 결과 내에 심층 설계에서의 방어 등과 같은 관련 보안적 설계 등의 정보를 담고 있는지에 대한 여부를 검사하는 평가활동이다.

참고 요구사항	CCSC 4 소프트웨어 개발 프로세스, SM-11 보안-관련 이슈 평가 및 처리, SD-2 심층방어 설계, SI-1 보안 구현 검토, SVV-2 위협 완화 테스트, SVV-3 취약점 테스트, SVV-4 침투 테스트
평가활동-14	• 문서화된 시험 결과가 심층 설계에서의 방어와 같은 관련 설계 정보를 고려하는지 여부 검사

4) 취약점 평가 지표

이번 '취약점 평가 지표' 부분은 평가 진행에 있어서의 마지막 부분으로 최종 시험 결

61) CVE(Common Vulnerabilities & Exposures): 공개적으로 알려진 정보보안 결함 목록
62) 공격 벡터로는 소셜 엔지니어링 공격 (예: 이메일, 바이러스, 첨부파일, 팝업 윈도우, 대화방 등), 자격 증명의 도용, 취약점 익스플로잇 등이 있다.

과에 대한 평가 활동을 포함하고 있으며, 컴포넌트 취약점에 관련된 전반적인 내용을 다루고 있다. 이 부분에 대한 내용의 이해에 많은 노력을 기울여야 한다.

보안 시험을 통하여 컴포넌트 상에 내재되어 있던 보안 취약점은 발견될 수 있으며, 이러한 취약점들은 목록화될 수 있다. 또한, 발견된 취약점(목록)은 컴포넌트 상의 위협을 해결하기 위하여 취약점에 대한 직접적인 공략 및 (해결을 위한) 실행 등을 위한 방법으로 활용 가능하며, 또는 예를 들어, '어떠한 부분들과 연결되는 공격 경로를 갖는 약한 암호화 알고리즘' 등과 같은 항목 등으로 정리되어 관리될 수도 있다. 여기서는 이렇게 발견된 보안 취약점은 '취약점 평가 메트릭(지표)'이라고 하는 일관된 점수 지표로 등급지어 진다.

현재의 평가 방법론상에서는 특정 취약점 평가 지표는 사전에 정의하지 않으며, 취약점 평가 지표는 소프트웨어 개발 프로세스의 일부로 정의하고 있다. 일반적으로 평가 진행중인 컴포넌트의 보안 상태는 이러한 취약점 평가 지표의 환경적 매개변수로 정의한다. 표준화된 지표의 예로써, 사이버 보안의 위험도 측정을 위한 지표로 사용되는 'CVSS(Common Vulnerability Scoring System, 공통 취약점 등급 시스템)'을 들 수 있으며, 표준화된 취약점 평가 방법으로는 '공통평가기준(CC: Common Criteria)'에 정의되어 있는 CEM-AVA-Method[63]를 예로써 들 수 있다.

평가 진행중인 해당 컴포넌트의 경우 SL-C(보안 수준 역량, Capability Security Level)을 정의하여야 한다. 이 SL-C는 보안 수준(SL-1)에서 보안 수준(SL-4)까지중 하나로 지정되어야 하며, 적용된 취약점 평가 지표에 해당하는 정의된 임계값 또한 지정되어야 한다. 컴포넌트에 대한 평가중 발견된 각 취약점의 해결을 위하여 취약점 평가 지표의 값은 위에 정의된 임계값보다 커야 한다. 만일, 취약점 평가 지표에서 정의된 추

63) 참고: ISO/IEC 18045:2022, Information security, cybersecurity and privacy protection — Evaluation criteria for IT security — Methodology for IT security evaluation

정치가 정의된 임계값 이상인 경우는 컴포넌트에서 발견된 취약점이 완화된다고 할 수 있으며, 그 추정치가 정의된 임계값보다 낮은 취약점에 대하여는 이를 분석하고 완화시키도록 하는 것이 요구된다.

취약점 평가 지표의 추정치 > 정의된 임계값 : 취약점 완화
취약점 평가 지표의 추정치 < 정의된 임계값 : 취약점 완화가 안됨

평가활동-28부터 평가활동-34까지의 평가를 위한 참고 요구사항은 CCSC 4 소프트웨어 개발 프로세스, SM-11 보안관련 이슈 평가 및 처리, SR-2 위협 모델, SR-4 제품 보안 요구사항 내용, DM-4 보안관련 문제 처리, SI-1 보안 구현 검토, SVV-2 위협 완화 테스트, SVV-3 취약점 테스트, SVV-4 침투 테스트 등으로 필요시 4-1 표준을 참고하기 바란다.

평가활동-28은 평가자가 필히 확인(Check)하는 사항으로 취약점 평가 지표가 선택되고 충분하게 설명되었는지 확인하는 평가활동이다.

평가활동-29는 평가자가 필히 검사(Examine)하는 사항으로 선택된 취약점 평가 지표가 산업계에서 인정되고 일반적으로도 인정되는 표준에 해당하는지를 검사하는 평가활동이다.

평가활동-30은 평가자가 필히 확인(Check)하는 사항으로 취약점 평가 지표가 SL-C에서 요구하는 임계값을 지정하는지를 확인하는 평가활동이다.

평가활동-31은 평가자가 필히 검사(Examine)하는 사항으로 평가중인 컴포넌트에 대한 보안 시험 도중 이미 시중에 공개적으로 알려진 모든 보안 취약점을 발견하였는지에 대하여 검사하는 평가활동이다.

평가활동-32는 평가자가 필히 검사(Examine)하는 사항으로 평가중인 컴포넌트에 대한 보안 시험 도중에 발견된 모든 취약점이 평가되고 해결되었는지를 검사하는 평가활동이다.

평가활동-33은 평가자가 필히 검사(Examine)하는 사항으로 보안 시험 보고서가 SL-C의 요구를 충족하는지를 검사하는 평가활동이다.

평가활동-34는 평가자가 필히 검사(Examine)하는 사항으로 평가 중인 컴포넌트에서 SL-C가 요구하는 임계값보다 높은 모든 보안 관련 문제가 해결되고 종료시까지 추적되었는지에 대한 검사하는 평가활동이다.

참고 요구사항	CCSC 4 소프트웨어 개발 프로세스, SM-11 보안-관련 이슈 평가 및 처리, SR-2 위협 모델, SR-4 제품 보안 요구사항 내용, DM-4 보안관련 문제 처리, SI-1 보안 구현 검토, SVV-2 위협 완화 테스트, SVV-3 취약점 테스트, SVV-4 침투 테스트
평가활동-28	• 취약점 평가 지표가 선택되고 충분하게 설명되었는지 확인
평가활동-29	• 선택된 취약점 평가 지표가 산업계에서 인정되고 일반적으로도 인정되는 표준에 해당하지 검사
평가활동-30	• 취약점 평가 지표가 SL-C에서 요구하는 임계값을 지정하는지 확인
평가활동-31	• 평가중인 컴포넌트에 대한 보안 시험 중에 공개적으로 알려진 모든 취약점이 발견되었는지 검사
평가활동-32	• 평가중인 컴포넌트에 대한 보안 테스트 중에 발견된 모든 취약점이 평가되고 해결되었는지 검사
평가활동-33	• 보안 시험 보고서가 SL-C의 요구를 충족하는지 검사
평가활동-34	• 평가중인 컴포넌트에서 SL-C가 요구하는 임계값보다 높은 모든 보안 관련 문제가 해결되고 종료까지 추적되었는지 검사

2.5

컴포넌트 명세 및 프로세스 산출물

컴포넌트에 관련된 다양한 산출물에 대하여는 컴포넌트에 대한 평가 진행시, 개별 시험평가 기관들에 의하여 다르게 요구가 될 수 있으며, 부록에 포함되어 있는 내용 또는 항목 들을 중심으로 요구될 것이다.

참고적으로 부록을 통하여 요구되는 항목 또는 요구사항들에 대하여는 컴포넌트 개발사 및 시험평가 기관들 사이에 사전 협의가 이루어지고 정의되고 조율되어야 할 부분이 존재한다. 이는 각 기업들이 준비하는 문서 또는 양식 등에서 정의하고 사용하는 내용에 대한 명칭과 표준에서 요구하는 산출물에 포함되는 내용의 명칭 차이가 발생할 수 있기 때문이다. 여기서는 가급적 표준에서 정의한 항목들과 요구사항을 중심으로 일반적으로 기업들이 사용하는 문서 및 산출물들에 포함되어야 할 내용들에 대하여 간단하게 설명하도록 하겠다.

2.5.1 컴포넌트의 명세

컴포넌트의 명세에서는 컴포넌트에 대한 보안 평가 진행을 위하여 준비되어야 할 전반적인 환경적 내용을 포함하고 있으며, 필수적으로 준비 및 제출하여야 할 부분들에 대한 설명을 포함하고 있다.

[컴포넌트 설명 및 적합성 선언] 포함 항목

평가 준비를 위하여 컴포넌트에 대한 기본적인 항목을 포함하는 문서 또는 양식 등이 준비되어야 한다. 이는 일반적으로 시험평가 기관의 평가 신청을 위한 양식에 포함되는 항목들로써 시험평가 기관들이 평가 진행 이전에 평가 대상에 대한 기본적 이해와 평가 진행 계획(예: 평가 소요 기간, 환경, 기준, 등)을 수립하는데 사용된다.

항목	설명
컴포넌트 식별자	• 평가 대상 컴포넌트의 식별을 위한 ID, 코드 또는 시리얼 넘버 등을 들 수 있으며, 개발사에서 정의한다.
컴포넌트 레이블	• 대상 컴포넌트의 모델명 또는 명칭 등을 들 수 있다.
컴포넌트 요약 설명	• 컴포넌트의 특징, 용도, 기능 등의 기본적인 사항을 설명한다.
버전	• 대상 컴포넌트의 하드웨어 또는 소프트웨어의 현재 버전을 기입한다.
운영/설치/업데이트 동안 식별사항	• 컴포넌트의 사용, 설치 또는 기능 등의 업데이트시 해당 기기를 식별하기 위한 내용으로 위에서 언급한 식별자(예: ID, 코드, 시리얼넘버 등)를 포함하여 사용하는 것도 가능하다.
컴포넌트 무결성 증명, 중요 소프트웨어 (SM-6)	• 4-1 개발 프로세스의 요구사항 항목으로, 컴포넌트에 대한 무결성을 증명하기 위한 문서, 자료, 산출물 등이 준비되어야 한다. • 검증을 위한 소프트웨어 도구가 있을 경우, 이를 명기(제공) 해야 한다.
IEC 62443-4-2에 따른 컴포넌트 카테고리(소프트웨어 애플리케이션, 임베디드 컴포넌트, 호스트 컴포넌트 및 네트워크 컴포넌트)	• 평가 진행을 위하여 개발사는 대상 컴포넌트가 어떠한 형태의 컴포넌트에 해당하는지에 대한 카테고리 지정이 필요하다.
컴포넌트 제외 부분	• 대상 컴포넌트에 구현되어 있는 물리적 기능 또는 논리적 기능들중, 평가에서 제외 대상으로 정의한 부분에 대하여 명기하여야 한다.
기본적(Default)으로 비활성화되어있는 기능 또는 특별한 경우에만 활성화(Activate)되고 주요 사항이 아닌 기능 등으로 고려하지 않는 컴포넌트 기능들	• 컴포넌트 및 제품 개발 완료 후, 구현된 물리적 또는 논리적 기능들중, 공장 초기화 상태(Factory Default)에 대한 (ON/OFF) 정의가 필요하다. 기타 선택 여부가 필요한 사항들에 대하여 정의하여야 한다.

항목	설명
보안 요구사항 선언	• 컴포넌트 및 제품 개발사는 컴포넌트 상에 구현된 기능들과 보안 요구사항들에 대하여 정의하여야 한다. • 컴포넌트 및 제품의 설치, 운영, 유지보수 및 폐기 등과 관련된 보안 기능 및 요구사항 등을 포함한 문서(예: 비밀번호의 복잡도, 접근 권한 등)
SR-4에 따른 등의 보안 수준 설정	• 대상 컴포넌트의 평가 진행을 위한 보안 수준에 대한 정의가 필요하다. (예: 컴포넌트 A에 대한 보안 수준은 SL-1로 정의)

[산출물] 포함 항목

컴포넌트의 평가를 위하여 준비되어야 할 다양한 산출물 등에 포함되어야 할 항목 및 문서 등에 대한 목록에 대하여 설명한다.

항목	설명
보안 환경	• 대상 컴포넌트의 보안 환경(예: 기능 등)에 대한 설명이 문서화 되고 정리되어야 한다.
위협 모델	• 설계 및 개발을 위한 보안 위협 분석시에 발견된 위협 모델(예: 컴포넌트 사용시에 발생 가능한 침입 경로, 방법) 등에 대한 내용을 포함하여야 한다.
설계 문서	• 컴포넌트의 개발을 위한 설계에 대한 전반적인 문서들이 준비되어야 한다.
보안 가이드라인	• 컴포넌트 및 제품 개발사가 내부적으로 보유, 운영, 관리가 되고있는 보안 관련 개발 가이드라인(예: 지침서, 절차서 등)이 준비되어야 한다.
시험 문서 검토 및/또는 설계 문서 검토 등을 통한 컴포넌트 요구사항 검토 증거	• 컴포넌트에 대한 설계 및 개발을 위하여 사전에 진행되었던 개념 성립, 사례, 기능, 시뮬레이션 등의 각종 요구사항에 대한 검토를 진행한 근거 등이 준비되어야 한다.

항목	설명
보안 시험 증거물	• 컴포넌트 개발을 위하여 내부적으로 검토 또는 보안 관련(기능 등) 시험 진행의 근거자료 또는 증빙으로 사용 가능한 문서들이 준비되어야 한다.

[보안 가이드라인(지침)] 포함 내용 (관련 문서 또는 설명서포함)

컴포넌트 및 제품 개발사들이 기업 내부의 보안 관련 운영 관리 및 개발관련 보안에 대한 전반적인 사항들을 정리한 문서인 보안 가이드라인을 마련하여야 하며, 해당 가이드라인에 포함 되어야 할 내용들을 설명한다.

항목	설명
1) 보안 환경에 따른 안전 운영에 대한 정보	• 개발된 컴포넌트가 적용될 기본적인 환경과 운영을 위한 정보가 요구된다.
최종 고객 문서	• 향후 개발된 컴포넌트에 대한 최종 사용자 또는 시스템, 자산소유자 등에 해당하는 고객에 관련된 정보 또는 해당 문서 등을를 의미하며 고객의 요구사항 등에 대한 내용을 포함할 수도 있다.
시스템 통합자 문서	• 컴포넌트를 적용하고 이를 통하여 시스템을 구축 및 통합하는 통합자에 대한 관련 문서를 의미하며, 시스템에 대한 관련 내용(예: 시스템 요구사항 및 기타 구축계획 등)을 포함한 내용의 문서를 의미한다.
2) 필수 항목 요구사항	• 4-1 SPDL에 연동되어 요구되는 필수 요구사항에 대한 정보가 요구된다.
컴포넌트 업데이트 및 기본 구성 요소/운영 체제에 대한 소스 및 구현 (SUM-4)	• 4-1 표준의 'SUM-4 보안 업데이트 전달'에 해당하는 내용을 포함한다.
업데이트 범위에 대한 정보 (SUM-2)	• 4-1 표준의 'SUM-2 보안 업데이트 문서'에 해당하는 내용을 포함한다.
업데이트 종속성에 대한 정보 (SUM-3)	• 4-1 표준의 'SUM-3 종속 컴포넌트나 운영 체제 보안 업데이트 문서'에 해당하는 내용을 포함한다.

항목	설명
보안 문제들에 대한 접점 (DM-1)	• 4-1 표준의 'DM-1 보안관련 이슈 경고 수신'에 해당하는 내용을 포함한다.
컴포넌트에 대한 심층방어 측정 (SG-1)	• 4-1 표준의 'SG-1 제품의 심층방어'에 해당하는 내용을 포함한다.
운영 환경에 대한 심층방어 측정 (SG-2)	• 4-1 표준의 'SG-2 예상 환경에서의 심층방어 측정'에 해당하는 내용을 포함한다.
보안 강화에 대한 정보 (SG-3)	• 4-1 표준의 'SG-3 보안 강화 가이드라인'에 해당하는 내용을 포함한다.
안전한 폐기에 대한 정보 (SG-4)	• 4-1 표준의 'SG-4 안전한 폐기 가이드라인'에 해당하는 내용을 포함한다.
안전한 운영에 대한 정보 (SG-5)	• 4-1 표준의 'SG-5 안전한 운영 가이드라인'에 해당하는 내용을 포함한다.
계정 관리에 대한 정보 (SG-6)	• 4-1 표준의 'SG-6 계정 관리 가이드라인'에 해당하는 내용을 포함한다.

[설계 문서] 포함 내용

해당 항목들은 컴포넌트 개발시에 준비되어야 하는 설계 문서에서 포함되어야 할 내용으로 필수적으로 준비하여 포함시켜야 한다.

항목	설명
1) 모든 외부 인터페이스에 대한 설명 모든 유선 및 무선 통신 인터페이스, 기능 및 구성 옵션의 설명을 포함하는 프로토콜(또는 전기적 인터페이스 및 디버깅 인터페이스) (예: 프로토콜 스택과 같은 모든 구성 매개변수의 기술적 설명을 포함하는 컴포넌트 구성을 위한 인터페이스와 출처, 대상 및 목적 등을 포함하는 통신 매트릭스)	• 컴포넌트 상에서 구현되어야 할 모든 인터페이스에 대한 설명이 포함되어 있어야 한다. • 물리적 및 논리적으로 구현되는 모든 인터페이스에 대하여 설명이 되어야 하며, 프로토콜, 모듈 및 기타 관련 장치 등에 대한 내용이 필수적으로 포함되어 있어야 한다.

항목	설명
2) 컴포넌트에 저장되거나 컴포넌트에 입/출력되는 정보의 분류	• 컴포넌트의 설치 및 시스템 구축, 운영에 따라 데이터 또는 정보의 저장 및 입출력 등의 정보, 항목들에 대하여 정리 또는 구분되고 설계 문서에 포함하여 준비되어야 한다.
3) 사용 중인 암호 알고리즘에 대한 정보, 또한 관련 기관으로부터의 참조와 해당 알고리즘의 선택 사유	• 컴포넌트에 구현 또는 사용되는 암호 알고리즘의 정보(예: 알고리즘 명, 키 길이, 버전 등)과 알고리즘을 선택하여 적용한 이유에 대한 설명이 포함되어야 한다.
4) 타 사(3자의) 라이브러리 및 명확한 버전을 포함하여 사용 중인 소프트웨어에 대한 정보	• 컴포넌트의 개발에 있어서 소프트웨어(예: 라이브러리) 또는 하드웨어(예: 인터페이스 모듈) 등이 자체 개발 구현이 아닌 외부 (3자, 3rd party)로부터 외주 공급일 경우, 해당 소프트웨어 또는 하드웨어에 관련된 정보, 자료, 버전 등이 함께 정리되어 문서에 포함되어 있어야 한다.
5) 컴포넌트의 무결성 보호를 위한 정보 (즉, 펌웨어 파일 무결성)	• 대상 컴포넌트의 무결성 보호를 위하여 펌웨어 파일의 무결성 검증, 또는 이를 입증할 수 있는 정보, 자료, 데이터 등이 준비되고 정리되어 있어야 한다.
6) 기능 및 외부 설정 옵션이 있는 하위 시스템 및 모듈에 대한 목록	• 컴포넌트 자체에서 제공 또는 구현되지 못한 보안 요구사항에 대하여 외부의 지원 또는 연동을 통한 제공일 경우, 기능 또는 설정 등에 대한 관련 시스템 또는 모듈 들에 대한 목록과 관련 자료 또는 정보 등이 설계 문서에 포함되어 있어야 한다.
7) 보안 아키텍처 설명	• 컴포넌트의 설계에 관련되어 보안을 위한 부분에 대한 구조 및 설계 등에 대한 설명이 포함되어 있어야 한다.
8) 컴포넌트가 가지고 있는 시스템 계정에 대한 모든 목록	• 해당 컴포넌트의 접근 및 승인 등을 위하여 시스템에서 가지고 있는 계정정보의 전체 목록이 포함되어 있어야 한다.

2.5.2 평가 보고서 요구사항

컴포넌트의 평가 진행의 완료시 평가자가 작성하는 평가 보고서에 포함되어야 할 요구사항에 대한 설명이며, 별도의 정형화된 평가 보고서 양식은 존재하지 않으므로 각각의 시험평가기관들에 의하여 해당 요구사항을 포함한 평가 보고서가 작성된다.

[평가 요약]

요구사항	설명
컴포넌트의 규격(사양) 검토	• 평가 대상 컴포넌트에 대한 설계 및 기타 제공된 산출 문서들에서 정의된 규격 또는 사양 등에 대한 검토 의견들을 기록한다.
시험 대상에 대한 설정	• 평가 대상 컴포넌트의 원활한 평가 진행을 위하여 필요한 설정이 있을 경우, 설정한 내용 및 값 등에 대한 전반적인 사항을 기록한다.
테스트 환경 구성	• 컴포넌트에 대한 평가 진행을 위한 환경적 요소(예: 테스트 장치, 시험 솔루션 등)에 대한 내용의 전반을 기록한다.
시험 범위 내에 포함되지 않는 기능들	• 평가 진행을 위하여 컴포넌트 또는 제품 개발사들로부터 제출된 평가 범위(예: 선택된 보안 요구사항)와 물리적 및 논리적 기능들중, 평가 진행에 포함시키지 않는 기능, 내용 또는 항목 등에 대하여 명확하게 기록한다.

[설계 문서]

요구사항	설명
설계 문서 평가에 대한 결과	평가자는 제출받은 평가 대상 컴포넌트에 대한 설계 문서를 검토하고 평가한 결과를 기록한다.

[보안 가이드라인]

요구사항	설명
보안 가이드라인 평가에 대한 결과	평가자는 컴포넌트 또는 제품 개발사로부터 제출받은 보안 가이드라인 문서를 검토하고 평가한 결과를 기록한다.

[컴포넌트 요구사항 검증의 결과]

요구사항	설명
세부 시험에 대한 결과	평가자는 컴포넌트에 대한 보안 요구사항의 검증 진행에 대한 세부적 결과를 기록한다.
시험 결과에 대한 요약	평가자는 컴포넌트 평가에 따른 평가 결과에 대하여 정리하고 이를 요약하여 기록한다.

[취약점 분석]

요구사항	설명
확인된 취약점	평가자는 컴포넌트 또는 제품 개발사로부터 제출받은 보안 설계 및 취약점 등에 관련된 산출물을 분석하고 이를 통하여 확인된 취약점을 기록한다.
취약점에 대한 평가	평가자는 확인된 취약점에 대한 평가를 진행하고 이에 대하여 기록한다. (예: 심각한 문제를 유발할 수 있는 취약점으로 필수적으로 해결해야 하는 것인지 또는 컴포넌트의 사용에 있어서 보안상 위협이 되지 않는 수준의 취약점 인지 등)
남아있는 취약점들에 대한 설명	확인된 취약점들에 대하여 컴포넌트의 설계 및 개발을 통하여 해결하였으나, 현재 상황에서 확인된 취약점에 대하여 해결을 못한 경우에 대한 설명을 기록한다.

[종합 평가]

요구사항	설명
시험 결과에 대한 요약 및 정리	전체적인 평가의 결과에 대하여 요약하고 정리한다.
모든 요건을 충족한다는 요약 등의 평가기관으로부터 의견	평가의 결과가 평가를 통하여 모든 요구사항들을 충족시킨다는 것 등에 대하여 평가기관으로부터 검토된 최종의 의견이 기록된다.
취약점 등과 관련된 평가기관으로부터의 권고사항	발견되고 확인된 취약점 등에 대하여 해결 등을 위한 평가기관으로부터의 권고사항 또는 의견들에 대한 기록을 한다.

2.5.3 평가 프로세스에서의 산출물 사용

아래는 IEC 62443-4-1 표준의 개발 프로세스와 연관된 평가 프로세스 간의 매칭을 보여주고 있으며, 이는 해당 평가 프로세스 진행을 위하여 준비 및 검토해야 할 개발 프로세스를 보여주고 있다. 평가 진행을 위하여 컴포넌트 및 제품 개발사는 각 개발 프로세스상에서 필요한 산출물들을 준비하여야 하며, 각 평가 프로세스의 원활한 진행을 위하여 준비되고 제출되어야 한다.

제품 보안 환경 평가		보안 요구사항 선택 평가	
SM-3	적용 가능 식별	SM-5	프로세스 범위 지정
SM-5	프로세스 범위 지정	SR-2	위협 모델
SR-1	제품 보안 환경	SR-3	제품 보안 요구사항
SR-2	위협 모델	SR-4	제품 보안 요구사항 내용
SR-4	제품 보안 요구사항 내용		

설계문서 평가		보안 가이드라인 평가	
SM-9	외부 제공 컴포넌트에 대한 보안 요구사항	SUM-2	보안 업데이트 문서
SM-10	제 3자 공급업체로부터의 맞춤형 개발 컴포넌트	SUM-3	종속 컴포넌트 또는 운영체계 보안 업데이트 문서
SR-2	위협 모델	SG-1	제품의 심층방어
SD-1	안전한 설계 원칙	SG-2	환경에서 예상되는 심층방어 조치
SD-2	심층 방어 설계	SG-3	보안 강화 지침
SD-4	안전한 설계 모범 사례	SG-4	안전한 폐기 지침
		SG-5	안전한 운영 지침
		SG-6	계정 관리 지침

컴포넌트 요구사항 평가		보안 시험평가	
SR-3	제품 보안 요구사항	SM-11	보안 관련 문제에 대한 평가 및 해결
SR-5	보안 요구사항 검토	SM-12	절차의 검증
SVV-1	보안 요구사항 시험	SR-2	위협 모델
SVV-5	시험 요원의 독립성	SR-4	제품 보안 요구사항 내용
		SD-2	심층 방어 설계
		SI-1	보안 구현의 검토
		SVV-2	위협 완화 시험
		SVV-3	취약점 시험
		SVV-4	침투 시험
		SVV-5	시험 요원의 독립성
		DM-4	보안관련 문제 해결

3 산업제어시스템 컴포넌트 보안 시험평가 기준 해설

본 장에서는 앞 장을 통하여 설명된 4-2 표준의 '컴포넌트 보안 요구사항'에 대한 평가를 위하여 컴포넌트의 보안 구현 상태의 판단과 '허용'(또는 수용) 및 '불허' 기준들에 대하여 설명할 것이다.

'허용' 기준은 설계 및 개발된 제품이 4-2에서 요구하는 보안 요구사항을 충족시켰을 경우를 정의하게 되며, '불허' 기준은 해당 보안 요구사항을 충족시키지 못한 경우 또는 부족한 경우를 정의하게 된다. 또한, 컴포넌트의 유형이나 기타 환경 조건 등에 따라 '허용'과 '불허'의 기준이 다르게 정의되기도 한다.

앞으로 설명할 평가 기준은 앞 절에서 설명된 평가 프로세스 중 5번째에 해당하는 "컴포넌트 요구사항 평가"의 단계에서 사용되며, 요구사항에 대한 승인 기준은 규범적이며 컴포넌트 또는 제품 개발자나 공급기업들이 사용할 수 있도록 검증 가능한 수준에서의 컴포넌트 요구사항들을 명확하게 보여준다.

일반적으로 평가의 승인 기준은 '허용/수용' 등과 같은 긍정적인 방식으로 표현되나, 일부의 경우에는 적용에 대하여 구현 여부에 대하여 명확하게 표현하는 것이 필요하므로 이러한 기준은 "승인/허용 안 함" 등으로 명시한다. 또한, 향후의 승인 기준에 대한 설명은 '기본 요구사항(FR)'을 중심으로 SL-1의 보안 요구사항과 이에 대한 '허용' 및 '불허'의 내용을 포함하며, 이해를 쉽게 하는 데 필요한 설명과 사례를 추가할 것이며, 해당 요구사항들은 컴포넌트 개발자들의 개발 절차에 적합한 보안 수준의 해석에 기초하여 설명을 진행할 것이다. 또한, 각 요구사항 중 SL-1의 보안 수준에 대한 허용 기준만을 포함하여 설명할 예정이며, 보인 수준 SL-2부터 SL-4까지에 대한 내용은 현재 국내 환경에서 필요하지 않으므로 제외하기로 한다.

해당 기준들에 대한 이해는 향후 실제 기업들이 컴포넌트 또는 제품에 대한 평가 진행을 준비하는데 많은 도움이 될 것으로 판단된다. 그러므로, 여기서 설명하는 평가 판단 기준을 충분하게 이해하고 컴포넌트에 대한 설계와 개발의 진행이 필요하다.

3.1

FR-1 식별 및 인증

IEC 62443-4-2 표준의 FR-1에 해당하는 컴포넌트 보안 요구사항인 컴포넌트 또는 사용자들에 대한 식별과 인증에 관련된 허용 및 불허 기준에 대하여 요구사항별로 설명을 진행한다.

CR 1.1 인간 사용자 식별 및 인증

4-2 표준에서의 컴포넌트 보안 요구사항 'CR 1.1 인간 사용자 식별 및 인증'에 해당하는 허용 기준에 대한 설명이다.

보안 요구사항에 대한 허용 기준으로는;

- 컴포넌트에 구현되있는 각각의 물리적 또는 논리적 인터페이스의 접근 및 사용을 위하여 모든 인간 사용자에 대한 개개인을 식별할 수 있어야 하며, 이러한 접근에 대한 개별 사용자의 인증을 위한 메커니즘(예: 장치, 절차, 방법, 도구 등)이 구현되고 제공되어야 한다.
- 또한, 컴포넌트에 대한 인간 사용자의 접근통제를 위한 사용자에 대한 식별 및 인증 기능등이 컴포넌트 자체적 기능적 한계로 또는 미구현으로 인하여 제공이 어려운 경우나 불가능한 경우는 상위에 있는 시스템(예: 시비 시스템, 운영/관리 시스템) 등에서 제공하는 사용자 접근통제, 사용자 식별 및 인증 등의 외부 메커니즘 및 도구와 연동 또는 통합하여 사용될 수 있도록 구현되어야 한다.

불허 기준으로는;

- 컴포넌트에 접근하는 인간 사용자에 대한 식별이 불가하고 인증 메커니즘이

없이 단순하게 고정된 인증(자)[64] 또는 방식 등을 사용하는 경우로서, 해당 내용에 대하여는 평가시 '불허'로 판정한다. 예로써, 컴포넌트의 개발시 1개의 고정 ID만을 사용할 수 있도록 함으로써 컴포넌트에 대한 다수의 인간 사용자의 접근시, 각각 개인 사용자를 확인할 수 없는 경우를 말하며, 개발시 해당 항목에 대한 고려가 미흡하여 ID(식별자 또는 인증자)가 고정되어 변경이 불가한 경우도 이에 해당할 수 있다.

[그림 3-15]는 일반적인 시스템에 대한 사용자의 식별 및 인증의 예를 보여준다. 다양한 부서 및 직위의 개별 사용자들이 해당 컴포넌트(예: PLC)에 대해 접근을 시도하고 있으며, 개별 사용자는 각자에게 제공된 별도의 ID(식별자)와 비밀번호를 사용하여 접근을 진행하게 된다. 이때 PLC 자체적으로 사용자의 식별과 인증이 불가능한 경우에는 외부에서 제공되는 별도의 식별 및 인증 시스템을 통한 사용자에 대한 식별과 인증을 진행할 수 있으며, 또한 별도의 인증자(예: USB 토큰, 암호키 등)을 이용하여 인증을 진행할 수도 있다. 이런 경우, PLC의 자체적으로 제공하는 식별 및 인증 기능이 부족하더라도 별도의 시스템에서 지원하는 사용자 식별과 인증 기능을 제공받아 사용하는 것이 가능하다.

컴포넌트의 개발 진행시, 고려 및 검토해야 할 사항으로는 다음과 같은 것들이 있다.

- 컴포넌트 상에 (인간) 사용자가 접근 가능한 인터페이스의 방식 및 종류 등
- 컴포넌트 상에 (인간) 사용자가 인터페이스에 접근 식별 및 인증 기능 구현 여부
- 컴포넌트 상에 자체적 기능 구현 또는 별도의 외부 인증 시스템 연동을 통하여 식별 및 인증을 진행할 것인지 여부

64) 사용되는 인증자는 상황 또는 제어 시스템 설계에 따라 물리적 또는 논리적 인증자가 사용될 수 있으며, 때에 따라 물리적 논리적 인증자가 동시에 구현되어 사용될 수도 있다.

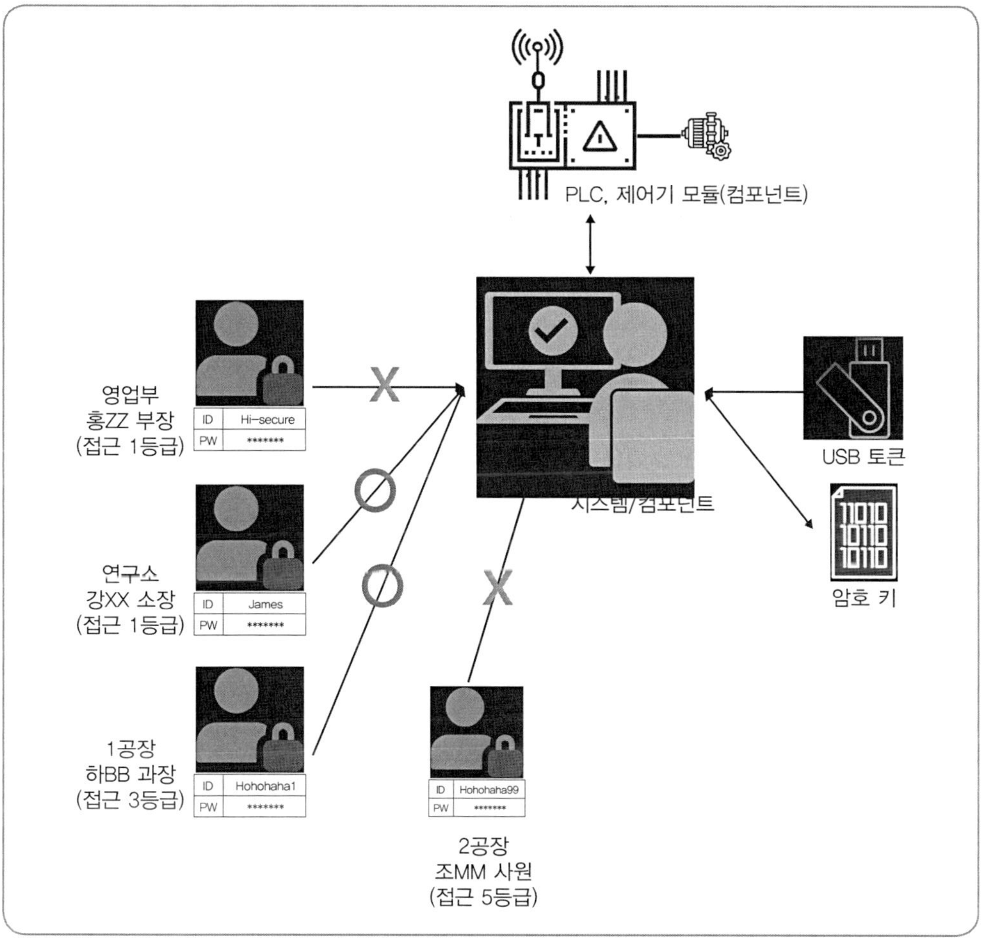

[그림 3-15] 컴포넌트 사용자에 대한 식별 및 인증 예시

컴포넌트의 평가 진행을 위하여 함께 검토 및 준비되어야 할 문서는 다음과 같다. (※ 해당 문서들은 개별 기업별 다른 명칭 및 포함되는 내용 등이 다를 수 있다.)

- 시스템 및 컴포넌트 명세서
- 컴포넌트 사용자 지침서
- 공급자 제공 제품 사용 지침서

CR 1.2 소프트웨어 프로세스와 장치의 식별 및 인증

'CR 1.2 소프트웨어 프로세스와 장치의 식별 및 인증'은 보안 수준 SL-1에 해당하지 않는 관계(SL-2~SL-4에 해당)로 내용을 제외한다.

CR 1.3 계정 관리

만일 컴포넌트 상에 단순 1개의 고정된 관리 계정만이 구현되어 사용되는 경우에는 'CR 1.3 계정 관리'의 요구사항에 해당하지 않으며, 여러 사용자가 컴포넌트에 접근하여 사용할 수 있는 다수의 계정이 구현되어 있는 경우에 해당한다.

4-2 표준에서의 컴포넌트 보안 요구사항 'CR 1.3 계정 관리'에 해당하는 허용 기준에 대한 설명이다.

- 컴포넌트에 대한 사용자의 접근통제 및 운영 관리 등을 외부의 별도로 높은 보안 수준을 제공하는 계정 관리 시스템과 연동되어 운영될 수 있는 기능이 구현되어 있는 경우에는 허용된다.
- 컴포넌트의 사용자 접근 및 통제, 기타 운영 관리를 위하여 컴포넌트에 사용자 계정의 추가, 활성화 및 비활성화, 삭제 또는 수정 등의 기능을 제공하고, 이를 통하여 승인된 사용자만이 컴포넌트에 접속하여 사용할 수 있는 기능이 구현되어 있는 경우는 허용된다.
- 컴포넌트의 핵심적 기능과 동작 등이 상위 단에 위치한 시스템에서 발생하는 가용성 등의 문제로부터 영향을 받지 않고, 독자적으로 정상 작동 및 기능을 유지될 수 있는 경우는 허용된다. 여기서 상위 단에 위치한 계정 관리 시스템의 예로는 컴포넌트가 LDAP, Active Directory 또는 호스트(예: 운영자 워크스테이션)에 연결될 경우를 말한다.

불허 기준으로는;

- 컴포넌트의 접근통제 및 운영 관리를 위한 사용자 계정의 기능의 활성화 및 비활성화 기능이 컴포넌트 상에 구현되어 있지 않아 사용자 계정 관리 및 접근통제 등을 할 수 없는 경우에 해당한다. 또한, 최소한의 접근 사용자에 대한 계정 관리 기능이 부족한 경우 또는 대응이 불가한 경우도 불허 기준에 포함된다.

[그림 3-16]은 일반적인 사용자 및 계정 등에 대한 관리의 예를 보여주고 있으며, 컴포넌트 또는 외부의 별도 접근 및 통제·관리 시스템 등을 통하여 제공될 수 있는 계정 관리의 사례로 참고하면 좋을 듯하다. [그림 3-16]에서 보여주는 것처럼, 승인된 관리자에 의하여 컴포넌트에 대한 개별 사용자의 접근을 승인하거나 또는 불허에 대한 설정을 할 수 있는 기능이 구현되어 있어야 하며, 이러한 사용자의 접근통제를 위한 기능 및 계정 등의 관리 기능이 구현되어 있지 않아 사용자의 접근에 대한 관리와 개인 식별 등이 불가능한 경우는 평가 진행에 있어서 "CR 1.3 계정 관리" 항목에 대한 심각한

[시스템 1 접근 등록관리]

사용자명	부서	직위	접근 등급	활성화 일자	비활성화 일자	상태 (활성화/비활성화)	비고
홍XX	영업부	이사	1	2022-1-2		■	
김XX	연구소	소장	1	2021-2-15	2022-12-31	■	퇴사
이XX	1공장	부장	2	2012-11-1		■	
박YY	2공장	대리	3	2019-5-2		■	
하BB	1공장	사원	5	2020-12-7		□	
...	...	...	...	...	...	...	...

[그림 3-16] 컴포넌트의 사용자 계정에 대한 접근통제 및 관리 예시

불허의 요인으로 작용하게 된다. 예를 들어, 생산 현장 근무 도중 퇴사한 직원이 발생하거나 직무 또는 보안 수준 등의 변경에 의하여 해당 컴포넌트 장치에 대한 접근이 더 이상 허용되어서는 안되는 직원들에 대하여 접근 및 통제는 필수적인 사항으로 볼 수 있다. 컴포넌트 또는 제어 시스템에 대한 사용자의 접근 관리를 위해서는 다른 요구사항들에서 명시하는 다양한 항목들이 포함될 수 있으며, 위 그림처럼 개별 사용자에 대한 정보 및 권한 등의 다양한 정보를 바탕으로 하는 통제 및 관리가 필수 사항이라 할 수 있다.

컴포넌트의 개발 진행시, 고려 및 검토해야 할 사항으로는 다음과 같은 것들이 있을 수 있다.

- 컴포넌트 상에 자체적으로 모든 사용자 계정의 관리(생성, 사용, 폐기 등)을 진행할 수 있는 기능이 구현되어 있는지
- 외부로부터의 별도 계정 관리 시스템 등에 통합되어 사용 가능한 기능이 구현되어 있는지

컴포넌트의 평가 진행을 위하여 함께 검토 및 준비되어야 할 문서는 다음과 같다.
(※ 해당 문서들은 개별 기업별 다른 명칭 및 포함되는 내용 등이 다를 수 있다.)

- 시스템 및 컴포넌트 명세서
- 컴포넌트 사용자 지침서
- (모듈 등의 3자 공급 진행시 공급자로부터 제공되는) 제품 사용 지침서 또는 메뉴얼
- 시스템 관리 지침서
- 보안 정책서 또는 보안 절차서

CR 1.4 식별자 관리

만일 컴포넌트 상에 1개의 고정된 관리 계정만이 구현되어 사용되는 경우에는 위의 'CR 1.3 계정 관리'에 대한 요구사항에서와 같이 'CR 1.4 식별자 관리'의 항목에 대하여 요구사항이 해당되지 않는다. 즉, 여러 사용자가 컴포넌트에 접근하여 사용할 수 있는 다수의 계정이 구현되어 있는 경우에 해당한다. 4-2 표준에서 정의하는 '식별자(Identifier)'는 보안 영역 내에서 개체를 식별 또는 표시하는 고유한 기호 패턴이라고 하고 있으며, 일반적으로 컴퓨터 또는 인터넷 등의 ID(Identifier)를 예로 들 수 있다.

'CR 1.4 식별자 관리'의 경우는 앞에서 설명된 항목들과 다르게 '불허' 조건이 없이 '허용' 조건만이 존재한다. '불허' 기준은 모든 요구사항에 다 존재하는 것은 아니며, '불허' 조건만 있는 경우 또는 '허용' 조건만 있는 경우도 존재한다.

만일, '불허' 기준이 있는 요구사항의 경우는 이러한 '불허' 기준에 해당하지 않도록 주의하여 컴포넌트의 설계 및 개발을 진행하여야 한다. 예를 들어, 컴포넌트의 평가 진행시 해당 항목들에 대한 '허용' 기준을 모두 충족하였다 하더라도 '불허' 기준에 해당하는 항목의 발생시, 평가 판정에 있어서 심각한 지장을 발생시킬 수 있는 요인으로 작용할 수 있다.

4-2 표준에서의 컴포넌트 보안 요구사항 'CR 1.4 식별자 관리'에 해당하는 허용 기준에 대한 설명이다.

식별자 관리를 위하여 별도의 시스템이 지원되고 연동되어 사용할 수 있으며, 또한 해당 시스템의 식별자 구분 및 관리를 위한 기능을 제공하는 경우에는 허용된다.

컴포넌트가 접근 사용자, 개별 그룹 및 역할 등에 대하여 통제 및 관리를 제공하고, 제어 시스템에서 각각의 컴포넌트별로 접근 식별자를 별도로 통제 및 관리할 수 있는 경우는 허용된다.

[그림 3-17]과 [그림 3-18]은 식별자 관리를 위한 DB의 예제를 보여주고 있으며, 앞서 설명한 사용자의 접근 및 통제 관리 등에 대한 내용도 포함되어 있다.

컴포넌트는 일반적인 PC 또는 인터넷 사이트 등에 대한 사용자 로그인처럼 접근에 대한 식별자를 구별하고 인증 등을 지원할 수 있어야 한다. 만일, 접근하려는 사용자

[시스템 1 식별자 관리]

사용자명	부서	직위	접근 등급	식별자(ID)	비밀번호(PW)	상태 (활성화/비활성화)	비고	편집
홍XX	영업부	이사	1	Hahahoho	2342425!	□		
김XX	연구소	소장	1	Hisecure	hisecure1	□	퇴사	◎
이XX	1공장	부장	2	Leess67	67france	■		
박YY	2공장	대리	3	Jameshs	Jameshs1	■		
황ZZ	영업부	사원	5	mire2000	Mire2023!!!	■		
...	...	...	...	...	...	□		
						■		

[그림 3-17] 컴포넌트 사용자의 식별자 관리 예시

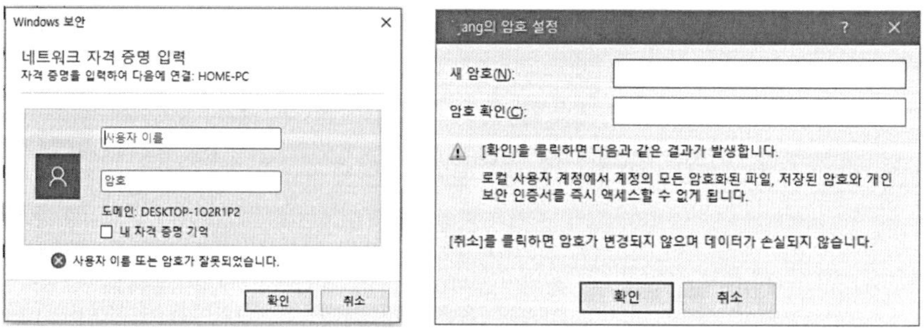

[그림 3-18] 사용자 로그인 화면 예시

에 대한 식별자(예: ID)에 대한 중복이 발생할 경우, 컴포넌트 또는 외부 사용자 관리 시스템 등에서는 이에 대한 경고를 발령해야 하며, 다른 식별자를 사용하도록 접근 사용자에게 통지해야 한다. 특정한 상황 또는 필요할 경우는 개별 사용자의 선택에 의한 식별자 사용이 아닌 컴포넌트 또는 시스템 관리자가 일괄적으로 정의 및 지정하여 배포할 수도 있다. 이때 사용자는 컴포넌트 또는 시스템 관리자가 일괄적으로 정의 및 지정하여 배포된 기본 ID(식별자)와 비번을 제공받게 되며 추후 사용자는 개별 접근에 대한 보안 관리를 위하여 제공된 비밀번호의 변경 등을 진행하게 된다.

컴포넌트의 개발 진행시, 고려 및 검토해야 할 사항으로는 다음과 같은 것들이 있을 수 있다.

- 별도의 식별자 관리 시스템과 연동하여 사용 가능한 기능이 구현되어 있는지
- 컴포넌트 상에 자체적으로 식별자 관리를 위한 기능이 구현되어 있는지

컴포넌트의 평가 진행을 위하여 함께 검토 및 준비되어야 할 문서는 다음과 같다.
(※ 해당 문서들은 개별 기업별 다른 명칭 및 포함되는 내용 등이 다를 수 있다.)

- 시스템 및 컴포넌트 명세서
- 컴포넌트 사용자 지침서
- (모듈 등의 3자 공급 진행시 공급자로부터 제공되는) 제품 사용 지침서 또는 메뉴얼
- 시스템 관리 지침서
- 보안 정책서 또는 보안 절차서

CR 1.5 인증자 관리

4-2 표준에서 정의하는 '인증자(Authenticator)'는 보안 영역 내에서 구성된 장비 또는 장치, 솔루션 또는 사용자 등의 신원을 확인하는데 사용되는 수단으로 정의하고 있으며, 인증자의 예로써는 토큰(Tokens), 대칭 키(Symmetric Key), 개인 키(Private Key),

생체 인식(Biometrics), 암호(Passwords), 키 카드(Key cards or Smart cards) 등을 들 수 있다.

4-2 표준에서의 컴포넌트 보안 요구사항 'CR 1.5 인증자 관리'에 해당하는 허용 기준에 대한 설명이다.

- 컴포넌트의 실제 시스템 구축 및 적용에 따라 최초 사용을 진행할 시에는 컴포넌트에 대한 초기 인증을 진행하여야 하며, 이는 사용 가능한 다양한 툴(도구) 또는 솔루션 등의 기능 및 특정한 인증자 등을 이용하는 방식 등을 지원하여야 한다.
- 초기 컴포넌트의 설치 이후에 기본적으로 설치되어 있던 주 사용자(메인 사용자 또는 주 인증자)의 변경과 기본 인증자에 대한 사용 등을 강제화하여야 한다. 또한, 주기적 또는 자체 기준 및 규정 등에 의하여 정기적으로 이러한 인증자에 대한 변경을 할 수 있도록 경고 메시지를 낼 수 있어야 하며, 변경 진행과 이를 확인 할 수 있도록 하여야 한다.
- 컴포넌트에 사용된 인증자에 대하여 저장, 사용 및 전송의 발생시, 인가되지 않은 인증자의 공개 또는 수정(변경) 등의 발생에 대하여 이를 보호 할 수 있는 대응 기능을 보유해야 한다.

'인증자 관리' 보안 요구사항에 있어서 불허의 기준으로는;

- 컴포넌트의 인증 또는 컴포넌트에 대한 사용자 인증 등을 위하여 사용되는 (비밀번호/패스워드 등 및 하드웨어적인 인증 도구 등을 포함하는) 인증자는 필수적으로 암호화되어 전달 및 사용되어야 하며, 어떠한 경우라도 일반적인 평문을 통한 인증자의 전달, 사용 및 저장 등은 불허 기준에 해당한다.
- 또한, 컴포넌트의 인증 또는 컴포넌트에 대한 사용자 인증 등을 위하여 사용되는 인증자는 그 사용에 대한 수명이 정의되어 있어야 하며, 그렇지 않고 수명이

정의되지 않은 인증자를 사용할 경우는 불허 기준에 해당한다.

인증자는 다양한 방식 또는 형태로 존재할 수 있으며, 이는 도구 또는 물리적 장치, 논리적 수단 등의 형태를 가질 수도 있다. [그림 3-19]에서는 ID 및 비밀번호를 예로써 설명을 진행하겠다.

앞에서 설명된 보안 요구사항의 예처럼, 초기 시스템 구축시 관리자가 컴포넌트에 대하여 초기의 ID 및 비밀번호를 설정하여 구축을 완료하고, 이를 시스템 관리자에게 전달하여 컴포넌트에 대한 인증을 위하여 사용한다고 할 경우, 시스템 관리자는 초기 제공받은 인증자를 시스템 관리에 사용할 수 있도록 변경하여야 추후 컴포넌트에 대한 접근시에 대한 통제 및 보안을 강화할 수 있다. 즉, 시스템 관리자로부터 인증자의 변경 이후, 시스템 구축자는 해당 컴포넌트에 대하여 어떠한 접근도 할 수 없다는 것이다. 여기서 변경된 ID 및 비밀번호는 암호화되어 컴포넌트 내부에 저장 또는 시스템으로의 전달 및 인증 등에 사용되어야 한다.

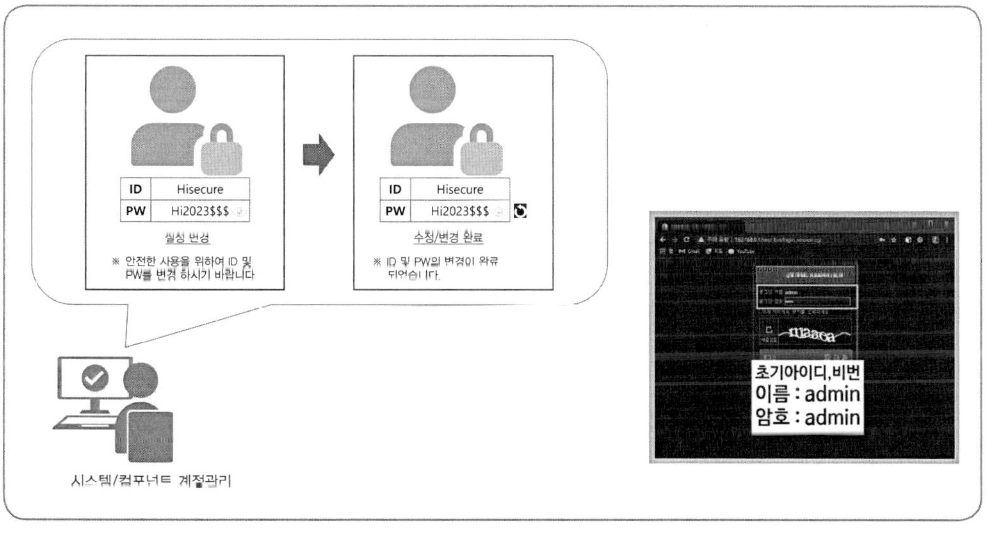

[그림 3-19] 컴포넌트에 대한 사용자 초기 인증 예시

컴포넌트의 개발 진행시, 고려 및 검토해야 할 사항으로는 다음과 같은 것들이 있을 수 있다.

- 컴포넌트에서 초기 인증자를 부여하거나 제공하고 있는지 여부
- 컴포넌트의 시스템 내에 설치시, 기본(Default)적으로 제공된 초기 인증자를 변경하도록 안내하거나 고지하고 있는지 여부
- 인증자에 대한 주기적인 인증자 변경 및 새로 고침 등을 할 수 있는 기능이 지원되고 있는지 여부
- 인증자의 저장, 사용 및 전송 중 인가되지 않은 노출 또는 변경으로부터 인증자의 보호 기능에 대하여 설명 및 정의가 되어 있는지 여부(예로써, 인증자의 저장 또는 사용시 버퍼 초기화 기능 등의 누락 발생, 전송 데이터 내 인증자의 정보가 평문으로 전송되는지 등)

컴포넌트의 평가 진행을 위하여 함께 검토 및 준비되어야 할 문서는 다음과 같다.
(※ 해당 문서들은 개별 기업별 다른 명칭 및 포함되는 내용 등이 다를 수 있다.)

- 시스템 및 컴포넌트 명세서
- 컴포넌트 사용자 지침서
- (모듈 등의 3자 공급 진행시 공급자로부터 제공되는) 제품 사용 지침서 또는 메뉴얼
- 시스템 관리 지침서
- 보안 정책서 또는 보안 절차서

CR 1.6 무선 접근 관리

'CR 1.6 무선 접근 관리'는 해당 컴포넌트가 외부의 장치 또는 시스템 등과의 연결을 위한 네트워크 장치(Network Device)에 해당하는 경우에 적용되며, 컴포넌트에 무선 통신 인터페이스가 없는 경우는 해당되지 않는다. NDR(Network Device

Requirements)는 네트워크 장치일 경우에만 해당하는 요구사항으로, 네트워크 장치가 아닌 소프트웨어(SAR), 호스트 장치(HDR), 또는 임베디드 장치(EDR) 등인 경우는 해당하지 않는다. 그러므로, 평가 진행시 사전 평가 범위 정의에서 '해당 없음'을 표기하여 평가 범위에서 제외시켜야 한다.

'무선 접근 관리'에 대한 허용 기준만 존재하고 있으며, 불허 기준은 존재하지 않는다.

허용 기준으로;

- 컴포넌트는 컴포넌트와의 (또는 간의) 무선 통신 기능을 사용하는 모든 사용자를 식별할 수 있어야 하며, 이들을 개별적으로 식별하고 인증할 수 있는 기능을 가지고 있어야 한다. 여기서, '모든 사용자(All Users)'란 사람을 포함한 소프트웨어 프로세스(또는 프로그램 등)나 각종 장치(또는 장비) 등을 의미한다.

[그림 3-20]에서 보여주는 것처럼, 사용자가 무선 통신을 통하여 외부로부터 컴포넌트에 접속을 시도할 경우, 컴포넌트 또는 접근 통제 및 인증 등을 담당하는 외부의 연

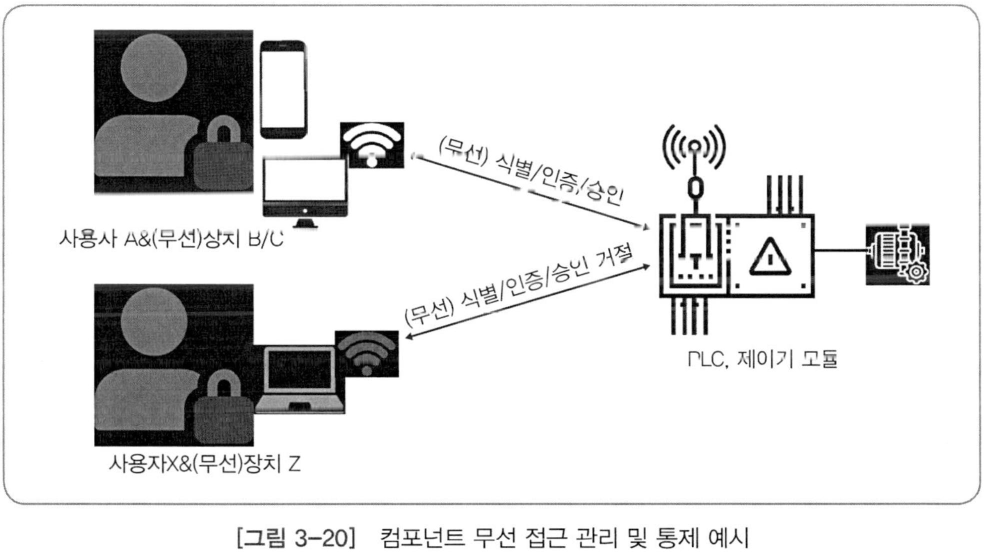

[그림 3-20] 컴포넌트 무선 접근 관리 및 통제 예시

동 시스템 등에서 사용자에 대한 접근 식별(예: 사용자, 통신망 등)과 접근자에 대한 인증을 할 수 있어야 한다. 만일, 이러한 무선 통신을 통한 접근자(또는 장치 등)의 인증 시도 실패시에는 무선 접근에 대한 승인을 거절할 수 있어야 한다.

컴포넌트의 개발 진행시 고려 및 검토해야 할 사항으로는 다음과 같은 것들이 있을 수 있다.

- 컴포넌트에서 무선 접근 기능을 제공할 경우, 컴포넌트에 접속하려는 모든 사용자에 대하여 개별 식별 및 인증 승인 및 거절을 할 수 있는 기능이 있는지

컴포넌트의 평가 진행을 위하여 함께 검토 및 준비되어야 할 문서는 다음과 같다.
(※ 해당 문서들은 개별 기업별 다른 명칭 및 포함되는 내용 등이 다를 수 있다.)

- 시스템 및 컴포넌트 명세서
- 컴포넌트 사용자 지침서
- (모듈 등의 3자 공급 진행시 공급자로부터 제공되는) 제품 사용 지침서 또는 메뉴얼
- 시스템 관리 지침서
- 보안 정책서 또는 보안 절차서

CR 1.7 비밀번호 기반 인증 강도

컴포넌트에 접근하는 사용자 또는 소프트웨어, 장치, 및 기타 기기 등에 대한 식별 및 인증을 위하여 암호화 수단을 사용하는 경우는 IEC 62443-4-2의 "CR 4.3 암호 사용" 보안 요구사항이 필수적으로 적용되어야 한다.

평가 문서상에서는 'CR 1.7 비밀번호 기반 인증 강도'에 대하여 3개의 허용 기준에 대하여 설명하고 있다.

- 국내 공공 및 민간의 보안관련 업무를 담당하고 있는 한국인터넷진흥원(KISA, Korea Internet & Security Agent) 또는 이에 준하는 공공 또는 민간기관 등으로부터 제공되는 '비밀번호 사용에 대한 권고사항'(예: 길이, 문자 유형 등)을 참고하여, 컴포넌트에 사용되는 비밀번호에 대한 최소의 보안 강도를 유지할 수 있어야 하며, 그 이상 또는 최소 수준 이상의 보안 강도를 유지할 수 있는 비밀번호를 사용하여야 한다. 일반적으로 비밀번호 등에 대한 암호화 강도는 사용되는 숫자, 문자, 특수문자의 종류와 사용 비밀번호의 길이 등에 따라 다르며, 이는 사용 시스템 또는 최종 자산 소유자의 내부 보안 정책 등에 따라 다르게 정의될 수 있다.
- 컴포넌트 및 시스템 등에 사용되는 비밀번호는 국제적으로 통용되는 기준을 기반으로 하는 최소 수준 이상의 암호화 강도를 가지고 있도록 설계, 설정하여 사용되도록 하여야 한다. 일반적으로 대다수의 기업 및 시스템 등에서의 비밀번호의 설정은 영문 대소문자, 숫자, 특수문자 조합의 사용을 권고하고 있으며, 최소 8자리 이상 또는 12자리 이상 등을 정의하여 사용을 권고하고 있다. 그러나, 비밀번호의 암호화 강도 증가는 길이의 증가에 따른 입력의 불편성, 인증시간의 지연, 기타 암기 등의 불편성이 동시에 발생함으로 환경의 적절성에 맞추어 최소 보안 강도 이상을 정의하여 사용하도록 하여야 한다.
- 컴포넌트 접근에 대한 안전한 승인 및 사용자 접근 관리 등을 위하여 별도의 외부 전문 인증 시스템과의 연동과 이를 통한 비밀번호의 안전한 설정, 변경, 등록, 저장 및 사용 등을 할 수 있어야 한다.

[그림 3-21]은 일반적으로 많이 사용하고 있는 휴대폰, 컴퓨터, 인터넷 등의 비밀번호 사용 환경을 보여주고 있다.

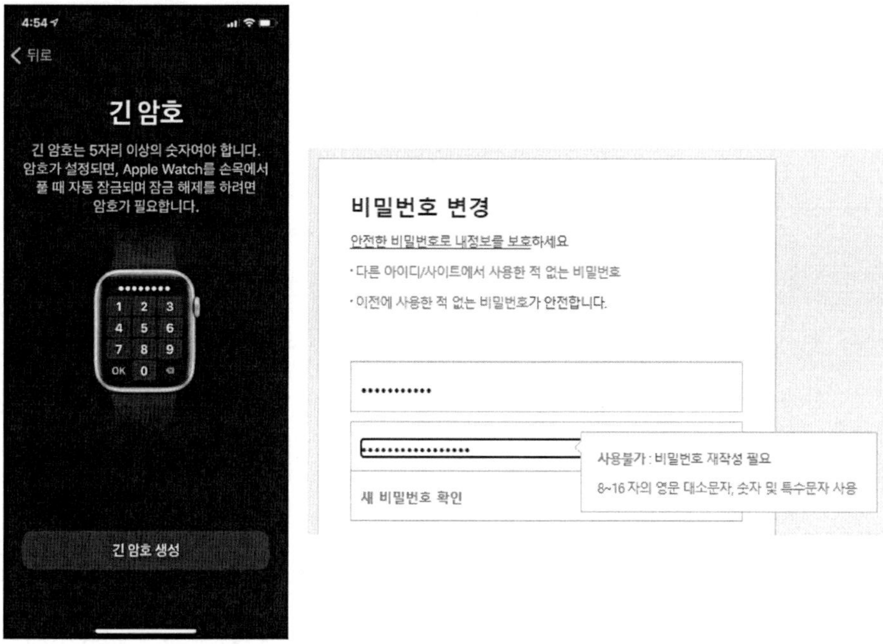

[그림 3-21] 컴포넌트 접근에 대한 비밀번호 사용 예시

일반적으로 통용되고 권고되는 비밀번호 사용에 대한 길이를 보여주고 있으며, 이는 일반적인 사용자 인증 환경과 제어 시스템 또는 금융 시스템에서와는 사뭇 다르게 적용되고 권고될 수 있다.

컴포넌트에 사용되는 비밀번호의 길이에 대한 정의는 각각의 제어 시스템 관리의 중요도에 따라 다르게 정의되고 권고될 수 있으며, 필요시 내부의 보안 규정 또는 보안 정책 등에 따라 별도 정의하는 것이 가능하다. 단, 너무 긴 비밀번호를 사용할 경우, 사용의 불편함이 발생할 수 있으므로 보안상 안전한 수준의 적절한 길이를 사용하는 것이 좋으며, 사용자에 대한 교육 및 기타 안전한 사용 등에 대한 관리와 통제가 병행되어야 한다. 지속적인 비밀번호 사용의 불편함은 사용자들의 편리성을 위하여 '0', '1' 또는 '0000' 등과 같은 단순한 번호이거나 연속된 번호, 생일 등 보안 요구사항을 충족하지 못하는 사례를 발생시키며, 또는 컴포넌트 옆에 적어 놓고 사용하는 등의 문제점을 유발하여 보안 관리의 위협을 증가시키기도 한다.

컴포넌트의 개발 진행시, 고려 및 검토해야 할 사항으로는 다음과 같은 것들이 있을 수 있다.

- 컴포넌트에 대한 접근을 위하여 사용자에 대한 비밀번호 사용을 위한 기능이 있는지
- 사용되는 비밀번호의 보안 강도의 정도가 공인 권고 기준을 부합시킬 수 있는지
- 별도 비밀번호 등의 관리를 위한 전문 시스템과 연동하여 사용할 수 있는지

컴포넌트의 평가 진행을 위하여 함께 검토 및 준비되어야 할 문서는 다음과 같다.
(※ 해당 문서들은 개별 기업별 다른 명칭 및 포함되는 내용 등이 다를 수 있다.)

- 시스템 및 컴포넌트 명세서
- 컴포넌트 사용자 지침서
- (모듈 등의 3자 공급 진행시 공급자로부터 제공되는) 제품 사용 지침서 또는 메뉴얼
- 시스템 관리 지침서
- 보안 정책서 또는 보안 절차서

CR 1.8 PKI(Public Key Infrastructure) 인증서

'CR 1.8 PKI 인증서'는 보안 수준 SL-1에 해당하지 않는 관계(SL-2~SL-4에 해당)로 내용을 제외한다.

CR 1.9 PKI((Public Key Infrastructure) 인증 강도

'CR 1.9 PKI 인증 강도'는 보안 수준 SL-1에 해당하지 않는 관계(SL-2~SL-4에 해당)로 내용을 제외한다.

CR 1.10 인증자 피드백

컴포넌트에 대한 인증 진행시 발생하는 피드백 정보에 대한 사항에 대하여 정의하고 있다.

4-2 컴포넌트 보안 요구사항 “CR 1.10 인증자 피드백”에 해당하는 허용 기준에 대한 설명이다.

- 컴포넌트에 대한 접속 및 접근 등을 위하여 인증 프로세스 진행에 관련되는 기밀 데이터(예: 입력 ID, 비밀번호 등)는 일반적으로 보기 어렵게 또는 이해하기 모호하게 표현되도록 하여 사용자의 인증관련 정보 또는 관련 데이터 유출 방지를 위한 방안 또는 기능 등을 제공하여야 한다.

“인증자 피드백” 보안 요구사항에 있어서 불허의 기준으로는;

- 사용자의 과실 또는 입력 실수 등에 따라 잘못된 입력된 사용자 식별자 (예: ID) 입력과 잘못된 비밀번호의 입력 등을 구별하지 못하는 피드백을 보내는 경우는 불허한다. 즉, 사용자 ID에 대한 입력 오류 및 비밀번호에 대한 입력 오류 등이 발생할 경우, 컴포넌트는 해당 오류가 사용자 ID의 입력 오류인지, 또는 비밀번호의 입력 오류인지 구분할 수 있어야 하며, 불가능할 경우는 불허된다.
- 입력 등의 오류 발생에 대한 응답 시간과 비-오류 발생(예: 정상시)에 대한 응답 사이에 시간적 차이가 발생하지 않고 바로 진행되는 경우는 불허한다. 즉, 정상적 입력에 따른 응답에 걸리는 시간과 비정상 입력 오류 등 발생에 따른 응답에 걸리는 시간에는 차이가 발생하여야 하며, 그렇지 못할 때 불허된다. 예로써, 정상 입력시 응답 시간은 1초, 오류 발생시 응답 시간은 2초 등으로 정의할 수도 있다. 이는 컴포넌트 개발자 또는 시스템의 요구사항에 따라 정의될 수 있다.
- 컴포넌트의 접속 및 접근 등을 위한 인증 프로세스 진행시, 사용되는 비밀번호,

유/무선 접속을 위한 (암호화) 키, 기타 사용자 입력을 위한 필드(예: 입력을 위한 디스플레이 화면)상에 "*(에스터리스크)"가 아닌 일반적인 입력 문자 또는 숫자 등의 텍스트가 화면상에 보이는 경우는 불허한다. 즉, 컴포넌트 또는 시스템상에서의 사용자 접근 인증을 위하여 사용되는 입력을 보여주는 화면상에서는 "*"가 아닌 다른 문자가 표기되어서는 안 된다.

[그림 3-22]와 [그림 3-23]에서 보여주듯이 일반적으로 휴대폰, 인터넷, 컴퓨터 등에서 비밀번호를 만들어 입력하고 사용할 경우, 대부분의 경우는 "•" 또는 "*"와 같이 표기되어 입력된 비밀번호가 어떤 것인지를 확인할 수 없게 하며, 잘못 입력된 경우나 입력 오류 등이 발생할 경우, [그림 3-22]와 같이 화면에 경고 피드백(예: 메시지)를 표기하게 된다. 또한, 이때 컴포넌트도 잘못된 암호 또는 비번이 입력될 경우, 대략적인 응답(메시지) 등을 보여주어야 하며, 잘못된 입력에 대한 세부적인 사항 또는 비밀번호

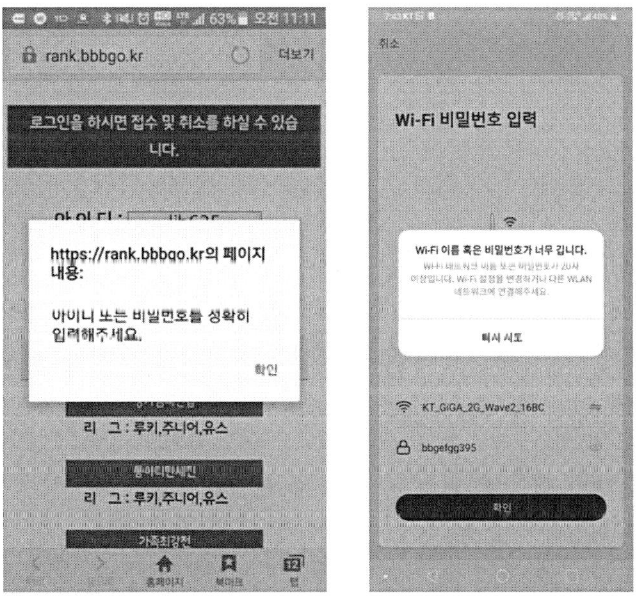

[그림 3-22] 컴포넌트 비밀번호 입력 등에 대한 피드백 메시지 예시

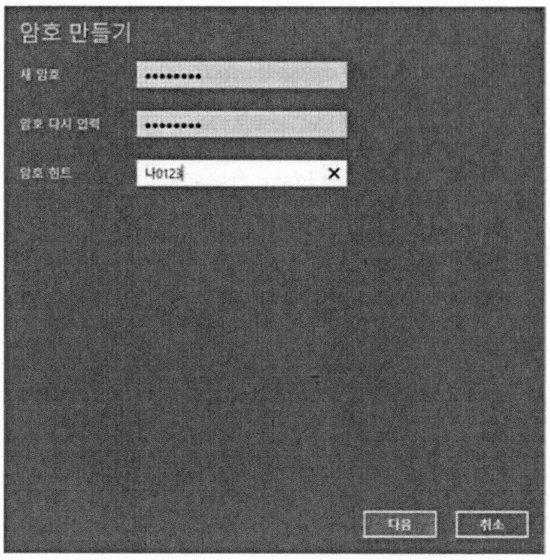

[그림 3-23] 입력 메시지 보안 예시

등을 유추할 수 있는 정보를 제공하는 표기가 되어서는 안 된다. [그림 3-23]에서는 비밀번호 변경시 "•"로 표기하여 어떠한 입력을 하였는지 확인할 수 없게 하는 좋은 사례라 할 수 있으며, [그림 3-22]는 입력 오류에 대한 너무 많은 (경고)정보를 보여주는 잘못된 사례라 할 수 있다.

컴포넌트의 개발 진행시, 고려 및 검토해야 할 사항으로는 다음과 같은 것들이 있을 수 있다.

- 컴포넌트에 대한 사용자 인증 입력창 등에 입력된 ID 또는 패스워드 등의 표기 상태가 적절한지

컴포넌트의 평가 진행을 위하여 함께 검토 및 준비되어야 할 문서는 다음과 같다.
(※ 해당 문서들은 개별 기업별 다른 명칭 및 포함되는 내용 등이 다를 수 있다.)

- 시스템 및 컴포넌트 명세서
- 컴포넌트 사용자 지침서
- (모듈 등의 3자 공급 진행시 공급자로부터 제공되는) 제품 사용 지침서 또는 메뉴얼

- 시스템 관리 지침서
- 보안 정책서 또는 보안 절차서

CR 1.11 로그인 시도 실패

'CR1.11 로그인 실패'시에 대한 사항으로 앞의 'CR 1.10 인증자 피드백' 등과 연결되는 평가 기준이라 할 수 있다.

4-2 표준의 컴포넌트 보안 요구사항 "CR 1.11 로그인 시도 실패"에 발생하는 내용에 해당하는 허용 기준에 대한 설명이다.

- 컴포넌트에 대하여 다양한 형태의 개별 사용자(예: 사람, 소프트웨어, 장치 등)들에 의하여 연속적으로 비정상적인 접근 시도가 발생하는 경우에 해당하면, 컴포넌트 또는 연동된 인증 시스템은 비정상적 접근 발생 이후, 일정한 시간 동안에 외부로부터의 접근(예: ID 또는 비밀번호 입력 등)시도 또는 로그인 등과 같은 접속 시도 행위를 할 수 없도록 조정 및 제한 할 수 있는 기능을 가지고 있어야 한다.
- 만일, 컴포넌트 또는 인증 시스템에서 정의하는 비정상 로그인 또는 접속 실패의 제한된 시도 횟수를 초과하는 로그인 및 접근 시도가 발생하였을 경우, 컴포넌트 또는 인증 시스템은 정의된 일정 시간 동안 로그인과 접근 시도의 제한 또는 잠금 해제를 할 수 없게 하여야 하는 기능을 가지고 있어야 한다.

[그림 3-24]는 사용자들이 로그인 접속 실패에 발생하는 경고 메시지(①, ②)를 보여주고 있으며, 지속적 실패에 따른 접근제한에 대한 경고(③) 또한 보여주고 있다. 그림(④)의 경우, 접근에 대한 재시도를 위한 일정 시간의 제한을 보여주고 있다. 이는 간단하게 휴대폰의 접근에 대한 사례를 보여주는 것으로, PLC, 인증 시스템 또는 컴포넌트 등이 제어 시스템에서도 유사한 방식으로 이러한 접근 실패에 대해 제한을 하게 된다.

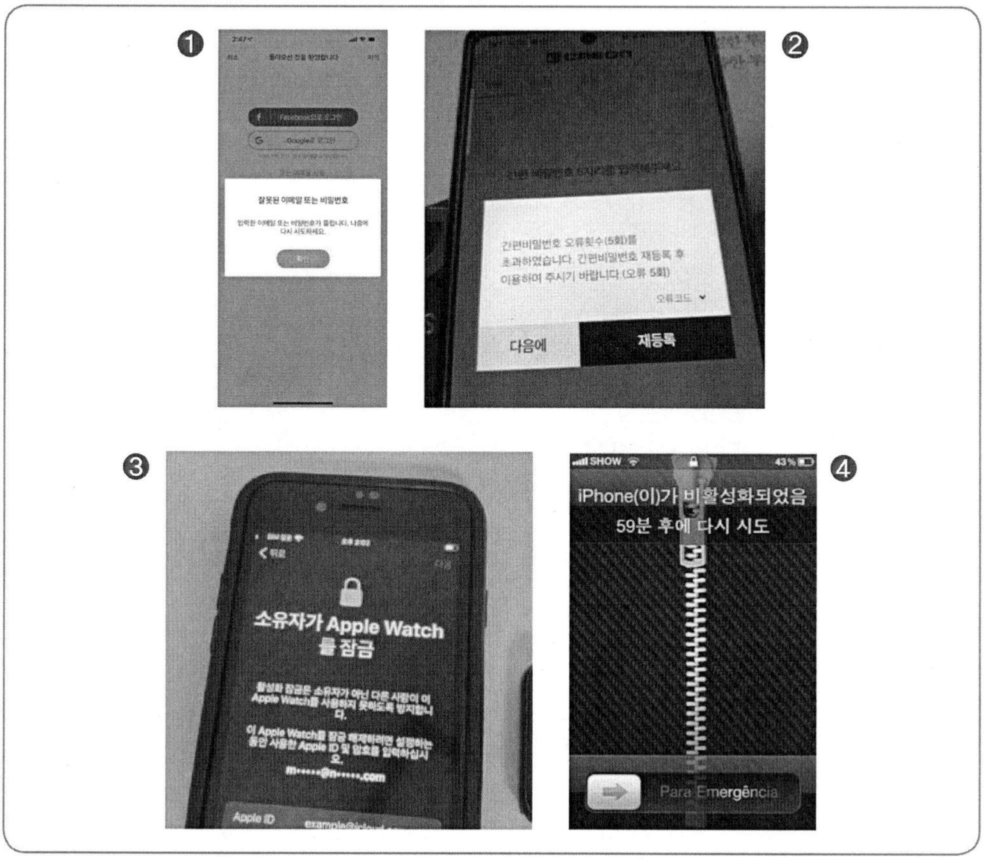

[그림 3-24] 로그인 실패시에 대한 대응 메시지 예시

컴포넌트의 개발 진행시, 고려 및 검토해야 할 사항으로는 다음과 같은 것들이 있을 수 있다.

- 연속적 부정 접근 시도 및 오류 입력에 대한 횟수 제한 기능 및 입력 방지 시간 설정 기능이 구현되는지
- 입력 오류 또는 접근 시도 실패 발생에 따른 제한된 횟수 도달 시, 정해진 시간 동안 또는 인증된 관리자[65]가 해당 문제 해결을 위하여 컴포넌트에 대한 '잠금-해제'할 때까지 접근을 거부하는 기능이 있는지

65) 여기서, '인증된 관리자'라 함은 시스템 또는 내부시설 관리를 위하여 정식적으로 승인되어 등록 관리된 '합법적 권한 부여자'를 의미한다.

- 인증된 관리자를 통하여 사용자 계정에 대한 강제적 잠금 및 해제 기능이 있는지

컴포넌트의 평가 진행을 위하여 함께 검토 및 준비되어야 할 문서는 다음과 같다.
(※ 해당 문서들은 개별 기업별 다른 명칭 및 포함되는 내용 등이 다를 수 있다.)

- 시스템 및 컴포넌트 명세서
- 컴포넌트 사용자 지침서
- (모듈 등의 3자 공급 진행시 공급자로부터 제공되는) 제품 사용 지침서 또는 메뉴얼
- 시스템 관리 지침서
- 보안 정책서 또는 보안 절차서

CR 1.12 시스템 사용 알림

'CR 1.12 시스템 사용 알림'은 컴포넌트에 대한 사용자 접근에 대한 알림 메시지 기능에 대한 평가 허용 기준에 대한 설명이다.

해당 컴포넌트에 대한 접근이 유효한 것인지 또는 잘못된 컴포넌트에 대하여 접근을 시도하는 것인지 등에 대한 알림을 사용자에게 제공하는 것이 필요하며, 만일, 잘못된 장치에 대한 시도를 할 수 있으므로 잘못된 사용자의 실수로 인한 접근을 미연에 방지하고자 하는 목적이 있다.

허용 기준으로는,

- 컴포넌트 접근 승인을 위하여 계정 사용자에게 인터페이스의 인증 진행 이전에 인증과 관련된 경고 또는 알림 메시지 등을 사전에 제공하여 인증에 대한 안내를 공지하여야 한다. 이러한 경고의 부재는 사용자의 잘못된 접근 시도를 유발할 수 있으며, 이를 통하여 사용자의 부정 접근으로 인한 접근 시도 실패 등의 연속적인 문제가 따라 발생하게 된다.

- 또한, 컴포넌트에 대한 사용자 접근 및 인증에 관련되어 공지되는 메시지는 인증된 사용자에 의하여 변경, 수정 등을 할 수 있는 기능이 있어야 한다. 컴포넌트의 최초 설치 또는 구축시에 최초 정의된 메시지 등이 환경의 변화 또는 기타 내부적 목적에 따라 메시지에 대한 수정과 변경이 가능하여야 하며, 이는 승인된 관리자를 통하여 통제 및 관리될 수 있어야 한다.

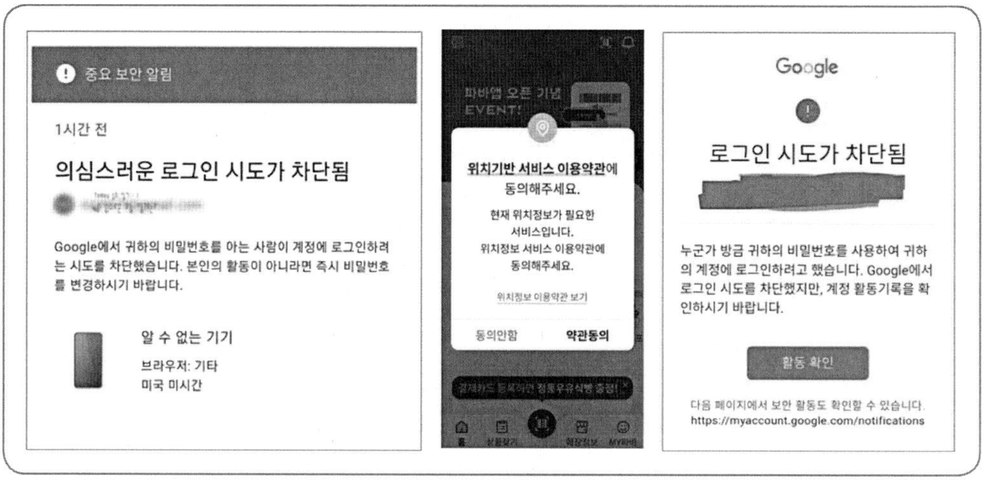

[그림 3-25] 시스템 사용 알림 메시지 예시

[그림 3-25]는 사용자 접근 및 로그인 시에 기기가 나타내어 주는 경고 또는 사용 관련 메시지의 사례를 보여주고 있다.

일반적으로 사용자의 접근이 허용되지 않는 장치 또는 비정상 사용자 접근에 대한 경고 등의 메시지를 제공함으로써 사용자의 단순 실수 또는 오류를 방지하고 관련 문제 발생의 소지를 최소화를 위한 방법으로 사용되고 있다. 또한, 이러한 메시지의 사용은 불필요한 보안 접근 경고, 사용자의 잘못된 기기 접근 및 기타 보안에 대한 위협을 최소화시키는 방법이기도 하다.

컴포넌트의 개발 진행시, 고려 및 검토해야 할 사항으로는 다음과 같은 것들이 있을 수 있다.

- 컴포넌트가 로컬 인간 사용자 접근 및 HMI(Human-Machine Interface) 지원 기능 등이 구현되는지
- 인간 사용자의 접근 인증 진행전, 시스템의 접근 및 사용 알림 등의 메시지 보여주는 기능이 구현되는지
- 알림 메시지가 인가된 관리자에 의하여 설정, 변경, 수정 등이 가능한지

컴포넌트의 평가 진행을 위하여 함께 검토 및 준비되어야 할 문서는 다음과 같다.
(※ 해당 문서들은 개별 기업별 다른 명칭 및 포함되는 내용 등이 다를 수 있다.)

- 시스템 및 컴포넌트 명세서
- 컴포넌트 사용자 지침서
- (모듈 등의 3자 공급 진행시 공급자로부터 제공되는) 제품 사용 지침서 또는 메뉴얼
- 시스템 관리 지침서
- 개인정보보호 정책서 또는 절차서
- 보안 정책서 또는 보안 절차서

CR 1.13 신뢰할 수 없는 네트워크 경유 접근

'CR 1.13 신뢰할 수 없는 네트워크 경유 접근'은 네트워크 컴포넌트 요구사항(NDR)에 해당하는 사항으로, 제어 시스템 시설 내부에서 서로 다른 영역 (Zone) 사이에 해당 컴포넌트가 네트워크로 연결되어 사용되는 것에 대한 보안 제품 사용 및 접근 규정 등이 허용하는 경우에 해당하며, 이때 해당 컴포넌트에 대하여 신뢰할 수 없는 네트워크에 대한 접속에 관련된 평가 허용 및 불허 기준에 대하여 설명한다. 여기서 '신뢰할 수 없는 네트워크'라 함은 보안 규정, 절차 등의 내/외부 기준 또는 내부적 통제 및 관리를 받지 못하는 일반적인 모든 네트워크를 통칭한다.

허용 기준으로는;

- 제어 시스템 및 관련 제조 시설 내부에서 사용되는 컴포넌트가 일반적으로 사용하는 전화 회선(예: 휴대폰 등), 사무실 내에서 사용하는 일반적인 내부 네트워크(예: 유/무선 인터넷 등) 또는 외부로부터의 공공 통신용 유/무선 접근 등과 같이 해당 네트워크의 통제 관리 및 보안성에 대한 확신을 할 수 없거나 안정성에 대하여 신뢰할 수 없는 네트워크에 연결이 시도되는 경우이며, 해당 컴포넌트에 대한 네트워크의 접근 시도를 모니터링하고 통제 및 관리 할 수 있는 기능이 컴포넌트 자체적 또는 외부 전문 시스템 등을 통하여 제공되어야 허용 기준을 만족할 수 있다.

불허의 기준으로는;

- 제어 시스템 및 관련 제조 시설 내부에서 구축되어 사용중인 네트워크 기능이 있는 컴포넌트의 접근 및 접속들에 대하여, 이러한 신뢰할 수 없는 네트워크의 접속 및 접근 상황들에 대한 모니터링 기능 또는 이를 통제 및 관리할 수 없는 경우에 불허된다.
- 또한, 신뢰할 수 없는 유/무선 네트워크가 접근 및 접속에 대한 모니터링 상황에서 누락되어 이를 확인할 수 없거나 모니터링을 수행하는 기능 자체가 없는 경우는 불허한다.

[그림 3-26]은 동일한 제어 시스템 환경 내에 위치한 컴포넌트가 다수의 네트워크에 연결이 가능한 사례를 보여주고 있다.

해당 컴포넌트와 통제 관리 시스템은 상호 신뢰할 수 있는 환경에서의 연결이 되어야 하며, 이는 컴포넌트 또는 통제 관리 시스템 간에 상호 사전 등록[66] 등을 통하여 네

66) 이는 앞에서 설명한 컴포넌트 또는 사용자 등에 대한 'FR-1 식별 및 인증'에서 설명된 계정에 관한 내용 등과 연관되어 정의된다.

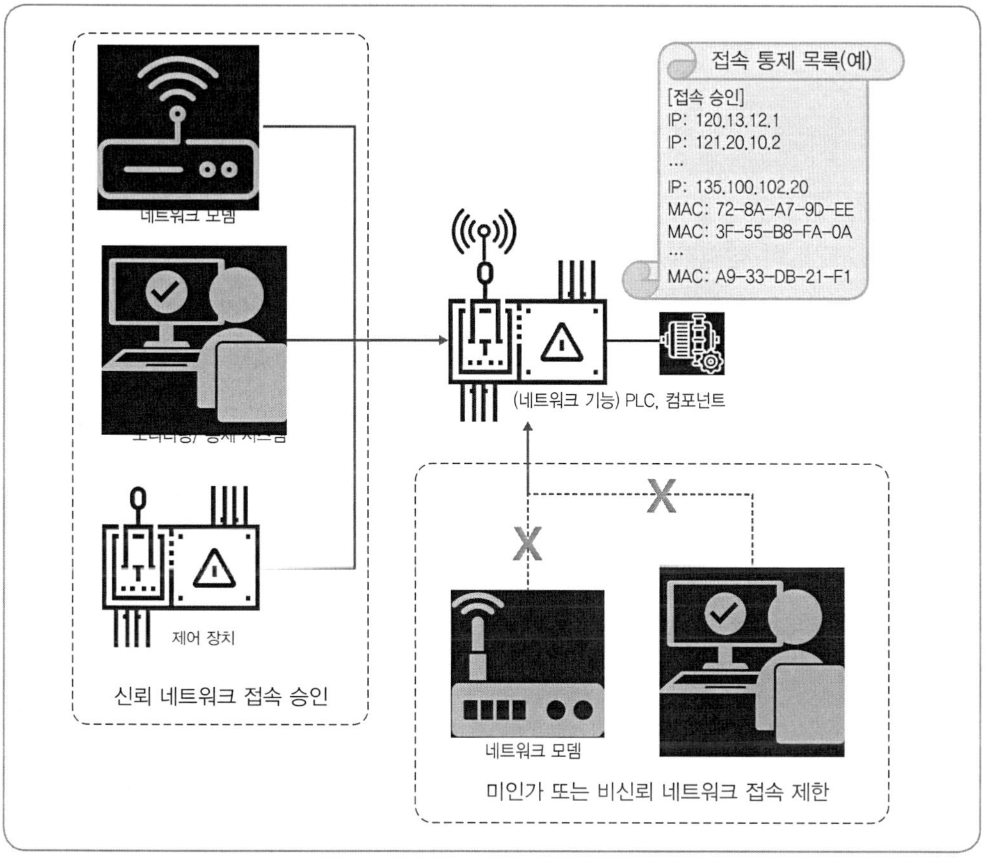

[그림 3-26] 컴포넌트에 대한 인가되지 않거나 신뢰할 수 없는 네트워크 접근 및 제한 예시

트워크의 신뢰를 마련하여야 한다. 만일, 비-인가된 네트워크 또는 신뢰할 수 없는 일반 통신망 등을 이용하여 컴포넌트 또는 통제 관리 시스템의 연결이 시도될 경우, 컴포넌트 및 통제 관리 시스템은 해당 네트워크를 모니터링하고 접속에 대한 통제를 할 수 있는 기능을 가지고 있어야 한다. 이는 통제 관리 시스템 구축시 또는 컴포넌트의 설정시 상호 계정에 대한 식별, 계정 개설과 등록 등을 통하여 진행할 수 있으며, 등록되어 있지 않은 네트워크들에 대하여는 접근 통제하여 접속의 승인을 거절할 수 있도록 구성하여야 한다.

컴포넌트의 개발 진행시, 고려 및 검토해야 할 사항으로는 다음과 같은 것들이 있을 수 있다.

- 미인가 및 비-신뢰 네트워크를 통한 컴포넌트, 연관 장치, 데이터, 사용자 등의 모든 상황에 대하여 모니터링 기능이 구현되어 있는지
- 미인가 및 비-신뢰 네트워크를 통한 컴포넌트, 연관 장치, 데이터, 사용자 등의 모든 상황에 하여 접근통제 기능이 구현되어 있는지

컴포넌트의 평가 진행을 위하여 함께 검토 및 준비되어야 할 문서는 다음과 같다.
(※ 해당 문서들은 개별 기업별 다른 명칭 및 포함되는 내용 등이 다를 수 있다.)

- 시스템 및 컴포넌트 명세서
- 컴포넌트 사용자 지침서
- (모듈 등의 3자 공급 진행시 공급자로부터 제공되는) 제품 사용 지침서 또는 메뉴얼
- 시스템 관리 지침서
- 보안 정책서 또는 보안 절차서

CR 1.14 대칭-키 기반 인증 강도

'CR 1.14 대칭-키 기반 인증 강도'는 보안 수준 SL-1에 해당하지 않는 관계(SL-2~SL-4에 해당)로 내용을 제외한다.

3.2 FR-2 사용 통제

4-1 표준의 FR-2에 해당하는 컴포넌트 보안 요구사항(CR)인 컴포넌트에 대한 사용과 이에 대한 통제에 관련된 허용 및 불허 기준에 대하여 요구사항별로 설명을 진행한다.

CR 2.1 권한 부여

컴포넌트에 대한 사용자(예: 사람, 소프트웨어, 하드웨어 장치, 시스템 등)의 접근 및 접속 등에 대하여 "CCSC 3: 최소 권한"의 원칙에 의해 제시된 책임 부여 기능에 대한 기준이다.

'CR 2.1의 권한 부여'에 대한 평가 허용 기준으로;

- 사용자에 대한 권한 부여 방법은 제어 시스템의 자산 소유자 또는 컴포넌트 개발사 등이 보유하고 있는 최소 권한의 부여 원칙 및 기준에 따라 정의되어야 하며, 개별 책임에 따라 정의되고 부여된 권한을 갖는 '인간 사용자'가 접근 및 접속 가능한 컴포넌트 또는 시스템 등에 구현되어 있는 모든 인터페이스에 대하여 적용되어야 한다. 또한, 컴포넌트 또는 제어 시스템 등에 사용자의 접근 및 승인을 위하여 부여된 최소 권한은 컴포넌트 또는 시스템 등에 대한 사용자 접근 인증을 위한 메커니즘(방법)으로 사용될 수 있어야 한다.

불허 기준으로는;

- 해당 컴포넌트 또는 시스템 등에 이러한 인간 사용자의 접근에 대한 권한 부여 및 승인 메커니즘이 없는 인터페이스가 존재할 경우는 불허한다. 즉, 웹 인터페이스 또는 콘솔 등과 같이 불특정 다수의 사용이 가능하거나 사용자에 대한 확인 불가, 접근 및 사용에 대한 (책임 또는 접근) 권한 승인 등의 기능이 구현되어 있지 않은 경우는 불허된다.

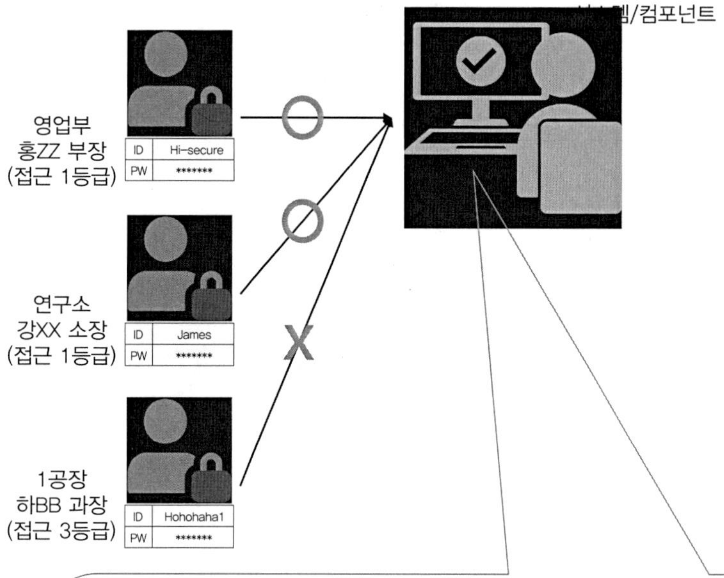

[시스템 1 접근 등록관리]

사용자명	부서	직위	접근 등급	활성화 일자	비활성화 일자	상태	비고
홍XX	영업부	이사	1	2022-1-2		접근 승인	
강XX	연구소	소장	1	2021-2-15	2022-12-31	미 승인	퇴사
이XX	1공장	부장	2	2012-11-1		접근 승인	
박YY	2공장	대리	3	2019-5-2		접근 승인	
하BB	1공장	사원	5	2020-12-7		미 승인	
...	...	...	...	...	...	...	...

[그림 3-27] 컴포넌트에 대한 접근 권한 부여 및 관리 예시

[그림] 3-27은 컴포넌트 및 시스템에 대한 사용자 접근과 이에 대한 권한 및 승인 등에 대한 사례를 간단하게 도식화하여 보여주고 있다.

사용자는 컴포넌트 및 시스템 접근을 위하여 앞서 설명한 몇몇 사례들을 통하여 설명된 것처럼, 정상 사용자에 대한 식별과 인증을 위하여 개별 식별자인 ID의 사용과 개인별 비밀번호 설정을 통한 기본적인 환경을 제공하고 있음을 보여주고 있다. 이는 컴포넌트 자체 또는 외부 인증 시스템 등을 통하여 컴포넌트 접근에 대한 사용자 권한을 부여하고 통제 관리 함으로써, 발생할 수 있는 위협을 최소화하고 비인가 및 미승인 사용자에 대한 접근통제 및 모니터링 등을 제공할 수 있다. 또한, 하단의 표에서 보여주는 것처럼, 제어 시스템을 소유한 기업 등은 내부의 관련 보안 정책 등을 기반으로 컴포넌트 또는 시스템에 대한 권한 및 등급을 지정하고, 사용 및 접속에 대한 등록을 진행하여 사용함으로써 개별 사용자에 대하여 정식적으로 부여된 등급과 승인의 여부를 보여주고 있다. 예를 들어, 소프트웨어 제품 개발 현황 등에 대하여 연구소장이 접근하는 것은 문제가 없으나, 신입사원이 접근하여 개발 진행 상황 등을 볼 수 있다는 것은 내부적으로 문제가 있는 것이라 할 수 있기 때문이다. 이로써 권한이 부여되지 않고 권한이 없는 사용자는 해당 시스템 및 컴포넌트 등에 대한 접근 및 접속은 통제되어야 한다.

컴포넌트의 개발 진행시, 고려 및 검토해야 할 사항으로는 다음과 같은 것들이 있을 수 있다.

- 제어 시스템 소유자 또는 컴포넌트 개발자의 보안 및 관리 정책 문서상에 사용자 또는 관리자 등의 모든 사용자별 책임과 권한이 정의되어 있는지
- 정의된 권한과 책무 등에 따라 사용자에 대한 접근의 통제가 가능한지
- 적합한 권한 소유자에 의하여 요청된 작업이 수행되는지

컴포넌트의 평가 진행을 위하여 함께 검토 및 준비되어야 할 문서는 다음과 같다.
(※ 해당 문서들은 개별 기업별 다른 명칭 및 포함되는 내용 등이 다를 수 있다.)

- 시스템 및 컴포넌트 명세서
- 컴포넌트 사용자 지침서
- (모듈 등의 3자 공급 진행시 공급자로부터 제공되는) 제품 사용 지침서 또는 메뉴얼

- 시스템 관리 지침서
- 보안 정책서 또는 보안 절차서

CR 2.2 무선 사용 통제

'CR 2.2 무선 사용 통제'는 컴포넌트에 대한 무선 네트워크 접속에 관련된 보안 요구사항의 만족 여부를 평가하기 위한 기준을 제시한다.

무선 사용의 통제에 대한 허용 기준으로;

- 컴포넌트 또는 시스템 등에 무선 연결을 통한 다양한 위협적인 활동(예: 미인가 접속, 해킹 등)이 발생할 수 있으므로, 이러한 위협의 예방을 위하여 '유선만을 접속허용' 등과 같은 정책을 마련하여 사용함으로써 무선 사용을 강제적으로 제한할 수 있는 기능이 있어야 한다. 또한, 이러한 무선 연결에 대한 모니터링과 통제를 위한 방법이 동시에 구축되어 사용되거나 제공되어야 한다.

[그림 3-28]은 컴포넌트에 대한 무선 접근 및 사용에 대한 통제와 이를 모니터링을 하기 위하여 NAC(Network Admission Control)과 같은 네트워크 관리 및 모니터링 시스템 등을 사용하여야 한다는 것을 보여주는 사례이며, 자체적 또는 외부적으로 무선

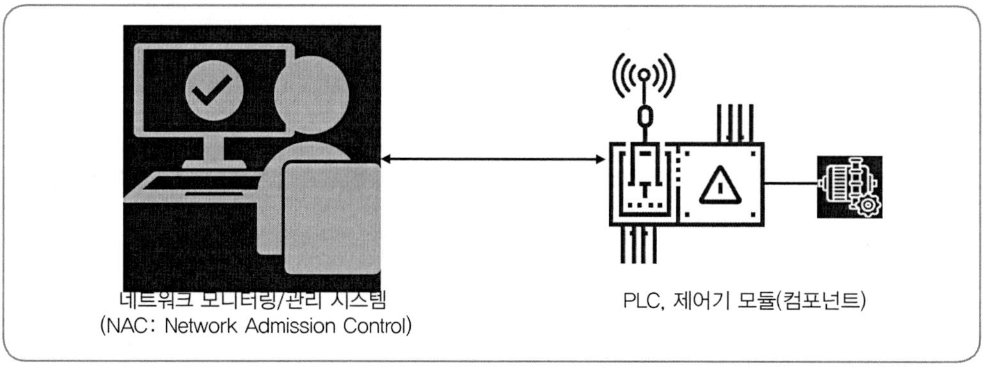

[그림 3-28] 컴포넌트 접근을 위한 무선 사용 및 접근통제 예시

연결에 대한 상황을 파악하고 비인가 접근, 접속, 외부 무선 통신을 통한 접속 시도, 위협 발생 등의 방지를 위하여 필수적으로 필요함을 보여준다.

컴포넌트의 개발 진행시 고려 및 검토해야 할 사항으로는 다음과 같은 것들이 있을 수 있다.

- 컴포넌트의 유/무선 인터페이스 기능 및 구현이 되어 있는지
- 무선 통신 및 인터페이스에 대한 모니터링 및 통제 기능이 구현되어 있는지
- 외부의 별도 전문 네트워크 접근통제 시스템 등과의 연동을 통하여 사용할 수 있는 기능을 구현할 것인지

컴포넌트의 평가 진행을 위하여 함께 검토 및 준비되어야 할 문서는 다음과 같다.
(※ 해당 문서들은 개별 기업별 다른 명칭 및 포함되는 내용 등이 다를 수 있다.)

- 시스템 및 컴포넌트 명세서
- 컴포넌트 사용자 지침서
- (모듈 등의 3자 공급 진행시 공급자로부터 제공되는) 제품 사용 지침서 또는 메뉴얼
- 시스템 관리 지침서
- 보안 정책서 또는 보안 절차서

CR 2.3 휴대용 및 모바일 장치 통제

'CR 2.3 휴대용 및 모바일 장치 통제'는 보안 수준 SL-1에서 SL-4까지 전체적으로 해당하지 않으므로 내용을 제외한다.

CR 2.4 모바일 코드[67)]

'CR 2.4 모바일 코드에 대한 허용 기준은 공통적으로 해당하는 부분과 임베디드 컴포넌트에 해당하는 부분으로 구분되어 정의되며, 공통적으로 해당하는 허용 기준은 컴포넌트 내에서 '모바일 코드'가 실행되는 것을 허용할 경우에만 해당된다.

'CR 2.4 모바일 코드'에 대한 공통 허용 기준으로;

- 컴포넌트에 사용되는 모바일 코드의 사용에 대한 일체 행위(예: 접속, 입력, 출력, 작동 중단 등)은 필수적으로 보안 정책에 정의되어 있어야 하며, 이를 따라야 한다.
- 또한, 필요시 정의된 보안 정책 기반에 강제적으로 모바일 코드의 실행에 대한 통제를 할 수 있는 기능을 가지고 있어야 하며, 실행을 통제할 수 있는 기능을 제공하여야 한다.
- 컴포넌트에 대하여 모바일 코드를 입력 또는 출력하는 행위는 정의된 보안 정책에 따라 사전에 승인된 사용자를 통해서만 가능하도록 하여야 한다. 미승인 사용자 또는 미승인 기타 장치(예: 네트워크, 콘솔, 시스템 등)으로부터 출처 등이 불확실한 모바일 코드의 유입 또는 내부에 사용되는 모바일 코드의 외부로의 출력 등에 대하여 미리 보안 정책을 수립하고 이의 통제를 따라 진행할 수 있도록 하여야 한다.

임베디드 컴포넌트의 경우, 설명된 공통 허용 기준과 더불어 추가적인 허용 기준이 존재하며, 이들을 동시에 만족하여야 한다.

- 모바일 코드는 사전에 정의된 해당 임베디드 컴포넌트에만 업로드되어야 하며, 그 외의 정의되지 않은 컴포넌트에 업로드되어서는 안 된다. 또한, 임베디드 컴포넌트에 업로드된 모바일 코드는 실행 전 필수적으로 무결성 점검이 수

67) 모바일 코드(Mobile Code): 수신자가 명시적으로 설치하지 않아도 실행되는 자산들 사이에 전송되는 프로그램(예: JAVA Script, JAVA Applets, Active X, Flash 애니메이션, Shockwave 등)

행되어야 하며, 모바일 코드의 출처를 확인하기 위하여 해당 코드의 진본성에 대한 점검 또한 진행되어야 한다.

[그림 3-29]는 모바일 코드의 사용과 통제를 도식화한 내용으로 전반적인 모바일 코드 사용에 대한 허용 기준을 설명하고 있다.

일반적으로 운영 및 통제 시스템 또는 HMI 등과 같은 장치들을 통하여 컴포넌트 상에 모바일 코드를 업로드 할 수 있으며, 운영 및 통제 시스템은 업로드된 모바일 코드가 컴포넌트 상에서 실행이 안되는 경우가 있을 수 있으므로, 사용자가 업로드하는 모바일 코드 등에 대하여 해당 모바일 코드의 정상적 실행 여부를 확인할 수 있어야 하다. 또한, 업로드된 모바일 코드가 정상적으로 업로드 되었는 지에 대한 확인과 해당 모바일 코드의 위변조 유무(무결성)를 확인할 필요가 있다. 이는 사용자가 불손한

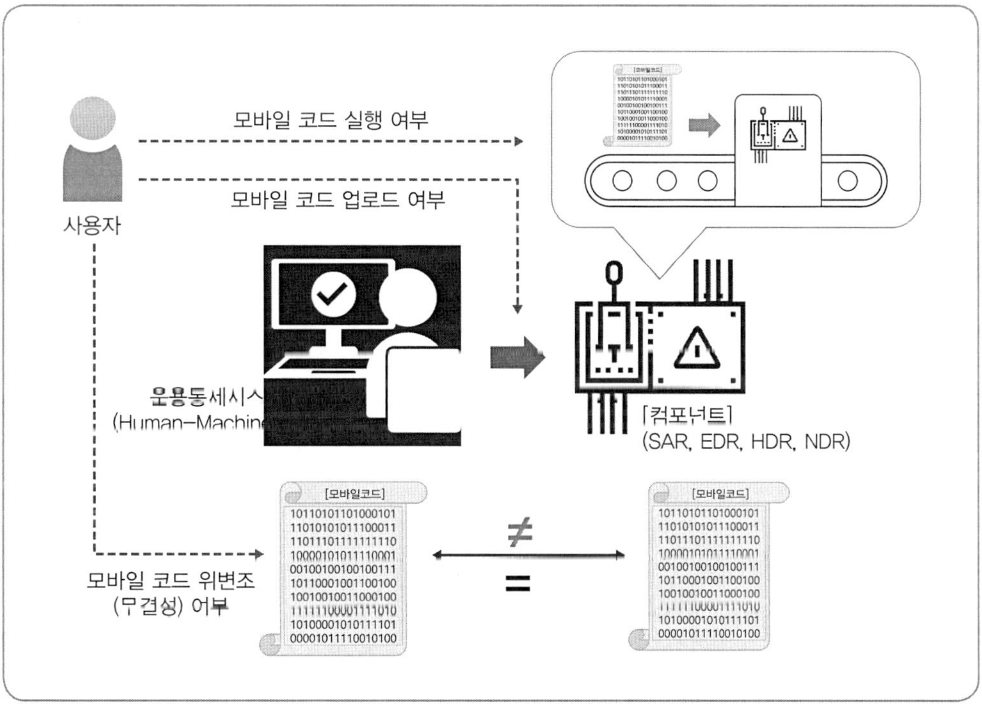

[그림 3-29] 컴포넌트 상에서의 모바일 코드의 사용 및 통제 예시

의도를 가지고 위조 또는 변조된 모바일 코드를 업로드 할 수 있기 때문이며, 또는 코드 자체의 오염 등으로 인하여 컴포넌트 상에 실행이 불가능한 경우가 발생할 수 있기 때문이다. 그러므로, 이에 따른 컴포넌트의 자원(리소스)의 불필요한 낭비, 동작 및 기능의 오류 발생 등의 소지를 미연에 예방하기 위하여 모바일 코드에 대한 전반적인 확인이 필요하다.

컴포넌트의 개발 진행시, 고려 및 검토해야 할 사항으로는 다음과 같은 것들이 있을 수 있다.

- 제어 시스템 또는 컴포넌트의 운영 및 관리를 위한 보안 정책에 컴포넌트 상에서의 모바일 코드 실행 및 전반적인 통제 관리 등에 대한 내용이 포함되어 있는지 여부를 검토하여야 한다. 모바일 코드 사용, 관리, 등에 대한 절차 또는 정책 등의 부재시, 이를 해결하기 위하여 컴포넌트 상에 관련 기능의 구현 유무에 대한 검토가 필요하다.
- 필요시 컴포넌트 상에서 실행되는 모바일 코드를 통제할 수 있어야 하며, 이러한 기능이 자체적 또는 시스템적으로 구현되어 있는지
- 허가된 사용자만 어떠한 특정 애플리케이션'으로' 또는 애플리케이션'으로부터' 모바일 코드를 전송하도록 통제할 수 있는 기능의 구현 유무
- 컴포넌트 상에서 모바일 코드의 실행 전, 모바일 코드에 대한 무결성을 점검하는 기능의 구현 유무

컴포넌트의 평가 진행을 위하여 함께 검토 및 준비되어야 할 문서는 다음과 같다.
(※ 해당 문서들은 개별 기업별 다른 명칭 및 포함되는 내용 등이 다를 수 있다.)

- 시스템 및 컴포넌트 명세서
- 컴포넌트 사용자 지침서
- (모듈 등의 3자 공급 진행시 공급자로부터 제공되는) 제품 사용 지침서 또는 메뉴얼

- 시스템 관리 지침서
- 보안 정책서 또는 보안 절차서
- (임베디드 장치의 경우) 임베디드 장치 테스트 보고서
- (임베디드 장치의 경우) 임베디드 장치 보안 평가/감사 보고서

CR 2.5 세션 잠금

'CR 2.5 세션 잠금'은 컴포넌트 사용에 있어서 로그인 등의 접속 이후, 일정 시간 사용이 없을 경우의 보안 상황을 위한 항목을 다루고 있다.

컴포넌트의 '세션 잠금'에 대한 허용 기준은;

- 컴포넌트가 내부의 직접 연결 또는 네트워크를 통하여 HMI에 접속하는 경우에 대한 상황을 기반으로 정의된다.
- 우선적으로 컴포넌트에 대하여 오프라인으로 직접 사용자의 승인된 접근이 진행되어 계정이 오픈된 또는 네트워크를 통하여 세션이 체결된 상황인 경우, 일정 시간 동안 사용 및 동작이 없으면, 해당 접속(세션)에 대하여 '잠금(Lock)'을 진행할 수 있는 기능이 있어야 한다. 즉, 컴포넌트에 대한 접근 및 수정 가능한 시간 이후, 세션 잠금이 실행되어 접속할 수 없어야 한다.
- 또한, 세션에 대한 잠금 상태에 대하여 이를 명시할 수 있는 기능이 선택사항으로 제공되어야 한다. 이는 컴포넌트 또는 HMI 상의 화면 또는 디스플레이[68] 상에 세션이 현재 잠겨 있음을 알려주는 기능을 선택적으로 제공하여야 하며, 이 기능은 관리자 또는 컴포넌트 등의 사용 환경에 따라 필요시 활성화하여 사용 또는 비활성화할 수 있어야 한다.
- 앞에서 정의된 것처럼 컴포넌트는 승인된 사용자 접속 또는 네트워크 접속 이후, 사용자 등에 의하여 수동으로 '세션 잠금(Session Lock)'을 할 수 있는 기능

68) 사용자 로그인 등의 실행을 위한 ID 및 비밀번호 입력시 사용되는 화면 등

이 제공되어야 한다.

- 컴포넌트는 제공되는 합법적인 접근 및 인증 절차를 통하여 진행되는 접근에 대하여만 세션 허용 및 승인해야 한다. 미승인 사용자 또는 장비를 통한 접속 및 시도, 지속적인 식별 오류 발생, 비정상 접근 시도, 비-신뢰 네트워크 등을 통한 접속 시도 등의 다양한 미확인 접근 시도는 모니터링되고 통제되어야 한다.
- 제어 시스템의 운영체계 또는 상위의 통제 관리 시스템 등 같은 기반 인프라에 의하여 직접적으로 요청된 세션 잠금에 대한 요청은 필수적으로 준수되고 따라야 한다. 즉, 현장의 로컬 사용 환경상에서 오픈된 세션 또는 컴포넌트 등에 대한 접속 승인이 되어 있는 경우라 할지라도, 상위의 시스템에서 강제적 요청에 의한 세션의 잠금이 요청될 경우는 무조건적으로 세션 잠금이 실행되어야 한다.

[그림 3-30]은 이해의 편리성을 위하여 일반적인 컴퓨터 윈도우 환경에서의 세션 잠금 화면의 사례를 보여준다.

컴퓨터 작동과 윈도우에 대한 사용자 로그인 이후, 사용자가 잠시 자리를 비울 경우, 또는 (사용자가 윈도우상에 미리 정의한) 일정 시간 이후에는 윈도우 화면은 컴퓨터를 사용할 수 없도록 잠시 화면은 잠기게 되어, 작업의 내용을 보거나 이를 수정하기

[그림 3-30] 시스템 미사용시 컴포넌트에 대한 접근 세션의 잠금 예시

위한 다른 사용자의 접근을 방지할 수 있다. 또한 사용자는 이러한 세션 잠금을 비활성화하기 위하여 사전 정의된 또는 등록된 인증 정보(예: ID 및 비밀번호)를 사용하여 잠겨 있는 세션을 비활성화할 수 있다. 이러한 컴포넌트 또는 시스템 등에 대한 세션 잠금에 대한 정책은 제어 시스템의 규모, 환경, 정책 등에 따라 다양한 방법을 사용할 수 있다.

컴포넌트의 개발 진행시, 고려 및 검토해야 할 사항으로는 다음과 같은 것들이 있을 수 있다.

- 컴포넌트에 대하여 인간 사용자를 위한 인터페이스(예: ID 및 비밀번호 사용 등을 위한)를 제공할 것인지
- 사용자(사람, 소프트웨어 프로세스, 장치 등)에 의한 수동 잠금 기능 또는 세션으로 설정된 특정 시간 이후 자동 잠금 기능의 구현 여부
- 적절한 사용자 식별 및 인증 절차를 사용하여 접근을 재설정(또는 잠금 해제)하기 전까지 세션 잠금의 유지 기능을 구현할 것인지

컴포넌트의 평가 진행을 위하여 함께 검토 및 준비되어야 할 문서는 다음과 같다.
(※ 해당 문서들은 개별 기업별 다른 명칭 및 포함되는 내용 등이 다를 수 있다.)

- 시스템 및 컴포넌트 명세서
- 컴포넌트 사용자 지침서
- (모듈 등의 3사 공급 진행시 공급사로부터 제공되는) 제품 사용 지침서 또는 메뉴얼
- 시스템 관리 지침서
- 보안 정책서 또는 보안 절차서

CR 2.6 원격 세션 종료

'CR 2.6 원격 세션 종료'는 보안 수준 SL-1에 해당하지 않는 관계(SL-2~SL-4에 해당)

로 내용을 제외한다.

CR 2.7 동시 세션 제어

'CR 2.7 동시 세션 제어'는 보안 수준 SL-1에 해당하지 않는 관계(SL-2~SL-4에 해당)로 내용을 제외한다.

CR 2.8 감사 이벤트

'CR 2.8 감사 이벤트'에 대한 항목은 '감사(Audit)' 진행에 대한 내용을 포함하며, 관련된 감사에 필요한 항목 및 기록 등에 대한 평가의 기준을 설명하고 있다.

4-2 표준의 컴포넌트 보안 요구사항 'CR 2.8 감사 이벤트'에서는 컴포넌트의 보안에 관한 감사 진행을 위하여 감사 기록을 생성하는 기능 및 기록에 포함되어야 할 항목을 제시하고 있으며, '허용' 기준은 아래와 같은 6종에 대한 기록이 저장 및 관리되어 추후 감사 진행에 사용될 수 있도록 하여야 한다.

- 컴포넌트에 대한 사용(예: 사람, 소프트웨어 애플리케이션, 네트워크 등을 통한 장치 등)의 접속 등에 대한 통제 관련 기록
- 컴포넌트의 잘못 설정 등과 같은 상태에서 발생한 오류 발생의 기록
- 컴포넌트가 설치 또는 구축되어 있는 제어 시스템상에서 발생하는 이벤트(예: 오류 발생, 비정상 동작 등)에 대한 기록
- 오류 또는 사고 발생 등과 같은 상황의 발생에 따른 컴포넌트의 정보 등에 대한 백업 및 복구 기록
- 컴포넌트에 대한 구성 또는 설정 변경 사항 발생시의 기록
- 컴포넌트에 대한 사용자 접근에 관련된 로그 기록

또한, 위에서 정의한 6종의 감사 기록들에는 다음과 같은 6종의 정보가 필수적으로 포함되어 있어야 한다.

- 이벤트 발생에 대한 시점을 기록하는 타임 스탬프가 포함되어 있어야 한다.
- 해당 상황에 대한 컴포넌트의 식별자 등과 같은 이벤트 소스 (예: ID011),
- 컴포넌트 또는 제어 시스템에 대한 보안 정책(서)에서 정의된 이벤트의 카테고리 (예: 백업, 정전 등)
- 컴포넌트 또는 제어 시스템에 대한 보안 정책(서)에서 정의된 발생 이벤트의 유형 또는 형태 (예: 동작 오류, 비활성화, 설정 변경 등)
- 이벤트 발생에 따른 식별 진행 및 관리를 위한 이벤트 ID(예: 오류001, 전원001 등)
- 이벤트 발생에 따른 결과 상황에 대한 정보(예: 컴포넌트 오동작, 작동 중단 등)

[그림 3-31]은 제어 시스템에 대한 감사 진행을 위하여 필요한 '감사 기록'에 대한 사항을 보여주고 있다.

제어 시스템의 운영 및 관리에 있어서 다양한 기록들이 발생하며, 이들은 컴포넌트의 내부 또는 별도의 통제·관리 시스템 등을 통하여 기록되어 저장되고 있으며, 또한 관리되고 있다. 이러한 기록들이 통제되거나 관리되지 못할 경우, 사고의 발생에 따른 제어 시스템의 사고원인에 대한 추적, 시점, 범위 등에 대한 정의를 할 수 없으며, 추후 다시 유사 사고의 발생에 대하여 대처할 수 있는 방법이 부재하게 된다. 이러한, 이유에 제어 시스템 또는 컴포넌트 등에서의 이벤트 발생에 관련한 필수적인 기록이 필요하며, 저장되고 또한 관리되어야 한다.

제어 시스템 또는 컴포넌트에 대한 사용자의 접속 기록(예: 로그인)은 컴포넌트 등에 대한 설정의 오류 발생시, 누가 접속하여 설정을 변경하였는지 등을 확인하기 위한 필수적 사항이라 할 수 있다. 또한, 컴포넌트 상에 잘못 설정된 또는 정의된 애플리케이션 등을 통하여 발생된 동작 오류 등이 발생할 경우, 이 발생 상황에 대한 이벤트의 기록 저장이 필요하다. 이는 추후 소프트웨어 애플리케이션 오류 등의 문제인지를 밝

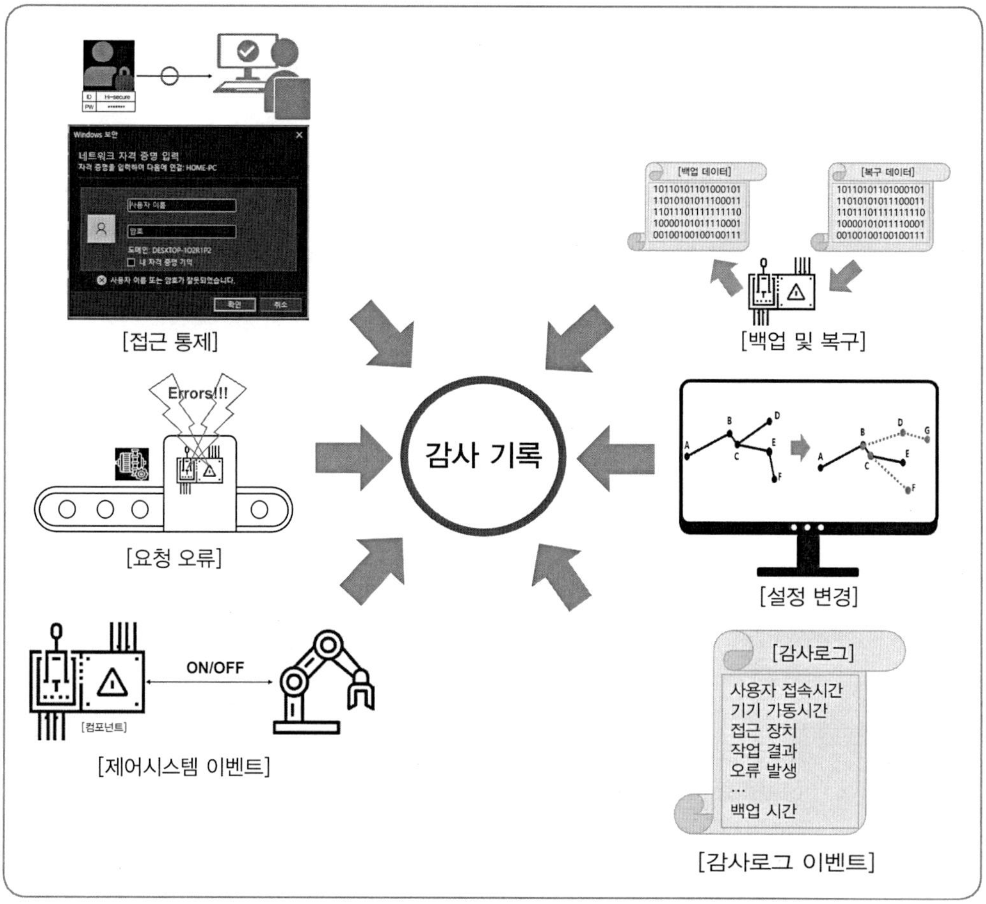

[그림 3-31] 제어 시스템 및 컴포넌트의 감사 이벤트 항목 및 기록 예시

히는 자료로 활용될 수 있으며, 프로그램 또는 설정값 등의 버그(Bug) 등일 경우 수정 등을 위한 자료로 활용될 수도 있기 때문이다.

컴포넌트가 연결되어 사용되는 제어 시스템상의 이벤트에 대한 기록은 단순한 컴포넌트의 오류 또는 문제 발생인지, 또는 전체 제어 시스템을 구성하는 타 컴포넌트 등과의 연계적인 상황에서 발생하는 문제 등인지를 확인하고 구별할 수 있는 정보가 될 수 있으므로 기록되고 관리되어야 한다.

제어 시스템 또는 컴포넌트의 안정적 사용 및 관리를 위하여 주기적인 데이터 등의 백업은 필수적으로 요구되고 있으며, 사고 등의 발생에 따라 컴포넌트의 파손으로 인하여 내부 동작 데이터 등의 손실이 발생할 수 있다. 이 경우, 백업된 데이터는 새로운 컴포넌트에 다시 주입되어 기존의 파손된 컴포넌트의 동작을 복구할 수 있다. 그러므로, 빠른 위기 대응과 안정적 제어 시스템의 동작을 위하여 데이터 등의 백업 및 복구 등에 대한 기록이 저장되어 관리되고 있어야 한다.

현장에서 사용되는 컴포넌트의 사용자는 다수가 될 수 있으며, 이들은 필요에 따라 컴포넌트에 접속하여 각종 동작의 변경 등을 위한 설정의 변경을 진행할 수 있다. 이러한 설정의 변경에 따라 컴포넌트는 지정된 동작을 진행하나, 문제의 발생시 해당 설정의 변경에 대한 확인 이 필요하게 되므로, 이러한 설정의 변경자 및 변경 내용 등에 대한 기록은 유지관리 되어야 한다.

'감사 기록' 또는 '감사 로그'는 이벤트 발생에 대한 증적 또는 증빙 확보와 상황의 파악 및 확인을 위한 '시점적 기록(Time Record)'라 할 수 있으며, 이는 이벤트 발생의 현장 상황의 분석을 통한 개선, 재발 방지, 책임 소재, 피해 등의 범위를 파악하는데 필요한 필수적 요소라고 할 수 있다. 이러한 이유에 감사 기록은 이벤트의 발생 시간(예: 2023-02-14/18:15;00)에 대한 정확한 기록이 요구되며, 이벤트 발생 장치 또는 컴포넌트 등에 대한 기록도 포함되어야 한다. 또한, 어떠한 카테고리의 이벤트가 발생한 것인지, 이벤트의 유형은 무었인지, 이벤트를 기록 저장하기 위한 이벤트에 부여된 ID, 그리고 이벤트에 따른 결과 상황 등이 기록되고 저장되어 관리되어야 한다.

이러한, '감사 기록'에 관련된 사항 및 기록 등은 어떠한 경우에도 사용자 또는 관리자 등에 의하여 수정되거나 변경될 수 없도록 하는 것이 중요하며, 이러한 정보의 수정, 변경, 훼손은 제어 시스템상에서 발생하는 이벤트에 대한 문제 해결을 방해하는 결과를 초래하게 된다.

컴포넌트의 개발 진행시, 고려 및 검토해야 할 사항으로는 다음과 같은 것들이 있을 수 있다.

- 접근통제, 요청 오류, 제어 시스템 이벤트, 백업 및 복구 이벤트, 구성 변경, 감사 로그 이벤트 등과 같은 항목들에 대하여 기록 및 저장이 되어 관리되는지
- 타임 스탬프, 소스, 카테고리, 유형, 이벤트 ID, 이벤트 결과 등과 같은 정보들이 감사 기록에 포함되어 있는지

컴포넌트의 평가 진행을 위하여 함께 검토 및 준비되어야 할 문서는 다음과 같다.
(※ 해당 문서들은 개별 기업별 다른 명칭 및 포함되는 내용 등이 다를 수 있다.)

- 시스템 및 컴포넌트 명세서
- 컴포넌트 사용자 지침서
- (모듈 등의 3자 공급 진행시 공급자로부터 제공되는) 제품 사용 지침서 또는 메뉴얼
- 시스템 관리 지침서
- 보안 정책서 또는 보안 절차서
- 감사보고서

CR 2.9 감사 저장 용량

'CR 2.9 감사 저장 용량'은 컴포넌트가 제공하여야 할 감사 기록을 저장할 수 있는 기능 및 용량이 제공되는지에 대한 '허용' 및 '불허'에 대한 기준을 설명하고 있다.

허용 기준으로는;

- 컴포넌트는 감사 활동에 필요한 각종 필수적 동작 및 기능, 상태 등의 정보를 기록하고 관리할 수 있어야 하며, 감사 기록을 저장할 수 있는 영역을 할당하여 기록이 저장되고 관리될 수 있도록 하는 기능이 있어야 한다. 필요시 CR 2.8에서 설명한 해당 기록의 저장은 별도의 외부 전문 시스템 등과의 연동을 통하여

외부 기록장치 등에 저장 및 관리 될 수 있으며, 이 경우 시스템 및 프로세스 등에 대한 내용은 관련 문서에 기술되고 관리 되어야 한다.

불허 기준으로;

- 컴포넌트가 제공하는 감사 기록에 대한 저장 용량이 한계 용량에 도달하거나 초과하여 더 이상의 감사 기록이 저장되지 못할 경우는 감사 기능의 실패로 판정하여 '불허'하게 된다.

[그림 3-32]는 컴포넌트에서의 감사 기록 저장을 위한 저장소의 설정과 한계 용량 초과에 따른 문제 발생을 설명하고 있다.

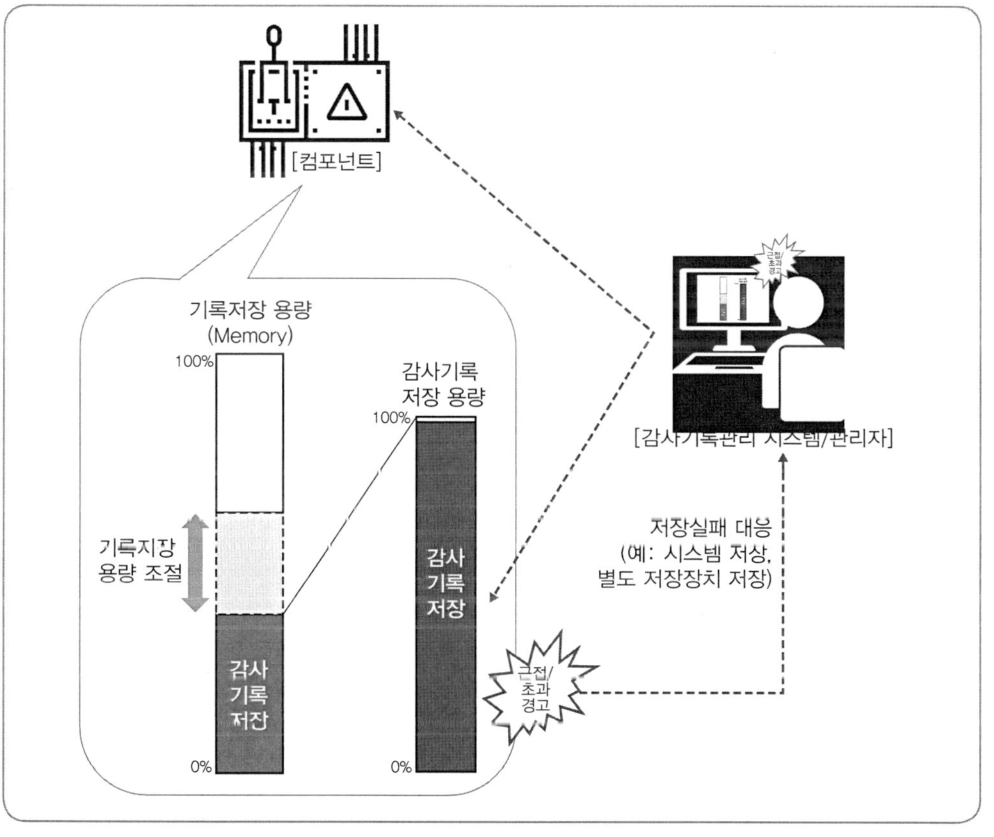

[그림 3-32] 컴포넌트의 감사 기록 저장 용량 예시

일반적으로 컴포넌트는 정의된 동작과 작동을 주-목적으로 하고 있으며, 이를 위하여 불필요한 설정 등의 사용은 최소 기능으로 정의하며 사용되고 있다. 컴포넌트의 입장에서 감사 기록의 저장과 관리 등은 기능에 대한 부가적인 목적으로 볼 수 있으므로, 자체 저장소의 활용은 최소화하여 정의하는 것이 맞다고 판단된다.

그러나, 표준에서는 보안 감사 기록의 저장을 위하여 컴포넌트는 요구되는 감사 항목에 대한 충분한 기록의 저장을 위한 저장소의 저장 용량을 요구하고 있으며, 이에 대한 대응을 할 수 있도록 설계되어 제작되고 설정되어야 한다. 사전에 정의된 제어 시스템의 보안 정책에 의하여 요구되는 감사 기록은 충분히 저장되어 관리 될 수 있는 용량이 제공되어야 한다. 만일, 내부적으로 정의한 저장소 용량의 한계로 인하여 기록의 저장이 불가능한 경우는 문제가 될 수 있으므로, 외부의 별도 감사 기록 저장 또는 감사 시스템과의 연동을 통하여 지속적인 기록을 할 있도록 개발되어야 한다.

컴포넌트의 개발 진행시, 고려 및 검토해야 할 사항으로는 다음과 같은 것들이 있을 수 있다.

- 컴포넌트에 감사 기록의 저장을 위한 저장 용량의 할당 기능이 있는지
- 할당된 기록 저장 용량에 대한 한계 또는 초과하여 더 이상의 기록의 저장이 불가능한 경우의 대응 기능이 있는지
- 기록 저장을 위하여 외부에 별도 시스템 또는 메커니즘과의 연동을 통하여 지속적인 기록을 할 수 있는지

컴포넌트의 평가 진행을 위하여 함께 검토 및 준비되어야 할 문서는 다음과 같다.
(※ 해당 문서들은 개별 기업별 다른 명칭 및 포함되는 내용 등이 다를 수 있다.)

- 시스템 및 컴포넌트 명세서
- 컴포넌트 사용자 지침서

- (모듈 등의 3자 공급 진행시 공급자로부터 제공되는) 제품 사용 지침서 또는 메뉴얼
- 시스템 관리 지침서
- 보안 정책서 또는 보안 절차서
- 감사보고서

CR 2.10 감사 처리 실패 대응

'CR 2.10 감사 처리 실패 대응'은 해당 컴포넌트가 CR 2.9에서 설명한 감사 기록의 저장이 불가하여 감사 처리가 실패한 경우에의 대응에 대한 평가 기준을 설명하고 있다.

컴포넌트의 감사 처리 실패 대응에 대한 허용 기준으로;

- 컴포넌트 또는 시스템은 이에 대한 필수 서비스와 기본 기능에 대한 손실이 발생하지 않도록 대응을 하는 방안을 제공하여야 한다. 해당 컴포넌트의 용량, 처리 수준 등의 부족 또는 관련 이슈 등을 통하여 감사 프로세스가 실패 또는 중단될 경우라도, 컴포넌트의 기본 기능 및 서비스에 대한 문제가 발생하지 않도록 하여야 하며 기본 기능 및 서비스를 정상적으로 수행할 수 있어야 한다.
- 또한, 감사 프로세스의 실패 발생시, 이의 극복을 위하여 적절한 대응 활동을 선택할 수 있도록 준비되어 제공되어야 한다. 내외부적인 요인 또는 원인 등에 의하여 감사 프로세스의 문제가 발생할 경우, 이를 해결하거나 발생하지 않도록 하는 방안을 사전에 강구 및 검토하여 적용하고 최소한의 방안 및 절차 등이 마련되어야 한다. 이는 필요시 문서화(예: 절차 등)하여 빠른 대응을 진행할 수 있도록 하여야 한다.

[그림 3-33]은 감사 처리의 실패 시에 대한 사항을 도식화하여 설명한 내용으로, 앞 절의 'CR 2.9 감사 저장 용량'과 연결된 내용으로 볼 수 있다.

컴포넌트 상에서 제공하는 감사 기록에 대한 저장 용량의 한계점 도달 또는 용량 초과를 통하여, 더 이상의 감사 기록이 저장되지 못하고, 감사 처리의 실패가 발생하는 경우라도, 해당 컴포넌트는 기본적인 동작 또는 서비스가 수행되어야 한다. 외부의 감사 시스템 또는 관리자 등은 이러한 감사 실패의 상황에 대한 원인 및 내용을 파악하고 이에 대한 빠른 대응을 진행하여야 한다. 또한, 컴포넌트는 감사 기록의 저장 한계에 대하여 사전 경고를 발생할 수 있어야 하며, 감사 처리 실패 발생 이전에 관리자 또는 시스템으로부터 대응을 할 수 있도록 하여야 한다.

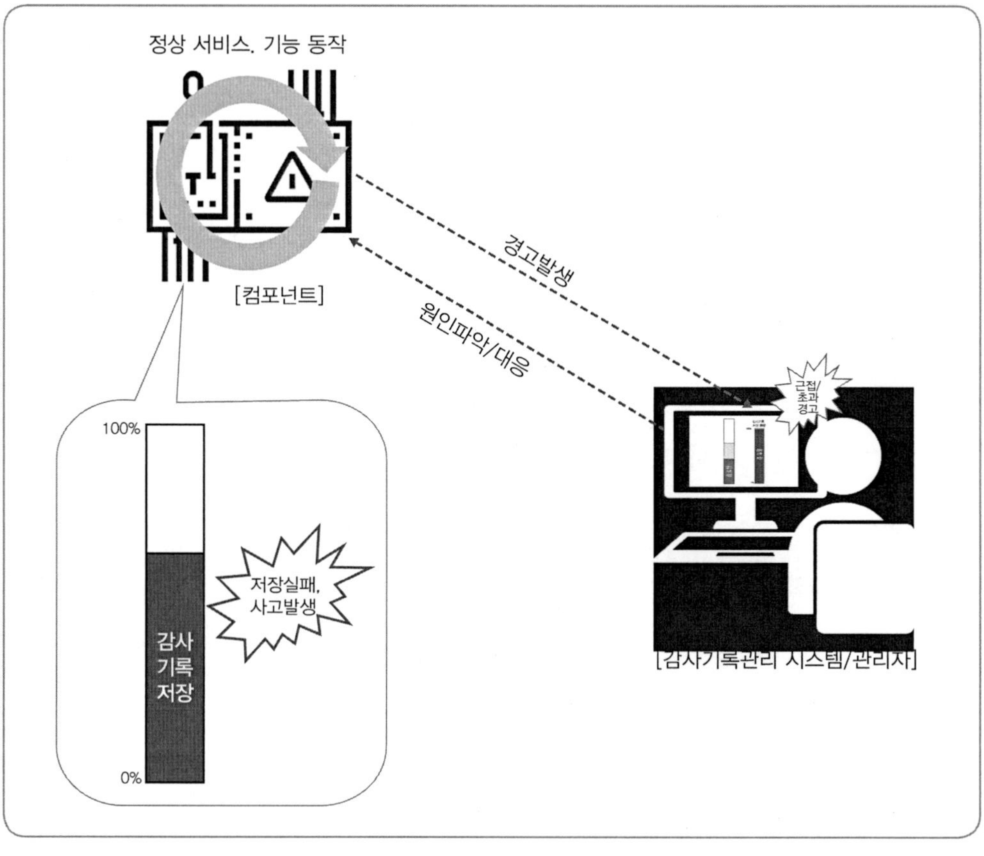

[그림 3-33] 컴포넌트에서의 감사 기록 저장 등의 처리 실패 시의 대응 예시

컴포넌트의 개발 진행시, 고려 및 검토해야 할 사항으로는 다음과 같은 것들이 있을 수 있다.

- 컴포넌트에 감사 처리 실패 발생 시의 대응 기능이 구현되어 있는지
- 일반적으로 산업계에서 사용되는 감사 처리 실패에 대한 대응 방안과 절차 등에 대한 기능이 구현되어 있는지
- 외부의 별도 감사 시스템과의 연동을 통하여 대응이 가능하게 되는지

컴포넌트의 평가 진행을 위하여 함께 검토 및 준비되어야 할 문서는 다음과 같다.
(※ 해당 문서들은 개별 기업별 다른 명칭 및 포함되는 내용 등이 다를 수 있다.)

- 시스템 및 컴포넌트 명세서
- 컴포넌트 사용자 지침서
- (모듈 등의 3자 공급 진행시 공급자로부터 제공되는) 제품 사용 지침서 또는 메뉴얼
- 시스템 관리 지침서
- 보안 정책서 또는 보안 절차서
- 감사보고서

CR 2.11 타임 스탬프

'CR 2.11 타임 스탬프'의 항목은 앞서 'CR 2.8 감사 이벤트'에서 감사 기록에 포함되어야 하는 필수 항목으로 정의되어 있으며, 컴포넌트에서의 이벤트 발생을 증명할 수 있는 필수 항목이다.

허용 기준으로;

- 'CR 2.8 감사 이벤트'에서 명시하는 감사 기록을 저장할 수 있는 컴포넌트 또는 연동되어 사용되는 감사 시스템은 컴포넌트 상에서 발생하는 모든 감사 기록에 대한 타임 스탬프를 생성하여 관리 및 저장할 수 있는 기능 또는 능력을 갖추고

있어야 하며, 모든 기록은 타임 스탬프와 연동되어 기록 및 저장되어야 한다.

- 또한, 해당 컴포넌트로부터 제공되는 타임 스탬프에는 날짜 및 시간이 필수적으로 포함되어 있어야 한다.

[그림 3-34]는 일반적으로 컴퓨터 윈도우 상에서 사용되고 있는 이벤트 발생에 대한 기록의 예를 보여주고 있으며, 이벤트 발생시의 로그 기록에는 기록명(이벤트 ID), 이벤트 발생 날짜 및 시간, 이벤트 기록 저장 파일의 포맷(유형), 파일의 크기 등의 정보가 함께 저장되고 있다. 만일, 이러한 정보가 함께 저장되지 못하는 경우, 이벤트 발생 등의 기록, 작동 등에 대한 기록 등에 대한 조작 및 수정 등이 발생할 수 있으며, 이는

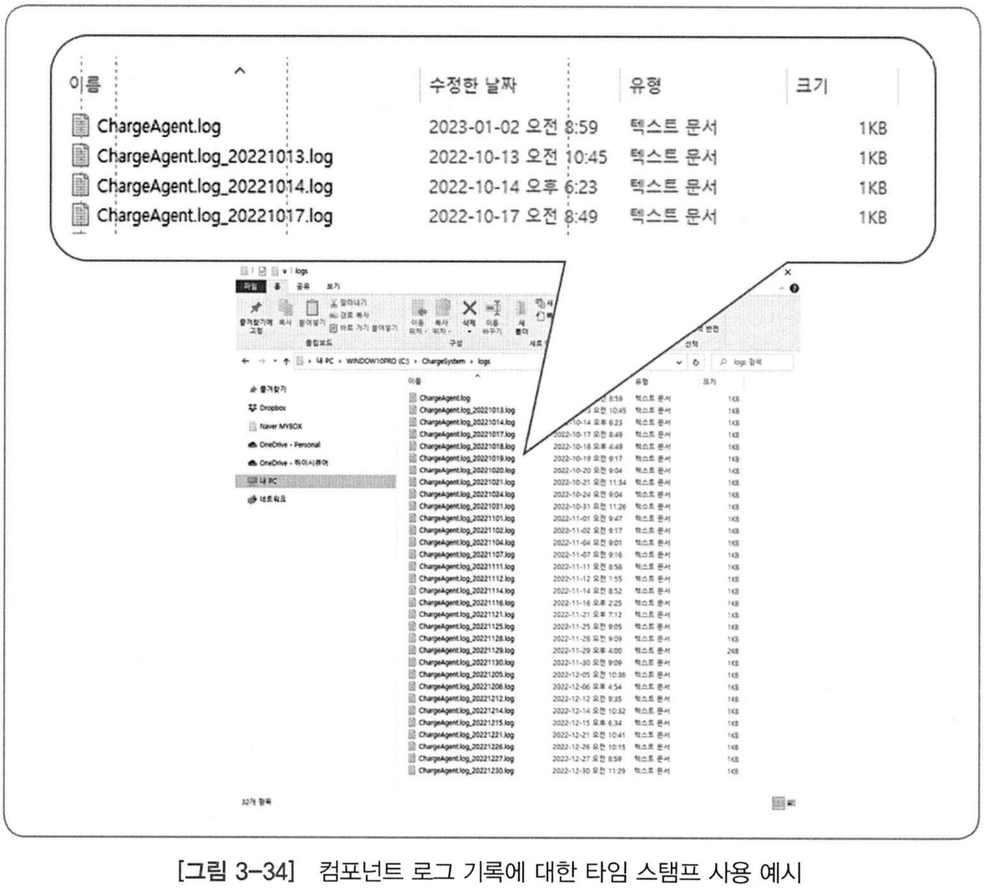

[그림 3-34] 컴포넌트 로그 기록에 대한 타임 스탬프 사용 예시

이벤트 발생에 대한 조사 및 분석 등에 심각한 문제를 초래할 수 있다.

예로써, 차량 등에 설치되어 있는 차량 운행 기록장치가 수정되고 손상되어 사고의 진위를 파악할 수 없는 경우는 해당 차량 사고 등에 대한 정확한 문제의 원인과 시점, 차량의 기계적 결함인지 또는 운전자의 실수 인지 등에 대한 명확한 판단과 분석을 진행할 수 없으며, 이로 인하여 사고의 정확한 원인을 파악할 수 없는 상황에 처하게 된다. 그러므로, 감사 기록에 대한 명확한 저장 관리 및 타임 스탬프 등의 적용을 통하여 이벤트 정보의 수정, 위변조 또는 조작의 방지를 위한 기능은 필수적이라 할 수 있다.

컴포넌트의 개발 진행시, 고려 및 검토해야 할 사항으로는 다음과 같은 것들이 있을 수 있다.

- 컴포넌트에 타임 스탬프의 생성 및 구현을 위한 방법
- 일부 국가들이 사용하고 있는 일광절약시간(서머타임 등)의 시간 이동 발생에 따른 적용 방법

컴포넌트의 평가 진행을 위하여 함께 검토 및 준비되어야 할 문서는 다음과 같다.
(※ 해당 문서들은 개별 기업별 다른 명칭 및 포함되는 내용 등이 다를 수 있다.)

- 시스템 및 컴포넌트 명세서
- 컴포넌트 사용자 지침서
- (모듈 등의 3자 공급 진행시 공급자로부터 제공되는) 제품 사용 지침서 또는 메뉴얼
- 시스템 관리 지침서
- 보안 정책서 또는 보안 절차서
- 감사보고서

CR 2.12 부인방지

'CR 2.12 부인방지'는 컴포넌트에 대한 사용자 접속 또는 특정 행위에 대한 증빙을 위한 기록 또는 기능이라 할 수 있으며, 감사 활동의 진행에 있어서 필수적으로 제공되어야 한다. 또한, 해당 허용 기준 적용의 조건으로 컴포넌트의 사용에 대하여 HMI 사용이 연관되어 있는 경우에 해당한다.

허용 기준으로;

- 컴포넌트에 대하여 사용자(특히 사람)가 수행한 특정한 활동(예: 입력, 승인, 접속 등)에 대한 여부를 판단할 수 있는 기능 및 증빙을 제공하여야 한다. 만일, 컴포넌트 또는 감사 시스템 등을 통하여 이러한 특정 행위 또는 활동 등에 대하여 판단 할 수 없거나 입증할 수 없는 경우는 '불허'가 될 수 있으며, 사용자의 특정 활동을 증명할 수 있는 방안 또는 대안의 제시가 필요하다.
- 또한, 시스템화 되어있지 않거나, 부인방지에 대한 기능을 추가할 수 없는 컴포넌트 또는 장치 등의 경우는 사용자에 의한 수기 작업을 통하여 별도 문서화하여 관리(예: 사용자 ID 접속 로그 기록)함으로써 추후 감사 진행시에 대한 증빙으로 활용할 수 있도록 해야 한다.

[그림 3-35]는 휴대폰상에서 사용하고 있는 접속자 로그인 화면으로써, 부인방지를 위한 다양한 사례를 보여준다.

국내의 경우, 최근 휴대폰 사용을 통한 모바일 인증이 활성화되고 있으며, 다양한 방식의 부인방지 기능을 제공하고 있다. 그림에서 보듯이 요즘 사용하는 모바일 인증에서는 사용자(접속자)의 이름, 생년월일, 휴대폰 번호 등을 사용하고, 제3의 별도의 인증기관을 통하여 사용자에 대한 인증을 진행함으로써, 사용자가 추후 어떠한 상황에서 본인이 접속을 '안 했다는 것(부인)'에 대한 거짓말 등을 '할 수 없도록 (방지)'하는 것을 보여준다. 즉, 사용자가 어떠한 행위를 한 것에 대한 부정을 방지하고 증빙을 기

[그림 3-35] 사용자 부인방지 예시

록 및 관리한다 할 수 있다.

컴포넌트의 개발 진행시, 고려 및 검토해야 할 사항으로는 다음과 같은 것들이 있을 수 있다.

- 인간 사용자에 대한 부인방지 기능을 적용할지

컴포넌트의 평가 진행을 위하여 함께 검토 및 준비되어야 할 문서는 다음과 같다.

(※ 해당 문서들은 개별 기업별 다른 명칭 및 포함되는 내용 등이 다를 수 있다.)

- 시스템 및 컴포넌트 명세서
- 컴포넌트 사용자 지침서
- (모듈 등의 3자 공급 진행시 공급자로부터 제공되는) 제품 사용 지침서 또는 메뉴얼
- 시스템 관리 지침서
- 보안 정책서 또는 보안 절차서

CR 2.13 물리적 진단/테스트 인터페이스 사용

'CR 2.13 물리적 진단/테스트 인터페이스 사용'은 보안 수준 SL-1에 해당하지 않는 관계(SL-2 ~ SL-4에 해당)로 내용을 제외한다.

3.3
FR-3 시스템 무결성

컴포넌트는 제어 시스템을 구성하는 핵심 요소 및 장치로써, 컴포넌트 개발 및 운영, 사용, 기능 등에 따른 무결성에 대한 보장에 관련된 컴포넌트 보안 요구사항의 평가 기준을 설명한다.

CR 3.1 통신 무결성

네트워크 인터페이스를 통하여 정보 및 데이터를 수신받는 기능을 갖는 컴포넌트는 전송받은 정보 또는 데이터에 대한 이상 또는 변경 등으로부터의 보호를 보장할 수 있는지에 대한 평가 기준을 설명한다.

'CR 3.1 통신 무결성'은 허용 기준만을 가지고 있으며;

- 시스템 또는 컴포넌트 외부로부터 전송된 정보(명령 및 데이터 포함)에 대하여 무결성을 보호할 수 있는 방안이 제공되어야 한다.
- 또한, 컴포넌트가 일반적으로 사용하는 데이터 통신과 우연히 발생하는 이상 조작(예: 외부의 공격 또는 환경적 통신 오류 등)으로부터 발생하는 비정상 통신 상황에서 전송되는 정보의 무결성 보장을 위하여 CRC[69]를 사용하여야 한다.
- 컴포넌트 간 또는 컴포넌트 및 시스템 간의 안전하고 정확한 데이터 및 정보의 전송을 위하여 표준화되어 있는 암복호화 프로토콜을 적용하고, 이를 통하여 송·수신간 데이터의 암복호화가 진행되는 암호화 통신이 진행되어야 한다. 표준화된 암복호화 프로토콜 또는 암호화 알고리즘은 매우 다양하며, 컴포넌트의 설계 및 개발시 시스템과의 연동 등을 함께 검토하여 적절한 암호화 알고리

69) CRC (Cyclic Redundancy Checking, 순환 중복 검사): 네트워크 등을 통하여 데이터를 전송할 때 전송된 데이터에 오류가 있는지를 확인하기 위한 체크 값을 결정하는 방식

즘을 선택하고 구현 또는 적용하여야 한다. 예로써, AES, SEED, RSA, HIGHT 등 다양한 알고리즘이 데이터의 보안 및 통신 보안 등에 사용되고 있다.

- 다음 절에 나오는 "CR 4.3 암호 기법 사용"을 참조하여 국내외적으로 권고하는 통신 프로토콜을 사용하여 데이터 및 정보의 안정성(무결성)을 보장할 수 있어야 한다. '권고하는 통신 프로토콜'의 사용은 필수적인 요인으로 추후 시스템의 연동을 위하여 표준화되고 연계 사용이 가능한 암호화 프로토콜을 선정하여 사용하여야 하며, 이외의 시효가 지나간 암호 프로토콜 등의 사용은 하지 않아야 한다.

[그림 3-36]은 단순한 암호화 데이터 전송에 대한 예시를 설명하고 있다.

컴포넌트는 HMI와 유선 또는 무선 통신으로 연결되어 정보 및 데이터의 전송이 가능

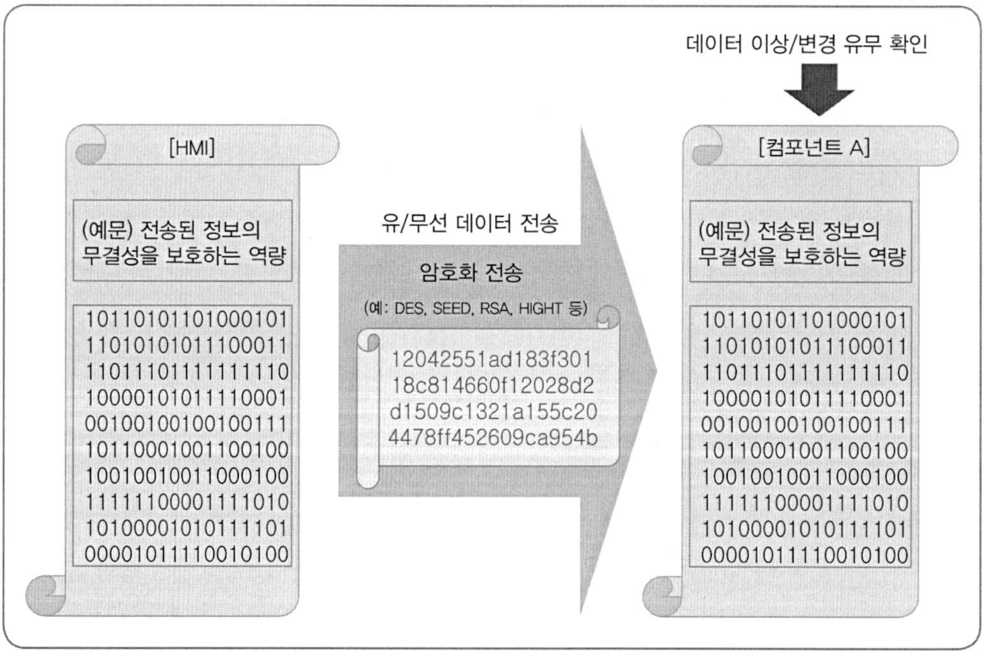

[그림 3-36] 네트워크 통신상의 데이터 전송에 대한 무결성 보장 예시

한 환경이며, 좌측의 HMI에서 컴포넌트로 암호화된 정보를 전달하게 된다. 이는 제어 시스템 내의 어느 특정 장비/장치, 시스템 또는 컴포넌트 등에서 다른 컴포넌트 등에 데이터, 명령어 또는 기타 정보 등을 보내기 위하여 일반적인 평문을 사용하지 않아야 하며, 필수적으로 암호화 알고리즘을 통한 암호화 데이터 전송을 함으로써, 만일의 경우, 중간자 공격(Man in the Middle Attack) 등을 통한 데이터의 위변조 발생에 대한 위협을 방지해야 한다는 것이다. 대부분 제어 시스템들은 방화벽 등을 구축하고 사용함으로써, 외부로부터의 공격을 충분히 막고 있다고 생각하고 있으나, 내부적으로 발생 또는 하드웨어적, 소프트웨어적 오류 등으로부터 발생하는 문제에 대하여는 간과하고 있는 경우가 있다. 일반적으로 평문 전송에 따라 위변조된 데이터가 컴포넌트나 기타 장치 등에 유입되어 소프트웨어 오작동을 유발하는 경우, 생산 제품의 품질 문제, 생산 차질, 기기 작동 중단 사고, 오동작 등에 따른 인사 사고 유발 등 다양한 부수적 문제가 발생하며, 이에 따라 기업은 막대한 물질적 및 금전적 피해 등이 발생할 수 있다. 따라서 이러한 문제의 예방을 위하여, 컴포넌트는 전송되는 모든 데이터에 대하여 무결성에 대한 검증, 검사, 확인 등을 할 수 있는 기능을 가지고 있어야 하며, 이를 통하여 전송되는 정보 및 데이터의 안정성을 보장해야 한다.

컴포넌트의 개발 진행시, 고려 및 검토해야 할 사항으로는 다음과 같은 것들이 있을 수 있다.

- 컴포넌트의 전송된 정보 및 데이터 등에 대한 무결성 보호 기능
- 네트워크 통신 등의 정보 및 데이터 보호 기능
- 암호화 알고리즘을 통한 데이터 통신 (예: 인증된 암호화 알고리즘 사용, 적절한 인증 강도 등)

컴포넌트의 평가 진행을 위하여 함께 검토 및 준비되어야 할 문서는 다음과 같다.
(※ 해당 문서들은 개별 기업별 다른 명칭 및 포함되는 내용 등이 다를 수 있다.)

- 시스템 및 컴포넌트 명세서
- 컴포넌트 사용자 지침서
- (모듈 등의 3자 공급 진행시 공급자로부터 제공되는) 제품 사용 지침서 또는 메뉴얼
- 네트워크 장비 명세서
- 네트워크 구성 명세서

CR 3.2 악성코드로부터 보호 – 소프트웨어 애플리케이션 컴포넌트(SAR)

'CR 3.2 악성코드로부터 보호'는 앞서 정의한 4종의 컴포넌트에 해당하는 내용이며, 표준 상에서는 각각의 컴포넌트 유형에 따라 별도 항목으로 정의하여 표기하고 있다.

컴포넌트의 유형이 소프트웨어 애플리케이션 컴포넌트(SAR)일 경우에 해당하는 내용이며, 허용 기준은 다음과 같다.

소프트웨어 애플리케이션 유형의 컴포넌트(SAR)는 외부로부터 유입될 수 있는 악성코드로부터 컴포넌트의 보호를 위하여, 사용자가 문서화하여 요구하는 보호 기능들 중, 최소 1개 이상의 적용 또는 활용이 가능한 '보안 컴포넌트'[70]를 가지고 있어야 한다.

[그림 3-37]은 일반적인 산업제어시스템에 대한 악성코드 또는 바이러스 감염의 경로를 도식화하여 설명한 것이다.

일반적으로 사용자들은 데이터 저장 및 사용의 편리성을 위하여 USB 메모리를 자주 사용하고 있으며, 이는 개인 PC[71] 등에서 주로 사용되고 있다. 이러한 개인 PC 환경에서의 USB 메모리 사용을 통하여 악성코드 또는 바이러스의 감염이 가능하며, 감염된 USB 메모리가 제어 시스템에 사용되는 순간 악성코드 또는 바이러스는 제어 시스템

70) 소프트웨어적 보안 기능, 설정, 방법, 프로세스, 대책 등을 의미
71) 최근에는 개인 휴대폰 또는 태블릿 PC 등과 호환하여 사용하는 경우가 빠르게 증가하고 있다.

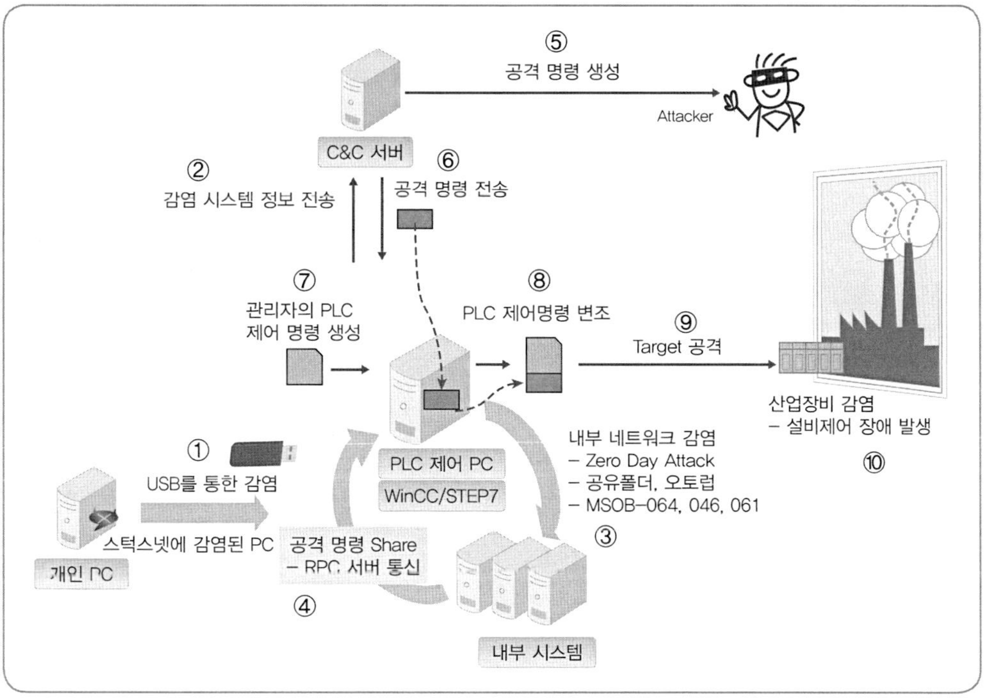

[그림 3-37] 소프트웨어 애플리케이션 컴포넌트에 대한 악성코드 유입 및 보호의 흐름 예시
〈출처: 안랩〉

의 운영 PC를 통하여 모든 제어 시스템 환경으로 파고들며 감염을 진행한다. 시스템을 감염시킨 악성코드는 외부의 공격자들로부터 공격 명령이 있기 전에는 시스템에 숨어있게 되며, 공격에 대한 명령을 받게되면 제어 시스템을 통하여 PLC에 대한 제어 명령의 변조 등을 통하여 전체 제어 시스템의 오동작 유발 등을 일으키게 된다. 이러한 악성코드 공격 사례는 앞서 Chapter 1에서 설명한 바가 있으므로 관련 사례를 참조하기를 바란다.

결론적으로, 악성코드를 통한 공격은 제어 시스템의 한 곳이 침입당하게 되면, 그곳을 통하여 외부의 침입 경로가 제공되고 공격 시작과 더불어 내부의 시스템들을 차례로 감염시켜 제어불능 상태 등의 문제 발생 환경을 구축하게 된다. 또한, 제어 시스템 내부 및 컴포넌트에 들어온 악성코드는 정상적인 시스템 내부의 최종 관리자 계정에 대한 감염과 권한 획득을 통하여 다른 시스템으로 확대 및 전이가 가능 권한 또한 확보하게 되며, 공격자의 명령에 따라 새로운 제어 시스템 공격이 가능하게 된다.

컴포넌트의 개발 진행시, 고려 및 검토해야 할 사항으로는 다음과 같은 것들이 있을 수 있다.

- 별도의 애플리케이션 제품 공급자로부터 제공되는 악성코드 방지 또는 애플리케이션 보호 메커니즘을 사용할지 및 호환을 할 수 있는지
- 컴포넌트에서 악성코드 방지에 대한 기록 관리를 할 수 있는 기능의 구현 여부

컴포넌트의 평가 진행을 위하여 함께 검토 및 준비되어야 할 문서는 다음과 같다.
(※ 해당 문서들은 개별 기업별 다른 명칭 및 포함되는 내용 등이 다를 수 있다.)

- 시스템 및 컴포넌트 명세서
- 컴포넌트 사용자 지침서
- (모듈 등의 3자 공급 진행시 공급자로부터 제공되는) 제품 사용 지침서 또는 메뉴얼
- 애플리케이션 테스트 보고서
- 애플리케이션 보안 평가 보고서

CR 3.2 악성코드로부터 보호 – 임베디드 컴포넌트(EDR)

컴포넌트의 유형이 임베디드 컴포넌트(EDR)인 경우에 해당하는 내용이며, 허용 기준과 불허 기준은 다음과 같다.

'CR 3.2 악성코드로부터 보호 - 임베디드 컴포넌트(EDR)'에 대한 허용 기준은 총 5개로 정의되어 있다. 임베디드 컴포넌트 유형인 경우의 허용 기준으로;

- 컴포넌트는 승인된 관리자 또는 보안 정책 등에서 정의되어 있지 않거나, 또는 허가되거나 승인되지 않은 소프트웨어에 대하여, '설치(Installation)'와 '실행

(Execution)' 등을 방지할 수 있는 기능을 가지고 있어야 하며, 방법 또는 프로세스, 정책 등이 함께 마련되어야 한다.

- 임베디드 컴포넌트가 필요로 하는 내부 환경에서 악성코드 보호 메커니즘을 제공하는 것이 허용되어야 한다.
- 악성코드로부터 컴포넌트의 보호를 위한 사용자의 문서화된 요구사항 또는 기능 등이 포함된 사용 설명서가 준비되고 제공되어야 한다.
- 악성코드로부터 임베디드 컴포넌트의 보호를 위하여 다음과 같은 사용이 허용된 악성코드의 탐지 기술들을 사용하여야 한다.
  - 바이너리 코드에 대한 무결성
  - 속성에 대한 모니터링
  - 해싱 기술
  - 서명 기술 등
- 악성코드로부터 임베디드 컴포넌트의 보호를 위하여 다음과 같은 사용이 허용된 악성코드의 방지 기술이 사용되어야 한다.
  - 제거 가능한 매체에 대한 통제: USB 또는 외장 하드디스크 드라이브 등의 휴대용 장치 등의 접근 및 사용 대한 통제
  - 샌드박스(Sandbox) 기술: 외부로부터 들어온 신뢰할 수 없는 프로그램을 보호된 영역에서 작동시켜 시스템이 부정하게 조작되는 것을 방지하기 위한 보안 소프트웨어 기술로써 프로그램의 폭주 또는 악성 바이러스의 침투를 방지
  - 특정 컴퓨팅 플랫폼 메커니즘 (예: 펌웨어 업데이트 제한): 컴포넌트 또는 시스템의 펌웨어 업데이트를 제한하는 등과 같은 시스템에 대한 악성코드 유입에 대한 방지 기술
  - NX(No Execute) 비트: 실행 방지 비트(Never eXecute bit)는 프로세서 명령이나 코드 또는 데이터 저장을 위한 메모리 영역을 따로 분리하는 CPU의 기술로써 보안 목적으로 사용

- DEP(Data Execution Prevention): 데이터 실행 방지는 마이크로소프트 윈도우 운영체제에 포함된 보안 기능으로 실행 방지 메모리 영역의 실행 코드에서 응용 프로그램이나 서비스가 실행되지 못하게 막기 위해 사용
- ASLR(Address Space layout Randomization): '주소 공간 배열 무작위화'라고 부르며, 데이터 영역의 주소를 매번 실행 때마다 랜덤하게 재배치하여 공격으로부터 보호하는 기법
- 스택 변형 탐지: 컴포넌트 내부의 스택에 대한 변경 시도를 탐지
- MAC(Mandatory Access Control): '강제적 접근제어'라 부르며, 주체의 권한을 기반으로 접근 객체를 제어하는 방법

임베디드 컴포넌트에 대한 불허 기준으로는;

- 컴포넌트 자체적으로 악성코드에 대한 유입 방지 및 탐지 등의 보호 기능을 자체적으로 구현하지 않고, 산업 자동화 및 제어 시스템에서 제공하는 보호 기능들만을 단순히 참고하여서는 안 된다.

[그림 3-38]은 일반적으로 출처가 불분명한 소프트웨어나 제공자가 불분명한 솔루션, 데이터, 정보 등에 대하여는 불신하고, 컴포넌트 또는 제어 시스템에 보안에 대한 확인 절차 또는 승인된 권한을 가지고 있는 관리자의 허가 없이 사용 또는 실행하지 말아야 한다는 것을 보여주고 있다. 예로써, 휴대폰 문자 메시지로 모르는 번호로부터 링크가 달려 온 경우, 사용자가 이 링크를 접속하는 순간 악성코드 또는 바이러스가 이를 통하여 휴대폰으로 들어오게 되며 휴대폰을 감염함으로써 내부의 개인정보(예: 금융 정보, 전화번호 등)이 공격자에게 탈취가 될 수 있다. 이러한 탈취된 정보는 2차, 3차적인 다양한 형태의 피해로 연결될 수 있다. 그러므로, 컴포넌트 또는 제어 시스템에는 허가되고 출처나 기타 사항들이 명확하게 확인된 것에 대하여만 저장하고 실행을 시킬 수 있어야 하며, 이는 앞서 설명한 '모바일 코드' 등과도 유사한 사항이라 할 수 있다.

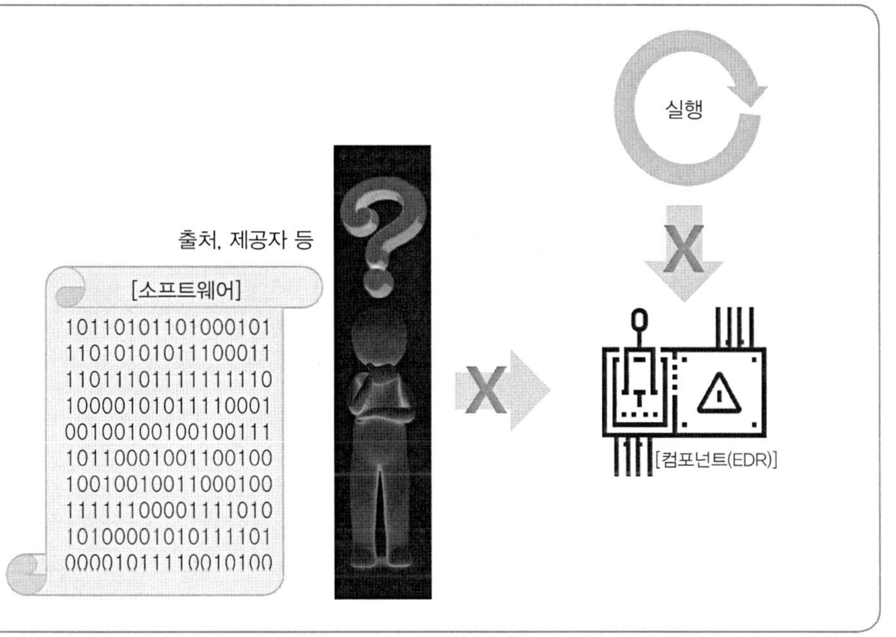

[그림 3-38] 임베디드 컴포넌트에서의 악성코드로부터 보호 예시

컴포넌트의 개발 진행시, 고려 및 검토해야 할 사항으로는 다음과 같은 것들이 있을 수 있다.

- 악성코드로부터 컴포넌트에 대한 보호를 위하여 자체적으로 기능이 구현되는지
- 컴포넌트로 유입되는 데이터, 정보, 코드 등에 대한 무결성 탐지 기능의 구현 여부
- 제어 시스템에서 제공 가능한 악성코드 방지 방안, 정책, 시스템 또는 기능들의 연동 사용 여부

컴포넌트의 평가 진행을 위하여 함께 검토 및 준비되어야 할 문서는 다음과 같다. (※ 해당 문서들은 개별 기업별 다른 명칭 및 포함되는 내용 등이 다를 수 있다.)

- 시스템 및 컴포넌트 명세서
- 컴포넌트 사용자 지침서

- (모듈 등의 3자 공급 진행시 공급자로부터 제공되는) 제품 사용 지침서 또는 메뉴얼
- 임베디드 장치 테스트 보고서
- 임베디드 장치 보안 평가 보고서

CR 3.2 악성코드로부터 보호 – 호스트 컴포넌트(HDR)

컴포넌트의 유형이 호스트 컴포넌트(HDR)일 경우에 해당하는 내용이며, 허용 기준은 다음과 같다.

허용 기준으로는;

- 호스트 컴포넌트는 특성상 내부적으로 운영체제를 포함한 다양한 애플리케이션을 실행 및 사용할 수 있으며 또한 통제할 수 있어야 하므로, 설계 문서 요구사항에 따라 악성코드로부터 컴포넌트를 보호할 수 있는 기능을 사용(필요시 상태에 따라 애플리케이션 등에 대한 사용)하는 것을 허용할 수 있는 방안, 방법, 절차 등을 제공하는 것이 필요하다.

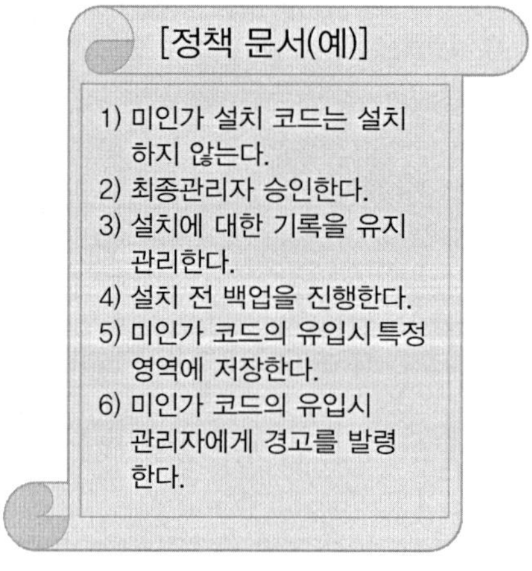

[그림 3-39] 호스트 컴포넌트에서의 악성코드로부터 보호(정책문서 예시)

[그림 3-39]는 컴포넌트에 대한 운영 관련 정책문서의 예시로써, 이러한 정책문서 등에서는 데이터 및 정보 사용 또는 확인 절차 등에 관련된 내용들을 포함하여, 사용 및 운영, 사용자의 실수에 따른 사고 등을 사전에 예방하고, 운영 및 관리 절차 등에 대한 방법을 문서화하여 유지함으로써 악성코드 등의 유입 등에 대한 문제 발생 요인을 최소화할 수 있다.

컴포넌트의 개발 진행시, 고려 및 검토해야 할 사항으로는 다음과 같은 것들이 있을 수 있다.

- 호스트 컴포넌트가 악성코드로부터 보호되는 기능이 구현되어 있는지
- 악성코드로부터 보호를 위한 메커니즘 또는 기능이 충분한 보호 능력을 가지고 있는지

컴포넌트의 평가 진행을 위하여 함께 검토 및 준비되어야 할 문서는 다음과 같다.
(※ 해당 문서들은 개별 기업별 다른 명칭 및 포함되는 내용 등이 다를 수 있다.)

- 시스템 및 컴포넌트 명세서
- 컴포넌트 사용자 지침서
- (모듈 등의 3자 공급 진행시 공급자로부터 제공되는) 제품 사용 지침서 또는 메뉴얼
- 호스트 장치 테스트 보고서
- 호스트 장치 보안 평가 보고서

CR 3.2 악성코드로부터 보호 – 네트워크 컴포넌트 (NDR)

컴포넌트의 유형이 네트워크 컴포넌트일 경우에 해당하는 내용이며, 허용 기준은 다음과 같다.

허용 기준으로는;

- 악성코드로부터 네트워크 컴포넌트가 보호받기 위하여 네트워크 장치가 직접적으로 이에 대한 대응 방안 또는 기능 등이 제공되는 경우는 허용한다. 즉, 방화벽 등과 같은 네트워크 장치가 직접적으로 컴포넌트에 대한 악성코드로부터의 보호 또는 기타 외부 위협 등으로부터 보호 기능을 제공하는 경우에 해당한다고 할 수 있다.
- 만일, 악성코드로부터 네트워크 컴포넌트의 보호를 위한 방안이 구현하기에 너무 어렵거나, 비실용적인 것(예: 오탐율 증가 또는 탐지율 저하, 리소스 과다 사용 등)으로 간주되는 경우는 보안 조치에 대한 요구사항을 충족하기 위하여 마련된 다른 방안 또는 방법을 사용하는 것을 허용해야 한다.

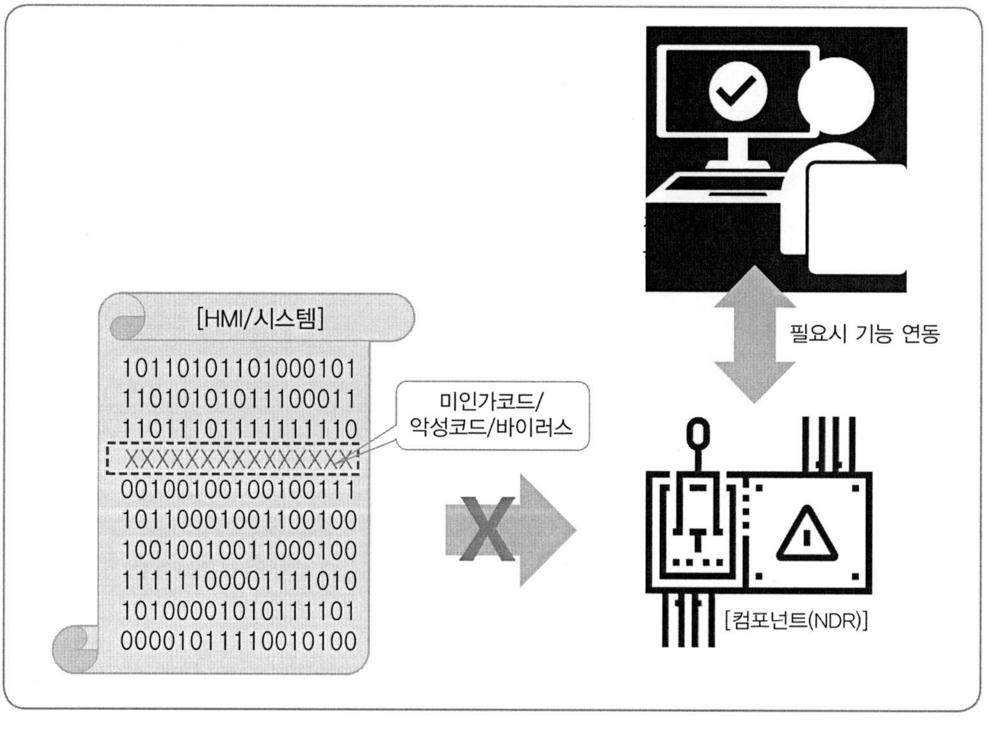

[그림 3-40] 네트워크 컴포넌트에서의 악성코드로부터 보호 예시

[그림 3-40]은 네트워크 컴포넌트에 대한 악성코드 또는 미인가 코드의 유입에 대한 내용을 도식화하여 보여주고 있다. 그림 상에서 HMI 또는 제어 시스템상에서 다양한 명령어, 실행 코드 또는 데이터들이 전송되어 유입될 수 있으므로, 네트워크 컴포넌트는 이렇게 네트워크를 통하여 유입되는 코드들중, 미인가 또는 미승인 코드, 출처가 불분명한 데이터 또는 코드, 그리고 내부에 포함되어 있을 수 있는 악성코드 등으로부터 보호할 수 있는 기능 들을 가지고 있어야 한다. 또는 외부의 전문 시스템 등을 통하여 이러한 악성코드를 탐지하고 유입을 예방할 수 있어야 한다.

컴포넌트의 개발 진행시, 고려 및 검토해야 할 사항으로는 다음과 같은 것들이 있을 수 있다.

- 악성코드의 방지를 위하여 컴포넌트 자체적으로 기능을 구현할 것인지
- 자체적으로 구현이 어렵거나 불가능한 경우, 제어 시스템 등에서 제공하는 보상통제 기능과 연동하여 보호될 수 있는지

컴포넌트의 평가 진행을 위하여 함께 검토 및 준비되어야 할 문서는 다음과 같다.
(※ 해당 문서들은 개별 기업별 다른 명칭 및 포함되는 내용 등이 다를 수 있다.)

- 시스템 및 컴포넌트 명세서
- 컴포넌트 사용자 지침서
- (모듈 등의 3자 공급 진행시 공급자로부터 제공되는) 제품 사용 지침서 또는 메뉴얼
- 네트워크 장치 테스트 보고서
- 네트워크 장치 보안 평가/감사 보고서

CR 3.3 보안 기능 검증

'CR 3.3 보안 기능 검증'은 IEC 62443-3-3의 시스템에 대한 보안 요구사항인 "SR 3.3 보안 기능 검증"과 관련된 허용 및 불허 기준을 설명한다.

허용 기준으로는;

- 컴포넌트에 구현되 있는 보안 기능성에 대한 검사를 위하여 컴포넌트 개발사 내부에 문서화되어 운영 및 관리되는 절차 및 정책 등이 정의되어 있어야 하며, 이를 통한 수동 검증 프로세스에 대하여 정의되어 있어야 한다.
- 또한, 문서화된 요구사항으로, 보안 기능성에 대한 테스트 진행을 위하여 어떻게 진행할 것인지 등이 정리되어 있는 지침서 등이 준비되어 있어야 한다. 이는 컴포넌트에 대한 보안 기능성에 대한 테스트 방법, 절차, 정책 등이 준비되어 있어야 함을 의미하며, 문서화되어 테스트시 사용 또는 감사 진행시에 제출할 수 있도록 준비되어 있어야 한다.

불허 기준으로는;

- 만일, 보안 기능성에 대한 검사를 위한 테스트가 불가능한 경우는 불허한다. 예를 들어, 컴포넌트에서 감사 등에서 사용되는 로그 메시지가 없거나 경고 알림 등이 없는 경우는 테스트가 불가능한 상태로 판단한다.

[그림 3-41]은 컴포넌트 보안 기능에 대한 검증에 대한 간단한 예시를 설명하고 있다. 일반적으로 컴포넌트 개발사는 발주처(예: 최종 소유자)들이 제공하는 보안 및 관련된 기능적 요구사항을 확보하고 있어야 하며, 이에 따른 컴포넌트의 보안 기능에 대한 검증을 진행할 수 있는 프로세스를 문서화하여 제공할 수 있어야 한다. 요구사항과 검증 프로세스를 통하여 컴포넌트에서 제공되는 보안 기능에 대한 검사를 진행할 수 있게 된다. 만일, 검사 절차(서)의 부재 등과 같은 환경적 요인 등은 감사 등의 진행에 있어서도 결격 사유가 될 수 있으므로 전반적인 사항이 준비되어 있어야 한다.

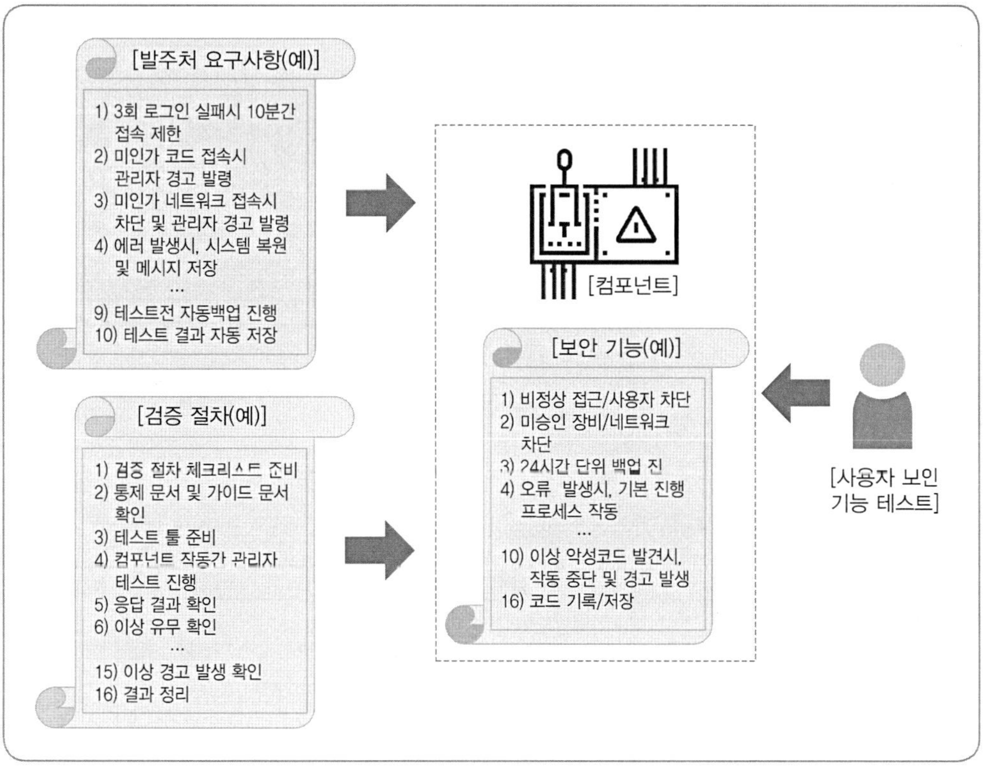

[그림 3-41] 컴포넌트의 보안 기능에 대한 검증 예시

컴포넌트의 개발 진행시, 고려 및 검토해야 할 사항으로는 다음과 같은 것들이 있을 수 있다.

- 컴포넌트에 적용된 보안 기능이 요구된 보안 사항에 대하여 적절하게 구현 및 적용되어 있는지
- 컴포넌트의 보안 기능이 발주처의 의도대로 정상적 작동이 되는지
- 컴포넌트의 보안 기능 작동에 대하여 비정상 작동 발견시의 복구 기능이 구현되어 있는지
- 보안 통제 테스트에 관련된 문서나 가이드 등의 문서가 작성되어 관리되고 있는지

- 제어 시스템 및 컴포넌트에 대한 정상 작동 및 운영 도중, 자산 소유자가 해당 컴포넌트에 대한 보안 기능의 검증을 위하여 테스트를 실행할 경우, 컴포넌트 보안 기능에 대하여 고려 및 검토, 확인 등의 필요한 상세 사항 등이 해당 문서 상에 명시되어 있는지 (예: 위협 발견 및 테스트 진행 등에 관련된 사전 알람 경고, 검증 테스트를 위한 스케줄링 등)

컴포넌트의 평가 진행을 위하여 함께 검토 및 준비되어야 할 문서는 다음과 같다.
(※ 해당 문서들은 개별 기업별 다른 명칭 및 포함되는 내용 등이 다를 수 있다.)

- 시스템 및 컴포넌트 명세서
- 컴포넌트 사용자 지침서
- (모듈 등의 3자 공급 진행시 공급자로부터 제공되는) 제품 사용 지침서 또는 메뉴얼
- 컴포넌트 테스트 보고서

CR 3.4 소프트웨어 및 정보 무결성

'CR 3.4 소프트웨어 및 정보 무결성'은 컴포넌트 내에 위치한 소프트웨어, 설정 및 구성 또는 기타 정보 등의 무결성 확인을 자체적으로 수행하거나 지원하고, 수행 결과의 기록 및 보고 등을 제공하는 지원 시스템 등과의 연계 기능 등에 대한 허용 및 불허 기준을 설명한다.

허용 기준으로는;

- 대상 컴포넌트 상의 소프트웨어 또는 관련 환경 구성 및 설정 등의 미사용시 또는 대기(아이들링)시에 데이터에 대한 악성코드 오염 또는 위변조 사항 등의 무결성을 점검할 수 있는 기능 또는 방안 등이 구현되어 있어야 한다.
- 또한, 컴포넌트 자체적으로 무결성 점검 기능이 구현되지 않는 경우는 무결성 점검을 수행/지원할 수 있는 시스템에 통합되는 기능이 제공되어야 한다.

불허 기준으로는;

- 만일, 컴포넌트 자체적 또는 외부 시스템 등을 통한 무결성 점검시, 점검 진행 결과를 저장할 수 없어 기록이 유지되지 않거나 관리되지 않을 경우는 불허한다.

[그림 3-42]는 무결성 검증을 위한 관련 시스템에 대한 도식화를 보여주고 있다.

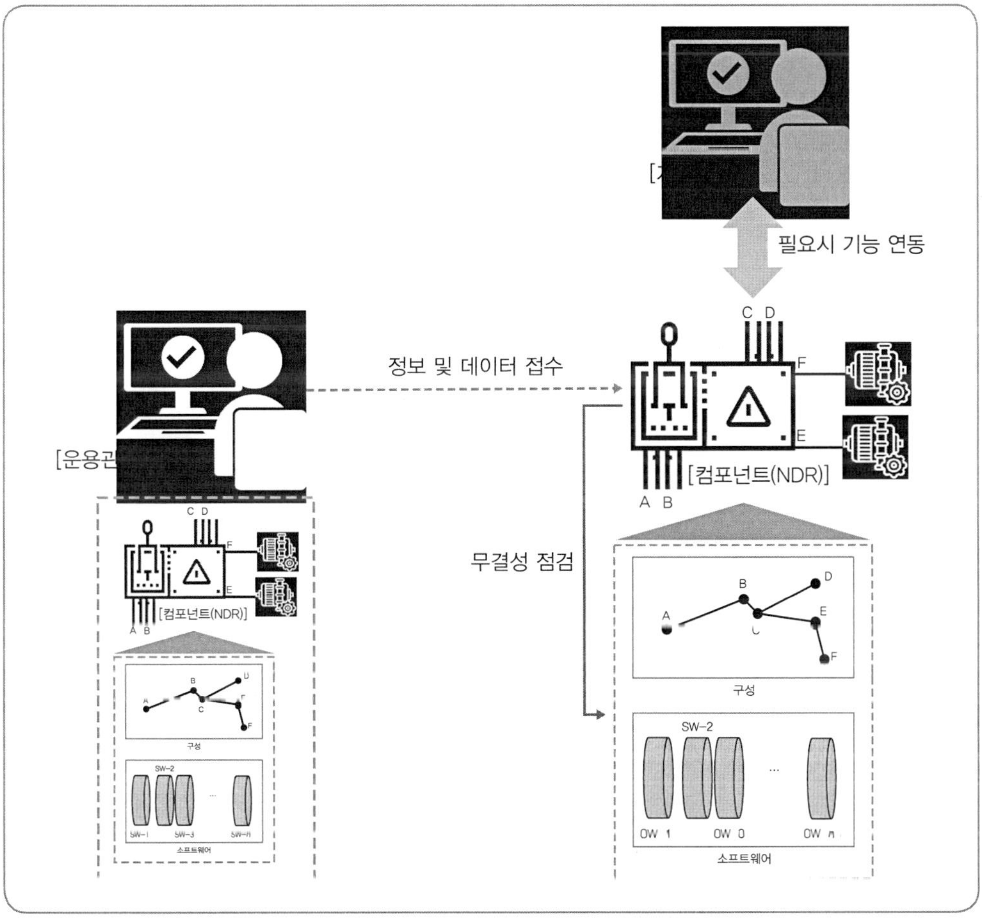

[그림 3-42] 컴포넌트 상에서의 소프트웨어 및 정보에 대한 무결성 점검 예시

컴포넌트는 자체적으로 설정되어 있는 소프트웨어, 관련 장치들의 구성 및 환경 설정 등에 대한 기록을 가지고 있으며, 컴포넌트의 미작동시 또는 사용자에 의한 필요시 강제적으로 내부 소프트웨어 및 데이터 등에 대한 무결성 검사 진행을 할 수 있다. 만일, 검사 결과 등이 컴포넌트 내부에 저장 용량의 한계 또는 관리할 수 없을 경우는 이러한 기능을 제공하는 별도의 운영관리 시스템 등과 연동하여 사용할 수 있다.

컴포넌트의 개발 진행시, 고려 및 검토해야 할 사항으로는 다음과 같은 것들이 있을 수 있다.

- 소프트웨어와 이에 대한 구성, 설정 및 기타 관련 정보들에 대하여 내부적으로 무결성 점검을 진행할 수 있는지
- 컴포넌트가 무결성 점검 진행에 따른 기록 및 보고 등을 할 수 있는 기능 유무
- 소프트웨어 등의 무결성 점검 수행 및 기록 저장 등을 위한 별도의 외부 시스템 연동 기능이 있는지

컴포넌트의 평가 진행을 위하여 함께 검토 및 준비되어야 할 문서는 다음과 같다.
(※ 해당 문서들은 개별 기업별 다른 명칭 및 포함되는 내용 등이 다를 수 있다.)

- 시스템 및 컴포넌트 명세서
- 컴포넌트 사용자 지침서
- (모듈 등의 3자 공급 진행시 공급자로부터 제공되는) 제품 사용 지침서 또는 메뉴얼
- 컴포넌트 테스트 보고서

CR 3.5 입력값 검증

'CR 3.5 입력값 검증'은 외부 인터페이스를 통하여 컴포넌트로 입력되는 모든 입력 데이터에 대하여 검증을 진행하여야 한다는 허용 및 불허 기준에 대하여 설명한다.

허용 기준으로는;

- 대상 컴포넌트의 운영 및 동작 등에 직접적으로 영향(기능의 제한, 오류 발생 등의 문제점)을 줄 수 있는 모든 입력 데이터 또는 값 등에 대하여 해당 입력의 구문, 길이, 내용 등을 확신할 수 있는 방안이 제시되고 이를 검증할 수 있어야 한다.

불허 조건은 3가지가 있으며;

- 해당 컴포넌트에 대한 입력값이 설계 또는 개발시에 정의된 입력 필드에 대한 입력값의 범위를 벗어난 경우는 불허한다.
- 해당 컴포넌트의 해당 입력 필드에 대한 입력값이 설계 또는 개발시에 정의된 '문자' 또는 '숫자' 등이 아닌 기타 모든 입력값(예: 특수문자 등)이 사용되는 경우는 불허하며, 이러한 정의되지 않은 입력은 방지되어야 한다.
- 입력값의 입력이 완전하지 못한 미완성 데이터, 데이터의 누락(missing) 현상 등이 발생한 경우에서의 작동 또는 컴포넌트에 데이터의 입력시 정의된 입력 한계를 벗어난 버퍼 오버플로우 등이 발생하는 경우는 불허한다.

[그림 3-43]은 컴포넌트에 대한 입력값의 검증을 설명하기 위하여 도식화한 내용이다.

일반적으로, 산업제어시스템 또는 컴포넌트에 입력되는 '입력값(예: 데이터, 명령어)'은 컴포넌트의 설계 및 개발 진행시에 정의된 형식 또는 포맷 등을 가지고 있으며, 이렇게 정의된 형식의 입력값을 정상적으로 받아들일 수 있도록 하고 있다. 그러나, 일부 설계 등의 오류에 의하여 정의된 정상 입력값을 벗어나거나, 사용될 수 없는 문자 또는 특수문자 등의 입력, 또는 비정상 입력값 등이 입력되어 컴포넌트 또는 제어 시스템의 오동작 및 오류를 유발할 수 있게 된다.

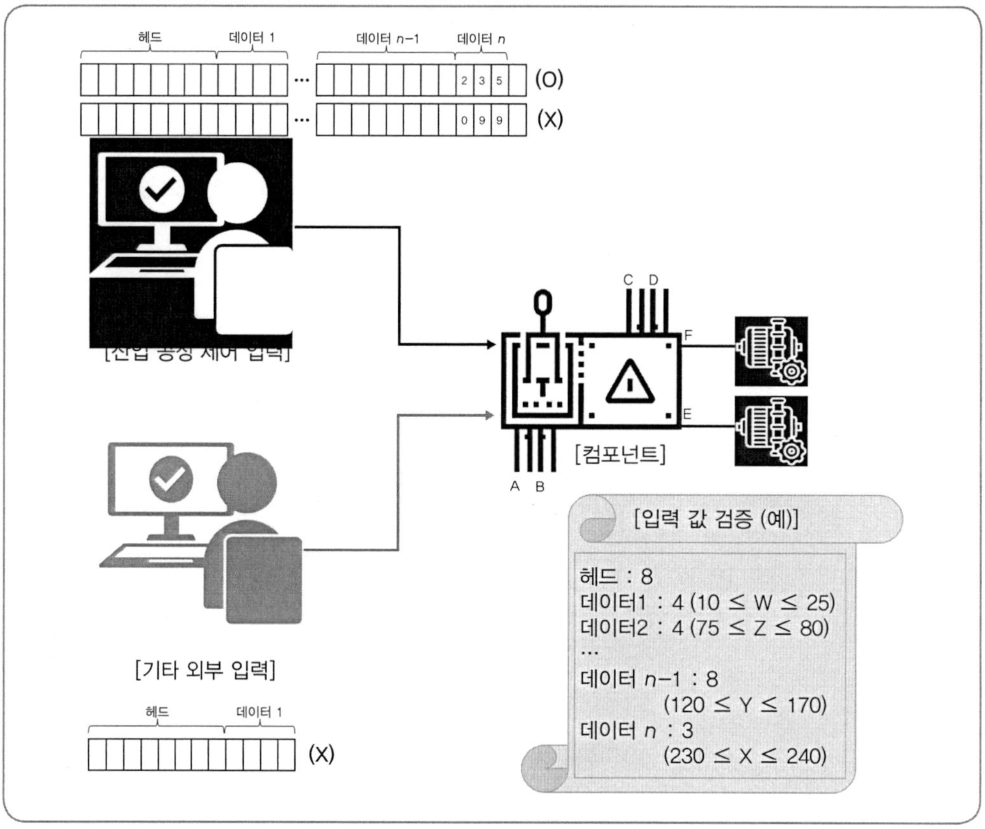

[그림 3-43] 컴포넌트 상에서의 입력 데이터 및 입력값에 대한 검증 예시

일부의 해킹 공격 방법 중의 하나로 사용되는 비정상 또는 비정형 데이터들의 무작위 입력을 통하여 컴포넌트 또는 제어 시스템의 오류를 유발하고, 이에 대한 반응 또는 대응 등을 확인하여 공격을 시도하는 방법이 있다. 즉, 정상적으로 설계시 정의한 입력 형태의 데이터 또는 값이 아닌 입력 범위를 넘는 경우, 또는 정의되지 않아 사용할 수 없는 특수문자 사용 등의 입력을 통하여 제어 시스템의 오류를 유발하는 경우도 발생하고 있다. 그러므로, 컴포넌트는 컴포넌트에 입력되는 입력 형식, 범위 등에 관한 확인과 검증을 통하여 정상 범위의 입력이 아니거나 잘못된 입력값 들어오는 경우, 해당 입력 등을 거부할 수 있는 기능들이 구현되어야 한다. 예로써 컴포넌트의 입력값 중 데이터 n의 값이 230~240 사이에 입력되어야 정상 범위의 입력값이지만 099

등과 같이 정상 범위를 벗어난 입력값이 유입되는 경우, 또는 그림 하단에서 보여주는 것처럼 데이터 입력 형식 중 전체가 아닌 일부분만 입력된 경우는 비정상 입력으로 판단하여 사용할 수 없도록 하는 등의 입력값들에 대한 검증을 진행하여 컴포넌트 작동의 오류를 방지할 수 있어야 한다.

컴포넌트의 개발 진행시, 고려 및 검토해야 할 사항으로는 다음과 같은 것들이 있을 수 있다.

- 설계 문서 또는 보안 정책상에서 사전에 정의한 값 또는 범위에 대하여 컴포넌트의 인터페이스에 대한 실제 입력값에 대한 검증하는 기능이 있는지
- 컴포넌트에 입력되는 모든 입력값에 대한 검증 기능이 있는지.

컴포넌트의 평가 진행을 위하여 함께 검토 및 준비되어야 할 문서는 다음과 같다.
(※ 해당 문서들은 개별 기업별 다른 명칭 및 포함되는 내용 등이 다를 수 있다.)

- 시스템 및 컴포넌트 명세서
- 컴포넌트 사용자 지침서
- (모듈 등의 3자 공급 진행시 공급자로부터 제공되는) 제품 사용 지침서 또는 메뉴얼

CR 3.6 결정론적 출력

'CR 3.6 결정론적 출력'은 비정상 상황 발생시 컴포넌트는 이미 정의되어 있는 출력 또는 동작을 해야 한다는 것이며, 해당 장치가 직접적으로 모터나 대상 기기를 작동 및 통제 등을 할 수 있는 경우에 적용한다.

허용 기준으로는;

- 특정 상황(예: 오동작 등)의 발생에 대하여 대응할 수 있는 해당 프로세스와 장치의 동작 등이 이미 정의되어 있어야 하며, 이는 문서화가 되어 유지 및 관리

되어 있어야 한다.

- 또한, 컴포넌트에 대한 외부로부터의 공격 또는 이상 명령 입력 등이 발생하여 정상 동작이 불가능할 경우, 해당 컴포넌트는 문서에 정의되어 있는 프로세스에 따라 데모 또는 작동되는 것을 보여줄 수 있어야 한다.

[그림 3-44]는 제어 시스템의 이상 명령 입력에 따라 컴포넌트와 장치 간의 정상 작동이 불가능할 경우의 대응에 대한 것을 설명하고 있다. 만일 제어 시스템에서 전송되는 명령 또는 데이터가 정상 입력 범위를 벗어나거나 이상 입력값이 해당 컴포넌트로 전송되어 비정상적인 장치의 작동이 확인될 경우, 컴포넌트는 미리 정의되어 있던 입력값을 장치로 전송하여 장치의 비정상 작동을 막을 수 있게 된다.

컴포넌트의 개발 진행시, 고려 및 검토해야 할 사항으로는 다음과 같은 것들이 있을 수 있다.

- 컴포넌트가 자동화 프로세스에 물리적 또는 논리적 연결이 가능한지
- 만일, 정상 동작이 유지되지 않는 상황 발생시에 컴포넌트로부터의 출력이 미리 정의되고 결정된 상태로 설정되는지 여부

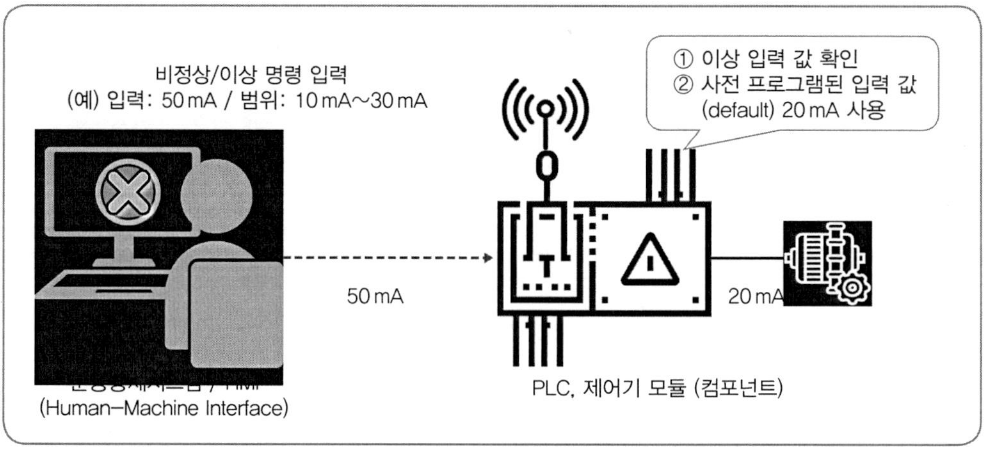

[그림 3-44] 컴포넌트 상에서의 입력값 이상에 따른 결정론적 출력 및 대응 예시

컴포넌트의 평가 진행을 위하여 함께 검토 및 준비되어야 할 문서는 다음과 같다.
(※ 해당 문서들은 개별 기업별 다른 명칭 및 포함되는 내용 등이 다를 수 있다.)

- 시스템 및 컴포넌트 명세서
- 컴포넌트 사용자 지침서
- (모듈 등의 3자 공급 진행시 공급자로부터 제공되는) 제품 사용 지침서 또는 메뉴얼

CR 3.7 오류 처리

'CR 3.7 오류 처리는 앞서 설명한 사용자의 식별 및 비밀번호 등을 잘못 입력시, 컴포넌트에서 나타내는 오류 메시지와 유사함이 있으며, 오류 발생시의 허용 기준을 설명한다.

허용 기준으로는;

- 해당 컴포넌트는 잘못된 데이터의 사용 또는 명령 등을 통하여 발생하는 이상 상태 등이 확인되고 식별할 수 있어야 하며, 이에 대한 조치 및 대응을 할 수 있어야 한다. 위와 같은 경우, 해당 컴포넌트의 설계 또는 개발시 임의로 고려하지 않았던 내부 정보(또는 데이터) 등이 외부 누출 또는 공개되지 않도록 해야 한다.
- 또한, 컴포넌트에 대한 외부 공격 또는 비정상 자동 등을 통하여 해당 컴포넌트가 가지고 있는 정보, 데이터, 기타 보안에 관련되는 내용 등이 인터페이스(예: 디스플레이 등)를 통하여 공격자 또는 기타 사용자들에게 공개되거나 보여서는 안 된다.

[그림 3-45]는 컴포넌트 상에 표시되는 메시지의 좋은 사례와 잘못된 사례를 보여주고 있으며, 잘못된 사례가 보여주는 것처럼 메시지 상에 보안에 관련된 많은 정보(예: 입력 범위, 세부 오류 내용 등)를 포함하여 공개되어 서는 안된다는 것을 보여주고 있다.

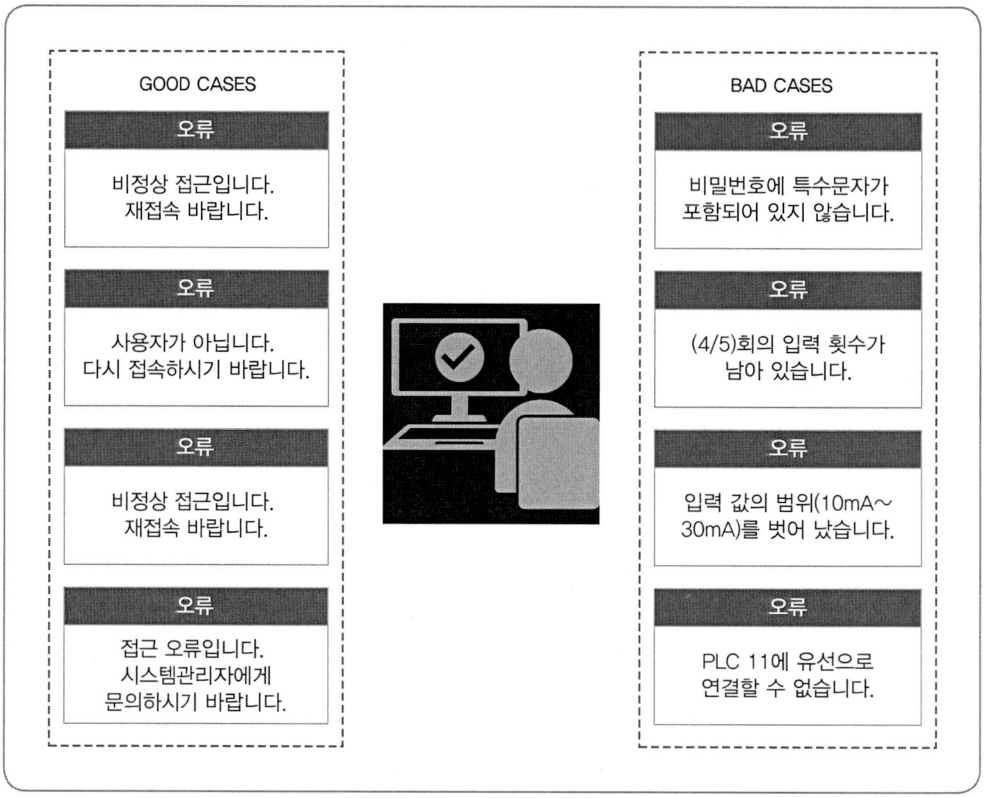

[그림 3-45] 컴포넌트 또는 제어 시스템의 이상 발생에 따른 오류 발생 메시지 예시

컴포넌트의 개발 진행시, 고려 및 검토해야 할 사항으로는 다음과 같은 것들이 있을 수 있다.

- 오류 입력에 따른 메시지의 목록 등에 대한 식별 기능이 있는지
- 오류 메시지에 포함되는 정보의 종류 및 내용이 어떠한 것들인지

컴포넌트의 평가 진행을 위하여 함께 검토 및 준비되어야 할 문서는 다음과 같다.
(※ 해당 문서들은 개별 기업별 다른 명칭 및 포함되는 내용 등이 다를 수 있다.)

- 시스템 및 컴포넌트 명세서
- 컴포넌트 사용자 지침서

- (모듈 등의 3자 공급 진행시 공급자로부터 제공되는) 제품 사용 지침서 또는 메뉴얼

CR 3.8 세션 무결성

'CR 3.8 세션 무결성'은 보안 수준 SL-1에 해당하지 않는 관계(SL-2~SL-4에 해당)로 내용을 제외한다.

CR 3.9 감사 정보 보호

'CR 3.9 감사 정보 보호'는 보안 수준 SL-1에 해당하지 않는 관계(SL-2~SL-4에 해당)로 내용을 제외한다.

CR 3.10 업데이트 지원

'CR 3.10 업데이트 지원'은 컴포넌트에 대한 업데이트 또는 업그레이드의 지원을 해야 한다는 보안 요구사항에 대한 허용 기준을 설명하고 있으며, 소프트웨어 애플리케이션 요구사항(SAR)을 제외한 임베디드 컴포넌트 요구사항(EDR), 호스트 컴포넌트 요구사항(HDR), 네트워크 컴포넌트 요구사항(NDR)에만 해당한다. 4-2 표준에서의 보안 요구사항에서는 각각의 컴포넌트 형태에 따라 정의하고 있으나, 모두 내용이 유사한 관계로 3종에 대하여 허용 기준을 통합하여 설명 및 정의할 예정이다.

업데이트 및 업그레이드 지원 기능에 대한 허용 기준으로는;

- 필요시, 컴포넌트는 업데이트 및 업그레이드가 진행될 수 있어야 하며, 이를 지원하는 기능을 가지고 있어야 한다. 즉, 설계 및 개발시 컴포넌트 내부에 업그레이드 또는 업데이트를 위한 환경 또는 구성 등이 구현되어 있어야 하며, 필요시 펌웨어 등과 같은 소프트웨어적인 업그레이드를 통하여 기능 또는 성능을 개선할 수 있어야 한다.
- 만일, 컴포넌트가 제어 시스템 동작 또는 장치에 대한 작동 등의 필수적인 기능

을 지원 또는 실행하는 경우, 해당 컴포넌트는 이러한 필수적 기능에 영향(예: 오동작, 기능 제한 등)을 주지 않고 패치 또는 업데이트 등이 가능함을 증명할 수 있는 방안을 제공해야 한다.

[그림 3-46]은 컴포넌트에 사용 및 운용되는 소프트웨어 및 애플리케이션의 업데이트 또는 업그레이드의 지원에 대한 설명을 보여주고 있다.

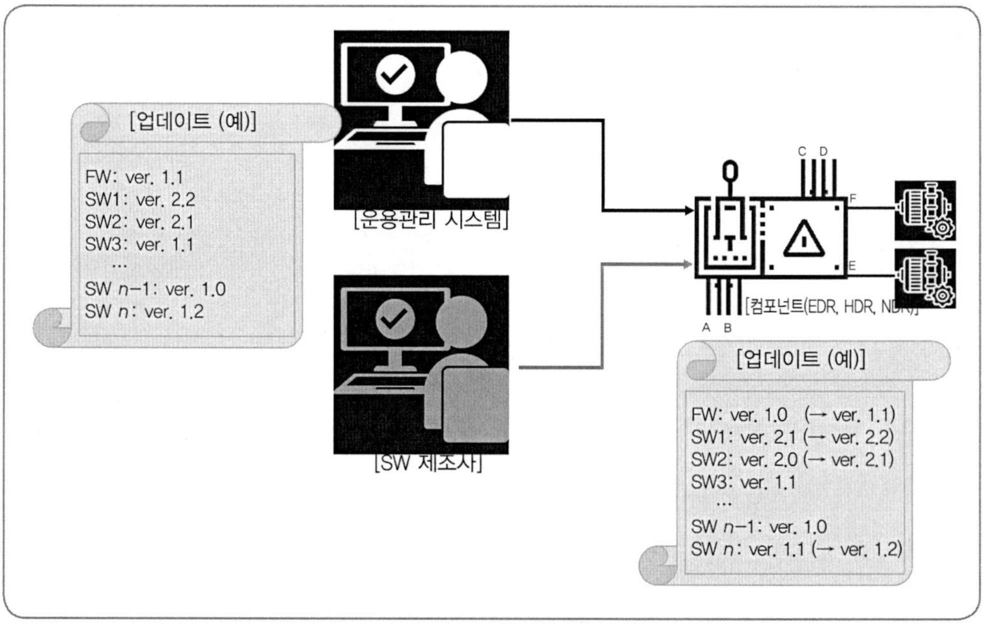

[그림 3-46] 컴포넌트에 대한 소프트웨어 업데이트 및 업그레이드 지원 예시

컴포넌트에 사용되는 소프트웨어나 애플리케이션에 대한 업데이트 또는 업그레이드는 정식 제품 개발사(예: 컴포넌트 개발 또는 제조사)로부터 제공받은 것들이어야 하며, 승인된 관리자가 정의된 절차에 따라서 진행하여야 한다. 이는 제어 시스템 또는 해당 컴포넌트 운용관리 시스템(예: HMI 등)을 통하여 진행되어야 하며, 권한이 없는 관리자 또는 사용자 개인이 임의의 방법(예: USB 메모리를 통한 업데이트)으로 진행하여서는 안 되며, 이러한 업데이트 또는 업그레이드 등에 대한 기록(예: 업데이트 일

시, 내용, 담당자, 해당 기기, 업데이트 버전 등)은 감사 로그로 정의하여 기록, 저장 및 관리되어야 한다.

컴포넌트의 개발 진행시, 고려 및 검토해야 할 사항으로는 다음과 같은 것들이 있을 수 있다.

- 컴포넌트 및 장치들에 대한 업데이트 및 업그레이드 기능의 제공 여부
- 업데이트 및 업그레이드의 진행시, 해당 컴포넌트 및 장치의 기본적 또는 필수적 기능 작동에 대하여 영향을 주는지 여부

컴포넌트의 평가 진행을 위하여 함께 검토 및 준비되어야 할 문서는 다음과 같다.
(※ 해당 문서들은 개별 기업별 다른 명칭 및 포함되는 내용 등이 다를 수 있다.)

- 시스템 및 컴포넌트 명세서
- 컴포넌트 사용자 지침서
- (모듈 등의 3자 공급 진행시 공급자로부터 제공되는) 제품 사용 지침서 또는 메뉴얼
- 임베디드 장치 테스트 보고서(EDR일 경우)
- 임베디드 보안 평가/감사 보고서(EDR일 경우)
- 호스트 장치 테스트 보고서(HDR일 경우)
- 호스트 보안 평가/감사 보고서(HDR일 경우)
- 네트워크 장치 테스트 보고서(NDR일 경우)
- 네트워크 보안 평가/감사 보고서(NDR일 경우)

CR 3.11 물리적 변조 억제 및 탐지

'CR 3.11 물리적 변조 억제 및 탐지'는 보안 수준 SL-1에 해당하지 않는 관계(SL-2~SL-4에 해당)로 내용을 제외한다.

CR 3.12 제품 공급자 신뢰기반(RoT) 구축

'CR 3.12 제품 공급자 신뢰기반(RoT) 구축'은 보안 수준 SL-1에 해당하지 않는 관계(SL-2~SL-4에 해당)로 내용을 제외한다.

CR 3.13 자산 소유자 신뢰기반(RoT) 구축

'CR 3.13 자산 소유자 신뢰기반(RoT) 구축'은 보안 수준 SL-1에 해당하지 않는 관계(SL-2~SL-4에 해당)로 내용을 제외한다.

CR 3.14 부트 프로세스 무결성

'CR 3.14 부트 프로세스 무결성'은 컴포넌트의 부트 프로세스에 대한 무결성에 대한 검증을 요구하는 4-2 보안 요구사항에서 비롯되었으며, 소프트웨어 애플리케이션 요구사항(SAR)을 제외한 임베디드 컴포넌트 요구사항(EDR), 호스트 컴포넌트 요구사항(HDR), 네트워크 컴포넌트 요구사항(NDR)에만 해당한다. 4-2 표준에서의 보안 요구사항에서는 각각의 컴포넌트 형태에 따라 정의하고 있으나, 모두 내용이 유사한 관계로 평가 문서상에서의 허용 기준에서는 통합하여 정의하고 있다.

허용 기준으로 해당 컴포넌트가 사용 및 운용 전, 컴포넌트 상에 위치한 펌웨어, 소프트웨어 또는 환경 설정 등에 연관되어 있는 데이터 등에 연관된 부트 프로세스에 대한 무결성 검증의 절차 및 기능 등이 제공되어야 한다. 일반적으로 '부트 프로세스'는 일반적인 컴퓨터의 전원의 주입에 따른 하드웨어적 기동과 소프트웨어 등의 정상 작동을 하기 위한 기반 환경의 준비라고도 할 수 있다. 이때 컴퓨터는 바이오스(컴포넌트의 경우 펌웨어)로부터 기본적인 작동 환경 설정의 정보(또는 데이터)를 로드하고 정의함으로써 컴퓨터가 정상적으로 작동하고 윈도우가 정상적으로 시작될 수 있는 환경을 정의된 절차에 따라 순차적으로 제공한다. 만일, 이러한 부팅 절차가 정의되어 있는 펌웨어의 훼손 또는 오류, 필수 소프트웨어의 비정상 준비, 작동 관련 구성 데이터의 오류 등이 발생할 경우, 컴포넌트를 비롯한 제어 시스템은 정상 작동할 수 없게 된다. 그러므로, 컴포넌트는 초기 기동시(부팅시), 내부의 펌웨어로부터 소프트웨어 및 구성에 대한 설정 등의 전반적 기능의 이상 유무 등에 대하여 자가 검증할 수 있는 기능을 수행함으로써, 부트 프로세스의 위변조 사항이 발생하지 않았음을 증명할 수 있어야 한다.

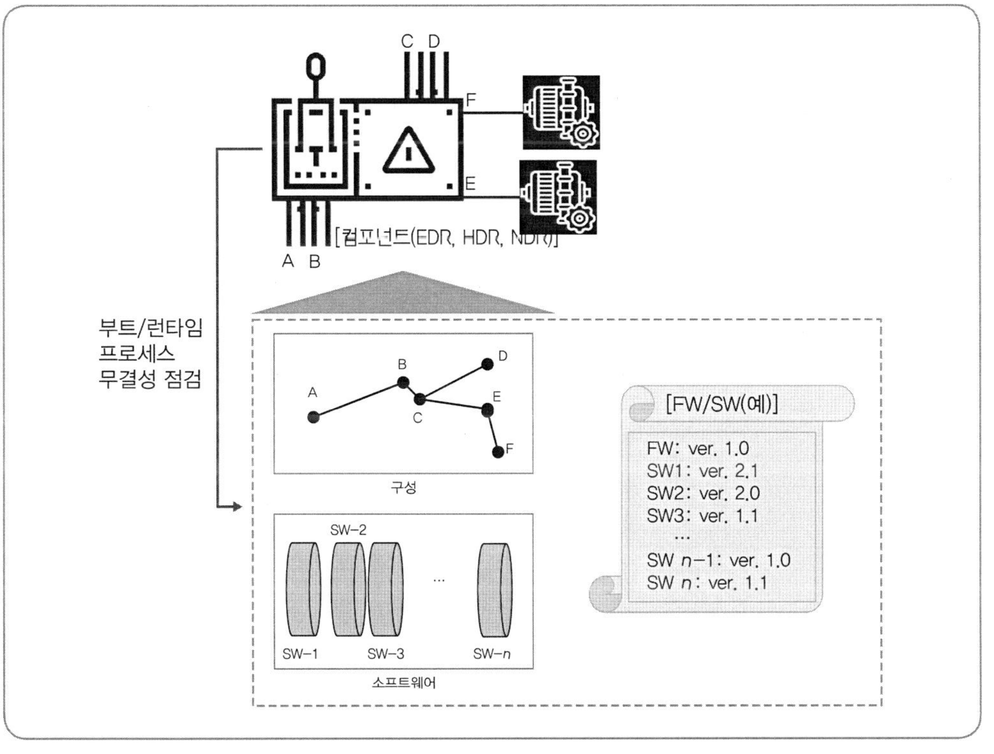

[그림 3-47] 컴포넌트의 부트 프로세스에 대한 무결성 검증 예시

위에서 설명한 것처럼, 컴포넌트의 정상적인 부트 프로세스에 대한 정상 준비상태가 되지 않거나, 프로세스 등의 이상 또는 위변조 발생 등으로 인한 비정상 작동 상태가 되는 경우, 제어 시스템 전체적인 문제로 확대될 수 있으므로, 초기 기동시 컴포넌트는 자체적인 무결성 점증 프로세스에 따른 검증 절차가 진행되어야 한다. 간단한 예

로는 컴포넌트의 최종 작동 중단시의 상태 정보(예: 설정 상태, 소프트웨어, 업데이트 상태 등)을 기록 저장하고, 재 작동시, 기록된 정보와 새롭게 로드된 정보의 비교를 통하여 정상적 부트 프로세스가 진행되었는지의 여부를 확인할 수도 있다.

컴포넌트의 개발 진행시, 고려 및 검토해야 할 사항으로는 다음과 같은 것들이 있을 수 있다.

- 컴포넌트의 부팅 프로세스 및 진행중, 무결성 검증을 할 대상 및 범위가 무엇인지
- 무결성 검증의 진행 절차 및 순서는 어떻게 정의할 것인지
- 해당 무결성 검증 방법이 타당한 방법인지 아닌지

컴포넌트의 평가 진행을 위하여 함께 검토 및 준비되어야 할 문서는 다음과 같다.
(※ 해당 문서들은 개별 기업별 다른 명칭 및 포함되는 내용 등이 다를 수 있다.)

- 시스템 및 컴포넌트 명세서
- 컴포넌트 사용자 지침서
- (모듈 등의 3자 공급 진행시 공급자로부터 제공되는) 제품 사용 지침서 또는 메뉴얼
- 임베디드 장치 테스트 보고서(EDR일 경우)
- 임베디드 보안 평가/감사 보고서(EDR일 경우)
- 호스트 장치 테스트 보고서(HDR일 경우)
- 호스트 보안 평가/감사 보고서(HDR일 경우)
- 네트워크 장치 테스트 보고서(NDR일 경우)
- 네트워크 보안 평가/감사 보고서(NDR일 경우)

3.4 FR-4 데이터 기밀성

FR-3의 '시스템 무결성'에서는 컴포넌트의 사용에 따라 구축된 시스템의 보안의 무결성에 대한 보안 요구사항을 중심으로 허용 및 불허의 기준에 대하여 설명하였으며, FR-4의 '데이터 기밀성'에서는 컴포넌트에서의 데이터의 보안과 암호 사용 등에 관련된 허용 및 불허 기준에 대하여 설명하고자 한다.

CR 4.1 정보 기밀성

'CR 4.1 정보 기밀성'에서는 컴포넌트에서 사용되는 데이터 또는 정보의 기밀성(또는 비밀성)에 대한 기능적 요구사항의 허용 및 불허 기준을 포함한다.

허용 기준으로;

- 컴포넌트는 외부로부터의 도청 시도나 의도하지 않고 우연하게 발생한 데이터 또는 정보의 노출 발생과 승인되거나 허가되지 않은 정보가 공개되거나 노출되지 않도록 보호하는 기능을 제공해야 한다.
- 컴포넌트는 단지 내부로부터 읽을 수만 있으며 잠시 사용되지 않고 있는 데이터 또는 정보 등에 대하여 비밀성의 유지 및 보호 등을 할 수 있는 기능을 제공해야 한다.
- 컴포넌트 간 또는 컴포넌트와 시스템(예: HMI) 간의 데이터 통신시, 해당 정보 및 데이터 등에 대한 비밀성을 보호할 수 있어야 한다.
- 무선 통신을 사용하여 컴포넌트 간 또는 컴포넌트와 시스템 간, 데이터 및 정보에 대한 통신을 진행할 경우, 암호화 알고리즘을 사용한 암호 통신을 진행하여야 한다.

불허 기준으로는;

- 오래되어 사용하지 않는 구식 또는 사용 기한이 지나서 폐기된 암호 프로토콜은 사용하지 않아야 한다. 예를 들어, 보안 해쉬 알고리즘(Secure Hash Algorithm)인 SHA-1은 암호 알고리즘으로써 보안성이 낮아 공격위험 증가에 따라 폐기되어 더 이상 새롭게 사용되지 않고 있으며 기존의 사용 또한 SHA-2 또는 SHA-3로의 업그레이드 및 사용의 중단을 권장하고 있다.
- 또한, 컴포넌트 간 또는 시스템과의 데이터 통신에서 FTP[72] 등과 같은 낮은 보안 수준을 가지고 있는 통신 프로토콜을 사용해서는 안 된다.

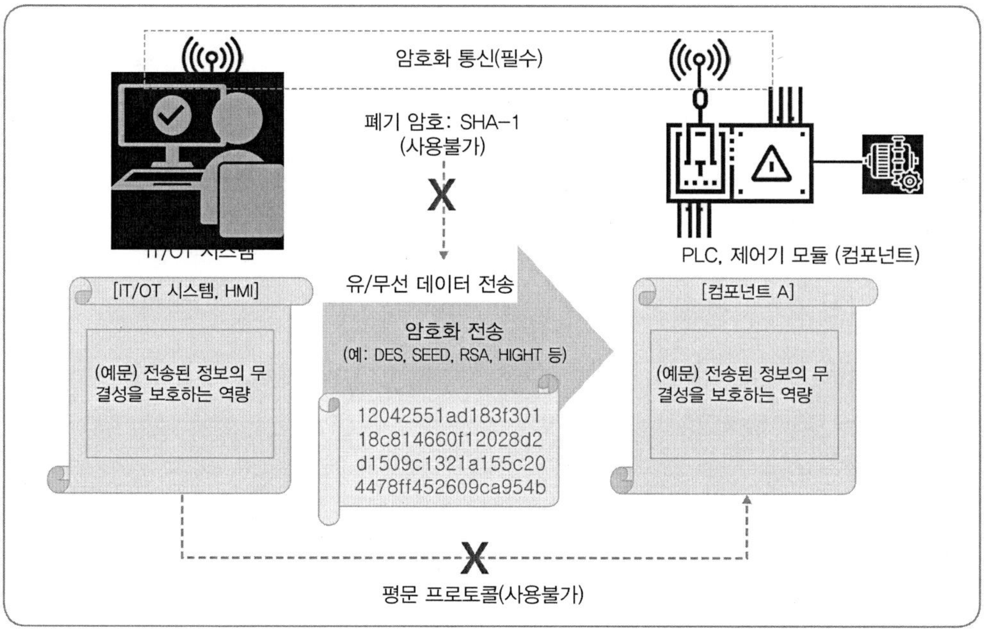

[그림 3-48] 컴포넌트로 입력되는 정보 및 데이터의 기밀성 보호를 위한 암호화 사용 예시

72) File Transfer Protocol, TCP/IP를 사용하는 네트워크에서 컴퓨터들간의 데이터를 원활하게 전송하기 위한 목적으로 개발된 프로토콜로 보안성이 매우 낮다.

[그림 3-48]은 시스템 및 컴포넌트 간의 데이터 통신에 관한 내용을 도식화하였다. 현재의 제어 시스템 및 컴포넌트 간에는 유선 또는 무선 통신을 사용하고 있으며, 특히 무선 통신을 사용하여 데이터의 전송, 명령 또는 정보 등의 교환을 진행할 경우는 필수적으로 암호 프로토콜을 통한 암호화 통신이 필수적이라 할 수 있다.

위 사례에서 보여주듯이, 일반적으로 사용되는 시스템 및 컴포넌트 간에 안전하게 유선통신을 사용한다고 할지라도 평문 통신을 진행하여서는 안 되며, 필수적 암호 통신 프로토콜을 이용한 데이터의 암호화를 진행하여야 한다. 이는 유선의 데이터 전송 중이라 할지라도 해킹 공격 또는 현장 직원 등으로부터의 데이터의 탈취, 복제 등이 발생할 가능성이 존재함으로, 전송되는 모든 데이터는 암호화하여 위협을 방지할 수 있어야 한다.

컴포넌트의 개발 진행시, 고려 및 검토해야 할 사항으로는 다음과 같은 것들이 있을 수 있다.

- 컴포넌트에서 사용, 생성, 저장 정보 및 데이터 등에 대한 기밀성의 유지를 위한 기능이 구현되는지
- 유/무선 통신을 통한 전송 데이터 또는 정보에 대한 기밀성 유지를 위한 기능의 구현

컴포넌트의 평가 진행을 위하여 함께 검토 및 준비되어야 할 문서는 다음과 같다.
(※ 해당 문서들은 개별 기업별 다른 명칭 및 포함되는 내용 등이 다를 수 있다.)

- 시스템 및 컴포넌트 명세서
- 컴포넌트 사용자 지침서
- (모듈 등의 3사 공급 진행시 공급사로부터 제공되는) 제품 사용 지침서 또는 메뉴얼
- 컴포넌트 테스트 보고서

- 컴포넌트 보안 평가/감사 보고서

CR 4.2 정보 지속성

'CR 4.2 정보 지속성'은 보안 수준 SL-1에 해당하지 않는 관계(SL-2~SL-4에 해당)로 내용을 제외한다.

CR 4.3 암호 기법 사용

컴포넌트 상에서 데이터 통신 또는 저장 시에 중요 데이터 또는 정보에 대한 암호화를 할 경우, 암호 사용의 보안 요구사항에 관련된 허용 기준을 설명한다. 이는 4-2 표준의 컴포넌트 요구사항, CR 1.14, CR 3.1 및 CR 4.1에서 요구되는 경우에 해당한다.

암호 기법 사용에 대한 허용 기준으로;

- 암호화를 위하여 사용되는 암호 프로토콜은 국내 또는 국제 표준에 의하여 정의된 것을 사용하여야 하며, 비인가 또는 승인되지 않은 암호 알고리즘 등의 사용은 안 된다.
- 암호화를 위하여 사용되는 암호 프로토콜은 BSI의 TR-02102 등과 같은 산업계 또는 보안 분야에서 사용을 권장 또는 권고하는 것을 사용하여야 한다.
- 암호화 프로토콜의 사용은 다양한 사용 사례, 문서(예: 논문 등)들을 통하여 해당 프로토콜에 대한 안정성과 보안성 등이 입증된 것을 사용하여야 한다.

[그림 3-49]와 [그림 3-50]에서 보여주는 다양한 암호화 알고리즘들은 일반적으로 국내외에서 사용을 권고하는 것들이며, 컴포넌트 개발시, 아래 표에서 보여주는 보안 강도(예: 키 길이), 안정성을 보장할 수 있는 권장 유지 기간 등을 참고하여 적합한 알고리즘을 선택하여 적용하면 된다.

한국

- SEED (비밀키/대칭키 암호)
- HIGHT (High security and light weigHT, 비밀키/대칭키 암호)
- LEA (Lightweight Encryption Algoritum, 비밀키/대칭키 암호)
- ARIA (Academy/Research Insitute/Agency, 비밀키/대칭키 암호)

해외

- RSA (공개키/비대칭키 암호)
- AES (Advanced Encryption Standard, 비밀키/대칭키 암호)

[그림 3-49] 국내외 사용 중인 공식 암호화 알고리즘

보안강도	NIST (미국)	한국	안전성 유지기간
80 bit 이상	AES-128/192/256 2TDEA 3TDEA	SEED ARIA-128/192/256	2010년까지
112 bit 이상	AES-128/192/256 3TDEA	SEED ARIA-128/192/256	2011년 ~ 2023년 (최대 20년)
128 bit 이상	AES-128/192/256	SEED ARIA-128/192/256	2030년 이후 ~ (최대 30년)
192 bit 이상	AES-192/256	ARIA-192/256	2030년 이후 ~ (최대 30년)
256 bit 이상	AES-256	ARIA-256	2030년 이후 ~ (최대 30년)

[그림 3-50] 국내외 암호화 알고리즘별 보안 강도 및 사용 기한

컴포넌트의 개발 진행시, 고려 및 검토해야 할 사항으로는 다음과 같은 것들이 있을 수 있다.

- 국제적 또는 공공적으로 입증된 공인 암호의 사용 유무
- 안전한 암호 메커니즘의 적용 유무

- 컴포넌트 적용 환경 또는 시스템상에서의 타 장치 및 컴포넌트들과의 암호화 메커니즘 호환

컴포넌트의 평가 진행을 위하여 함께 검토 및 준비되어야 할 문서는 다음과 같다. (※ 해당 문서들은 개별 기업별 다른 명칭 및 포함되는 내용 등이 다를 수 있다.)

- 시스템 및 컴포넌트 명세서
- 컴포넌트 사용자 지침서
- (모듈 등의 3자 공급 진행시 공급자로부터 제공되는) 제품 사용 지침서 또는 메뉴얼
- 컴포넌트 테스트 보고서
- 컴포넌트 보안 평가/감사보고서
- (암호키 사용과 보안 강도를 기술한) 위협 및 위험 분석 보고서

3.5
FR-5 데이터 흐름 제한

'FR-5 데이터 흐름 제한'은 컴포넌트에 연결되는 네트워크 기능 및 환경 등에 대한 평가 기준을 설명하고 있다.

CR 5.1 네트워크 분할

네트워크 분할은 제어 시스템 네트워크 또는 자동화 시스템상의 OT 네트워크 등에 대한 보안 강화 및 트래픽 감소 등을 위하여 각각의 컴포넌트 또는 세부 시스템 간의 네트워크를 구분하여 사용하는 개념으로, 관련된 허용 기준은 해당 컴포넌트가 네트워크 컴포넌트 요구사항을 적용받는 경우에 해당한다.

네트워크 분할에 대한 평가 허용 기준은 다음과 같다.

- 해당 컴포넌트는 가상 네트워크(VLAN)이나 다중 네트워크 카드 등의 사용을 통하여 제어 시스템 또는 OT 네트워크에 사용되는 구역(Zone)과 통신경로(Conduit)의 네트워크 분할을 지원해야 한다.
- 또한, 해당 컴포넌트는 다양하고 광범위한 네트워크에 대한 사용 및 지원을 위하여 라우팅과 라우터 역할을 포함하는 네트워크 환경을 구성하고 지원하는 기능을 가지고 있어야 한다.

해당 컴포넌트가 네트워크 컴포넌트가 아닌 경우(예: 소프트웨어 애플리케이션 컴포넌트, 호스트 컴포넌트, 임베디드 컴포넌트)에 적용되며, 이에 대한 불허 기준은 다음과 같다.

- 컴포넌트가 불가능하거나 유지하기 어려운 네트워크 분할을 연결 또는 요구하는 경우는 불허한다. 즉, 해당 컴포넌트가 네트워크 기능을 가지고 있지 않은

컴포넌트로써, 네트워크 분할이 불가능 또는 유지가 어려운 상태 등의 일반적이지 않은 상황임에도 이러한 네트워크 분할을 요청하거나 필요로 하는 경우는 컴포넌트에 대한 악성코드의 감염 또는 외부 공격 등에 의한 오동작 등으로 판단할 수 있으며, 시도 및 접근은 차단 등이 진행되어야 한다. 평가에서 컴포넌트로부터 이러한 시도 또는 요청이 발생하는 경우는 불허 기준에 해당한다.

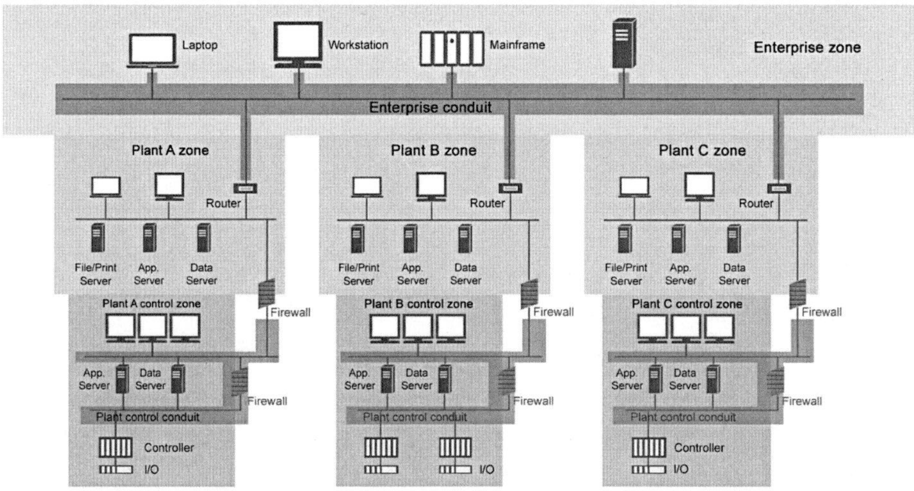

[그림 3-51] 제어 시스템 환경에서의 네트워크의 구역 분할 및 구성 〈출처: DEK[73]〉

[그림 3-51]은 산업 자동화 및 제어 시스템에서의 네트워크 구성에 대한 사례를 보여주고 있다.

일반적으로 상위 단(노란 부분)의 네트워크는 IT 네트워크라고 부르고 있으며, 일반 사무 또는 관리를 위한 기업 또는 공자의 네트워크 시스템을 말하고 있다. 이는 또한 구역(Zone)으로 구분하고 있으며, 네트워크 부분을 통신경로(또는 "도관", Conduit)로 칭하고 있다.

73) IEC 62443: Cybersecurity in der Industrieautomatisierung (dke.de)

그 하위 단(회색 부분)으로는 제어 시스템의 구역이 정의되고 있으며, 다수의 구역이 기업 네트워크에 연결되어 통제 및 관리 되고 있다. 또 그 하위 단(청색 부분)은 다수의 세부적인 통제 구역으로 구분되어 있으며, 이들은 각각의 통신경로로 연결되어 통제 및 관리가 진행된다. 이들 각각의 통신경로들은 보안 및 관리의 목적을 위하여 방화벽으로 구분하여, 개별 구역의 보안을 담당하고 있다. 그림에서 보듯이 한 구역 내의 통제 및 관리 서버 및 컴포넌트들은 타 구역의 시스템 또는 컴포넌트들과 엄격히 구분되어 직접적인 네트워크의 연결 연결이 불가함을 보여주고 있다. 또한, 이는 일반적인 유선 네트워크의 환경으로 볼수 있으며, 무선 네트워크 또한 이와 같은 구역과 통신경로를 구성하는 네트워크 시스템을 유지하고 있으나, 무선 통신의 특성상 물리적 장치에 의한 네트워크 구분이 아닌 논리적인 망 구분의 형태를 가지고 있는 관계로 보안상 취약하다고도 할 수 있다. 이러한 이유에 향후 무선 네트워크 환경의 보편화에 따른 부가적 보안적 요소 및 대응 방법의 추가적 검토와 적용이 필요하다고 할 수 있다.

컴포넌트의 개발 진행시, 고려 및 검토해야 할 사항으로는 다음과 같은 것들이 있을 수 있다.

- 컴포넌트 또는 제어 시스템 상에서의 (WWW) 인터넷 접근 및 사용 유무
- 네트워크 이중화[74)]의 여부
- 제어 시스템과 컴포넌트 간의 네트워크 보호를 위한 기능
- 네트워크에 통제 및 관리

컴포넌트의 평가 진행을 위하여 함께 검토 및 준비되어야 할 문서는 다음과 같다.
(※ 해당 문서들은 개별 기업별 다른 명칭 및 포함되는 내용 등이 다를 수 있다.)

74) 네트워크의 장애 또는 문제 발생(예: 대역폭 한계) 등을 대비하여 경로 또는 데이터 사용 등을 이원화하여 네트워크의 보안 위험감소 및 강화, 재해 복구 등의 다양한 목적을 위한 네트워크 구조

- 시스템 및 컴포넌트 명세서
- 컴포넌트 사용자 지침서
- (모듈 등의 3자 공급 진행시 공급자로부터 제공되는) 제품 사용 지침서 또는 메뉴얼
- 컴포넌트 테스트 보고서
- 컴포넌트 보안 평가/감사보고서
- 네트워크 구성도
- 네트워크 설계와 관련된 문서

CR 5.2 구역 경계 보호

'CR 5.2 구역 경계 보호'는 각각의 구역(Zone)에 위치한 통신경로(Conduit)에 대한 감시 및 통제를 할 수 있어야 한다는 4-2 요구사항에 대한 평가 기준으로 네트워크 컴포넌트 요구사항(NDR)에 해당하며, 허용 및 불허 기준은 아래와 같다.

'구역 경계 보호'에 관한 허용 기준으로;

- 컴포넌트는 위험이 발생 가능한 구역과 해당 통신경로에 정의된 구획화를 강제적으로 진행하기 위하여 컴포넌트가 위치한 해당 구역의 경계상에서 데이터 통신을 모니터링하고 필요시 통제하는 기능을 제공하여야 한다.

불허 기준으로는;

- 컴포넌트가 구역 경계를 위한 네트워크 및 구역에 대하여 모니터링, 통신 통제 등과 같은 보호 활동에 대하여 충분하게 입증하지 못한 경우는 불허한다.

[그림 3-52]는 일반적인 산업 자동화 및 제어 시스템의 구역과 통신경로 상의 구조를 도식화 한 것으로써 각 구역에 컴포넌트가 연결되어 있는 세부 통신경로 들은 다른 구역의 세부 통신경로들과 직접적으로 연결되거나 운영될 수 없음을 보여주고 있으며, 만일 다른 구역의 네트워크들과의 연결을 위하여는 컴포넌트 상위 단의 통제 관

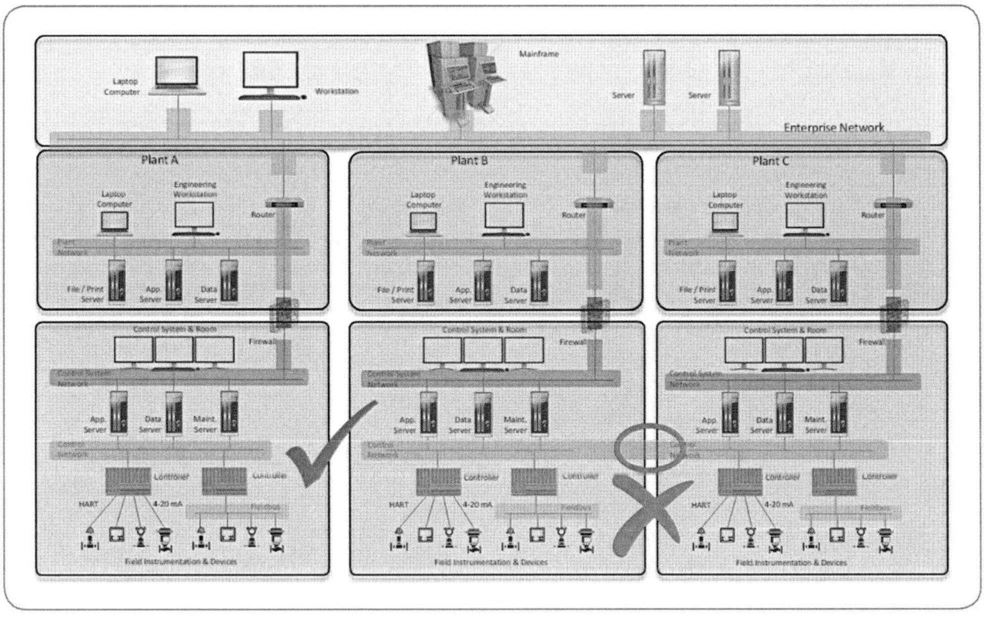

[그림 3-52] 제어 시스템 환경에서의 구역 경계에 대한 보호 예시 〈출처: ISA[75]〉

리 및 모니터링 등이 가능한 제어 네트워크를 통하여 만 가능하다. 이는 안전하지 못한 또는 신뢰할 수 없는 다른 구역으로부터 해당 구역에 위치한 컴포넌트들에 대한 보호와 위협을 예방하기 위한 설계라 할 수 있다.

컴포넌트의 개발 진행시, 고려 및 검토해야 할 사항으로는 다음과 같은 것들이 있을 수 있다.

- 네트워크 장치가 구역 경계 보호를 할 수 있는 기능이 구현되어 있는지 유무
- 구역 경계선상에서 통신에 대한 모니터링 기능이 있는지 유무
- 만일, 별도의 구역 경계 장비들을 통하여 대체 처리 사이트 또는 방법을 제공받는 수 있는 경우, 제어 시스템 경계선에 대한 보호의 수준은 어느 정도 일지

75) https://gca.isa.org/blog/how-to-define-zones-and-conduits

컴포넌트의 평가 진행을 위하여 함께 검토 및 준비되어야 할 문서는 다음과 같다.
(※ 해당 문서들은 개별 기업별 다른 명칭 및 포함되는 내용 등이 다를 수 있다.)

- 시스템 및 컴포넌트 명세서
- 컴포넌트 사용자 지침서
- (모듈 등의 3자 공급 진행시 공급자로부터 제공되는) 제품 사용 지침서 또는 메뉴얼
- 컴포넌트 테스트 보고서
- 컴포넌트 보안 평가/감사 보고서
- 구역과 통신경로 설계서
- 경계선 보호장치 Rule Set 구현 내용이 기술된 문서

CR 5.3 범용 개인 대 개인(P2P) 통신 제한

'CR 5.3 범용 개인 대 개인(P2P) 통신 제한'은 일반적으로 사용되는 개인 통신 등의 사용 제한에 대한 허용과 불허 기준에 대하여 설명한다.

허용 기준으로는;

- 컴포넌트를 '통하는' 또는 '이용하는' 사용자 또는 시스템 등으로부터 제어 시스템으로 수신되는 일반적 목적을 갖는 이메일, 페이스북, 또는 카카오톡 등의 모든 형식의 소셜 미디어(Social Media), 휴대폰 메시지 시스템 등을 포함한 모든 개인 간의 통신 매체의 사용을 금지하는 기능을 제공하여야 한다. 이러한 기능의 예로써는 패킷 필터나 애플리케이션-수준에서의 게이트웨이를 통한 트래픽 필터링 등을 들 수 있다.

불허 기준으로는;

- 컴포넌트 또는 네트워크상에서 발생하는 시스템 및 외부 사용자들로부터 수신된 일반 개인 목적으로 사용되는 개인간 통신 내용(데이터 또는 정보 등) 등의

통신 트래픽들에 대하여 통제 및 검사가 불가능하거나 불충분한 수준으로 진행될 경우는 불허한다.

현재 대다수 사람들은 다양한 형태의 개인 소셜 미디어 또는 이메일 등을 통하여 외부와 소통하고 있으며, 이는 제어 시스템 또는 산업 자동화 시스템 환경을 관리 및 통제하는 사람들도 포함되어 있다.

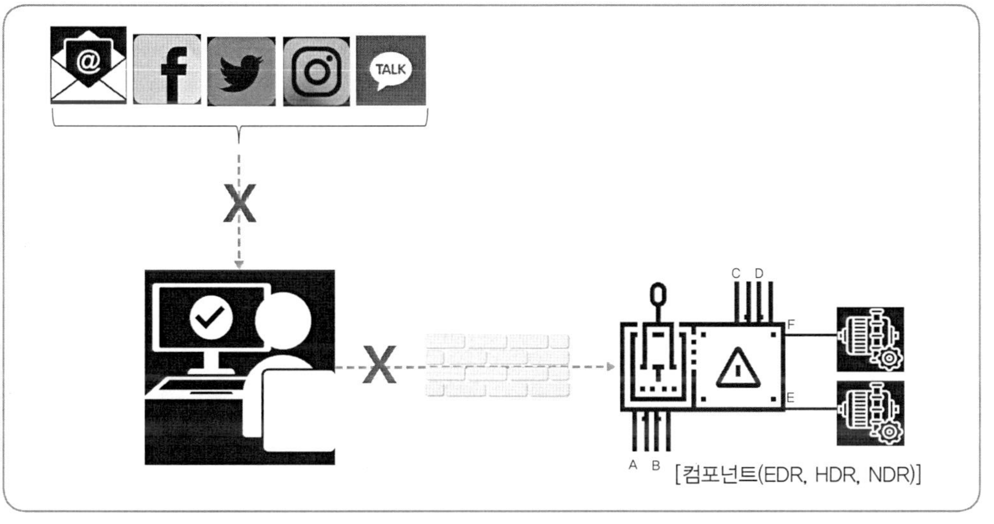

[그림 3-53] 제어 시스템 환경에서의 개인의 범용 통신사용 통제 및 제한 예시

일반적으로 이러한 상황들은 별다른 문제가 되어 보이지 않으나, 제어 시스템 환경하에서는 사람들의 실수, 무관심, 편리성 등을 통하여 다양한 보안, 해킹, 안전사고 등이 발생하고 있다. 이러한 이유가 IT 시스템과 OT 시스템이 분리 및 통제 관리가 되어야 하는 이유 중의 하나이며, 사용자의 개인 장비 또는 휴대 장치와 제어 시스템과의 연동 또는 혼용이 금지되어야 하는 이유라고 할 수 있다. 일례로써, 2011년 발생한 농협의 전산망 해킹사고 등은 외부 업체 유지보수 담당자가 바이러스에 감염된 개인의 노트북을 전산시스템 유지보수를 위하여 유선으로 연동하고, 내부 접근 및 사용 권한을 통하여 접속함으로써, 시스템은 들어오는 통신 및 데이터(예: 악성코드)가 검증된 것

으로 판단되어 발생한 사고라 할 수 있다. 그러므로, 제어 시스템 또는 관련 네트워크 장비 등을 통한 개인의 사용을 엄격하게 금지되어야 하며, 절대 혼용하는 일이 발생하여서는 안 된다 할 수 있다.

컴포넌트의 개발 진행시, 고려 및 검토해야 할 사항으로는 다음과 같은 것들이 있을 수 있다.

- 컴포넌트 또는 연계 네트워크를 통한 개인간 메시지 통신(이메일, 메시지, SNS 등 포함) 사용에 대한 모니터링 기능의 구현 유무
- 컴포넌트 또는 연계 네트워크를 통한 개인간 메시지 통신에 대한 통제 및 관리 기능 유무

컴포넌트의 평가 진행을 위하여 함께 검토 및 준비되어야 할 문서는 다음과 같다.
(※ 해당 문서들은 개별 기업별 다른 명칭 및 포함되는 내용 등이 다를 수 있다.)

- 시스템 및 컴포넌트 명세서
- 컴포넌트 사용자 지침서
- (모듈 등의 3자 공급 진행시 공급자로부터 제공되는) 제품 사용 지침서 또는 메뉴얼
- 컴포넌트 테스트 보고서
- 컴포넌트 보안 평가/감사보고서

3.6 FR-6 이벤트 적시 대응

'이벤트 적시 대응'은 보안사고 발생에 따른 모든 상황에 대한 절차 및 조치 등에 관한 전반적인 대응 방법에 관련된 사항에 대한 평가 기준을 포함한다.

CR 6.1 감사 로그 접근성

'CR 6.1 감사 로그 접근성'은 컴포넌트에 저장되어 있는 이벤트 및 감사 관련 기록의 접근에 관한 기능에 대하여 허용과 불허의 기준을 설명한다.

'감사 로그 접근성'에 대한 허용 기준으로;

- 컴포넌트에 대한 접근 및 사용 등은 허가된 사람 사용자와 해당 컴포넌트의 감사 기록에 대하여 읽기만 가능한 기기 또는 도구만을 통하여 접근할 수 있는 기능이 있어야 한다. 이때, 감사 기록 또는 로그에 대한 접근 권한이 없는 사람이 해당 감사 기록에 대한 접근 및 열람을 할 수 있어서는 안 되며, 접근이 승인된 사용자라 할지라도 해당 감사 기록에 대하여 수정 또는 변경 가능한 기기 또는 장치들의 사용을 금지하고, 오직 읽기만 가능한 기기 또는 도구만을 사용하여야 한다.
- 감시의 관점에서 감사 기록에 대한 접근은 웹 인터페이스를 통하여 접근하는 것은 허용된다. 컴포넌트에 대한 직접적인 오프라인 접근이 아닌 네트워크를 통한 온라인 접근의 경우, 시스템적으로 승인되어 사용이 가능한 경우에 웹 인터페이스를 통한 감사 기록의 접근은 허용할 수 있다.
- 감사 진행을 위하여 컴포넌트에 대한 감사 로그 기록에 접근하는 방법으로써 감사 진행을 할 수 있는 별도의 정보시스템에서 제공하는 특정 콘솔 도구를 통

한 접근은 허용된다. 해당 콘솔 툴은 앞에서 설명한 감사 기록에 대한 읽기만이 가능한 콘솔 툴이어야 하며, 해당 사용자의 감사 기록에 대한 접근 기록 등을 기록할 수 있는 전문 시스템을 통한 콘솔 툴이어야 한다.

불허 기준으로써는;

- 내부적으로 허가되지 않은 비인가 사용자(예: 컴포넌트에 대한 접근 권한은 있으나, 그 권한이 감사 기록에 대한 권한은 포함되어 있지 않은 사용자)가 감사 로그에 접근 및 열람 등이 가능한 경우는 불허한다. 이 경우는 "FR-2 사용 통제" 요구사항의 "권한 부여" 요구사항에 위배 된다고 할 수 있다.

[그림 3-54]는 사용자의 컴포넌트 감사 기록에 대한 접근에 대한 설명을 포함하고 있다.

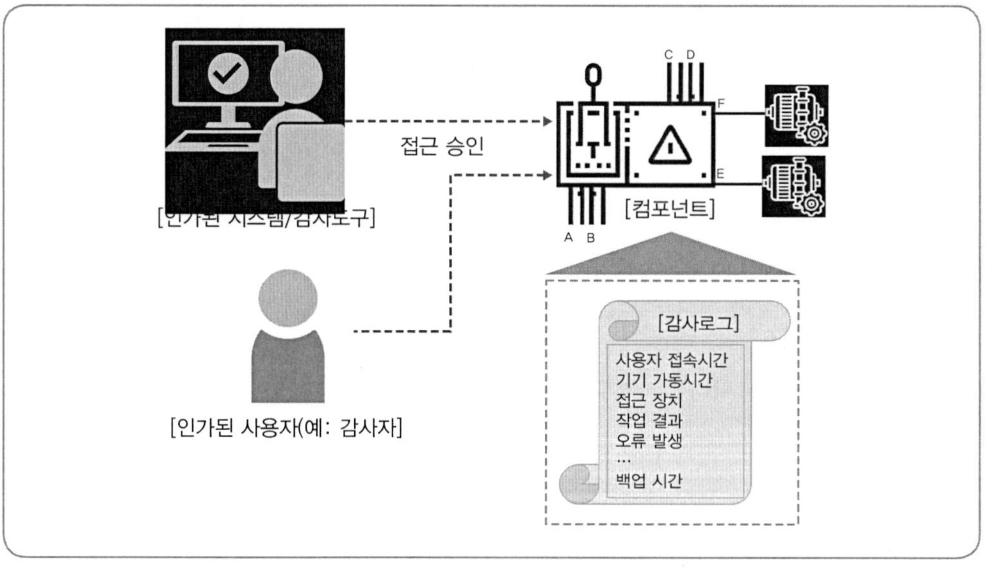

[그림 3-54] 컴포넌트 및 제어 시스템 상에서의 감사 로그에 대한 접근 통제 예시

승인 또는 인가된 사용자(예: 감사자)는 직접적으로 해당 컴포넌트 상에 또는 별도의

감사 기록을 저장할 수 있는 장치나 시스템 접속하여 관련 감사 기록만을 열람할 수 있으며, 이때 인가된 시스템 또는 별도의 감사 도구를 사용할 수 있다. 이때, 감사자가 사용하는 별도의 감사 시스템 또는 감사 도구는 읽기 전용 기능만을 제공하여 어떠한 수정 또는 변경 등을 진행할 수 없어야 하며, 웹 인터페이스 등을 지원하여 사용의 편리성을 제공할 수 있다.

컴포넌트의 개발 진행시, 고려 및 검토해야 할 사항으로는 다음과 같은 것들이 있을 수 있다.

- 컴포넌트에서 인가된 사용자 및/또는 인가된 도구가 감사 로그에 읽기 전용으로 접근 가능한지 여부

컴포넌트의 평가 진행을 위하여 함께 검토 및 준비되어야 할 문서는 다음과 같다.
(※ 해당 문서들은 개별 기업별 다른 명칭 및 포함되는 내용 등이 다를 수 있다.)

- 시스템 및 컴포넌트 명세서
- 컴포넌트 사용자 지침서
- (모듈 등의 3자 공급 진행시 공급자로부터 제공되는) 제품 사용 지침서 또는 메뉴얼
- 컴포넌트 테스트 보고서
- 컴포넌트 보안 평가/감사 보고서
- 감사로그 생성 및/또는 서버 설계서
- 감사로그 분석서

CR 6.2 지속적 모니터링

'CR 6.2 지속적 모니터링'은 보안 수준 SL-1에 해당하지 않는 관계(SL-2~SL-4에 해당)로 내용을 제외한다.

3.7
FR-7 자원의 가용성

컴포넌트가 가지고 있는 자원 또는 리소스(예: 저장 용량 등)의 사용과 활용 등에 대한 전반적인 평가 기준을 제시하고 있다.

CR 7.1 서비스 거부 방지

'CR 7.1 서비스 거부 방지'는 서비스 거부 공격(DoS) 발생에 대한 컴포넌트의 대응 능력에 대한 평가 기준을 설명하고 있다.

허용 기준으로는;

- 컴포넌트에 대한 서비스 거부 공격(DoS)이 발생하여 해당 컴포넌트가 사전에 정의되어 작동하고 있는 서비스 등의 정상적인 운용에 제한 또는 성능저하 모드 상황이 발생한 경우에도 컴포넌트의 기본 및 필수 기능에 대하여는 최소한의 정상적 운용이 가능한 동작 상태를 보장하여야 한다.

[그림 3-55]는 컴포넌트에 대한 DoS 공격에 대한 상황을 도식화한 내용으로, 다 수의 공격자들이 동일 시점에 특정 컴포넌트 또는 시스템 등에 대하여 무작위적인 공격(예: 수용 한계 이상의 접속 시도, 지속적 데이터의 입출력 등)을 보여주고 있으며, 이러한 다 수의 공격자들에 의한 DoS 공격 발생 시에 해당 컴포넌트가 가지고 있어야 할 방어 및 대응 능력을 보여주고 있다. 지속적인 DoS 공격의 증가에 따라 점차 컴포넌트가 기본 기능을 유지할 수 있는 능력은 감소하고 있으나, 최소의 성능을 유지하여 기본적인 필수 기능에 대한 유지범위를 확보하고 제공할 수 있는 능력을 보유하여야 한다.

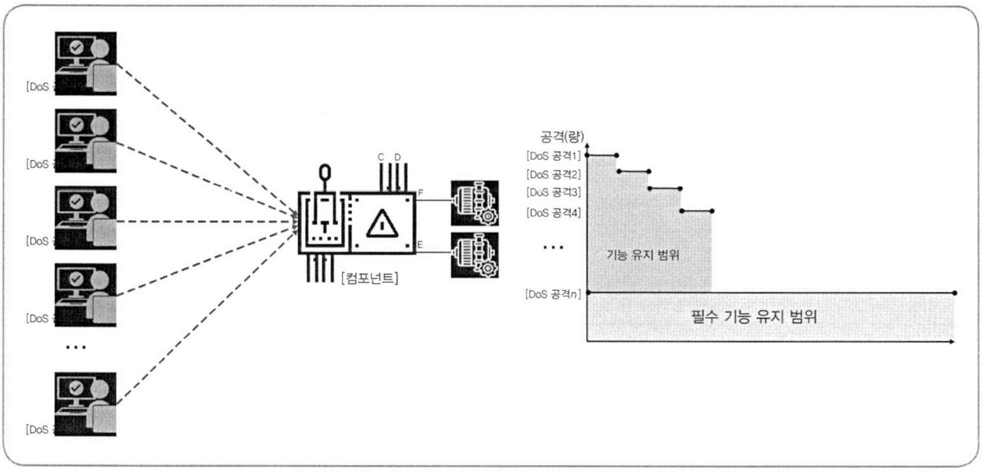

[그림 3-55] 서비스 거부 공격(DoS)에 대한 대응 및 기능 유지 예시

컴포넌트의 개발 진행시, 고려 및 검토해야 할 사항으로는 다음과 같은 것들이 있을 수 있다.

- 컴포넌트가 서비스 거부 공격(DoS)을 감지 또는 식별하는 기능을 제공할 것인지
- 컴포넌트가 서비스 거부 공격(DoS) 등에 의한 성능저하 발생시 기본 필수 기능 유지 여부 및 한계 범위 등

컴포넌트의 평가 진행을 위하여 함께 검토 및 준비되어야 할 문서는 다음과 같다.
(※ 해당 문서들은 개별 기업별 다른 명칭 및 포함되는 내용 등이 다를 수 있다.)

- 시스템 및 컴포넌트 명세서
- 컴포넌트 사용자 지침서
- (모듈 등의 3자 공급 진행시 공급자로부터 제공되는) 제품 사용 지침서 또는 메뉴얼
- 컴포넌트 테스트 보고서
- 컴포넌트 보안 평가/감사 보고서
- DoS 대응 설계서/구현 기술 문서

CR 7.2 자원 관리

'CR 7.2 자원 관리'는 컴포넌트의 사용 증가에 따라 발생하는 자원 또는 리소스의 감소와 이로 인한 고갈을 방지하지 위한 기능에 대한 허용 기준을 제시하고 있다.

허용 기준으로;

- 사용중인 컴포넌트 자원(예: 메모리 등)의 부족으로 인한 기능 저하 또는 보안 기능 약화 등을 방지하고, 컴포넌트 상에서 작동 및 운영되는 기본적인 기능과 보안 기능의 안정적 유지를 위하여 컴포넌트의 보안 기능에 의하여 자원의 사용은 분배 또는 관리되어야 하며, 불필요한 기능 등에 대하여 일부 제한할 수 있는 기능이 있어야 한다. 예를 들어, 필요시 소프트웨어 프로세스에 대한 우선권 제공 또는 네트워크 트래픽율 등의 제한을 통하여 컴포넌트에 대한 부하의 감소와 사용 자원의 감소 등이 있을 수 있다.

[그림 3-56]은 컴포넌트 내부의 자원 등에 활용과 관리를 위한 예를 보여주고 있다. 좌측은 일반적으로 사용중인 메모리 맵의 예시로써 일반적 컴포넌트가 사용 중인 기능에 관련된 메모리 사용을 보여주고 있으며, 기능의 사용 증가에 따라 여유 메모리 공간이 부족함을 보여주고 있다. 이러한 여유 자원의 부족을 예방하고 최소 이상의 메모리 공간확보 및 운영을 위하여 불필요한 기능 또는 중요하지 않은 기능 등의 사용을 줄이거나 중단시킴으로써 여유 자원의 확보와 보안 기능 또는 감사 기록 저장 공간확보 등을 보장할 수 있다.

컴포넌트의 개발 진행시, 고려 및 검토해야 할 사항으로는 다음과 같은 것들이 있을 수 있다.

- 소프트웨어 프로세스에 의해서 컴포넌트 자원 사용량이 증가하였을 경우의 내부 자원 고갈을 방지하기 위한 기능은 어떻게 구현할지 (예: 바이러스 검사 및 패치 관리 등이 컴포넌트 프로세스의 작동을 제한하는가)

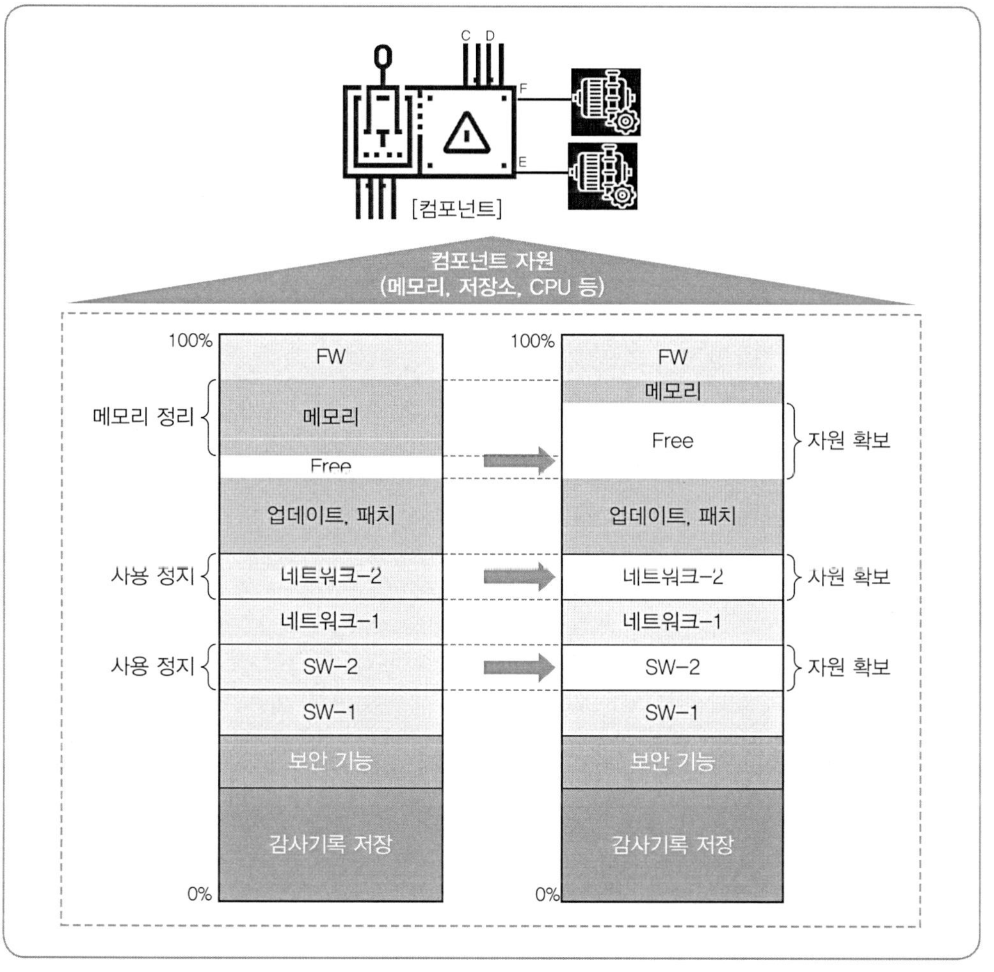

[그림 3-56] 컴포넌트의 자원 관리 및 사용 제한 예시

컴포넌트의 평가 진행을 위하여 함께 검토 및 준비되어야 할 문서는 다음과 같다(※ 해당 문서들은 개별 기업별 다른 명칭 및 포함되는 내용 등이 다를 수 있다.)

- 시스템 및 컴포넌트 명세서
- 컴포넌트 사용자 지침서
- (모듈 등의 3자 공급 진행시 공급자로부터 제공되는) 제품 사용 지침서 또는 메뉴얼

- 컴포넌트 테스트 보고서
- 컴포넌트 보안 평가/감사보고서
- 자원 관리 및/또는 이용율 현황 보고서와 이와 관련된 문서

CR 7.3 제어 시스템 백업

제어 시스템과 이에 관련되어 있는 명령 프로그램 및 데이터 등은 산업 자동화 시스템의 핵심이라 할 수 있으며 가장 중요한 자산 중의 하나로써, 항상 관리되고 백업(Back-up)을 함으로써 불의의 사고 발생에 대한 복구 진행의 자원이라 할 수 있다. 여기서는 이에 관련된 허용 및 불허 기준에 대하여 설명한다.

허용 기준으로;

- 컴포넌트 또는 시스템의 안전한 운용환경 유지 및 보호를 위하여 사용되는 애플리케이션이나 기타 관련 장치 등의 데이터 또는 설정 등과 같은 상태를 백업할 수 있는 기능이 제공되어야 한다.
- 또한, 여기서 사용되는 상태 등의 백업을 위한 프로세스나 기능은 기존 컴포넌트의 정상 작동과 운영에 대하여 영향을 주지 않아야 한다.

불허 기준으로는;

- 컴포넌트 또는 제어 시스템의 백업을 위하여 사용되는 (저장)용량이 충분하게 제공되어야 하나, 충분하지 못하여 백업할 수 없을 경우와 이러한 백업의 기능이 구현되어 있지 않은 경우는 불허한다. 여기서 백업의 저장 용량 등은 제어 시스템 소유자 또는 구축시 내부적 정의 또는 관련 기관 등의 기준 또는 권고 등을 따라 결정할 수 있다.
- 또한, 이러한 백업 기능을 통한 백업의 진행시, 컴포넌트 또는 제어 시스템의 정상적 운영 및 작동에 영향을 주어서는 안 되며, 만일 컴포넌트의 정상 작동 및 운영에 영향을 줄 경우는 불허 기준에 해당된다. 일반적으로, 이러한 백업은

컴포넌트에 대한 최소의 부하 적용 또는 시스템의 비활성화 시간이나 작동 중단시에 진행한다.

[그림 3-57]은 일반적인 제어 시스템에서의 백업 환경을 보여주고 있으며, 백업의 내용과 주기는 개별 자산 소유자의 정책에 따라 결정된다. 일반적으로 컴포넌트에 관련된 자체적으로 사용되는 데이터, 명령어, 설정 및 구성 환경, 소프트웨어 애플리케이션, 감사 로그 등을 백업하게 되며, 내부 저장소의 이용한 백업 또는 외부 별도 백업 시스템을 통한 백업을 진행하는 것도 가능하다. 이 경우, 앞서 설명한 것처럼, 이러한

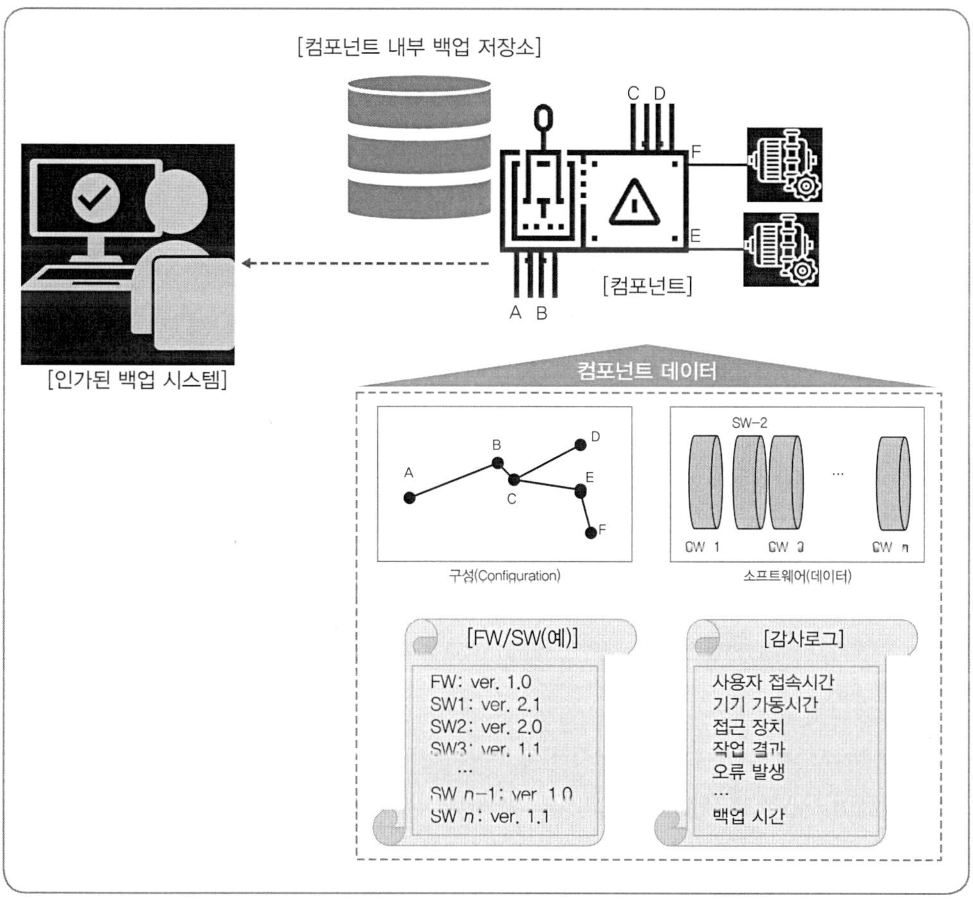

[그림 3-57] 컴포넌트 및 제어 시스템에서의 백업 예시

백업 정보 및 데이터 등에 대한 접근 및 관리는 해당 권한과 승인된 관리자에 의하여 진행되어야 하며, 주기적 백업 등을 통하여 사고의 발생시 백업된 자료의 빠른 복구를 통하여 제어 시스템 가동 중단의 시간을 줄이는 것이 중요하다.

컴포넌트의 개발 진행시, 고려 및 검토해야 할 사항으로는 다음과 같은 것들이 있을 수 있다.

- 컴포넌트의 자체적 백업 기능이 있는지 또는 외부의 별도 백업 시스템 등을 활용할 것인지
- 컴포넌트에서 제공하는 백업 기능과 저장 용량 등이 시스템 수준으로 동작하는지 또는 어느 정도의 수준으로 기능을 제공할 것인지.
- 백업 진행시, 정상적인 컴포넌트 작동에 영향을 주는지
- 백업된 정보의 보호를 위한 자체적 또는 별도의 메커니즘 및 기능이 있는지

컴포넌트의 평가 진행을 위하여 함께 검토 및 준비되어야 할 문서는 다음과 같다.
(※ 해당 문서들은 개별 기업별 다른 명칭 및 포함되는 내용 등이 다를 수 있다.)

- 시스템 및 컴포넌트 명세서
- 컴포넌트 사용자 지침서
- (모듈 등의 3자 공급 진행시 공급자로부터 제공되는) 제품 사용 지침서 또는 메뉴얼
- 컴포넌트 테스트 보고서
- 컴포넌트 보안 평가/감사보고서
- 백업 및/또는 복구 절차서/지침/가이드

CR 7.4 제어 시스템 복구 및 재구성

앞 절의 'CR 7.3 제어 시스템 백업'에서는 백업의 기능이 있어야 한다는 것에 대한 허용 및 불허 기준에 대하여 설명하였으며, 여기서는 백업된 데이터 등의 복구 및 재구

성에 관련된 허용 기준에 대하여 설명한다.

제어 시스템의 복구 및 재구성에 대한 허용 기준으로는;

- 해당 컴포넌트가 내외부의 어떠한 이벤트 또는 해킹 등과 같은 사고 발생으로 인하여 기존에 진행중인 프로세스 상태가 중단 또는 작동 실패 등의 구동 문제 발생한 이후, 원래 상태로의 복구를 위하여 문제 발생 이전의 안전한 상태로 복구 또는 재구성 등을 할 수 있는 기능을 제공하여야 한다. 즉, 사고 이전의 백업 시점으로 되돌릴 수 있어야 한다는 것이다.
- 문제 상황 해결에 따른 컴포넌트 또는 제어 시스템의 상태 회복을 위한 복구 및 재구성시, 디폴트값(예: 컴포넌트의 공장 초기 또는 설정값)이나 조정 가능한 시스템 파라미터가 기존의 정상 작동시에 사용중이었던 적정 입력 또는 작동 범위 등의 안전한 값으로 설정될 수 있어야 한다.
- 복구 및 재구성시, 해당 컴포넌트 또는 제어 시스템의 상태는 초기화 상태로 볼 수 있으며, 기존의 정상 운영시 업데이트되었던 최신 보안 또는 필수 패치(Patch) 등이 지워져 있을 수 있으므로 재설치를 통하여 재가동 전에 컴포넌트 또는 제어 시스템이 안전한 상태임을 확인해야 한다. 또한, 보안에 관련된 구성 또는 설정이 다시 설치 및 구성되어야 한다.
- 컴포넌트 또는 제어 시스템의 복구 및 재가동 등에 관련된 문서 및 운영 절차 등을 사용할 수있도록 준비되어 있어야 한다.
- 컴포넌트들이 안전한 복구 및 재가동을 위하여 컴포넌트의 초기 설정값을 재설치하고 환경 구성을 재구성하여야 한다.
- 컴포넌트 또는 제어 시스템의 복구는 승인(허가)된 전담 담당자가 진행하고 정확한 백업자료를 확인후 사용하여야 하며, 또는 내부의 진본 백업 소스 파일(예: 원본 파일)을 사용하여야 한다.

[그림 3-58]은 제어 시스템 및 컴포넌트의 장애 발생시의 복구에 대한 상황을 설명하고 있다. 제어 시스템 및 컴포넌트의 장애 발생은 다양한 내부적 또는 외부적 요인들에 의하여 발생할 수 있으며, 이에 대한 빠른 복구와 정상 재가동 상태로의 회복이 가장 중요한 이슈라 할 수 있다. 장애 발생을 대비한 데이터, 소프트웨어 애플리케이션, 감사 로그 또는 내부의 설정값 또는 패러미터 등에 대한 백업은 필수적 요소이며, 장애 복구와 설정 등의 재구성은 정확하고 빠르게 진행되어야 한다.

백업의 중요성은 장애 발생 이후, 복구의 시간 및 정도에 따라 기업의 성패를 좌우할 수 있다. 이러한 복구 및 장애 대응에 대한 사례는 매우 많다. 1995년 발생한 일본의 고베 지진시, 데이터에 대한 백업을 잘 관리하고, 복구에 대한 대응 정책을 수립한 기

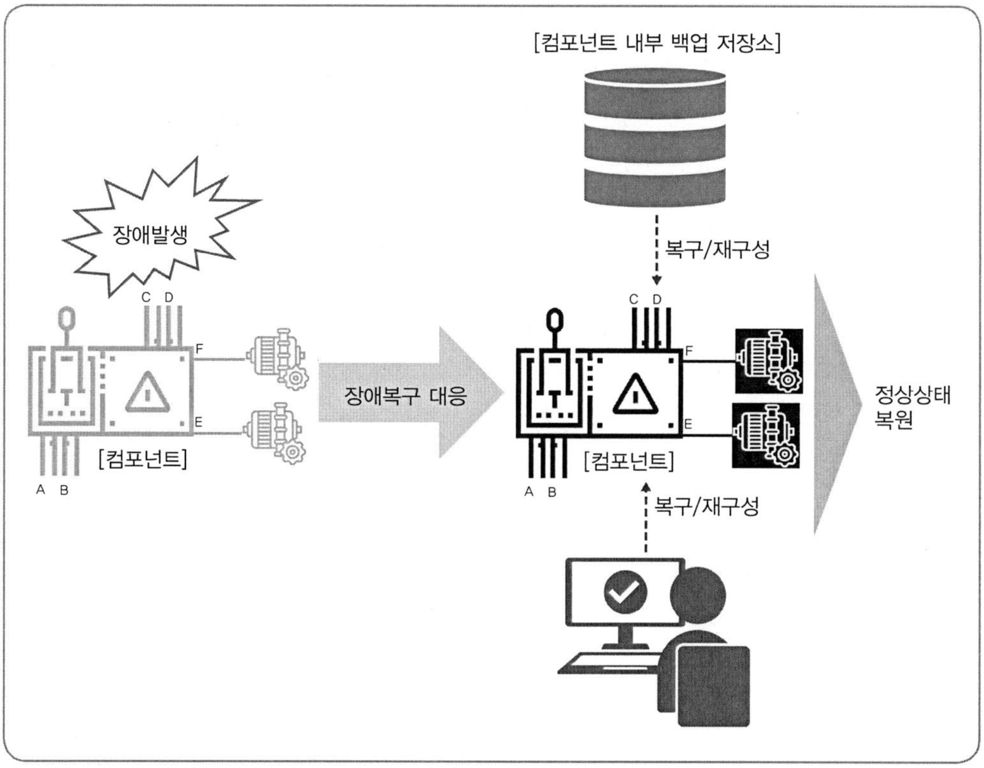

[그림 3-58] 제어 시스템 및 컴포넌트에 대한 장애 복구 및 재구성 예시

업들은 빠른 복구를 통하여 기업의 피해를 최소화하고 지속적 업무의 진행이 가능하였으나, 일부 복구 대응 정책과 백업 데이터의 손실 및 백업을 진행하지 않았던 기업들은 업무의 정상화가 불가능하여 폐업 등을 한 사례가 있다. 특히, 제어 시스템 및 컴포넌트들에 대한 백업 및 복원에 대한 정책과 실행은 기업의 생사를 가를 수 있는 중요한 요인이라 할 수 있다.

컴포넌트의 개발 진행시, 고려 및 검토해야 할 사항으로는 다음과 같은 것들이 있을 수 있다.

- 컴포넌트의 프로세스 중단 또는 장애 후에 알려진 안전한 상태로 복구 및 재구성하는 기능이 구현

컴포넌트의 평가 진행을 위하여 함께 검토 및 준비되어야 할 문서는 다음과 같다.
(※ 해당 문서들은 개별 기업별 다른 명칭 및 포함되는 내용 등이 다를 수 있다.)

- 시스템 및 컴포넌트 명세서
- 컴포넌트 사용자 지침서
- (모듈 등의 3자 공급 진행시 공급자로부터 제공되는) 제품 사용 지침서 또는 메뉴얼
- 컴포넌트 테스트 보고서
- 컴포넌트 보안 평가/감사 보고서
- 백업 및/또는 복구 설차서/지침/가이드

CR 7.5 비상 전원

'CR 7.5 비상 전원'은 보안 수준 SL-1에서 SL-4까지 전체적으로 해당하지 않으므로 내용을 제외한다.

CR 7.6 네트워크 및 보안 구성 설정

컴포넌트가 연결될 네트워크의 설정 및 구성에 대한 보안 요구사항에 대한 허용 및 불허 기준을 설명한다.

'컴포넌트의 네트워크 및 보안 구성 설정'에 대한 허용 기준으로;

- 컴포넌트는 '제어 시스템 제공자'[76]가 제작하고 제공한 네트워크 설정 및 보안 구성 등에 대한 가이드라인에서 정의하고 설명한 내용 등을 참조하여, 컴포넌트의 연결 네트워크와 이에 대한 보안 환경 설정 및 이를 재구성 할 수 있는 기능을 가지고 있어야 한다. 간단하게 정리하면, 향후 적용될 제어 시스템 환경에서 요구하는 네트워크 보안 구성 및 설정 등을 적용할 수 있도록 하는 조정 및 설정 기능을 가지고 있어야 한다는 것이다.
- 또한, 컴포넌트는 실제 제어 시스템의 네트워크 구성 환경 내에 적용과 보안 설정 등을 진행할 수 있는 인터페이스를 제공하여야 한다.

불허 기준으로는;

- 컴포넌트와 연결된 네트워크의 보안에 대한 설정, 환경 구성 등을 포함하는 보안 관련 업무를 진행하기 위하여, 필요한 문서(예: 운영 지침, 운영 메뉴얼, 네트워크 보안 설정 문서 등)이 준비되어 활용할 수 있어야 하며, 이러한 문서들의 누락 또는 부재 등은 불허의 기준이 된다.
- 또한, 준비된 네트워크 및 보안 설정, 환경 구성 등에 대한 문서가 존재하여 사용할 수 있다고 할지라도 해당 문서 내에 이러한 내용들이 충분히 기술되어 있지 않거나 및 부족하여 필요시 이들 문서를 활용하여 네트워크 및 이에 대한 보안의 구성을 할 수 없는 경우는 불허의 기준에 해당함으로 충분한 내용들이 기술되어 있는 문서들의 준비가 필요하다.

76) 여기서는 제어 시스템을 설계 및 구축하는 시스템 통합자(SI) 또는 최종 자산 소유자로 정의할 수 있다.

[그림 3-59]는 네트워크 및 보안 구성 설정에 관련되는 예를 설명하고 있다. 제어 시스템의 공급자들로부터 제공받거나 참조하게 되는 네트워크 및 보안 설정을 위한 지침서의 내용은 해당 컴포넌트를 어떻게 네트워크에 접속을 위한 설정 하는지와 보안에 관련된 설정을 할 것인가에 대한 방법과 내용을 설명하고 있다. 컴포넌트는 이러한 요구사항에 맞도록 네트워크와 보안 설정 진행할 수 있도록 함으로써, 전체 제어 시스템 네트워크 운영상의 보안환경을 유지할 수 있도록 하여야 한다.

컴포넌트의 개발 진행시, 고려 및 검토해야 할 사항으로는 다음과 같은 것들이 있을 수 있다.

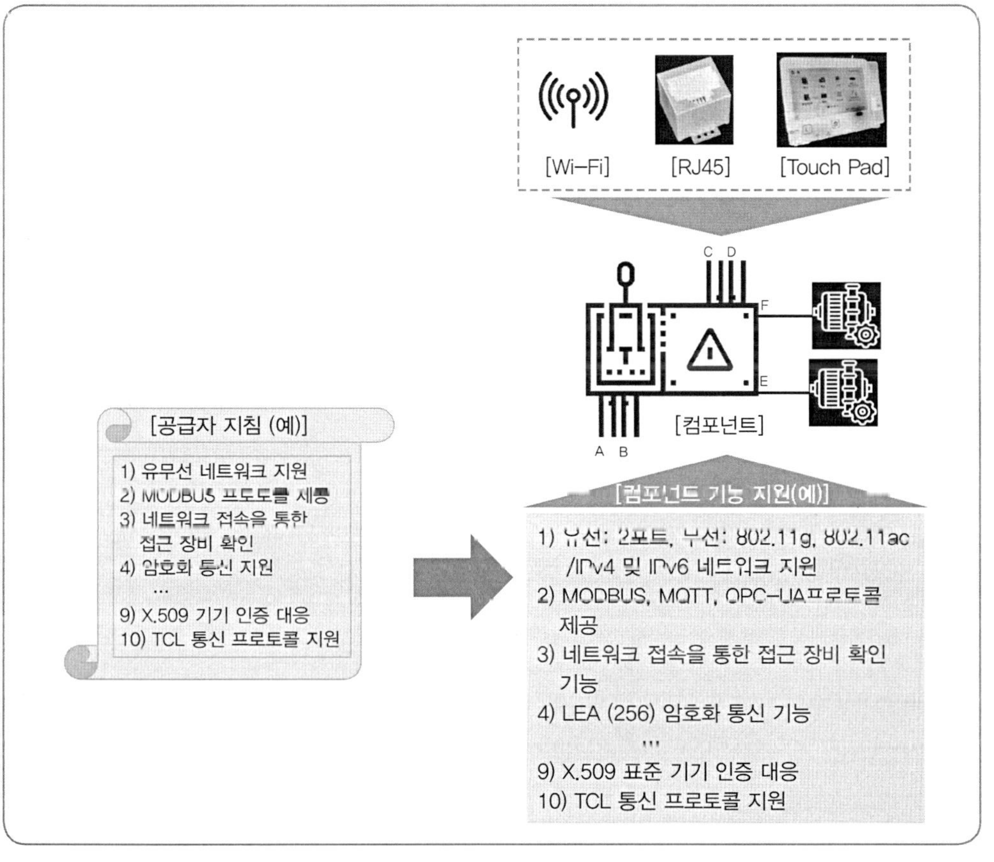

[그림 3-59] 제어 시스템에서의 컴포넌트 연결 네트워크 및 보안 구역의 설정 예시

- 제어 시스템 공급자가 제공한 지침에 서술된 네트워크와 보안 구성에 따른 설정 기능이 구현할 것인지
- 네트워크와 보안 구성 설정에 대한 인터페이스의 제공 여부

컴포넌트의 평가 진행을 위하여 함께 검토 및 준비되어야 할 문서는 다음과 같다.
(※ 해당 문서들은 개별 기업별 다른 명칭 및 포함되는 내용 등이 다를 수 있다.)

- 시스템 및 컴포넌트 명세서
- 컴포넌트 사용자 지침서
- (모듈 등의 3자 공급 진행시 공급자로부터 제공되는) 제품 사용 지침서 또는 메뉴얼
- 컴포넌트 테스트 보고서
- 컴포넌트 보안 평가/감사보고서
- 네트워크와 보안 구성 설정에 대한 인터페이스 기술 문서

CR 7.7 최소 기능

'CR 7.7 최소 기능'은 컴포넌트의 설치 및 운영시에 해당 제어 시스템 또는 네트워크 등에서 필요로 하지 않는 하드웨어적 또는 소프트웨어적인 기능들의 사용 및 미사용 등을 설정하는 기능에 대한 허용 기준을 설명한다.

허용 기준으로는;

- 컴포넌트 상에서 하드웨어적 또는 소프트웨어적으로 제공되는 다양한 기능(예: Wi-Fi 등), 서비스, 통신 포트(예: RJ-45), 프로토콜(예: MODBUS 등)에 대하여, 제어 시스템의 보안 강화 목적으로 운영 환경에서 보안상 불필요한 내용에 대하여는 사용을 제한할 수 있는 기능이 제공되어야 한다. 이러한 기능들의 설정 등은 인가(승인)된 사용자 또는 관리자들에 의하여 안전하게 통제될 수 있어야 한다.

- 제어 시스템상의 보안상 요구되는 최소 기준의 환경 구성을 넘는 컴포넌트 기능들에 대하여는 인가된 관리자들에 의하여 비활성화를 설정할 수 있어야 한다.

[그림 3-60]은 제어 시스템의 운영관리상황에서 컴포넌트의 다양한 기능 중, 보안상 불필요한 기능 또는 장치, 모듈 등의 사용 제한에 대한 설명을 보여주고 있다. 그림의

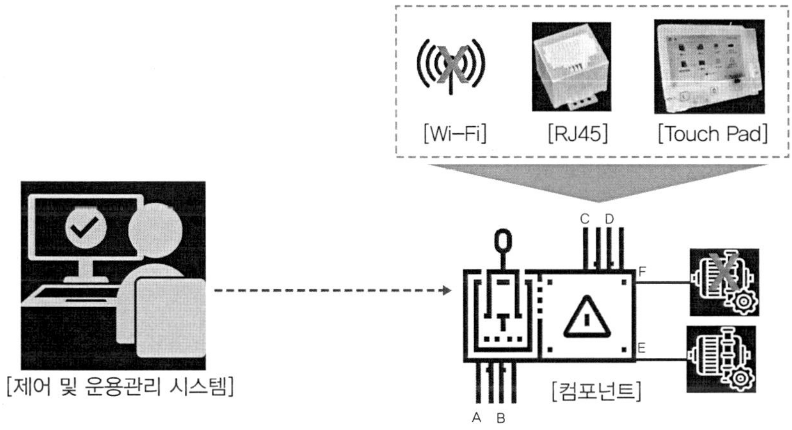

기능	상태 (활성화/비활성화)	작동시간	관리자
무선 1	■	2021-2-10 (09:20:19)	이XX
무선 2	□		
유선 1	■	2021-2-10 (09:21:56)	이XX
유선 2	□		
TCL	■	2021-5-14 (08:35:32	박YY
LEA(128)	■	2021-5-14 (08:35:32)	박YY
LEA(256)	□		
제어 1	■	2020-11-05 (09:30:18)	박YY
제어 2	□		
터치패드	□		
...	□	...	...

[그림 3-60] 컴포넌트에서의 불필요 기능 등에 대한 사용 제한 예시

하단 표에서 보여주는 다양한 기능 등이 컴포넌트에 구성되어 다양한 목적과 환경에서 사용할 수 있으나, 현재 제어 시스템의 운영 목적에 부합하지 못하거나 보안상의 목적으로 사용이 필요하지 않은 기능들에 대하여는 인가된 관리자 또는 감독자에 의하여 기능의 활성과 비활성의 선택을 할 수 있어야 한다. 또한, 이러한 설정은 제어 시스템의 운영 및 보안 관리상, 매우 중요함으로 설정 변경에 대한 시간 및 작업자에 대한 기록을 정장 관리할 수 있어야 하며, 이들은 앞서 설명한 향후 감사 로그 기록으로써 사용될 수 있으며, 장애 발생에 대한 원인 규명 등의 증빙으로써도 활용할 수 있다.

컴포넌트의 개발 진행시, 고려 및 검토해야 할 사항으로는 다음과 같은 것들이 있을 수 있다.

- 불필요한 컴포넌트의 기능, 포트, 프로토콜, 서비스 등에 대한 설정 기능의 여부

컴포넌트의 평가 진행을 위하여 함께 검토 및 준비되어야 할 문서는 다음과 같다.
(※ 해당 문서들은 개별 기업별 다른 명칭 및 포함되는 내용 등이 다를 수 있다.)

- 시스템 및 컴포넌트 명세서
- 컴포넌트 사용자 지침서
- (모듈 등의 3자 공급 진행시 공급자로부터 제공되는) 제품 사용 지침서 또는 메뉴얼
- 컴포넌트 테스트 보고서
- 컴포넌트 보안 평가/감사보고서
- 컴포넌트 서비스 제공/제거 점검 내역

CR 7.8 제어 시스템 컴포넌트 목록

'CR 7.8 제어 시스템 컴포넌트 목록'은 보안 수준 SL-1에 해당하지 않는 관계(SL-2~SL-4에 해당)로 내용을 제외한다.

Appendix

[부록 1] 필수 용어 정의

[부록 2] IEC 62443 시리즈 표준 문서 목록 및 현황

[부록 3] ISA ISCI 발표 IEC 62443-4-2 제품 목록

1 필수 용어 정의

- **자산(Asset)** IACS에서 가치가 부여되는 물리적 또는 논리적 객체
- **자산 소유자(Asset owner)** 하나 이상의 IACS를 관리하는 개인, 회사 또는 기관
- **제3자 공급자(Third party supplier)** 제품 공급자 조직과 독립적인 조직
- **인증(Authentication)** 특정 정보 범주를 수신하기 위해 전송, 메시지, 또는 발신자 또는 개인의 허가를 확인하는 수단의 유효성을 확인하기 위해 고안된 보안 조치
- **인증자(Authenticator)** 개체의 신원을 확인하는데 사용되는 수단
- **식별자(Identifier)** 신원을 주장하거나 요청하는 개체의 이름을 나타내거나 식별하는, 보안 도메인 내에서 유일한 심볼의 패턴
- **권한 부여(Authorization)** 시스템 자원에 액세스하기 위해 시스템 구성에 부여된 권한(Right 또는 Permission)
- **최소 권한(Least privilege)** 사용자(사람, 소프트웨어 프로세스 또는 장치)에게 부여된 임무와 기능에 적합한 최소의 권한을 부여해야 한다는 기본 원칙
- **심층 방어(Defence in depth)** 공격을 막지 않을지라도 지연을 목적으로 특히 계층에 여러 보안 보호 기능을 제공/여러 가지 독립적인 방법을 사용하여 특정 공격에 대응하여 시스템을 방어하는 접근법
- **성숙 수준(Maturity level)** 문서화된 정책과 절차에 따라 보안 요구사항을 구현하기 위한 조직의 효율성을 특성화하는 정성적 지표
- **가용성(Availability)** 제어 시스템 정보 및 기능을 실시간적이고 신뢰성 있게 접근하고 사용하도록 보장하는 속성

- **기밀성**(Confidentiality) 허가받지 않은 개인, 프로세스 또는 장치에 정보를 공개하지 않도록 보장함
- **무결성**(Integrity) 개체가 비인가나 우연한 방식으로 변경, 파기나 손실되지 않는 속성
- **진본성**(Authenticity) 개체가 원본의 인증 및 무결성 검증을 통해 소유하고 있다고 주장하는 속성
- **취약성**(Vulnerability) 시스템의 무결성 또는 보안 정책을 위반하여 악용될 수 있는 시스템의 설계, 구현 또는 운영 및 관리의 결함 또는 약점
- **효용성**(Effectiveness) 공격에 대응하여 견디기 위한 컴포넌트의 능력
- **견고성**(Robustness) 부정당 입력이나 불리한 환경적 조건에서 정확한 기능을 유지관리하는 보호 수준을 달성하고 유지하기 위해 자동화 솔루션을 운영하고 유지하기 위한 조직적 조치
- **컴포넌트**(Component) 하나 이상의 호스트 장비, 네트워크 장비, 소프트웨어 애플리케이션이나 임베디드 장비의 특성을 수행하는 IACS에 속하는 개체/제품이나 시스템을 구성하는 부분 중 하나
- **외부 공급 컴포넌트**(Externally provided component) 외부 조직이 개발하였고 특별히 한 공급자가 개발하지 않은 제품에 포함된 컴포넌트
- **제품**(Product) 다른 시스템, 서브-시스템, 컴포넌트나 제품에 의해 판매나 재사용하기 위해 제조, 개발이나 정교화되는 시스템, 서브-시스템이나 컴포넌트
- **시스템**(System) 복잡한 전체를 형성하는 상호 작용하는, 상호 연관된 또는 상호 의존적인 요소
- **모바일 코드**(Mobile code) 수신자가 명시적으로 설치하거나 실행하지 않아도 로컬 시스템에서 변경되지 않고 실행될 수 있는, 이동 매체나 네트워크에 걸쳐 원격("신뢰할 수 없는" 시스템) 간에 전송되는 프로그램./수신자가 명시적으로 설치하지 않아도 실행되는 자산들 사이에 전송되는 프로그램

- **구역**(Zone) 기능적, 논리적 그리고 물리적(위치를 포함하여) 관계를 기반으로 시스템의 분할을 표현하는 개체의 집합
- **통신경로**(Conduit) 포함된 채널의 보안을 보호하는 통신 자산의 논리적 그룹화
- **보완 대책**(Compensating countermeasure)/**보완 보안 대책**(Compensating security measure) 하나 이상의 보안 요구사항을 만족하기 위해 내재된 보안 역량에 추가하거나 대신 적용되는 보안 대책
- **임베디드 장치**(Embedded device) 산업 공정을 직접 감시하거나 제어하도록 설계된 특수 목적 장치
- **호스트 장치**(Host device) 하나 이상의 공급업체로부터 하나 이상의 소프트웨어 애플리케이션, 데이터 저장소 또는 기능을 호스팅 할 수 있는 운영 체제(예: Microsoft Windows OS 또는 Linux)를 실행하는 범용 장치
- **네트워크 장치**(Network device) 장치 간의 데이터 흐름을 가능하게 하거나 데이터 흐름을 제한하지만, 제어 공정과 직접 상호작용하지 않는 장치
- **소프트웨어 애플리케이션**(Software application) 제어 시스템 자체나 프로세스와 인터페이스 하는데 사용되는 하나 이상의 소프트웨어 프로그램과 부속 프로그램 [예: 구성 소프트웨어 및 이력 장치(Historian)]
- **수용 기준**(Acceptance Criteria) 구현이 요구사항에 따라 허용 가능한 방식으로 실행되는지 여부를 평가자가 평가하기 위한 기준
- **디지털 흔적 또는 산출물**(Artefacts) IEC 62443-4-1의 프로세스 요구사항에 따른 개발 프로세스 결과 또는 만들어진 결과물
- **부인방지**(Non-repudiation) 발생한 이벤트나 행동과 그것을 발생시킨 개체를 증명하는 능력
- **기록**(Record) 수행된 활동의 증거를 제공하거나 달성된 결과를 서술한 문서
- **이벤트**(Event) 특정한 일련의 상황들이 발생한 것 또는 그 상황들이 변한 것
- **점검**(Check) 단순 비교로 의견을 생성

- 검사(Examine) 평가자 전문 지식을 사용한 분석으로 의견을 생성
- 검증(Verify) 명시된 요구사항이 일치하는지 점검

2 IEC 62443 시리즈 표준 문서 목록 및 현황

표준 번호	발표 년도	표준명 (영문)	상태	RevisionHistory			
IECTS62443-1-1	2009	개념 및 모델(Terminology, concepts and models)	출판	2009/ ED1			
IECTR62443-1-2		단어 및 약어 총괄 용어집(Master glossary of terms and abbreviations)	예정/ 진행중				
IEC62443-1-3	2014	시스템 보안 적합성 메트릭스(System security conformance metrics)	예정/ 진행중				
IEC62443-1-4		IACS 보안 생명주기 및 사용사례 (IACS security lifecycle and use-cases)	예정/ 진행중				
IEC62443-1-5		IACS 개인을 위한 보안 인식 및 교육 (Security awareness and training for IACS personal)	예정/ 진행중				
IEC62443-1-6		62443 프로파일 개발을 위한 요구사항(Requirements for the development of IEC 62443 profiles)	검토중				
IECIS62443-2-1	2010	IACS 보안 프로그램 구축(Establishing an industrial automation and control system security program)		출판	2010/ ED1		
IEC62443-2-2	2018	IACS 보호 수준(IACS Security protection rating)	출판/ 개정 진행중				
IECTR 62443-2-3	2015	IACS 환경에서 패치관리(Patch management in the IACS environment)	출판	2015/ ED1			
IECIS62443-2-4	2017	IACS 서비스 공급자의 보안 프로그램 요구사항(Security program requirements for IACS service providers)	출판	2015	2015/ COR1: 2015	2015+ AMD1: 2017CSV	2023 PRV

표준 번호	발표 년도	표준명 (영문)	상태	RevisionHistory			
IECTR62443-2-5		IACS 자산 소유자들을 위한 적용 가이드(Implementation guidance for IACS asset owners)	검토중/ 진행중				
IECTR 62443-3-1	2009	IACS 보안기술(Security technologies for industrial automation and control systems)	출판	2009/ ED1			
IECIS62443-3-2	2020	보안 위협 평가 및 시스템 설계 (Security risk assessment for system design)	출판	2020/ ED1			
IECIS62443-3-3	2013	시스템 보안 요구사항 및 보안 수준 (System security requirements and security levels)	출판	2013/ ED1	2013/ COR1:	2014	
IECIS 62443-3-4		확인 필요	확인필요				
IECIS 62443-3-5		IACS 접근에 대한 기술적 보안 요구사항	검토중				
IECIS62443-4-1	2018	안전한 제품 개발 생명주기 요구사항 (Secure product development lifecycle requirements)	출판	2018/ ED1			
IECIS62443-4-2	2019	IACS 컴포넌트의 기술적 보안 요구사항(Technical security requirements for IACS components)	출판	2019/ ED1	2019/ COR1 2022		
IECTR62443-4-3		IACS 서비스 제공자들을 위한 적용 가이드(Implementation guidance for IACS service provider)	검토중				
IECTR62443-4-4		IACS를 위한 공급망 보안(Supply chain security for IACS)	검토중				
IEC62443-5-1		산업용 IoT에 대한 62443 적용 (Applying ISA/IEC 62443 to the IIoT)	검토중/ 진행중 (CD)				
IEC62443-5-2		빌딩 자동화 및 제어시스템에 대한 62443 적용(Applying ISA/IEC 62443 to the building automation and control systems)	검토중/ 진행중 (CD)				
IEC62443-6-1		2-4 보안 평가 방법론(Security evaluation methodology for IEC 62443 Part 2-4)	진행중 (CD)				
IEC62443-6-2		4-2 컴포넌트 보안 평가 방법론 (Security evaluation methodology for IEC 62443 Part 4-2)	진행중 (CD)				

ISA ISCI 발표 IEC 62443-4-2 제품 목록

※ 2023년 9월 기준

Picture	Supplier	Type	Model	Version	Certificate	Certification Date
	ABB	Controller	SPC 600/700/800 Controller	E_1	EDSA 3.0.0 Level 1	12/15/2020
	ABB	DCS Controller	AC 800M - PM866	6.0.0-3	EDSA 3.0.0 Level 1	3/21/2020
	ABB	Safety Controller	AC 800M HI - PM867	6.0.0-3	EDSA 3.0.0 Level 1	3/31/2020
	ABB	Controller	HPC800 Controller	HCA800B1	EDSA 2010.1 Level 1	1/22/2018
	ABB	DCS Controller / Safety Controller	AC 800M / AC 800M HI	6.1.1-0	CSA 1.0.0 Level 1	5/20/2021
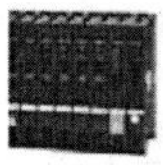	Azbil Corporation	DCS Controller	Harmonas/Industrial-DEO/Harmonas-DEO system Process Controller DOPCIV (Redundant type)	R4.1	EDSA 2010.1 Level 1	12/17/2014
	Beijing Consen Technologies	Safety Related Programmable Electronic System	TSxPlus V1.0	CM01-A-V001	EDSA 2.0.0 Level 1	7/7/2017
	DigitalPlatforms S.p.A.	Remote Terminal Unit	CPU STCE-SG Version Cybersecure	Cod.645051000-C0-IT, Firmware V1.3.0	CSA 1.0.0 Level 1	7/28/2023
	GE Power Conversion	Power Controller	HPCi Controller	7.1	CSA 1.0.0 Level 1	12/15/2020
	Higeco S.r.l.	Secure Controller	HSC-110-C	V5.1	CSA 1.0.0 Level 1	12/21/2022
	HIMA Paul Hildebrandt GmbH	Safety Related Programmable Electronic System	HIMAX X	CPU 01 FW Version 8.8 & COM 01 FW Version 9.2	EDSA 2.0.0 Level 1	7/6/2017
	Hirschmann Automation and Control GmbH	Industrial Switch	Switch Bobcat Brs-Family	v08.7.xx	CSA 1.0.0 Level 1	5/20/2022
	Hirschmann Automation and Control GmbH	Firewall	Firewall EAGLE4007	V04.1.xx	CSA 1.0.0 Level 1	9/23/2022

	Hitachi, Ltd.	DCS Controller	HISEC 04/R900E	01-08-A1	EDSA 2010.1 Level 1	7/14/2014
	Honeywell Process Solutions	Safety Manager	HPS 1009077 C001	R145.1	EDSA 2010.1 Level 1	6/6/2011
	Honeywell Process Solutions	DCS Controller	Experion C300	R400	EDSA 2010.1 Level 1	8/21/2013
	Honeywell Process Solutions	Fieldbus Controller	Experion FIM	R400	EDSA 2010.1 Level 1	8/21/2013
	Honeywell Process Solutions	DCS Controller	Experion C300	R410	EDSA 2010.1 Level 1	4/13/2015
	Honeywell Process Solutions	DCS Controller	Experion C300	R430	EDSA 2010.1 Level 1	10/27/2016
	Honeywell Process Solutions	PLC	ControlEdge PLC	R140	EDSA 2.0.0 Level 2	7/3/2017
	Honeywell Process Solutions	Remote Terminal Unit	ControlEdge RTU	R150	EDSA 2.0.0 Level 2	4/2/2018
	Honeywell Process Solutions	Unit Operations Controller	ControlEdge UOC	R510	EDSA 2.0.0 Level 2	12/17/2018
	Honeywell Process Solutions	Safety Manager	Safety Manager SC with FC-SCNT01 S300 Control Module	R200	EDSA 2.0.0 Level 2	8/21/2018
	Honeywell Process Solutions	DCS Controller	Experion Experion C300 with CF9	R500	EDSA 2.0.0 Level 1	8/23/2018
	Honeywell Process Solutions	DCS Controller	Experion Experion C300 with CF9	R501	EDSA 2.0.0 Level 1	10/1/2018
	Honeywell Process Solutions	DCS Controller	Experion Experion C300 with CF9	R510	EDSA 2.0.0 Level 1	11/2/2018
	Honeywell Process Solutions	Unit Operations Controller	ControlEdge UOC	R505.1	EDSA 2.0.0 Level 2	5/31/2018
	Honeywell Process Solutions	Wireless Device Manager	WDMY	R320	EDSA 2.0.0 Level 2	11/2/2018

	Honeywell Process Solutions	Unit Operations Controller	ControlEdge UOC	R505.1	EDSA 2.0.0 Level 2	5/31/2018
	Honeywell Process Solutions	Wireless Device Manager	WDMY	R320	EDSA 2.0.0 Level 2	11/2/2018
	Honeywell Process Solutions	Safety Manager Control Processor with Quad Processor Pack QPP-0002 and Universal Safety Interface USI-0002	Safety Manager	R162.1	EDSA 2.0.0 Level 1	1/8/2019
	Honeywell Process Solutions	DCS Controller	Experion LX/PlantCruise R500 Series 8 C300 with CF9	R500	EDSA 2.0.0 Level 1	6/24/2019
	Honeywell Process Solutions	Remote Terminal Unit	ControlEdge RTU	R160	EDSA 2.0.0 Level 2	5/30/2020
	Honeywell Process Solutions	Safety Manager	Safety Manager SC with FC-SCNT01 S300 Control Module	R210	EDSA 2.0.0 Level 2	9/25/2020
	Honeywell Process Solutions	PLC	ControlEdge 900 Controller	R160	EDSA 2.0.0 Level 2	12/20/2020
	Honeywell Process Solutions	DCS Controller	Experion C300 Model PCNT05	R520	CSA 1.0.0 Level 2	6/22/2022
	Honeywell Process Solutions	DCS Controller	Experion CN100	R520	CSA 1.0.0 Level 2	6/22/2022
	Johnson Controls	Centrifugal Chiller Controller - YMC2 ModB	YMC2 ModB	v13	CSA 1.0.0 Level 1	6/30/2022
	Johnson Controls	Centrifugal Chiller Controller - YMC2 ModA	YMC2 ModA	V10	CSA 1.0.0 Level 1	7/27/2022
	Johnson Controls	Centrifugal Chiller Controller	YZ and YK	11	CSA 1.0.0 Level 1	9/30/2021

	Moxa Inc.	Industrial Computer	UC-8200 Series Industrial Computer	Product Rev. 2.x.y with Software Rev. MIL3 V1.x	CSA 1.0.0 Level 2	11/29/2022
	RTP Corporation	Safety manager	RTP 3000	A4.36	EDSA 2010.1 Level 2	8/12/2011
	Schneider Electric	Field Control Processor	Field Control Processor 280 (FCP280)	S91061	EDSA 2010.1 Level 1	12/23/2014
	Schneider Electric	Safety Related Programmable Electronic System	TRICONEX Communication Module TCM	4351 A/B/AB & 4352 A/B/AB	EDSA 2010.1 Level 1	6/9/2017
	Schneider Electric	Safety Related Programmable Electronic System	TRICONEX Communication Module TCM	4355X, Firmware Revision Build 290 (TCM2) 288	EDSA 2.0.0 Level 1	1/31/2018
	Schneider Electric	Safety Related Programmable Electronic System	TRICONEX Communication Module TCM	4355X, Firmware Revision Build 313 (TCM2TCOM2) 311	EDSA 2.0.0 Level 1	9/21/2018
	Schneider Electric	Safety Related Programmable Electronic System	TRICONEX Communication Module TCM	4351 A/AC/AC1, 4351 B/BC/BC1, 4352 A/AC/AC1, 4352 B/BC/BC1 - (Firmware Revision 6430 Build 344)	EDSA 2.0.0 Level 1	12/10/2018
	Schneider Electric	Field Device Controller 280 (FDC280)	Field Device Controller	0901004000	EDSA 2.1.0 Level 1	12/20/2019
	Schneider Electric	Safety Related Programmable Electronic System	TRICONEX Communication Module TCM	4351 B/BC/BC1 & 4352 B/BC/BC1	EDSA 2.1.0 Level 1	5/29/2020
	Schneider Electric	Safety Related Programmable Electronic System	TRICONEX Communication Module	TMC 4351 B/BC/BC1 & 4352 B/BC/BC1 Firmware Revision 7032 Build 633	EDSA 3.0.0 Level 1	4/6/2020
	Schneider Electric	Safety Related Programmable Electronic System	TRICONEX Communication Module	TCM 4355X Firmware Revision 675 Build 695	EDSA 3.0.0 Level 1	4/6/2020

	Schneider Electric	Safety Related Programmable Electronic System	Tricon/Tricon CX System	See Certificate Appendix For all Versions	CSA 1.0.0 Level 1	5/21/2021
	TOSHIBA INFRASTRUCTURE SYSTEMS & SOLUTIONS CORPORATION	DCS Controller	CIEMAC-DS/nv (TOSDIC-CIE DS/nv) Unified Controller nv Series type2	FN812S:V01.01, PU821S:V01.CF, SA911:V01.34	EDSA 2010.1 Level 1	2/8/2017
	Tri-Sen Systems Corporation	Safety Related Programmable Electronic System	TSxPlus V1.0	CM01-A-V001	EDSA 2.0.0 Level 1	10/20/2017
	Wartsila	Power Plant Controller	GEMS Power Plant Controller	6.0	EDSA 3.0.0 Level 1	9/29/2020
	Yokogawa Electric Corporation	Safety Control System	ProSafe-RS	R3.02.10	EDSA 2010.1 Level 1	12/24/2013
	Yokogawa Electric Corporation	DCS Controller	CENTUM VP	R5.03.00	EDSA 2010.1 Level 1	7/14/2014
	Yokogawa Electric Corporation	DCS Controller	CENTUM VP	R6.01.00	EDSA 2010.1 Level 1	8/7/2015
	Yokogawa Electric Corporation	Safety Control System	ProSafe-RS	R4.01.00	EDSA 2010.1 Level 1	7/26/2016
	Yokogawa Electric Corporation	Safety Control System	ProSafe-RS S2CP471	R4.05	CSA 1.0.0 Level 1	5/13/2021
	Yokogawa Electric Corporation	Safety Control System	ProSafe-RS Lite L1CP471	R4.06	CSA 1.0.0 Level 1	7/5/2021
	Yokogawa Electric Corporation	DCS Controller	CENTUM VP CP471	R6.09	CSA 1.0.0 Level 1	1/7/2022

〈출처: ISA Secure[82]〉

82) https://isasecure.org/en-US/End-Users/IEC-62443-4-2-Certified-Components

참고문헌

IEC TS 62443-1-1 개념 및 모델 (Terminology, concepts and models), 2019

IEC IS 62443-2-1 IACS 보안 프로그램 구축 (Establishing an industrial automation and control system security program), 2010

IEC TR 62443-2-3 IACS 환경에서 패치관리 (Patch management in the IACS environment), 2015

IEC IS 62443-2-4 IACS 서비스 공급자의 보안 프로그램 요구사항 (Security program requirements for IACS service providers), 2017

IEC TR 62443-3-1 IACS 보안기술 (Security technologies for industrial automation and control systems), 2009

IEC IS 62443-3-2 보안 위협 평가 및 시스템 설계 (Security risk assessment for system design), 2020

IEC IS 62443-3-3 시스템 보안 요구사항 및 보안 수준 (System security requirements and security levels), 2013

IEC IS 62443-4-1 안전한 제품 개발 생명주기 요구사항 (Secure product development lifecycle requirements), 2018

IEC IS 62443-4-2 IACS 컴포넌트의 기술적 보안 요구사항 (Technical security requirements for IACS components), 2019

IEC 62443-6-2 (CD) 4-2 컴포넌트 보안 평가 방법론 (Security evaluation methodology for IEC 62443 Part 4-2), 2022

Kumar, Rajesh & Singh, Siddhant & Kela, Rohan. (2021). A Quantitative Security Risk Analysis Framework for Modelling and Analyzing Advanced Persistent Threats, 10.1007/978-3-030-70881-8_3.

"산업제어시스템 보안 해결할 KS국가표준 나왔다", 전자신문, 2020/04/08, (https://www.etnews.com/20200408000117)

"원자력 사이버보안 강화를 위한 인력양성, KINAC이 책임진다", 오혜진, 핵비확산 뉴스레터, Vol.82, (https://www.kinac.re.kr/newsletter/202208/inside.pdf)

"핵보다 무서운 북한 사이버 테러, 원전은 안전한가" 보안뉴스, 2017/2/14, (https://www.boannews.com/media/view.asp?idx=53463)

"우크라이나 정전 사건으로 본 사이버 공격의 현주소", 안랩, 2016/4/4, (https://www.ahnlab.com/kr/site/securityinfo/secunews/secuNewsView.do?menu_dist=3&seq=24876)

"TSMC CHIP MAKER CONFIRMS ITS FACILITIES WERE INFECTED WITH WANNACRY RANSOMWARE", Security affairs, August 07, 2018 (https://securityaffairs.co/wordpress/75164/

malware/tsmc-wannacry-infection.html)
“세계 최대 알루미늄 제조사, 랜섬웨어에 감염돼 생산 차질”, 보안뉴스, 2019/3/20, (https://www.boannews.com/media/view.asp?idx=77984)
“혼다, 해킹에 글로벌 11개 공장 셧다운”, 헤럴드경제, 2020/6/10, (http://mbiz.heraldcorp.com/view.php?ud=20200610000754)
“공격 사례로 살펴본 서비스형 랜섬웨어 ‘RaaS’, 거대 생태계 구축하다”, 보안뉴스, 2023/1/10, (https://www.boannews.com/media/view.asp?idx=112517)
“지멘스의 S7-1500 PLC 모델들, 전부 같은 암호화 키 사용한다.", 2019/08/09, 보안뉴스, https://www.boannews.com/media/view.asp?idx=82137&direct=mobile
“미, 135개국 에너지 시설 해킹한 러시아인 4명 기소”, 연합뉴스, 2022/03/25, (https://www.yna.co.kr/view/AKR20220325110000009)
“DHS Warns of Malware Targeting Industrial Safety Systems”, SECURITYWEEK, 2017/12/19, (https://www.securityweek.com/dhs-warns-malware-targeting-industrial-safety-systems/)
“CYBERWARFARETriton Malware Exploited Zero-Day in Schneider Electric Devices”, SECURITYWEEK, 2018.01.18., (https://www.securityweek.com/triton-malware-exploited-zero-day-schneider-electric-devices/)
https://i.blackhat.com/USA-19/Thursday/us-19-Bitan-Rogue7-Rogue-Engineering-Station-Attacks-On-S7-Simatic-PLCs.pdf
“산업제어시스템 보안 해결할 KS국가표준 나왔다”, 전자신문, 2020/04/08, (https://www.etnews.com/20200408000117)

찾아보기